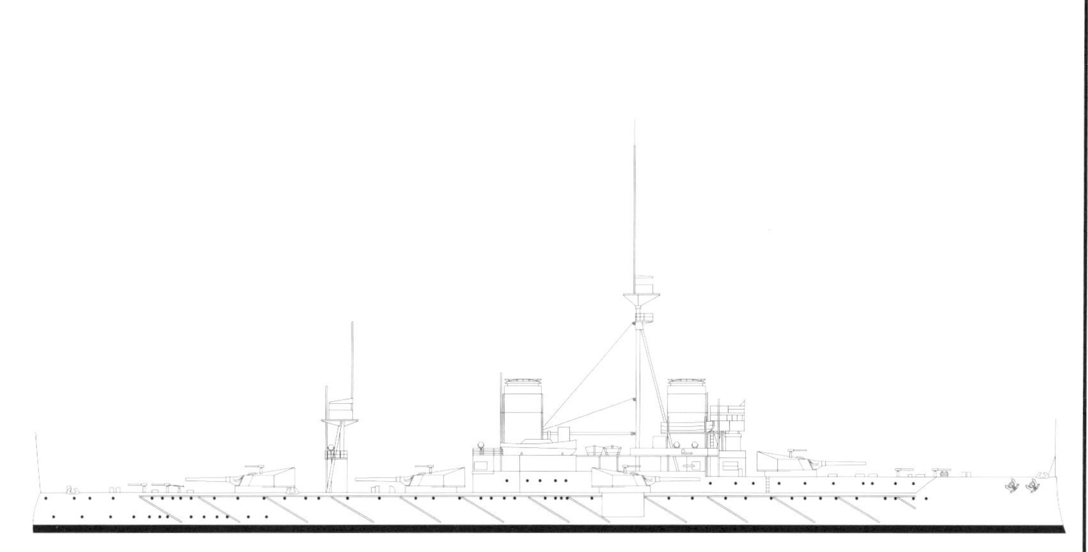

世界の戦艦プロファイル

ドレッドノートから大和まで

World of Battleships Profile

from Dreadnought to Yamato

ネイビーヤード編集部編

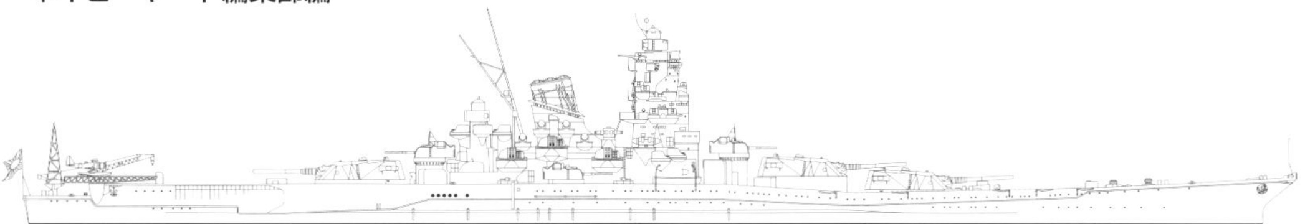

大日本絵画

世界の戦艦プロファイル
ドレッドノートから大和まで

World of Battleships Profile
from Dreadnought to Yamato

CONTENTS

※本書では戦艦の大きさを示すひとつの指標としてみっつの排水量を紹介している。常備排水量は弾薬3/4、燃料1/4、水1/2を搭載した際のもので戦艦が戦闘に入った状態を想定したもの。ワシントン軍縮条約以前はこれを公式諸元として採用する海軍が多かった。基準排水量はワシントン条約以降スタンダードになったもので弾薬は100%搭載するが燃料と水は搭載しないというもの。満載排水量は弾薬、燃料、水を100%搭載した数字である

戦艦とはなにか

文／岩重多四郎

戦艦＝バトルシップという名前は、その目的が誰にでもわかる単純明快な用語であり、海軍そのものを象徴するニュアンスも含んでいるため、今や軍艦と同様、海軍の知識があまりない人が様々な艦種を十把ひとからげで呼ぶ際に用いるほどよく知られている。むしろ専門家にとっては軍艦のほうが、言語や制度上の問題が複雑に絡んで定義づけを説明するのが難しいほどだ。しかし、海軍兵力の中で戦艦と呼ばれるカテゴリーが定着したのは19世紀末で、20世紀後半には早くもその軍事的価値を失って現在は1隻も現役になく、意外なほど短い期間の限られた存在でしかない。戦艦、とりわけ「ドレッドノート」から「大和」に至る一群の代表的な戦艦たちは、今後ますます歴史上の特異な存在として人々に認識されるであろうし、そこに新たな価値観の輝きが生まれてくることだろう。

海上での軍事活動にかかわる組織が用いる艦艇にも様々あるが、戦艦とはその中でも「大口径の火砲を主武装とする」もので、その時代の海上兵力の中心的存在と位置づけられていたため、特に外洋上で敵対者の同種艦との交戦を主目的とするグループを狭義の戦艦とみなしている。戦艦とは何かを理解するためには、まず発達史を概観するとよいだろう。

18世紀中盤まで、長らく海上での戦いは木製の帆船によっておこなわれてきた。火砲類は決定的要素ではなく、最終的に相互が接舷して人間同士の白兵戦によって決着をつけるための前段階に過ぎなかった。1652年からの英蘭戦争で、英海軍は規格化された軍艦を単縦陣で運用する戦術を確立し、海上戦闘の中心的役割を担う艦として戦列艦という名称が登場するが、1805年のトラファルガー海戦でも戦闘のスタイルはほとんど変わっていない。一つの転機となったのは、1822年にフランスのペクザンが開発した、発砲時の装薬で着火させる導火線で、これまで取扱いが危険だった炸裂弾を普及させ、木造船ではその破壊力に対抗できなくなった。1855年のクリミア戦争を契機として、舷側に装甲板を設けた戦列艦が出現。同じころ鋼鉄の大量生産技術が確立し、急速に全鋼製艦が出回るようになった。また、このような重装備の船を動かすには、1760年にイギリスのワットが発明した蒸気機関が不可欠な推進手段だった。こうして、強力な火砲と装甲を持つ自走式の鋼製船による新たな海上戦闘の基本スタイルが成立した。

1855年にはアームストロングが焼き締めを利用した二重構造の砲身を開発し、火砲の能力向上にも道筋がついていた。装甲を破る威力のある大型の砲は搭載数が限られるため、従来のように舷側に並べるのではなく、できるだけ1門が周囲の広い範囲を指向できるような配置が検討された結果、巨砲をおさめた数基の砲塔を甲板上に置く、一般に戦艦といわれて想像するスタイルが確立していった。基本的には戦列艦

戦艦の発達史

イギリス海軍

戦艦の系譜

1906
戦艦ドレッドノート
ド級戦艦の始まり。単一巨砲搭載艦で蒸気タービンを採用

1912
オライオン級戦艦
34.3cm（13.5インチ）砲の採用。超ド級戦艦の誕生

1915
クィーン・エリザベス級戦艦
38.1cm（15インチ）砲の採用。高速戦艦の始祖

巡洋戦艦の系譜

1908
インヴィンシブル級巡洋戦艦
最初の巡洋戦艦

1912
ライオン級巡洋戦艦
34.3cm（13.5インチ）砲の採用の超ド級巡洋戦艦

ドイツ海軍

戦艦の系譜

1910
ナッサウ級戦艦
ドイツ製ド級戦艦。主砲は28cm砲

1912
カイザー級戦艦
ドイツ製ド級戦艦の完成形型。主砲は30.5cm砲

1916
バイエルン級戦艦
ドイツ製超ド級戦艦。主砲は38cm。ビスマルク級の原型となる

巡洋戦艦の系譜

1911
巡洋戦艦フォン・デア・タン
ドイツ海軍最初の巡洋戦艦。主砲は28cm

1914
デアフリンガー級巡洋戦艦
ドイツ製巡洋戦艦の完成型。主砲は30.5cm砲

アメリカ海軍

戦艦の系譜

1910
サウスカロライナ級戦艦
アメリカ海軍の最初のド級戦艦戦艦。主砲塔を船体中心線に配置

1914
ニューヨーク級戦艦
アメリカ最初の超ド級戦艦。主砲は35.6cm（14インチ）砲。

1916
ネヴァダ級戦艦
世界初の集中防御構造の採用

1917
ニューメキシコ級戦艦
戦前型アメリカ戦艦の完成型。ターボ電気推進を採用

日本海軍

戦艦の系譜

1910
河内型戦艦
日本海軍における最初のド級戦艦。主砲は30.5cmに統一されているが砲身長が異なるものが混載されている

1915
扶桑型戦艦
35.6cm砲搭載の超ド級戦艦。就役当時世界最大の戦艦

巡洋戦艦の系譜

1913
金剛型巡洋戦艦
世界最初の35.6cm（14インチ）砲搭載艦。

を置き換える考え方があったため、1890年代には概ね口径30㎝程度の主砲を連装砲塔2基におさめて前後に配置し、排水量1万トンを超える程度のサイズで、18ノット付近の最大速力と外洋行動力を持つ艦が国際的な標準形態として認知され、そのカテゴリーを示す用語としてバトルシップの名も定着した。ただし、フランスやイタリアは発達史の上で装甲防御が先行した経緯から装甲艦の名称を用い、後者ではのちに戦列艦の名称も復活した。日露戦争時代の「三笠」などはこのグループに属する。

戦艦と同様の設計プラクティスはもっと小さい艦艇にも反映されたが、特に取り決めはないものの、概ね主砲口径24㎝付近を下回るものは巡洋艦に類別される。また、戦艦レベルの砲を搭載していても、船のサイズ、防御力、速力が著しく劣り外洋行動力を持たないものは戦艦から除外され、南北戦争でアメリカ北軍が建造した艦の名をとってモニター艦などと呼ばれる。このような艦は艦隊戦闘に適応せず、一般に対地攻撃を任務とする。両者の中間的なもので海防戦艦と呼ばれるものがあったほか、日本海軍では旧式化し第一線で使えなくなった戦艦などを海防艦という艦種に分類していた。

1905年の日本海海戦で砲戦が始まった距離は約8000mで、100年前のトラファルガー海戦の数十倍に達していた。もはやこの距離では、それぞれの砲の操作員が各個に照準をつけていたのでは命中させるのが難しい。イギリスは同盟国の日本に対し、砲撃を統制し、砲弾による網をかぶせて確率理論のもとで命中を得る戦術を指南し、勝利に大きく寄与したとも伝えられる。この結果を受けて英海軍本部長フィッシャー大将は、統制射撃理論に特化し、多数の主砲を搭載して遠距離射撃の命中率を高めることで有利を得る戦艦の建造を強く主張、わずか1年2ヵ月の工期で完成させたのが「ドレッドノート」だった。これにより在来型の戦艦は戦力価値を一気に失い、同艦が打ち立てた新たな基準の艦（ド級艦、または弩級艦）のみがほぼその国の戦艦勢力を推し量る対象とみなされるまでになる。

一方、フィッシャーは同じ砲撃理論を巡洋艦にも適用し、在来型巡洋艦の最上位カテゴリーである装甲巡洋艦に30.5㎝砲8門を搭載した「インヴィンシブル」級を建造。戦艦との中間的な名称として巡洋戦艦（バトルクルーザー）が生まれた。本来は敵の装甲巡洋艦を倒すのが目的で、訳語として戦闘巡洋艦を主張する人もいるが、現実に砲術上の共通性や、高速力が戦艦より薄弱な防御力を補い得るというフィッシャーの思想もあって、より戦艦と密接な関係を持つようになり、結果的には防御力を補って戦艦に吸収される形となった。

「ドレッドノート」は単に在来艦の主砲門数を増しただけだが、しばらくして主砲の口径を上げて攻撃力を高めた艦が出現し、特に超ド級艦と呼ぶこともある。口径は以後も増大を重ねるが、新たな通称はなく、「大和」に至るまですべて超ド級艦に含める。在来型の戦艦は砲口径に関わらず一括して前ド級艦と称する。理論はともかく砲門数に決まりはなく、ド級・前ド級とも6門艦が存在する。特に太平洋戦争では戦艦同士の戦いがほとんど生起せず、「金剛」型の速力が高く評価されているため、日本では高速戦艦という名称がもてはやされることが多いが、時代ごとに変動要素として存在するもので大きな意味はない。

1927
ネルソン級戦艦
40.6㎝（16インチ）砲の採用。軍縮条約時代の戦艦　三連装砲を前甲板に集中配備

1940
キング・ジョージV世級戦艦
35.6㎝（14インチ）搭載の新戦艦。

1946
戦艦ヴァンガード
最後の戦艦

1920
巡洋戦艦フッド
38.1㎝（15インチ）砲搭載。最後の巡洋戦艦

1933
ドイッチュラント級装甲艦
戦艦と巡洋艦の中間的な存在。主砲は28㎝砲

1938
シャルンホルスト級戦艦
ドイッチュラント級装甲艦から進化した高速戦艦

1940
ビスマルク級戦艦
38㎝砲搭載の新型艦。竣工時はヨーロッパ最大の巨艦

1920
コロラド級戦艦
40.6㎝（16インチ）砲搭載戦艦。ネルソン級、長門型とともに「ビッグセブン」の一角

1941
ノースカロライナ級戦艦
軍縮条約明けの新戦艦。標準型戦艦からの脱却

1943
アイオワ級戦艦
巡洋戦艦並の速力を発揮可能な高速戦艦

1920
長門型戦艦
世界最初の40.6㎝（16インチ）砲搭載艦。ポストジュットランド型戦艦の一番手

1941
大和型戦艦
世界最大、最強の戦艦。46㎝砲搭載

column 1

日本海海戦の頃

文／白石光（戦史研究家）

日露両国が戦火を交えた日本海海戦の結果は列強海軍に大きな衝撃を与えた。これほどまでに徹底的に戦艦同士の戦いに決着がつくことはこれまでなかったからだ。ここでは日本海海戦で得られた戦訓とその後の戦艦に与えた影響を紹介しよう

■刻々と迫りくる「国難」

今日では戦略兵力の代表的存在となっている、「空を征く」航空機がまだ実用兵器として登場していなかった20世紀初頭には、「海を渡る」海軍力こそが戦略兵力であり、その象徴というべきが戦艦であった。

かねてより南下政策を国是としていたロシアは、満州から遼東半島、朝鮮半島における権益の拡大を企図。対する日本はそれを大きな脅威と捉えていた。そして1904年2月8日、ついに両国は開戦したが、当初のロシア側の予想を超えて日本は善戦。危機感を募らせたロシアは、当時の戦略兵力である大艦隊を極東に派遣して日本勢力の一挙粉砕を図ることにした。

ロシア海軍は遼東半島先端部の旅順に旅順艦隊の主力を配していたが、閉塞作戦や黄海海戦など日本海軍の奮戦によって同地に封じ込められる形となった。そこで同海軍はバルト海方面の艦艇をまとめてバルチック艦隊を編成。1904年10月15日、同艦隊はリバウ軍港を抜錨し、極東の果ての日本に向けて、海戦史に残る洋上の大遠征を開始した。

当時、日本と同盟関係にあったイギリスは植民地大国であり、バルチック艦隊の航路の随所には、同国の植民地が散在していた。そのため日本は、同艦隊の寄港地における給炭や給水などを間接的に妨害したり、艦隊の状態や航海の進捗状況などを刻々と通報してもらうといった協力を、イギリスから得ることができた。

■政戦略兵器だった戦艦

話は遡ること1890年代、従来の装甲艦はさらなる発展の時期を迎えていた。総金属製で舷側や主要個所に装甲鋼板が張られた船体、バーベットから発展した主砲を収めた主砲塔、副砲塔や舷側砲廓などに配された中間砲や副砲に対水雷艇砲、露天甲板やファイティングトップに小口径狙撃砲を配した、戦艦という新艦種に「進化」していたのだ。そして実用面においても、このように高額で強力な軍艦をどれほど多く保有しているかということが、国力の象徴ともなった。そのため戦艦は事実上、戦略兵器よりも格上の政戦略兵器扱いされており、ゆえに「砲艦外交」という言葉が生まれたほどである。

特に19世紀末から20世紀初頭にかけてのヨーロッパ列強は、ほぼ例外なく多くの植民地を海外に保有していた。それらの植民地には、あらかじめ巡洋艦を配備しておくなり、火急の際には足の速さを生かして本国から急派するだけでなく、植民地と本国をつなぐシー・レーン防衛の任にも携わることになっていた。

一方、戦艦は巡洋艦に比べて足は遅いが、攻撃力、防御力ともに各段に強力である。そのため、シー・レーン防衛のような高機動性を求められる任務以外では、まず巡洋艦が先道なり前衛の任を担い、これに戦艦が主力として後続するという運用が考えられていた。ただし、戦艦は既述のごとく政戦略兵器に位置付けられていたので、示威目的を兼ねて原則的には本国艦隊に配備しておき、巡洋艦では解決できない事態が生じた場合に派遣されるというのが一般的な運用だった。

戦艦はもちろん、このような遠征だけでなく、本国に来寇する敵艦隊の迎撃という任も担っている。何しろ、こちらの戦艦が遠征する以上は敵の戦艦も遠征してくるのは当然であり、航空機がなかった当時、戦艦を迎え撃つのは戦艦でなければ難しい。そのためこの時代の中小国のなかには、自らは遠征しないが敵が遠征してきた際の迎撃用として、航洋性を犠牲にして別の能力の充実を図り、本来なら遠洋と沿岸「両刀使い」の戦艦を、あえて近海防衛用に特化させた大型の装甲海防艦（いわゆる海防戦艦）を擁する国もあった。

■両者の勝因と敗因

かくて、実に約3万4000㎞もの遠路を半年以上航海してきたバルチック艦隊は、1905年5月27日から翌28日にかけて連合艦隊と大海戦を展開した。日本でいう日本海海戦、世界的には対馬沖海戦（Battle of Tsushima）と称される艦隊決戦である。同海戦の詳しい経過は他書に譲るが、圧倒的勝利を収めたのは寡兵の連合艦隊であり、世界に日本海軍の名を轟かすこととなった。

この大勝利の要因として、日本海軍が世界に先駆けて「一斉打方」ーーかいつまんで説明すると、同じ艦の同一の口径の砲がすべて同じ射撃データに基づいてひとつの目標を狙い、一人の砲撃指揮官の命令で一斉に発射する撃ちかたーーを採用したとの説が一時唱えられた。しかしその後、同時代の公式史料を駆使した研究の結果として、当時の技術では本格的な「一斉打方」の実施は困難であり、日本海海戦では、実際に厳密な意味での「一斉打方」を行なったとする明確な証拠も見つかっていないとする論が説得力を得ている。

そこで、識者からのお叱りを覚悟のうえで「事を簡略化」して説明すると、1隻の戦艦上において、「撃つべき目標」は単一の目標に絞って指定されるが、「狙いをつけて実際に撃ち、その結果に修正を加えて命中弾を得るまでに持って行く作業」と「発射のタイミング」は、各砲（または各砲塔）の責任者に任されていた、と考えればわかりやすいだろう。

このような次第なので、確実な決着がつくまで打方については除外したうえで連合艦隊の勝因を考察すると、以下の理由が挙げられる。

1：卓越した艦隊の指揮運用。

2：個艦の能力に則した部隊編成（類似した性能の艦を部隊ごとにまとめる）。

3：バルチック艦隊来寇までの間に行なわれた猛訓練による各砲の命中精度や装填速度の向上（のちの「月月火水木金金」の原点ともいえる）。

4：信頼性の高い伊集院信管と大威力の下瀬火薬の採用（ただし問題もあったが）。

5：1890年代半ばに実用化されたばかりの無線電信機の活用。

一方、大遠征直後のバルチック艦隊には、不利な要素が数多くのしかかっていた。

1：大航海の途中で補給された石炭が低質で各艦とも本来の性能を発揮できず。

2：半年を超える航海でフジツボなどの着生生物や藻類の喫水線下への大量付着に起因した速力低下。

3：練度不足の新兵が多かったうえ、低質の糧食や給水制限、娯楽の欠落による乗組員の著しい戦意低下（厭戦気分の蔓延）。

4：バルチック艦隊首脳部による日本海軍の実力の過小評価。

なお、双方に共通のテーマとして、戦闘によって生じる火災や浸水への対処、いわゆるダメージ・コントロールのいっそうの充実という課題が残された。

■並行的に起きていた出来事

日本海海戦当時の戦艦は、主砲、中間砲、副砲、対水雷艇砲、小口径狙撃砲など多岐にわたる砲を装備していた。ところがちょうどこの時期、イギリス海軍では、中間砲や副砲を廃する代わりに、それまでの戦艦では艦首と艦尾合計で4門程度しか備えていなかった主砲を、一挙に10門に増やした画期的な戦艦の建造が試みられていた。主砲、中間砲、副砲はいずれも口径が異なるため別個の弾薬庫が必要であり、しかも威力や射程に至るまでそれぞれ異なっている。ならば、中間砲や副砲の役割をすべて主砲に担わせる代わりにその装備数を増やそう、というわけだ。

かつての戦艦では片舷射撃で4門の主砲が撃てたのに対して、この艦では片舷射撃で8門を撃つことができた。つまり、従来の戦艦2隻分の火力を発揮できるのである。1906年に就役したこの戦艦は『ドレッドノート』と命名され、画期的な同艦の出現によって、それ以前の戦艦はすべて「前ド級」または「準ド級」と称され、陳腐化することとなった。

そして、『ドレッドノート』ではたされた「主砲への収斂（または統一化）」が、イギリス海軍砲術学校校長パーシー・スコット提督（少将）が理論化した「一斉打方」採用への第一歩となるのである。

◀日本海軍の戦艦「富士」。イギリス製のいわゆる前ド級戦艦で中央構造物の前後に30.5㎝連装砲2基を搭載していた。日本海軍は日露戦争当時、ほぼ同型の戦艦を6隻保有していた。
（写真提供／大和ミュージアム）

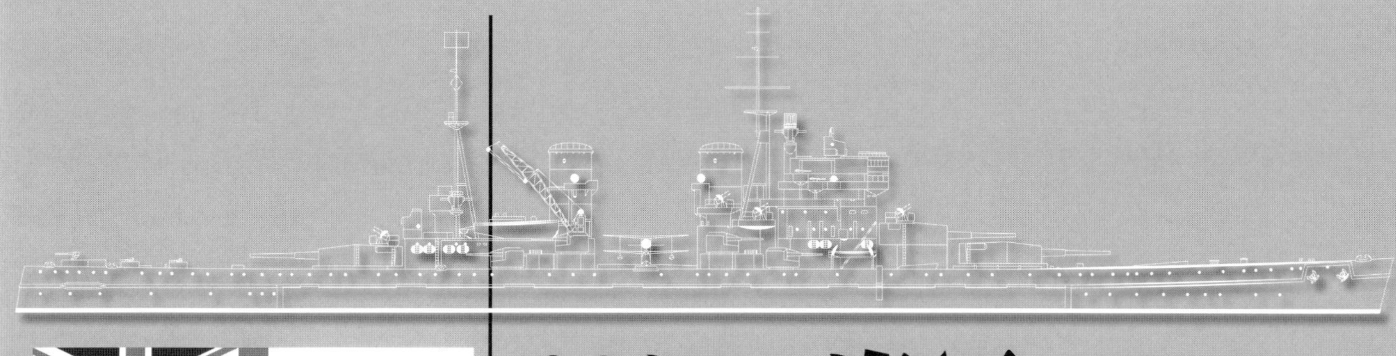

イギリス海軍
Royal Navy

ここからはイギリス海軍の戦艦について紹介しよう。戦艦に革命的変化をもたらしたドレッドノート以降、世界の海軍をリードしたイギリス海軍の戦艦、全25クラスの変化の様子をじっくり追っていこう

戦艦ドレッドノート
Battleship Dreadnought

インヴィンシブル級巡洋戦艦
Battlecruiser Invincible-class

ベレロフォン級戦艦
Battleship Bellerophon-class

セント・ヴィンセント級戦艦
Battleship St. Vincent-class

戦艦ネプチューン
Battleship Neptune

コロッサス級戦艦
Battleship Colossus-class

オライオン級戦艦
Battleship Orion-class

キング・ジョージV世級戦艦
Battleship King George V-class

アイアン・デューク級戦艦
Battleship Iron Duke-class

インディファティガブル級巡洋戦艦
Battlecruiser Indefatigable-class

戦艦エジンコート
Battleship Agincourt

戦艦エリン
Battleship Erin

戦艦カナダ
Battleship Canada

ライオン級巡洋戦艦
Battlecruiser Lion-class

巡洋戦艦タイガー
Battlecruiser Tiger

クィーン・エリザベス級戦艦
Battleship Queen Elizabeth-class

ロイヤル・ソブリン級戦艦
Royal Sovereign-class

カレイジャス級巡洋戦艦
Battlecruiser Courageous-class

巡洋戦艦フューリアス
Battlecruiser Furious

レナウン級巡洋戦艦
Battlecruiser Renown-class

巡洋戦艦フッド
Battlecruiser Hood

ネルソン級戦艦
Battleship Nelson-class

キング・ジョージV世級戦艦
Battleship King George V-class

ライオン級戦艦
Battleship Lion

戦艦ヴァンガード
Battleship Vanguard

戦艦ドレッドノート1906～1923

Royal Navy Battleship Dreadnought

既存戦艦の走攻守を凌駕し、戦艦新時代の幕開けを告げる

戦艦「ドレッドノート」といえば、20世紀初頭に単一巨砲搭載艦として登場、従来の戦艦の攻撃力はもちろんのこと、速力も防御力も圧倒し、今では「超ド級」などという一般的な代名詞としても使われる言葉の語源ともなっている画期的な戦艦だ。急速に恐竜的進化を遂げていくその姿はまた、自身の寿命を狭める諸刃の剣でもあった

■ベールを脱いだ新型戦艦

1906年12月、ポーツマス工廠で竣工した「ドレッドノート」は、戦艦の新時代到来を告げる型破りなモデルとして世界の海軍関係者に大きなショックを与えた。その特徴は単一巨砲搭載艦という言葉に集約される。つまり主砲こそ45口径30.5cm（12インチ）砲と標準的ではあったが、副砲や中間砲を廃止して確保した重量とスペースを活用して、連装砲塔5基10門を搭載するというコンセプトだ。当時は2基4門が標準的な戦艦の主砲搭載数であることからも、「ドレッドノート」が火力強化を重視した戦艦であることがわかる。

主砲は首尾線上の艦首側に1基、艦尾側2基と、前檣楼を挟んだ両舷に舷側砲を1基ずつという配置になっている。これにより舷側方向には4基8門、艦首方向に3基6門を指向できた。理論上、艦尾方向には最大で4基8門が向けられるが、射撃時の爆風が5番砲塔を破損させる恐れがあるために、4番砲塔のみ首尾線から左右30度以内の角度への射撃を禁じられていた。それでもあらゆる場面で従来型戦艦の2～2.5倍の火力を発揮できる。

機関も戦艦としては初めて蒸気タービンを採用し、21ノットを発揮できた。前級のロード・ネルソン級戦艦が最高18.5ノットであることと比較すると、攻撃力と速力の点で一足飛びの進化を果たしたことがわかる。

このように、「ドレッドノート」は、単一巨砲搭載艦という斬新なコンセプトと高速性能を両立させた近代的戦艦であり、戦艦の設計思想を根本から変える存在となった。以後、イギリスはもちろん各海軍国は「ドレッドノート」の性能を基準とせざるをえず、ド級戦艦という用語が確立した。同時に単一巨砲搭載艦ではない従来型の戦艦はいかに最新式戦艦であろうとも一瞬にして陳腐化し、前ド級戦艦とひとくくりにされてしまう悲劇に見舞われた。

実のところ、20世紀に入った直後には単一巨砲搭載艦のアイディアは各国が検討の俎上に載せていた。「ドレッドノート」にしても、発案はイタリアの造船技師ヴィットリオ・クニベルティによるものである。技師は「イギリス海軍に最適な軍艦」という特集を組んだ1903年のジェーン年鑑において、30.5cm砲を最低でも12門搭載、305mm厚の装甲帯を有し、どの戦艦よりも高速というコンセプトの新型戦艦を提示していた。高速を活かして主導権を握り、対峙する敵艦を火力で圧倒し、反撃体勢が整う前に高速で戦闘海域を離脱するという狙いだ。

当時のイギリス海軍本部長であるフィッシャー提督はこの着想に強く惹かれた。当時イギリス海軍は列強各国、とりわけドイツ帝国の急速な海軍力増強に神経を尖らせていたが、建艦計画のトップに立つフィッシャー提督は、クニベルティの戦艦案を有効な解決策と判断したのである。同時期、日本海海戦で日本海軍が限定的ながら採用した一斉打方が威力を証明すると、保守的なイギリス海軍内部も単一巨砲搭載戦艦に傾いた。かくしてフィッシャーの主導によってイギリス海軍は単一巨砲搭載戦艦を起工したのである。「ドレッドノート」、すなわち「無敵」という艦名に期待の大きさが表れている。

■卓越した総合能力

「ドレッドノート」の主砲は1905年竣工のキング・エドワード7世級戦艦から採用された45口径30.5cm砲Mk.X連装砲で、砲塔はロード・ネルソン級と同じMk.BVIIIを採用していた。砲塔は仰角13.5度、俯角マイナス5度であり、最大射程は1万5000mに抑えられていた。主砲の砲口初速は秒速823mなので、仰角が増せば射程は2万mまで延伸できる。しかし「ドレッドノート」以前の戦艦では曲射弾道を描く遠距離砲戦よりも、砲が個別に目標を測距して直接射撃する独立打方が常識であったために仰角は重視されなかったのだ。

もともと40口径の砲身用に開発された砲塔なので、重量バランスを取るために背面装甲鈑を前面より51mm厚い330mmとして、さらにスカートのように余剰部分を設けなければならなかった。当然、このような無理をするよりも新型砲塔を開発する方が望ましいが、工期短縮を優先してロード・ネルソン級の建造用ストックを流用したのである。

機関部は蒸気タービンを初めて全面採用したことで知られている。軍艦の従来の機関はボイラーで発生した蒸気圧で起こしたシリンダー内のピストン運動を、クランクを介して回転運動に変換する往復動機関、すなわちレシプロエンジンが主流であった。タービンエンジンの実用試験が始まったのは1897年のことで、まだ新型戦艦のエンジンに採用するのは冒険に過ぎるというのが常識的な考えであった。

▲1911年ごろの姿。「ドレッドノート」は三脚式の前檣を設けた最初のイギリス戦艦でもある。その前檣には新造時はなかったドラム型の射距離表示器が追加されている。世界初の単一巨砲搭載艦として設計された本艦は建造を急ぐため主砲を先に建造を開始していたロード・ネルソン級戦艦より流用し、わずか1年2ヶ月で完成した。一方主砲を横取りされた形のロード・ネルソン級2隻は1908年に就役したが、皮肉なことに完成と同時に旧式艦の烙印を押される結果となった

イギリス海軍の場合、砲塔の名称にはアルファベットを使用していた。原則として前部の砲塔は前からA砲、B砲……後部の砲塔は前からX砲、Y砲……中央部の砲塔はP砲、Q砲、R砲と呼んでいた。ドイツ海軍は艦首から順にA砲、B砲、C砲、D砲の順番で、日米海軍は1番砲塔、2番砲塔……と番号で呼んでいる

また実際のところ、「ドレッドノート」の起工よりも先に、大西洋横断航路では速力23ノットの客船「ドイッチュラント」が就航している。これが「ドレッドノート」より大型の客船であることを考えると、レシプロ機関でも充分な速度性能を期待できたのだ。

しかし、レシプロ機関はサイズの点で限界点に達していた。客船「ドイッチュラント」の場合、機関室を船体の最下層に設けても、機関の多くが喫水線より上に出るといった有様で、軍艦のエンジンとしては非常に問題がある。一方、タービンであれば機関室の天井を低く抑えられるし、将来の技術的な発展余地も多く残されている。フィッシャー提督はこうした将来性に着目して、巡洋艦どころか、駆逐艦での試験運用さえされていない大型タービンの採用に踏み切ったのである。

装甲には最新のクルップ鋼が多用されていた。19世紀末からの装甲技術の発達は目覚ましく、新型艦の登場に歩調を合わせるように、鋼鉄と錬鉄を貼り合わせた複合装甲からニッケル合金、表面浸炭装甲と次々に新技術が導入された。

もっともクルップ鋼は20世紀になってから戦艦の装甲板として使われていたので、「ドレッドノート」で取り立てて新機軸が盛り込まれた訳ではない。しかし倍の厚さの複合装甲と同じ強度を持つクルップ鋼を使って、ヴァイタルパート（重要区画）以外の部分を思い切って非装甲化し、浮いた重量をヴァイタルパートの装甲強化や重武装化にまわすことで艦全体の防御力を向上させていた。

「ドレッドノート」のコンセプトは日露戦争勃発以前から軍事雑誌で広く公開されたものであり、また戦艦建造能力を持つ国であれば、既存技術の流用や応用で建造できる戦艦であった。

しかし戦艦とは簡単には代替が効かない国防の重要な一翼であり、整備には膨大な費用と時間がかかる。いきおい設計は保守的となり新技術の導入も漸進的にならざるを得ないため、各国の戦艦設計者は単一巨砲搭載艦の優位をイメージしつつも、踏ん切りを付けられない。そのような中で、本来なら保守の最右翼であるはずの世界一の海軍国が革新的な戦艦建造に真っ先に着手し、かつそのような船を起工から一年で完成させてしまう工業力に改めて驚愕したというのが、「ドレッドノート」の衝撃の正体であると言えるだろう。

■「ドレッドノート」の運用思想

やや総論的な話になるが、そもそも当時の戦艦とはどのような兵器であったのか。そこが明確でないと「ドレッドノート」の真価は見えてこない。

元来、戦艦とは防御的な兵器と考えられていた。長距離渡洋作戦を実施するのは装甲巡洋艦の任務であり、戦艦とは重要拠点や本国付近にあって敵の来襲を受け止め、跳ね返す役割を担っていたのである。戦艦は装甲巡洋艦に足で劣るが、優れた砲火力と装甲が壁となるので、装甲巡洋艦は戦艦の攻撃範囲に跳び込むことはできない。かくして海軍国同士の戦力均衡が保たれるという理屈であった。もちろん国境を接しあうヨーロッパでは机上の空論めいた主張であるが、この建前にしたがい、列強海軍は戦力を整備していた。イギリスが海外植民地拠点に装甲巡洋艦を中核とする艦隊を置き、戦艦は本国艦隊に集中配備していたことに当時の戦艦運用に関する明確な意図があらわれている。

日露戦争では世界半周におよぶバルチック艦隊の大航海の果てに、日本海海戦で戦艦同士の殲滅戦が行なわれたが、これは聯合艦隊を突破してウラジオストックに向かう以外、バルチック艦隊に選択肢がないという特殊な戦略的環境での戦いとされた。むしろ日本側が万全の艦隊決戦準備を敷いて、優位に戦いを進めたにもかかわらず、洋上で勝敗を決せられなかった黄海海戦こそが、戦艦同士の戦いの典型的な結末であると見なされたのだ。

ところが「ドレッドノート」の登場は、この予想の前提を覆した。あらゆる戦艦を凌ぐ速力を持つ「ドレッドノート」級戦艦が艦隊をなして侵攻してきた場合、前ド級戦艦主体の海軍では打つ手が無いのだ。仮に数の優位で挑むにしても、不利となればド級戦艦戦隊はかなり安全に戦場から離脱できるだろう。ド級戦艦にはド級戦艦で対抗するしかない。ここに前ド級戦艦の保有数を基準とした戦力バランスはいったんリセットされ、ド級戦艦の建艦競争が始まるのである。

「ドレッドノート」の登場でもっとも影響を受けるのは、前ド級戦艦保有数で世界一のイギリスであることには矛盾を感じる。しかし早晩、列強のいずれかがド級戦艦の建造に着手する情勢であるならば、最初から大量建造に踏みきり、リードを保ったまま逃げ切る。それがフィッシャー提督の狙いであった。

■意外に早い新型艦の陳腐化

1906年に就役した「ドレッドノート」は、1907年から1911年にかけて本国艦隊の旗艦を勤め、同年3月に戦艦「ネプチューン」に艦隊旗艦の座を譲った。

第一次世界大戦では大艦隊（グランドフリート）の第四戦艦戦隊に属してスカパ・フローを根拠地としていたが、1916年5月31日に勃発したジュットランド沖海戦には、折悪しく改装工事中であったために参加できなかった。

その後、「ドレッドノート」はテムズ河口を根拠地とする第三戦艦戦隊に移されて、敵巡洋艦隊の急襲に備えるという後方任務にあてられた。竣工から10年も経過していないというのに、艦隊行動に困難を生じる低速艦とされてしまうあたり、同艦登場からの建艦競争の激しさがうかがい知れるだろう。

1918年3月からは大艦隊に復帰したが、出撃もなく終戦を迎え、予備役を経て1920年3月31日に退役した。ちなみに1915年3月18日には哨戒中に発見したドイツの潜水艦U-29を体当たりで撃沈するという珍事を起こし、潜水艦を沈めた史上唯一の戦艦という称号を得ている。

1922年にはスクラップとして売却されてしまい、戦艦の新時代を飾ったエポックメイキングな戦艦としては寂しい最後となったが、その名は誕生の地ポーツマスのアメフトチーム「ポーツマス・ドレッドノーツ」にささやかながら受け継がれている。

（文／宮永忠将）

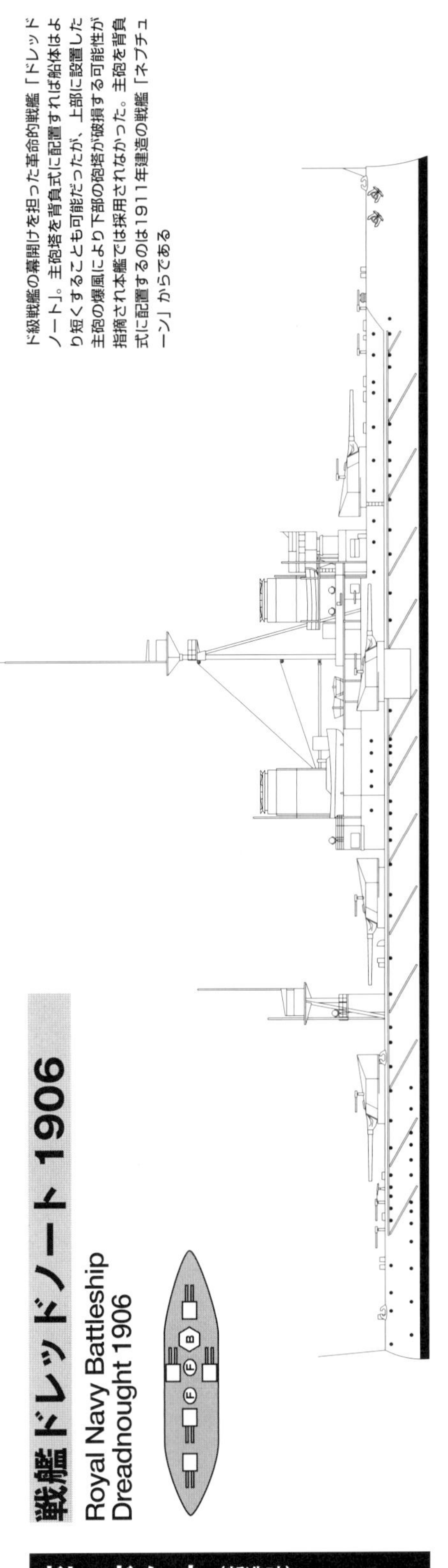

ド級戦艦の幕開けを担った革命的戦艦「ドレッドノート」。主砲塔を背負式に配置すれば船体はより短くすることも可能だったが、上部に設置した主砲の爆風により下部の砲塔が破損する可能性が指摘され本艦では採用されなかった。主砲を背負式に配置するのは1911年建造の戦艦「ネプチューン」からである

戦艦ドレッドノート 1906
Royal Navy Battleship
Dreadnought 1906

ドレッドノート（新造時）

常備排水量	1万8110トン
満載排水量	2万1845トン
全長	160.6m
全幅	25.0m
機関出力	2万3000hp
速力	21ノット
航続力	6600海里／10ノット
武装	30.5cm（45口径）連装砲5基 7.6cm（40口径）単装砲27基 45.0cm水中魚雷発射管5門
装甲	舷側279mm、甲板76mm 主砲279mm

※本書に掲載した図版は1/1000スケールで統一した

インヴィンシブル級巡洋戦艦1908～1920

Royal Navy Battlecruiser Invincible-class

巡洋戦艦という新たな主力艦のひな形

新戦艦「「ドレッドノート」」と同様に「無敵」を意味する名を冠せられたインヴィンシブル級は、火力と速力を向上させたスーパー装甲巡洋艦、すなわち巡洋戦艦として新艦種にカテゴライズされることとなった。その設計思想の根底には意外や、日本海海戦における日本海軍の装甲巡洋艦の活躍が後押しをしているという。その実像とは？

■ド級を越える快速戦艦

「ドレッドノート」の開発、建造と並行してイギリスは新世代の強力な装甲巡洋艦の開発にも着手していた。

1890年代以降、外洋艦隊の主力である装甲巡洋艦は大型化を続け、攻撃力も相応に強化されたため、旧型の戦艦を性能面で凌ぐような艦まで現れるようになった。イギリス海軍では、「ドレッドノート」竣工の前年に完成したマイノーター級装甲巡洋艦などは、「ドレッドノート」の前級であるロード・ネルソン級戦艦に強く影響されていただけでなく、価格も戦艦並みに高騰したほどであった。

後にインヴィンシブル級装甲巡洋艦となる新型装甲巡洋艦には開発前史がある。1902年に、海軍本部長のフィッシャー提督は関係者を集めて、新型装甲巡洋艦の将来像についての議論を重ねていた。この会議で最初に決められたのは、装甲厚が152mm、主砲は23.3cm（9.2インチ）連装砲を2基、19cm（7.5インチ）連装砲6基というもので、タービン機関の採用により3万5000馬力、速度は25ノット超という基本性能であった。海軍本部はマイノーター級装甲巡洋艦で充分に用をなすと見なして却下したが、フィッシャーの基準ではこれは物足りない艦であったのだ。

ところが日露戦争の諸海戦で、装甲巡洋艦が戦艦と直接交戦したにもかかわらず、さほど深刻な損害を受けていないことが判明すると、フィッシャー提督が推す新型装甲巡洋艦の建造に弾みがついた。装甲巡洋艦は防御力に難があり、戦艦と正面切って戦えないというのが定説であったが、速度性能を活かせば戦艦を翻弄できる。ロシア海軍バルチック艦隊の練度の低さや戦術のまずさといった、海戦の結果に直結する本質的な要素は都合良く見落とされ、速度性能が敵戦艦の主砲弾への有効な防御手段になるというフィッシャー提督の主張に賛同者が続出したのである。

このような経緯から、「ドレッドノート」の設計が終わると、最大装甲はマイノーター級と同じ152mmながらも、戦艦と同じ30.5cm砲を搭載、25ノットの速度を目指した新型装甲巡洋艦の開発計画が始動したのである。

当初の姿は「ドレッドノート」よりも、むしろ従来型装甲巡洋艦の面影を強く残しつつ、その強化発展版という姿をしていた。ボイラーや主機を増設する必要から船体が長くなり、船首楼甲板だけで全長の約三分の二を占めるほどになった。これを活かして艦中央部の舷側砲である2、3番砲塔を梯形配置とすることで、反対舷への射撃も可能になったが、前後の幅が短く反対舷に対しては約30度ほどしか射撃可能な角度が無かったことから射撃機会は極めて限られ、基本的に片舷への斉射能力は3基6門に抑えられていた。

■驚異的な高速性能

インヴィンシブル級と名付けられた新型装甲巡洋艦の設計は1905年6月22日に終わり、翌年2月に1番艦が起工された。最大の特徴は機関配置にある。「ドレッドノート」を4.5ノットも上回る25ノットもの高速を生み出すために、ヤーロー式石炭・重油混焼水管缶31基を4つの機関室に設置していた。

▲1910年ごろの「インヴィンシブル」。ほぼ新造時の姿をとどめている。このあとインヴィンシブル級は小改装が実施されている。本艦は船体前部の主砲（A砲塔）と後部の砲塔（Y砲塔）はヴィッカース製、中央部に搭載された主砲（P砲塔とQ砲塔）はアームストロング製で写真からも砲塔形状の違いが判別できる

タービン機関は2軸並列型直結タービン2基からなる。これは高速型タービンと低速型タービンを並列に組み合わせたもので、ボイラーから発生した高圧蒸気は、まず高速用タービンで使用され、次に圧力が低下した蒸気を低速用タービンで再利用するという仕組みである。第3缶室と後部弾薬庫に挟まれるように配置されたそれぞれのタービン機関には、外軸に高速用タービンを、内軸に低速用タービンを配置していた。なお低速用タービンは巡航用タービンを兼ねている。3隻の同型艦のうち「インドミタブル」のみ機関に31基のバブコック・アンド・ウィルコックス式石炭・重油混焼水管缶を採用していたが、この船は3日間にわたり4万3700hp、25.3ノットという破格の速度性能を発揮した。3045トンの石炭とバースト用の750トンの重油を燃料として積載し、航続距離は10ノットで3090海里である。

装甲は、艦首砲塔から舷側砲塔までの範囲の水線装甲帯が152mmの最大厚で、砲塔およびバーベットは178mmに強化されていたが、天蓋は76mmに留まっていた。上甲板の厚さは25～51mm、下甲板は36m～64mmしかなく、防御力の点では前級にあたるマイノーター級装甲巡洋艦と同等である。

一方、主砲には「ドレッドノート」と同じ45口径30.5cm連装砲Mk.Xを採用し、これを艦首と艦尾の首尾線上に各1基、艦中央に舷側砲2基を梯形配置した。「ドレッドノート」は各種中間砲、副砲を一切廃して主砲搭載数を増やしたわけだが、対小型艦艇防御用の7.6cm砲ではストッピングパワーに不足することが指摘されていたので、10.2cmのQF砲Mk.IIIへと強化された。また450mm水中魚雷発射管5門を設けていた。

■新型艦種「巡洋戦艦」の誕生

ネームシップの「インヴィンシブル」は1908年3月に竣工、これに次いで「インフレキシブル」「インドミタブル」が完成した。

従来型の装甲巡洋艦と同等の装甲防御力を持ちながら、主砲は「ドレッドノート」に準じ、速力で大きく凌ぐインヴィンシブル級は、新たな主力艦のひな形となるにふさわしい新型艦種と見なされた。当初はCruiser-Battleship（巡洋艦型戦艦）、Dreadnought-Cruiser（ド級巡洋艦）など様々に呼ばれて一定しなかったが、1911年に行なわれた艦艇整理においてBattle-cruiserすなわち「巡洋戦艦」という正式名称が定められたのである。

インヴィンシブル級は良好な結果で公試を終え、あらゆる任務での活躍が期待された。この時点で敢えて欠点を探すなら、ただでさえ高額で批判が集中していたマイノーター級より50%も価格が高騰してしまったことくらいであっただろう。

▲2番艦「インドミタブル」。本級は就役時は10ページの写真からわかるとおり3本の煙突が羅針艦橋と同じ高さだったが、艦橋に近い第1煙突の煤煙に悩まされた。そのため1910～1911年に第一煙突の背を高くする改装が実施されている。写真はすでに改装工事が実施されたのちの姿

もちろん物理的な欠点もすぐに見つかった。首尾線上の砲塔2基はヴィッカース製、舷側砲塔2基はアームストロング製であったが、電動式砲旋回機構は出力が低くて速度が遅く、1912年暮れから1914年にかけての改修で水圧動力式への切り換え工事をしなければならなかった。

巡洋艦の速力と戦艦の攻撃力を持つ巡洋戦艦だが、実のところ使いにくさもはっきりした艦であった。「ドレッドノート」の登場で装甲巡洋艦の存在意義が失われるなか、巡洋艦隊の編制も見直しが迫られる状況下では、巡洋戦艦は運用面で戦艦、能力面で巡洋艦とどっちつかずの存在であり、艦隊で浮いた存在となってしまったからだ。巡洋戦艦という新カテゴリーを作り、あらたな運用法を模索しなければならなかった事実がそのことを象徴している。

■実戦で露呈した打たれ弱さ

とはいえ、航続距離と速度に優れた巡洋戦艦は、世界の海が戦場となった第一次世界大戦で馬車馬のように働き、豊富な実戦を経験した。同型艦3隻の戦歴をすべて挙げるのは無理なので、ここでは「インヴィンシブル」に絞り、戦いの軌跡を追ってみたい。

1914年8月28日のヘルゴラント湾海戦が「インヴィンシブル」の初の実戦となった。軽巡洋艦や駆逐艦が囮となり、ドイツ艦隊を引きずり出したところを巡洋戦艦が叩くという作戦計画において、巡洋戦艦戦隊を率いるビーティー提督は狙い通りにドイツ巡洋艦「ケルン」を捕捉した。ところが「インヴィンシブル」は「ケルン」に主砲18発を放ったもののすべてはずれてしまい、とどめを刺したのは別の巡洋戦艦「ライオン」であった。

次の戦いの機会は同年の冬であった。1914年11月1日のコロネル沖海戦で、西インド戦隊はマクシミリアン・フォン・シュペー提督のドイツ東洋艦隊と交戦して、装甲巡洋艦2隻を撃沈された。これを受けて海軍本部は報復を決意すると、ダブトン・スターディ提督に「インヴィンシブル」、「インフレキシブル」を預けて南大西洋に送り込んだのである。12月8日に発生したフォークランド沖海戦で、「インヴィンシブル」と「インフレキシブル」はドイツの装甲巡洋艦2隻を捕捉した。ドイツ艦隊は最初から逃げの一手であったが、インヴィンシブル級は5ノットも優速であり、間もなく主砲の有効射程に捕らえると「シャルンホルスト」「グナイゼナウ」の2隻を撃沈してシュペー提督を戦死させている。開戦前から脅威と見なされていたドイツの通商破壊艦に対して、巡洋戦艦は有効なカウンターパートになる事が証明されたのである。

1915年には東地中海のダーダネルス海峡付近で作戦に参加後、グランドフリートに編入され、翌年のジュットランド沖海戦に投入された。この海戦では同級3隻でフッド提督麾下の第三巡洋戦艦戦隊を編成して、ビーティー提督の主力艦隊の前衛に付いた。交戦が始まると、第三巡洋戦艦戦隊は常に激戦の渦中にあったが、終盤でドイツ巡洋戦艦「リュッツォー」に命中弾を与えて落伍させた直後、「デアフリンガー」からの反撃弾が「インヴィンシブル」の砲塔を貫通して弾庫を直撃。一瞬にして轟沈し、フッド提督以下1026名の命が失われた。ジュットランド沖海戦は巡洋戦艦の脆さをめぐり数多くのエピソードを残しているが、「インヴィンシブル」はそうした事象をもっとも象徴している。

設計コンセプトは斬新であったものの、最初の艦だけに使い勝手が悪い部分も多いと判断されたインヴィンシブル級の残り2隻は、戦後に除籍となり、1921年に両艦ともスクラップとして売却されたのである。

(文／宮永忠将)

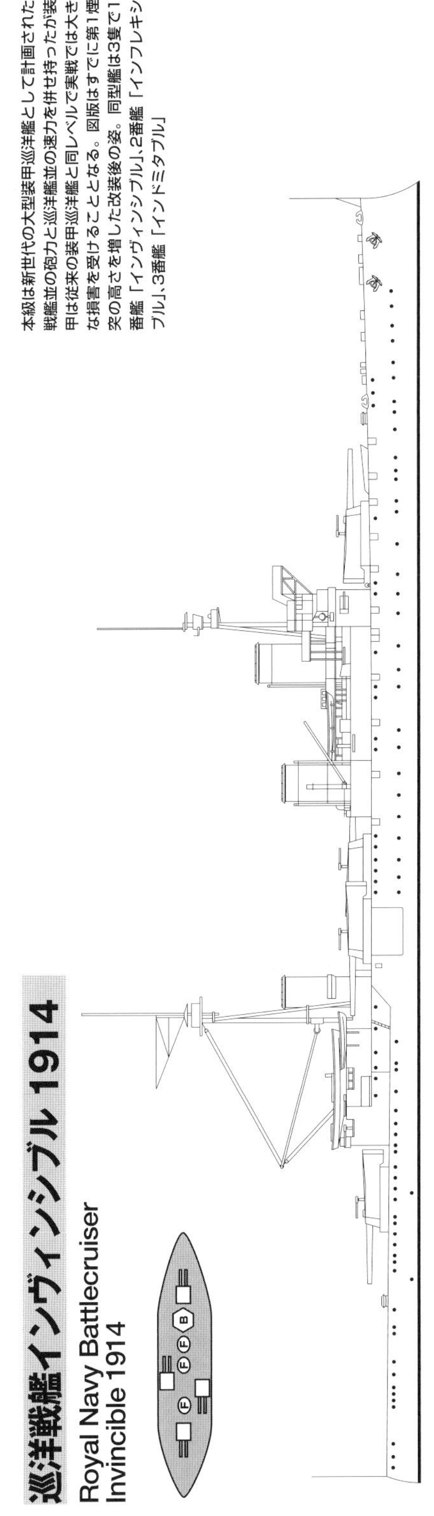

巡洋戦艦インヴィンシブル 1914
Royal Navy Battlecruiser
Invincible 1914

本級は新世代の大型装甲巡洋艦として計画された。戦艦並の砲力と巡洋艦並の速力を併せ持ったが装甲は従来の装甲巡洋艦と同レベルで実戦では大きな損害を受けることとなる。図版はすでに第1煙突の高さを増した改装後の姿。同型艦は3隻で1番艦「インヴィンシブル」、2番艦「インフレキシブル」、3番艦「インドミタブル」

インヴィンシブル（新造時）	
常備排水量	1万7290トン
満載排水量	2万135トン
全長	172.8m
全幅	22.1m
機関出力	4万1000hp
速力	25.5ノット
航続力	3090海里／10ノット
武装	30.5cm（45口径）連装砲4基 10.2cm（40口径）単装砲16基 7.7mm単装機銃7基 45.7cm水中魚雷発射管5門
装甲	舷側152mm、甲板64mm 主砲178mm

ベレロフォン級戦艦1910～1923

Royal Navy Battleship Bellerophon-class

セント・ヴィンセント級戦艦1910～1923

Royal Navy Battleship St. Vincent-class

ド級戦艦として初めて量産された2タイプ

「ドレッドノート」の建造は、従来の戦艦を一気に旧式化させ、その保有数で世界でも優位にあったイギリス海軍の立場をもまた脅かすものとなった。ド級戦艦の数を急速に拡充し、アドバンテージを取り戻そうとする同国が多量建造に取りかかった2タイプの戦艦がベレロフォン級と、その拡大発展型ともいうべきセント・ヴィンセント級だった

[ベレロフォン級戦艦]

■初の量産型ド級戦艦

1906年度予算で3隻の建造が決まったベレロフォン級は、「ドレッドノート」を踏襲した量産タイプの戦艦で、主機主缶の構成は同じであるが、細部では洗練されている。前部三脚楼が前部煙突の前に移動して排煙の影響を受けにくくなったのは、外見上からも大きな変化であるが、後部三脚楼と観測所は前後を煙突に挟まれる格好になり、排煙の影響をもろに受けてしまう。また貧弱で実用性に欠けていた12ポンド（7.6cm）砲を16門の10.2cm QF砲Mk.VIIに変更したことで、駆逐艦や水雷艇に対抗する際の信頼性が向上した。

一方で、装甲面では「ドレッドノート」と比較すると、主砲塔前面こそ変わらないものの、主要装甲帯の厚みが最大254mmで約25mm、バーベットで50mmほど薄くなり、司令塔も装甲を減らしている。しかしバーベット全体では装甲厚は均質化されている。また魚雷命中時にも浮力を確保できるようにするために、203mmの水雷防御隔壁を缶室と機関室側面まで伸ばし、防御甲板も一部を102mmまで増やすなどして、艦全体の防御力を向上させている。

背の高い前後の三脚楼は「ドレッドノート」よりも洗練されたバランスの良さを印象づけていたが、いざ就役してみると後部射撃指揮がさほど有効ではない事が判明し、10.2cm砲の射界と干渉する恐れもあった。そこで1915年には強力な無線装置を搭載するのと引き替えに、前後のマストトップの位置がそれぞれ下げられ、1916年にはすべての10.2cm砲が主砲塔上から撤去された。そして新たに主甲板上に二層式の射台が設けられたことで、射界が大幅に向上した。

1917年には1基の10.2cm高射砲が後甲板に、艦上構造物のすぐ後ろにも7.6cm砲が設置された（「シュパーブ」の10.2cm高射砲は30.5cm主砲の背後に設置された）。防雷網と艦尾魚雷発射管も撤去される一方で、密閉式の探照灯台座が追加された。また前部煙突には除煙装置（ファンネル・キャップ）が追加された。防雷網が撤去された1915年には、後部射撃指揮所も廃止された。

1918年までにはベレロフォン級の同型艦3隻は艦首側のA砲塔と、艦尾側のY砲塔の上にそれぞれ飛行機用発進台が設けられ、ソッピース・パップ戦闘機と1 ½ストラッター偵察機各1機の運用能力を得ている。

■その真価は？

ネームシップの「ベレロフォン」は、1909年にポーツマス工廠で竣工し、公試では21.25ノットを発揮している。とはいえ出力、速度とも「ドレッドノート」を下回るものであり、装甲重量が全体で増しているとはいえ、同艦の量産タイプという位置づけが性能面に現れたと見るべきだろう。同年中に2番艦「シュパーブ」がアームストロング社、3番艦「テメレーア」がダヴェンポート工廠にてそれぞれ竣工した。

当初3隻は本国艦隊の主力である第一戦艦戦隊に編入され、第一次世界大戦が勃発すると、そろってグランド・フリートの第四戦艦戦隊所属となっている。1916年5月31日のジュットランド沖海戦にはそろって参加し、ジェリコー提督本隊の14番目を航行していた「ベレロフォン」は、62発の主砲弾をは放ち、ドイツ巡洋戦艦「デアフリンガー」に命中弾1発を与えたものと推測されている。

このとき「シュパーブ」は、修理中であったアイアン・デューク級4番艦「エンペラー・オブ・インディア」に代わり第四戦艦戦隊の副旗艦としてジェリコー艦隊の11番目を航行し、主砲弾54発を放ってドイツの巡洋艦「ヴィースバーデン」に命中弾2発を与えている。また「テレメーア」は「ベレロフォン」の直後に付きながら、72発を発射して、同じく「ヴィースバーデン」に数発の命中を与えている。同艦は沈没し、乗員589名が戦死、生存者は1名のみであった。

1918年には「シュパーブ」と「テメレーア」が地中海に派遣され、「シュパーブ」は同年11月に協商国艦隊の先頭を切ってダーダネルス海峡に進入した。

「ベレロフォン」は1919年に砲塔操作練習艦として予備役に編入され、1921年にスクラップとして売却された。「シュパーブ」は砲撃標的艦に次いで、航空攻撃用の標的艦として運用されたが、ワシントン海軍軍縮条約の削減対象に最初に指定されると、1922年12月に船舶解体会社に売却された。「テレメーア」は士官候補生用の航海練習艦として使用されたが、こちらも軍縮条約の削減対象艦となり、1921年にスクラップとして売却されている。

先駆的な戦艦「ドレッドノート」は、完成後に相応の欠点が発見された。そして量産型ともされるベレロフォン級でも、その欠点は基本的に引き継がれたままであった。しかし、大戦中に実戦向きの改装を受けていたこともあり、もし軍縮条約が締結されていなければ、1930年代まで現役に留まっていてもおかしくはなかっただろう。

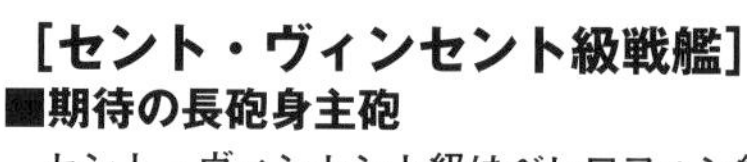

[セント・ヴィンセント級戦艦]

■期待の長砲身主砲

セント・ヴィンセント級はベレロフォン級に続く新造戦艦群であり、1907年度予算で3隻が建造された。ベレロフォン級の拡大強化版という位置づけで、主砲は30.5cm（12インチ）ながら、50口径のMk.XIに変更し、仰角も1.5度増加して15度となった。これにより射程は1万7200mから1万9300mまで延伸している。

しかしこの50口径Mk.XI主砲は、砲口初速こそ優れていたが、砲身命数が短い。さらにイギリス鋼線砲の悪癖として射撃時の砲身の振動が大きくなり、散布界のばらつきは前級の主砲よりひどかった。当然、遠距離の目標に対する命

▲セント・ヴィンセント級戦艦3番艦「ヴァンガード」。本級は主砲塔上に小口径砲を搭載した最後のイギリス戦艦だがこれらはのちにすべて撤去された。「ヴァンガード」はジュットランド沖海戦でドイツ海軍の軽巡洋艦「ヴィースバーデン」に命中弾を与えている

中率が低くなり、基本的には失敗作と見なされている。またセント・ヴィンセント級は舷側主砲を首尾線を軸に左右対称に配置した最後のド級戦艦である。

主砲の大型化にともなって、船体長は約3m、船幅も0.4m増大した。大型化による重量増加分は、集中防御方式を取り入れて、バイタル・パート以外の舷側装甲を大幅に削減することで補おうとした。とはいえ舷側装甲帯の範囲は若干拡大し、主甲板の装甲も全般的に微増しているが、そのぶん中甲板の装甲が薄くなったので、本質的に変化はない。それでも排水量は満載時で900トン以上も上回っている。ただし機関出力も1500馬力ほど増加していることもあり、公試では22ノット以上を記録しているが、実質的に速力は微増で留まっている。

ネームシップの「セント・ヴィンセント」は1909年にポーツマス工廠で竣工し、2番艦「コリンウッド」、3番艦「ヴァンガード」も翌年春に相次いで完成した。前級との違いは、前檣楼の指揮所が若干大型化し、後檣楼のトップマストが指揮所の前に移されたこと。後部艦橋と後部探照灯が箱形の上構にのせられたことなどが目立つ。

当初、水雷艇撃退用の4インチ砲は、Y砲塔以外の主砲塔上に各2門と、船首楼甲板に10門、計18門の4インチ砲が設置されていた。これが1911年にまずA砲塔上の2基が撤去され、戦争が始まると、トップマストの位置が低くなっている。さらに1916年までには全艦から防雷網が取り除かれ、1917年までには前部煙突に脱煙装置が装着された（「コリンウッド」は後部煙突にも装着した）。また1915年から1916年にかけては2基の3インチ高射砲が撤去されて、代わりに4インチ高射砲1基が煙突の間に据えられた。

■かすかな輝き

3隻すべて1914年8月にグランド・フリートに編入され、「セント・ヴィンセント」は第一戦艦戦隊の副旗艦を努めることとなった。ジュトランド沖海戦にも3隻そろって参加している。この海戦で「セント・ヴィンセント」は戦艦部隊の15番目に位置して主砲弾72発を発射し、敵巡洋戦艦「ザイドリッツ」と巡洋艦「ヴィースバーデン」に2発ずつ命中弾を与えている。「コリンウッド」は同艦隊の18番目を進み、主砲弾84発を発射、ドイツ巡洋戦艦「デアフリンガー」に1発命中させた。「セント・ヴィンセント」の直後を航行していた「ヴァンガード」も80発を発射し、「ヴィースバーデン」への命中弾1が確認されている。3隻とも無傷で海戦を終えたのは幸運であったが、発射弾数の割には命中弾が少ないところを見ると、やはり主砲の性能はあまり良くなかったようだ。ちなみにこの海戦で、「コリンウッド」にはのちにイギリス王ジョージVI世として即位するアルバート王子（ヨーク公）が海軍大尉として乗り組み、A砲塔で監視任務に当たっていた。

その後、大きな海戦がないまま無聊を託つのはイギリス戦艦の例に漏れないが、「ヴァンガード」は1917年7月9日の深夜にスカパフローにて繋止中のところ、突然大爆発を起こして轟沈した。集めた証言から、前檣楼とA砲塔の間で小さな火災が発生したのちに、P砲塔およびQ砲塔の弾庫に引火したものが致命的な爆発を引き起こしたと結論されたが、コルダイト火薬が火元になったということ以外に、真相はほとんど分からない。この爆発事故で804名が犠牲となった。

戦争も後半になると、イギリス海軍の脅威は水上艦ではなく、Uボートによる通商破壊であることがはっきりしたので、役に立ちそうもない主砲塔上の4インチ砲はすべて撤去された。しかし一部は前部楼甲板や煙突の間のスペースに移設されている。

1918年には「コリンウッド」に試験的に飛行機発射台が設置され、ソッピース・パップ戦闘機と1½ストラッターが搭載された。

「セント・ヴィンセント」と「コリンウッド」は1919年3月に、ともに予備にまわされ、砲術練習艦となった。しかし2年後の1921年3月にはワシントン海軍軍縮条約の対象として廃棄処分が決まる。間もなく、2隻とも民間スクラップ業者に払い下げられ、解体処分とされたのである。

（文／宮永忠将）

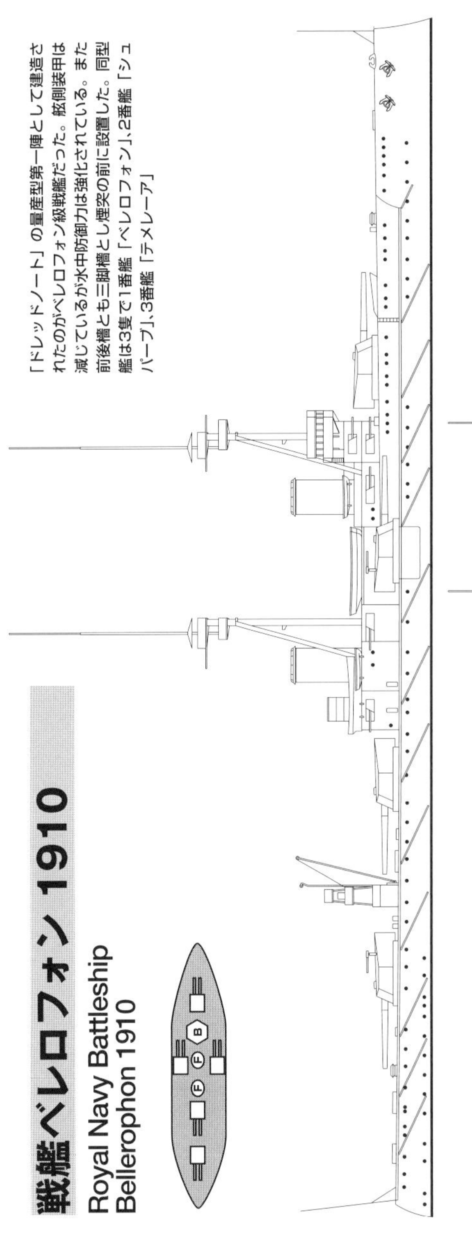

「ドレッドノート」の量産型第一陣として建造されたのがベレロフォン級戦艦だった。舷側装甲は減じているが水中防御力は強化されている。また前後檣とも三脚檣とし煙突の前に設置した。同型艦は3隻で1番艦「ベレロフォン」、2番艦「シュパーブ」、3番艦「テメレーア」

戦艦ベレロフォン 1910
Royal Navy Battleship
Bellerophon 1910

「ドレッドノート」の量産型第二陣。主砲は前ド級戦艦以来使用され続けていた30.5cm（45口径）砲から30.5cm（50口径）砲へと強化されている。主砲の大型化にともない舷側装甲は薄くし重要部分のみ重点的に守る集中防御方式を採用している。同型艦は3隻で1番艦「セント・ヴィンセント」、2番艦「コリンウッド」、3番艦「ヴァンガード」

戦艦セント・ヴィンセント 1909
Royal Navy Battleship
St. Vincente 1909

ベレロフォン（新造時）	
常備排水量	1万8800トン
満載排水量	2万2540トン
全長	160.3m
全幅	25.2m
機関出力	2万3000hp
速力	20.75ノット
航続力	5720海里／10ノット
武装	30.5cm（45口径）連装砲5基 10.2cm（45口径）単装砲16基 4.7cm（50口径）単装砲4基 45.0cm水中魚雷発射管3門
装甲	舷側254mm、甲板102mm 主砲229mm

セント・ヴィンセント（新造時）	
常備排水量	1万9560トン
満載排水量	2万3030トン
全長	163.4m
全幅	25.6m
機関出力	2万4500hp
速力	21ノット
航続力	6900海里／10ノット
武装	30.5cm（50口径）連装砲5基 10.2cm（45口径）単装砲20基 4.7cm（50口径）単装砲4基 45.0cm水中魚雷発射管3門
装甲	舷側250mm、甲板76mm 主砲279mm

戦艦ネプチューン1911～1919
Royal Navy Battleship Neptune

コロッサス級戦艦1911～1919
Royal Navy Battleship Colossus-class

前方への火力と片舷斉射力を追求した主砲配置を採用

ド級戦艦の登場で単一巨砲の多数搭載が可能になると、これらの主砲を「前方にも側方にも効率よく向けて射撃したい」という第2の欲望が湧き上がってきた。ここで試みられるようになったのが左右の主砲塔をオフセットして搭載するアン・エシュロン配置と呼ばれるもの。ここで紹介する「ネプチューン」とコロッサス級の2タイプがその先駆けとなった

[戦艦ネプチューン]

■続く試行錯誤

「ドレッドノート」およびその後継であるベレロフォン級やセント・ヴィンセント級戦艦の主砲配置が実用的でないことは、かなり早い段階でイギリスの軍艦設計者の間で共通認識となっていた。他の列強海軍の新型戦艦を見ると、彼らの危惧は一層はっきりとする。

たとえばセント・ヴィンセント級の場合は舷側方向に主砲を8門しか指向できないが、1907年に起工されたアメリカ海軍のデラウェア級は10門、アルゼンチンがアメリカに発注したリバダビア級戦艦の場合は、条件が整えば12門の主砲を舷側に向けられる。

1908年度計画の最初の戦艦として、1911年1月にポーツマス工廠で竣工した戦艦「ネプチューン」には、既述の舷側方向に対する火力不足という弱点を克服しようとするイギリス海軍の試みがはっきりと現れている。イギリスの戦艦としてははじめて、左舷舷側主砲が艦首側に、右舷主砲が艦尾側に梯形配置（前後にオフセットした配置のことで、アン・エシュロンとも呼ぶ）としたことで、射界こそ限定的ではあったものの、各砲は反対舷にも射撃できるようになった。舷側主砲がいまだに残る姿には古めかしい印象がついて回るものの、アン・エシュロン配置にしたことで、一定の条件下であれば舷側方向の目標に対して最大10門の主砲を指向できるようになったのだ。

またアメリカ戦艦に倣い、X砲塔を持ち上げてY砲塔と背負式配置にすることで船体長を抑制している。それでも水線長は前級より3m以上延伸しているし、装甲の基本配分も前級からほとんど変わっていない。

ちなみに主砲の射界を確保するために、前後の上構を結ぶフライング・ブリッジを設けて救命ボート用のスペースを作り、後部羅針艦橋もこのブリッジ上に置いている。またこのフライング・ブリッジは、舷側主砲が反対舷に射撃する際の仰角を確保するために、前半分が左舷側に、後半分が右舷側に寄せられている。ところが、主砲発射の衝撃で救命ボートが簡単に壊れてしまうという構造上の欠陥は、完成してみるまで分からなかった。

もっともアン・エシュロンを活かす工夫の多くは理屈倒れに終わっている。舷側配置の主砲がそれぞれ上構の主要部分に接近しすぎていたために、艦首および艦尾方向への射撃時には、艦上構造物が爆風で破損する可能性が大きかったからだ。さらに背負い式にしたX砲塔も、Y砲塔周辺の構造、特に砲塔天蓋の前部にある観測窓にダメージを与える可能性があることから、首尾線方向の左右30度への射撃が制限されるという、本末転倒な状況になってしまった。射界の改善を目指した戦艦が、別の死角を作っては元も子もない。

■初の方位盤搭載戦艦

主砲以外の兵装にも改正はおよんだ。セント・ヴィンセント級まででもたびたび改正の対象となっていた砲塔上の10.2cm（4インチ）砲は最初から撤去され、艦首側に6門、中央付近に4門、艦尾側に6門の計16門すべてが上構に配置された。

機関部では、独立ケーシングの巡航用タービンを搭載したことで、低中速航行時の燃料消費を抑えられるようになっているのも、イギリス戦艦としては新しい試みであった。「ネプチューン」は完成当時のイギリスでは最速の戦艦であり、公試では22.7ノットを記録、また8時間連続航行試験でも21.75ノットを維持していた。

以上から分かるように、「ネプチューン」は完全に満足できる艦ではなかったにしても、イギリス海軍が戦艦の将来像を見越した様々な取り組みが明確となった艦であった。とりわけ方位盤照準装置を搭載した最初のイギリス戦艦であり、前檣指揮所直下にある円筒内に収められていた。

就役した「ネプチューン」は、1911年5月から翌年5月まで本国艦隊の旗艦を務めたのち、第1戦艦戦隊に移り、そのまま戦争を迎えている。

この間、1912年には第1煙突が高いものに交換され、その翌年にはサーチライトが上構の前部に集約された。戦争が勃発すると間もなくフライング・ブリッジが撤去され、複眼式サーチライトは単眼式に切り替えられた。また同時に煙突カバーと脱煙装置が第一煙突に装着され、後部の戦闘指揮所が撤去されている。

一方で、10.2cm砲は露天配置のままであり、薄い鋼板で囲われただけであった。1915年には後部の魚雷発射管が撤去された。

1914年にグランド・フリートに編入された「ネプチューン」は、1916年5月のジュトランド沖海戦において戦艦部隊の19番目を航行し、敵艦隊に合計48発の主砲を放った。しかし、これといった戦果はないまま海戦を終えている。

1916年6月には第四戦艦戦隊に所属変更となり、1919年には予備に編入。特に用途はないまま1922年にスクラップとして売却された。

[コロッサス級戦艦]

■今すぐに増強したいド級戦艦

「ドレッドノート」ショックに刺激されたドイツ海軍は、一種の恐慌状態に陥り、1908年にはイギリス海軍の追い抜きを図るべく、新型のド級戦艦建造が秘密裏に始まった。1912年春までにはイギリス海軍、ドイツ海軍ともに21隻のド級戦艦を保有する見通しが立ち、両国の海洋覇権をめぐる議論は一触即発の熱気を帯び始めていた。皮肉なことに、ドイツ海軍の急速なキャッチアップに対してもっとも危機感をあらわにしたのは、当時、商務大臣を務めていたウインストン・チャーチルであり、彼に主導されたイギリスの保守派政治家および海軍支持派は「8隻ほしい。今すぐ欲しい（We want eight and we won't wait）」をスローガンに海軍力の増強を訴え、もともとは4隻のド級戦艦建造が予定されていた1909年度建艦計画を、8隻にまで膨らませたのである。実際のところ、海軍諜報機関が中心となってドイツから入手した数字は不正確であり、彼らは海軍省に6隻建造へと修正を求めた。こうした軍備縮小の裏には、自由党政権による圧力もあったのだが、内閣も最後は世論の圧力

▲「ドレッドノート」以降の主砲の砲塔配置を改めたのが戦艦「ネプチューン」。船体中央部両舷に配置された主砲をずらして配置し、また後部砲塔を背負式に搭載することで舷側方向への火力アップを狙ったが、このデザインは新たな問題を生み出す結果へとつながっていく

に負けて、予定通り8隻の戦艦を建造することになった。内訳は、2隻が「ネプチューン」の同型艦、そして6隻がより強力な34.3cm（13.5インチ）砲搭載艦という計画が動き出したのである。

「ネプチューン」の姉妹艦に位置づけられる最初の2隻は「コロッサス」と「ハーキュリーズ」であったが、実際には大幅なマイナーチェンジが施されている。主砲配置などに変更はないが、重量軽減のために4本の煙突の背後にある三脚楼は再設計されたものとなった。船体中央の舷側主砲であるP主砲とQ主砲の配置が互いに近くなったことで、船体前部にスペースが生まれ、艦上構造物にゆとりが持てたことや、副砲を集中配置できたことなどメリットは大きい。また水線下にかなりの艦内容積を占める53.3cm（21インチ）魚雷発射管は45.7cm（18インチ）発射管に改正された。水線装甲の増量は認められなかったために、主砲付近と主装甲帯の装甲強化には最大の努力が払われた。

船体の基本設計は「ネプチューン」と同じであるため、容易に解決できる問題ではなかったが、最終的には船体の各所から少しずつ装甲を削り、その重量軽減分をあてて水線装甲ベルトを1インチ、バーベットを2インチほど強化できたのである。設計面ではこれが装甲配置強化の限界であったが、その後の6隻にあたるオライオン級戦艦では主砲口径が34.3cm（13.5インチ）に増大して船体が大型化したことで、各所に余裕が生じている。

また排煙が艦橋の視界を妨げる欠点を解消するために、1912年には両艦とも煙突が高くなった。両艦の見た目の違いは、10.2cm砲にあらわれている。「ハーキュリーズ」の10.2cm砲は防盾を備えているが、「コロッサス」には簡単な囲いしか備えられていない。1915年から16年にかけての時期には、2隻とも防雷網が撤去され、1917年には後部のフライング・デッキも撤去された。他の戦時改装もすべてこの時期に行なわれている。また3門の10.2cm砲は、10.2cm高射砲、3インチ高射砲各1門に置き換えられた。

両艦ともジュトランド沖海戦に参加した。「コロッサス」は第一戦艦戦隊の副旗艦としてゴーント少将の乗艦となり、敵艦隊に主砲弾92発を発射して巡洋戦艦「デアフリンガー」に命中弾5発を与えたが自身も巡洋戦艦「ザイドリッツ」からの反撃で命中2発を受けて5名が戦死した。これにより、ジェリコー提督の主力艦隊では唯一、被害を受けた艦となった。

2番艦となる「ハーキュリーズ」は、ジュトランド沖海戦では主砲を98発射撃し、敵巡戦「ザイドリッツ」に命中弾を与えたとされる。また6月18日の出撃では、はじめて観測気球を曳航して作戦に臨んだが、あくまで装置のテストが目的であるため、搭乗員は乗っていなかった。1918年11月にはドイツのキール軍港まで連合国海軍使節団を護送している。戦後間もなく退役して、1922年にはスクラップ業者に売却された。

「コロッサス」は1919年から翌年にかけてダヴェンポートに置かれて士官候補生の練習艦となり、黒、白、黄褐色のヴィクトリア超の派手な姿に化粧替えした。1920年には早くも退役したが、スクラップとしての売却は1928年まで見送られた。

コロッサス級戦艦2隻は、イギリス海軍における最後の30.5cm（12インチ）主砲搭載艦となった。

（文／宮永忠将）

◀「ネプチューン」の改良型である「コロッサス」級戦艦2番艦「ハーキュリーズ」。コロッサス級戦艦は「ネプチューン」の略同型艦として扱われることが多いが装甲防御の強化と水中防御方式の変更などかなりの手直しが施されている

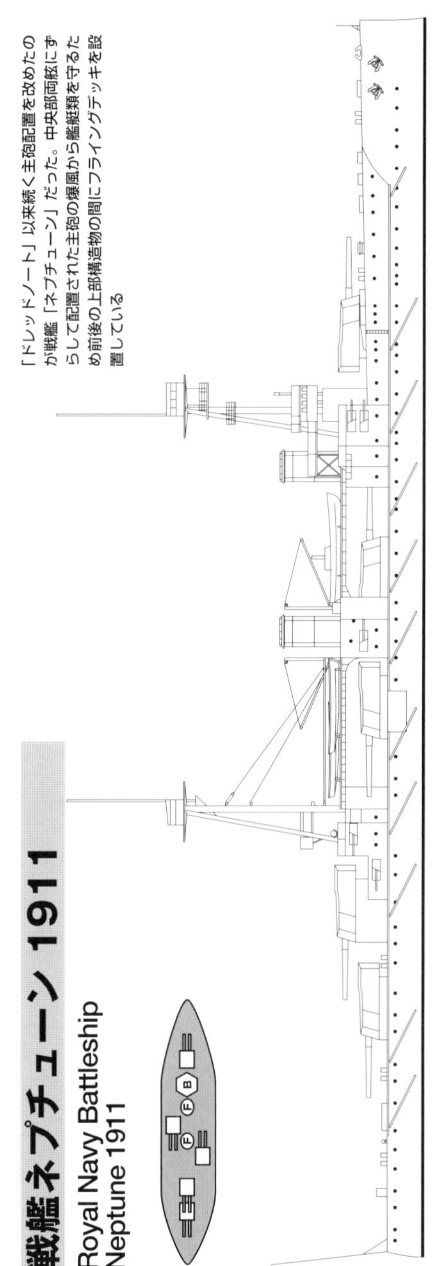

「ドレッドノート」以来続く主砲配置を改めたのが戦艦「ネプチューン」だった。中央部両舷にずらして配置された主砲の爆風から艦艇類を守るため前後の上部構造物の間にフライングデッキを設置している

戦艦ネプチューン 1911
Royal Navy Battleship
Neptune 1911

ネプチューン（新造時）

常備排水量	1万9680トン
満載排水量	2万2720トン
全長	166.4m
全幅	25.9m
機関出力	2万5000hp
速力	21ノット
航続力	6330海里／10ノット
武装	30.5cm（50口径）連装砲5基 10.2cm（50口径）単装砲16基 4.7cm（50口径）単装砲4基 45.7cm水中魚雷発射管3門
装甲	舷側254mm、甲板63.5mm 主砲279mm

ドイツ艦隊の増強スピードに驚いたイギリスが急遽、ド級戦艦の増強を図ることとなった。その結果建造されることになったのがこのコロッサス級戦艦2隻と次ページで紹介するオライオン級戦艦だった。本級の基本的なレイアウトは「ネプチューン」と同じだが外見的には後檣が廃止されていることで容易に区別することが可能だ。同型艦は2隻で1番艦「コロッサス」、2番艦は「ハーキュリーズ」と命名されている

戦艦ハーキュリーズ 1911
Royal Navy Battleship
Hercules 1911

コロッサス（新造時）

常備排水量	2万225トン
満載排水量	2万3050トン
全長	166.4m
全幅	25.9m
機関出力	2万5000hp
速力	21ノット
航続力	6680海里／10ノット
武装	30.5cm（50口径）連装砲5基 10.2cm（50口径）単装砲16基 4.7cm（50口径）単装砲4基 53.3cm水中魚雷発射管3門
装甲	舷側279mm、甲板102mm 主砲279mm

オライオン級戦艦1912～1926

Royal Navy Battleship Orion-class

わずか5年で切り開いた「超ド級戦艦」という第2ステージ

「ドレッドノート」の登場以来、単一巨砲の多数搭載は定番化したが、唯一踏み込めなかったのが主砲の首尾線集中配置だった。「せっかく積み込んだ主砲だ、前方にも後方にも射撃したい！」という用兵側の要望をかなえたのが、背負い式砲塔配置の実用化。一見普通に見えるそんな技術開発が、ド級戦艦の脱皮を一気に押し進めたのだ

■初の「超ド級」戦艦

1909年度建造計画において、イギリス海軍では超ド級戦艦4隻と、巡洋戦艦1隻の建造が承認された。海軍造兵局では前級のコロッサス級まで用いられていた50口径30.5cm（12インチ）砲Mk.IXに不満があったため、戦力増強の観点からオライオン級においては1ランク上の45口径34.3cm（13.5インチ）砲Mk.Vの採用を強く推した。これは30.5cm砲Mk.IX砲が初速を重視過ぎて砲身命数が大幅に低下したうえに、砲身の振動や高速飛翔中に砲弾に生じる軸ブレが弾着に悪影響を与えていたからであり、オライオン級では口径長を落とすことでこの悪癖を是正しつつ、砲弾の口径を大きくして砲弾の重量を五割増しの563kgとすることで、初速の低下を補おうとしたのだ。

比較すると、45口径34.3cm（13.5インチ）砲Mk.V砲はドイツ艦の30.5cm（12インチ）主砲をはじめとする、各主要国の戦艦より大きな威力を発揮できた。また弾体重量の増加と、最大仰角が従来の15度から20度に増加したことで、射程も2万1000mに到達した。イギリス海軍ではこの新主砲を「12インチA砲」という秘匿名称で開発したが、ドイツではオライオン級の完成まで、この主砲の詳細が掴めなかったようだ。

オライオン級は、他の戦艦に比べると計画期間が長めにとられたこともあって、設計に余裕があった。良い影響は主砲の配置に現れている。

「ドレッドノート」の登場以降、梯形配置になって残されていた舷側砲は、オライオン級ではじめて首尾線のみの配置に改正された。これにより片舷への砲弾投射量は前級から1.5倍に増加した。こうした改良と、主砲口径の増大とをあわせ、イギリス海軍はオライオン級を超ド級戦艦として喧伝した。「ドレッドノート」の登場からわずか5年にして、建艦競争は新たなステージに突入したのである。

ただしオライオン級では艦種と艦尾の各2砲塔が背負い式配置となっている。海軍省では上段の砲から生じる爆風が下段砲塔での作業に悪影響を与えるという理由から、背負い式の上段の砲は、首尾線直上方向への砲撃が禁じられていた。補助兵装も従来どおりの10.2cm（4インチ）単装砲16基で、甲板上ないし上部構造の舷側に据えられた。

上部構造物の配置は、主砲の首尾線上配置にともなう爆風の影響を考慮して改正が加えられている。しかし、前後の煙突の間にマストを配置しているために、排煙が射撃指揮を阻害するという、コロッサス級まで再三指摘されていた欠点は、短艇を操作するブームを配置するのに都合が良いという理由で継承されていた。

防御面では、自艦の主砲と同じ34.3cm（13.5インチ）砲に耐えるために船体前後の舷側はあえて非装甲とし、主要部に最大25.4cm（10インチ）厚の装甲を施す集中防御方式を取り入れた。またこれにより舷側の装甲はメインデッキの近くまで伸ばされたので、「ドレッドノート」とその後継艦に共通していた弱点が大幅に改善された。また砲撃時の爆風の影響を考慮して、短艇にも破片防御程度であるが装甲が施された。

水線下の防御力強化もオライオン級で大きく改正されたポイントだ。前級までは肋材が少なく、明らかに水線下の防御力が不足していた。だからといって、肋材を単に増量したのでは復元力が失われてしまう。そこで設計者は水密区画を改良して、水雷への防御力を強化した。このように、オライオン級では、以降の後継艦に長く引き継がれる、優れた装甲レイアウトによる高い防御力に真価があったといえる。

■新射撃指揮装置も搭載

1912年中に相次いで就役したオライオン級4隻は、ともに本国艦隊第二戦艦部隊を編成して任務にあたっていた。また「オライオン」は第2戦隊の副旗艦を務めている。

基本的にオライオン級はすべて同型であるが、装備品に若干の差違があり、特にもっとも多額の予算をかけて建造された4番艦の「サンダラー」は、フレデリック・チャールズ・ドレイヤー提督が発案した射撃計算機を搭載していた。これは世界初と言える自動計算型の指揮装置で、他の国を10年は引き離す装備であった。また同級では最初にスコット式の射撃方法を採用していて、三脚楼に据えられた中央射撃指揮所の指示によって主砲射撃が統制されていた。この射撃方法により、1912年に行われた比較射撃試験では、「オライオン」の実に6倍もの命中数を記録している。両艦とも条件を揃えて同時に射撃試験を実施したうえでの結果であった。

ところで就役後のオライオン級は衝突事故が多かった。例えば「オライオン」は就役から一週間もない1月7日に前ド級戦艦「リヴェンジ」に衝突されて、左舷を損傷している。第一次世界大戦が始まると、今度は2番艦「モナーク」が3番艦「コンカラー」に衝突した。ともにス

▲オライオン級戦艦2番艦「モナーク」。本級はセント・ヴィンセント級戦艦、「ネプチューン」、そしてコロッサス級戦艦と6隻続いた50口径30.5cm砲搭載艦への不満から誕生した。長砲身の30.5cm砲は初速が早く装甲貫徹力も大きかったが、砲身の寿命が短くまた命中率も悪かった。そこで本級はより強力な45口径34.3cm砲を搭載することとなった。本級の誕生によりド級戦艦の時代は終わりあらたに超ド級戦艦の時代へと入ったということができるだろう

▲3番艦「コンカラー」の新造時の姿。のちに前檣トップの短縮、魚雷防御網展張装置の撤去、飛行機滑走台の設置などの改装が実施されている。本級4隻がそろって配属された第二戦艦戦隊はジュットランド沖海戦に参加した部隊の中でも有力な存在だったが、ドイツ艦隊との位置関係が悪く大きな戦果をあげることがなかった

カパ・フローなどで応急修理を受け、「モナーク」は軽微な損害ですんだが、「コンカラー」はダメージが大きく、ダヴェンポートのドックで3ヵ月の修理を要した。

■ジュットランド沖海戦にそろって参加

第一次大戦では、オライオン級4隻はともにグランド・フリートの第二戦艦戦隊に所属して第二部隊を編成した。「モナーク」は開戦直後の1914年8月8日にシェトランド諸島のフェア・アイル海峡でU-15から雷撃された。幸い、魚雷は命中せず、ただちに軽巡「バーミンガム」をU-15を追跡し、潜航中の同艦に体当たりによって撃沈した。U-15は初の作戦行動で25名とともに失われたのであった。

1916年5月31日のジュットランド沖海戦には4隻とも参加している。ただしこの時、「コンカラー」は機関不調で20ノット程度しか出せないと予想されていたので、後続の「サンダラー」に対してはあらかじめ、戦況によっては「コンカラー」を追い抜いて戦うように指示が出されていた。

オライオン級の4隻にとっては、これが最初の本格的海戦であったので、個艦ごとの状況を見てみよう。

第二戦艦戦隊の副旗艦を務め、アーサー・レブソン提督の将旗を翻していた「オライオン」は、序盤戦では敵艦隊全体の動きに睨みをきかすも参戦機会はなく、終盤になって敵巡洋戦艦「リュッツォー」との交戦で4発の命中弾を与えたと報告している。

「モナーク」は1833時に敵戦艦ケーニヒ級3隻とカイザー級2隻を発見すると、近くのケーニヒ級に2斉射し、失探後はカイザー級に狙いを変えた。この戦闘でケーニヒ級1隻を挟叉したと報告しているが、実際には戦艦「ケーニヒ」に1発命中しただけであった。この主砲弾は「ケーニヒ」の左舷第一砲郭に命中し、170㎜の装甲を貫通して艦内で爆発。一部の弾庫が延焼したが、致命的な誘爆は免れた。

続いて巡洋戦艦「リュッツォー」に距離1万5000mで5斉射を加え、挟叉を確認した。このタイミングでは「リュッツォー」側では5発の被命中弾を記録しているので、おそらくは「オライオン」との砲撃を合わせてのことだろう。

3番艦「コンカラー」は、1831時に距離約1万1000mでケーニヒ級戦艦2隻を発見後に3斉射したが命中弾はなし。1921時には本隊を逃がすための時間稼ぎに接近してきた敵第三、第六、第九駆逐戦隊に遭遇、先の交戦と併せて計57発の主砲弾を発射したが、いずれも命中しなかった。

4番艦「サンダラー」は終始、位置取りや視界が悪くて交戦機会に恵まれなかった。海戦の終盤となる1915時にようやく敵艦2隻を確認するが、射線上に「ロイヤル・オーク」と「アイアン・デューク」がいたために2斉射しかできず、しかも二度目の砲撃は「アイアン・デューク」の頭越しという危険な射撃となった。

■消えゆく新鋭艦

オライオン級の4隻は戦時下において順次、改装工事が行なわれている。1915年にはトップマストが廃止されて、防雷網も撤去された。ジュットランド沖海戦後には射撃指揮所の拡張と、弾薬庫の防御力強化が図られ、1917年には艦載機用のスペースが追加された(「サンダラー」はB砲塔とX砲塔に、他の艦はB砲塔のみ)。建造時に前部煙突の周りに設けられた艦橋構造物は、1918年までに大幅に拡張された。幸運なことに、前部煙突が受け持っていたのは、主機の三割ほどであったために、ドレッドノート系の戦艦群ほど排煙による悪影響は受けずに済んでいる。

こうした改修工事が行われたにせよ、ジュットランド沖海戦後、オライオン級は通常の哨戒以外に活躍の場もなく、ワシントン軍縮条約の削減対象として「オライオン」と「コンカラー」は廃艦処分となった。「モナーク」は1924年に標的艦に指定され、翌年1月21日、ほとんどの艤装を取り払われた「モナーク」は、イギリス海峡の西端にあるシリー諸島の南方沖合に曳航された。まず最初に空軍機による空襲が行なわれ、数発の命中弾を確認。次にC級軽巡洋艦とV級、W級駆逐艦それぞれの主砲射撃目標とされた。そしてこのデータをとったのち、巡洋戦艦「フッド」「レパルス」、リヴェンジ級戦艦5隻の標的として滅多打ちにされた。とどめの一弾を放ったのは戦艦「リヴェンジ」であるが、艦こそ違えど「オライオン」に衝突したのも同盟の前ド級艦であったことなど、奇妙な縁を感じさせる。

「サンダラー」は1922年に士官候補生用の航海練習艦となり、4隻の中で唯一現役に留まることができた。しかし1926年にはスクラップ業者に売却された。

このように、オライオン級の活躍期間は10年に満たなかった。世界初の超ド級戦艦であるだけでなく、その後のイギリス戦艦の基本レイアウトを作ったエポックメイキングな艦でありながら、ジュットランド沖海戦での戦果が小さいこともあって存在感が小さいのが残念だ。

(文/宮永忠将)

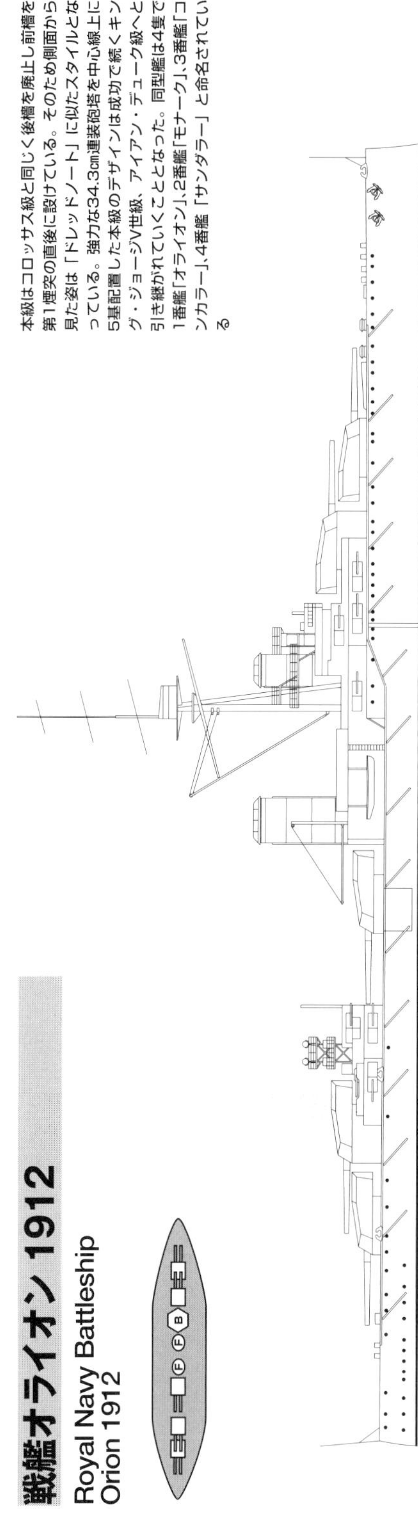

本級はコロッサス級と同じく後檣を廃止し前檣を第1煙突の直後に設けている。そのため側面から見た姿は「ドレッドノート」に似たスタイルとなっている。強力な34.3cm連装砲塔を中心線上に5基配置した本級のデザインは成功で続くキング・ジョージV世級、アイアン・デューク級へと引き継がれていくこととなった。同型艦は4隻で1番艦「オライオン」、2番艦「モナーク」、3番艦「コンカラー」、4番艦「サンダラー」と命名されている

戦艦オライオン1912
Royal Navy Battleship
Orion 1912

オライオン(新造時)	
常備排水量	2万2200トン
満載排水量	2万5870トン
全長	177.1m
全幅	27.0m
機関出力	2万7000hp
速力	21ノット
航続力	6730海里/10ノット
武装	34.3cm(45口径)連装砲5基 10.2cm(50口径)単装砲16基 4.7cm(50口径)単装砲4基 53.3cm水中魚雷発射管3門
装甲	舷側305㎜、甲板102㎜ 主砲279㎜

キング・ジョージV世級戦艦1912～1926
Royal Navy Battleship King George V-class
アイアン・デューク級戦艦1912～1931
Royal Navy Battleship Iron Duke-class
熟成された超ド級戦艦の第2集団

超ド級戦艦の2番手となるキング・ジョージV世級はオライオン級を改良したタイプだったが、続くアイアン・デューク級では駆逐艦や水雷艇を追い払うための副砲を強化したのがひとつの特徴となった。これは魚雷の性能が向上したことを受けてのものであり、水線下の防御能力もまた、その強さを図る尺度とされるようになった

[キング・ジョージV級級戦艦]
■第一次改訂版の超ド級戦艦

1910年計画の建造対象となっていた4隻の戦艦は、当初はオライオン級の同型艦となる予定であった。しかし巡洋戦艦「ライオン」の公試結果から、前檣楼を前部煙突の前に配置して、煤煙が指揮所の機能を阻害する欠点が改正されたことなど設計が大きく変わったので、新たにキング・ジョージ V世級として建造されることとなった。

同時に、性能向上が著しい駆逐艦に対抗するため、副砲の10.2cm（4インチ）砲を15.2cm（6インチ）に強化すべしという用兵側からの強い要望があったが、こちらは重量増加が2000トンに達する懸念に加え、当時の自由党政権が海軍予算削減に力を入れていたことが逆風となり、実現はしなかった。

しかし船体が前級よりも若干大きくなったことで、甲板の装甲を強化できた。煙突も背の高いデザインとなり、側面のラインも直線が多用されたこととあいまって、キング・ジョージV世級戦艦の外見は、非常にスマートな印象を与えている。ネームシップ「キング・ジョージV世」（以下「KGV」と略）と2番艦の「センチュリオン」は、砲側照準で設計されていたので、各砲塔の天蓋後部に測距儀が置かれたぶん、前檣楼は軽量骨材で組まれたシンプルな棒楼となっていたが、後発となる「オーディシャス」「エイジャックス」の2隻は、オライオン級での比較射撃試験の結果に鑑みて、前檣トップの射撃指揮所に方位盤照準器を搭載することになり、上部が短く頑丈三脚楼で支えられていた。「センチュリオン」も1918年にはこの構造になり、「KGV」は当初は棒楼をフランジで支えて応急対処していたが、最後は三脚楼となった。

1914年10月27日に「オーディシャス」は触雷により失われたが、残る3隻は戦時中に順次、改修工事を受けている。内容は防雷網の除去や、探照灯の改良、艦橋設備の近代化などであり、1918年にはB砲塔上に航空機用の滑走台も設置された。主砲は前級同様34.3cm（13.5インチ）だが、新設計であり、オライオン級の砲弾より約12%重い1400ポンド（635kg）の砲弾を使用できたことから、威力、射程とも大幅に強化された。1915年からは10.2cm（4インチ）対空砲2門が後部甲板に増設される一方で、A砲塔とB砲塔付近の船首楼甲板下部に設けられた10.2cm50口径砲2門が、悪天候では作動しないことから撤去された。このような戦時改修の結果、満載排水量は2万6595トンから2万6740トンに微増している。

■次世代戦艦の身代わりとなる

「KGV」は就役時から本国艦隊の旗艦であったが、開戦時に「アイアン・デューク」に旗艦の座を譲っている。1914年8月の開戦時には、全艦ともグランド・フリートに編入された。ところが同年10月27日に「オーディシャス」は北アイルランドのスウィリー湾で触雷してしまう。当初の損害は軽微であると思われていたが、主要装甲部を取り巻く区画への浸水が止まらず、天候が悪化するにしたがって曳航も不可能となり、最後は沈没してしまった。

他の3隻はジュトランド沖海戦に参加した。「KGV」は第二戦艦戦隊の旗艦として、右翼に展開した戦艦群の先頭に立ったが、敵艦隊との位置関係が悪くて遊兵化してしまった。「KGV」は9発、「センチュリオン」は19発、「エイジャックス」には6発しか主砲を撃つ機会がなく、当然、戦果も得られなかった。

その後、「エイジャックス」と「センチュリオン」は1919年に黒海方面に派遣され、1924年に地中海での任務を解かれて本国に帰還した。「KGV」は1923年から26年にかけて砲術練習艦となっている。全艦ともワシントン軍縮条約の対象艦に指定されていたため、1926年には除籍されて、「KGV」と「エイジャックス」は売却処分された。これらを犠牲にすることにより、40.6cm（16インチ）砲搭載艦の「ネルソン」と「ロドネー」の保有が認められたのである。

一方、「センチュリオン」は「アガメムノン」に代わって無線誘導の標的艦となり、1941年4月までプリマスにおいて20.3cm（8インチ）砲撃用の標的艦として運用された。そして第二次大戦では、キング・ジョージV世級（2代目）の「アンソン」に艤装してインドに展開し、1942年6月からはスエズ運河で固定対空砲台として使用された。そして1944年6月のノルマンディー上陸作戦では、即席港湾施設「マルベリー」用の防波堤として沈められ、多忙な生涯を終えた。

[アイアン・デューク級戦艦]
■小兵に備え副砲を強化

KGV級でも議論になっていたが、従来の冷走方式に代わり、射程が大幅に延伸した53.3cm熱走魚雷が実用化されたことで、駆逐艦や魚雷艇は戦艦の脅威となった。これにより主砲万能論者は根拠を失い、1910年に第一海軍本部長のフィッシャー提督が引退したことも後押しになって、アイアン・デューク級では15.2cm（6インチ）副砲の搭載が決まった。日露戦争時に建造された前ド級戦艦キング・エドワード7世級以来となる復活である。これにより、早くから13.9～15cmクラスの砲を装備していたフランスやドイツへの遅れを取り返すことになった。

1911年計画で建造されたアイアン・デューク級戦艦は、概ね前級のKGV級を踏襲しているが、全長で約7.5mほど大きくなっている。また船幅、吃水線下ともにわずかながら大型化しているのは、艦首と艦尾に15.2cm副砲を搭載するのに必要な浮力を確保するためであった。また全長を伸ばしたことで配置に余裕が生まれ、艦首側の副砲の位置を下げて、悪天候時の影響を抑えることができた。

また設計の最終段階で射撃指揮所と方位盤照準器射撃方位盤が予想より大型になると判明したため、頑丈な三脚楼が必要になったが、逆に煙突が大幅に小型化したことが、アイアン・デューク級の識別点となった。また建造後にはイギリス戦艦としてはじめて7.6cm高角砲を搭載したが、これは飛行船を狙い撃つために開発された大口径高射砲を兼ねている。

「アイアンデューク」の公試は1913年暮れに実施されたが、この時は防雷網を設置していたが就

▲アイアン・デューク級戦艦3番艦「ベンボウ」。本級はキング・ジョージV世級に続く34.3cm砲搭載の超ド級戦艦第3弾として建造された。前級との主要な改正点は副砲の強化でこれまでの10.2cm砲から15.2cm砲へと変更された。また飛行船対策にイギリス戦艦としてはじめて高角砲を搭載している

役時には撤去しており、他の同型艦は最初から防雷網を装着していない。艦尾の魚雷発射管はアイアン・デューク級から廃止された。後甲板下部の15.2cm砲は悪天候時に波をかぶってしまうため、精度は天候によって大きく左右された。これを緩和すべく蝶番式の波よけ板が追加された。しかし、悪天候のたびに使いものにならないほど破損したので、最終的には1914年暮れからの工事で副砲そのものが撤去された。進入した海水はすべて下甲板や作業所から流れ出すように改良された。また副砲砲郭には簡易隔壁が設けられ、防盾の緩衝にはゴム材が使用された。これらの工夫は有効であったため、「タイガー」やクイーンエリザベス級戦艦にも利用されている。

■貴重な戦訓

アイアン・デューク級は、開戦を挟んで1914年中に相次いで就役し、全艦がグランド・フリートに編入された。「アイアンデューク」は1916年11月まで本国艦隊の旗艦を務め、司令長官のジェリコー大将が座乗した。ジュットランド沖海戦では戦艦部隊のほぼ中央を占位しつつ主砲90発を放ち、ドイツ戦艦「ケーニヒ」に命中弾7発を与え、駆逐艦S35を撃沈する戦果を上げた。

3番艦「ベンボウ」は同海戦で主砲40発を放つも戦果はなく、2番艦「マールバラ」は主戦場にあり162発もの主砲弾を発射して、敵戦艦「グローサー・クールフェルスト」に命中弾3発、巡洋艦「ヴィースバーデン」にも損害を与えたが、自身も反撃で魚雷1本の命中を受けた。命中箇所付近の船体中央の装甲は完全に吹き飛んで横20m、縦6mもの大穴が開いてしまった。命中部は缶室と隣り合っていて、石炭室が緩衝するはずであったが、弾薬庫と主機室は最大3.8cm（1.5インチ）厚の隔壁があるだけで、魚雷には無力であった。「マールバラ」は17ノットで航行を続けたが、左舷への傾斜によりすべての砲が使用できなくなってしまう。翌日には吃水線の沈み込みが12mにせまり、10ノットに速度を落としてどうにか浮かんでいるという状態であった。修理はタインで行なわれ、復帰までに3ヶ月の時間を要している。4番艦の「エンペラー・オブ・インディア」は修理中であったため、ジュットランド沖海戦には参加していない。

海戦後、アイアン・デューク級については、探照灯の換装と射撃指揮所の改良が行なわれたほかに、バーベット周辺の甲板装甲と弾薬庫の隔壁を中心に最大5.1cm（2インチ）程度、820トン相当の装甲が追加された。この戦時改修の結果、最大排水量は3万380トンに達している。

戦後、軍縮条約の影響はアイアン・デューク級にもおよび、「ベンボウ」は大西洋艦隊所属を経て1931年に売却、「マールバラ」もその翌年にスクラップ解体された。「エンペラー・オブ・インディア」は1931年に標的艦として沈没したが、翌年の1932年2月6日に再浮揚されてから売却されている。

ネームシップの「アイアン・デューク」だけは、1929年にB砲塔とY砲塔および装甲帯が撤去され、主機主缶も速力18ノット相当まで削減された完全非武装状態で、練習艦として残された。1939年から45年の期間は、スカパ・フローで母船任務に就いているが、主砲と副砲は港湾防御砲台の武器として撤去された。なお1939年10月17日の爆撃で同艦は大破し、修理を受けている。その後は使い道もなく、1946年にスクラップ業者に売却された。

（文／宮永忠将）

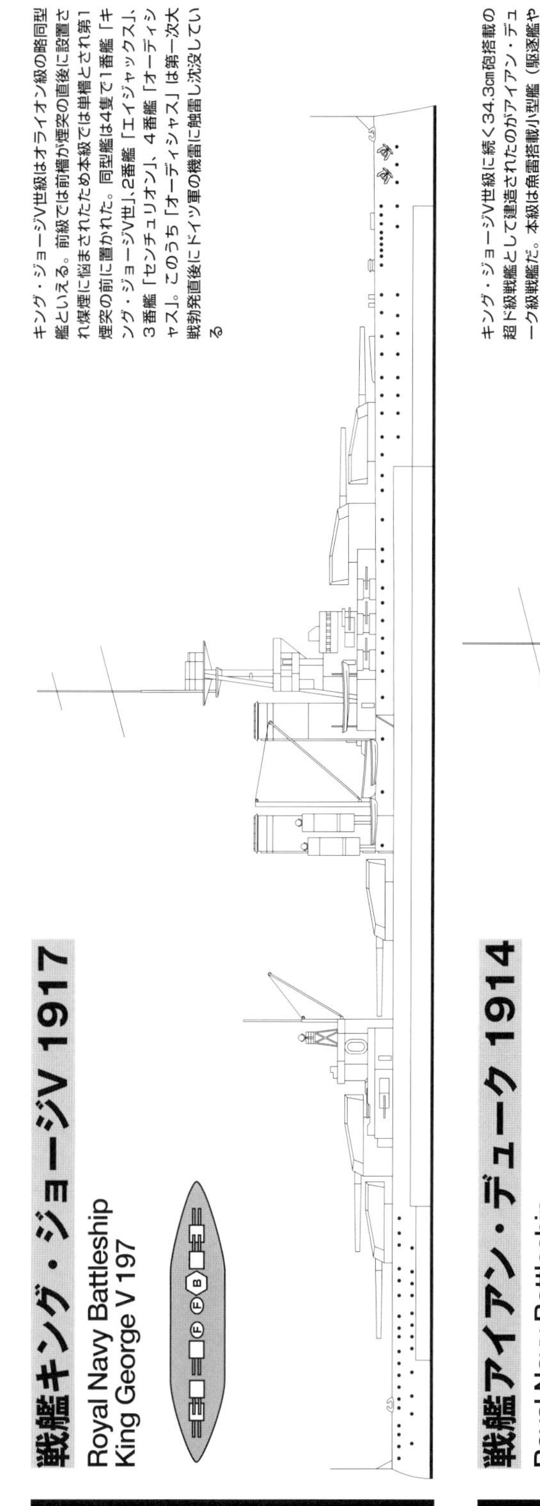

キング・ジョージV世級はオライオン級の踏襲型艦といえる。前級では前檣が煙突の直後に設置され煤煙に悩まされたため本級では単檣とされ第1煙突の前に置かれた。同型艦は4隻で1番艦「キング・ジョージV世」、2番艦「センチュリオン」、3番艦「エイジャックス」、4番艦「オーディシャス」。このうち「オーディシャス」は第一次大戦勃発直後にドイツ軍の機雷に触雷し沈没している

キング・ジョージV世級に続く34.3cm砲搭載の超ド級戦艦として建造されたのがアイアン・デューク級戦艦だ。本級は魚雷搭載小型艦（駆逐艦や魚雷艇）の脅威が増す中、副砲の強化が図られている。また前級では単檣とされたマストは方位盤射撃装置を搭載するため三脚檣へと変更されている。同型艦は4隻で1番艦「アイアン・デューク」、2番艦「マールバラ」、3番艦「ベンボウ」、4番艦「エンペラー・オブ・インディア」

戦艦キング・ジョージV 1917
Royal Navy Battleship
King George V 1917

戦艦アイアン・デューク 1914
Royal Navy Battleship
Iron Duke 1914

キング・ジョージV世（新造時）	
常備排水量	2万3000トン
満載排水量	2万5700トン
全長	181.7m
全幅	27.1m
機関出力	2万7000hp
速力	21ノット
航続力	6730海里／10ノット
武装	34.3cm（45口径）連装砲5基
	10.2cm（50口径）単装砲16基
	4.7cm（50口径）単装砲4基
	53.3cm水中魚雷発射管3門
装甲	舷側305mm、甲板102mm
	主砲279mm

アイアン・デューク（新造時）	
常備排水量	2万5000トン
満載排水量	3万380トン
全長	189.8m
全幅	27.4m
機関出力	2万9000hp
速力	21ノット
航続力	7780海里／10ノット
武装	34.3cm（45口径）連装砲5基
	15.2cm（45口径）単装砲12基
	7.6cm（45口径）高角砲2基
	4.7cm（50口径）単装砲4基
	53.3cm水中魚雷発射管3門
装甲	舷側305mm、甲板64mm、主砲279mm

インディファティガブル級巡洋戦艦1911〜1922

Royal Navy Battlecruiser Indefatigable-class

欠点を改良した巡洋戦艦の次鋒

新しい艦種である巡洋戦艦の急速拡充を図り、ドイツ海軍とのリード拡大を狙うイギリス海軍は、その調達期間を短縮するため、最小限の改設計をおこなっただけのインディファティガブル級巡洋戦艦を建造する。速度と火力を重視したそのツケは、ジュトランド沖で自らに返ってくることとなった

■新艦種の二番手として

インディファティガブル級は、1908年度建造計画の後半分にあたる艦である。本来は「ネプチューン」の対となる巡洋戦艦として建造されるべきであったが、実際にはインヴィンシブル級の欠点を洗い直した、改良型巡戦として開発が進められた。そのため、ドイツの大建艦計画に対抗する巡洋戦艦としては消極的でもの足りない艦であり、実際、建造にかかる時間を最小限に抑えた程度しか改良点が見当たらない。

当時、イギリスではインド洋方面のシーレーン確保のために、巡洋戦艦8隻、軽巡洋艦10隻を中核とする自治領艦隊整備計画に着手していた。そのため、建造には英連邦自治領のオーストラリアとニュージーランドも建造資金を負担することになったが、2番艦の「オーストラリア」を自国艦隊の旗艦とする予定でいたオーストラリアにとっては、前述した理由などから不満の残る巡洋戦艦であった。また3番艦「ニュージーランド」は英国海軍籍に残されることになっていた。

インディファティガブル級は前級よりも火力を強化することになっていたが、おそらくはフィッシャー提督が意図的に情報操作したことで、実際よりかなり強力な数値が喧伝されていたようだ。主砲は45口径30.5cm(12インチ)のMk.X砲塔である。また「ジェーン年鑑」には装甲配置については大げさな記述[装甲ベルト20.3cm(8インチ)、装甲甲板7.6cm(3インチ)、砲塔10.2cm(4インチ)のほか、速度も29〜30ノットなど]があったが、実際のところは、インディファティガブル級はP砲塔とQ砲塔をオフセット配置する必要から、諸元はインヴィンシブル級とほぼ同一であった。あえて異なる点をあげると、戦艦「ネプチューン」と比較して1000トンほど軽量であるということくらいである。

「オーストラリア」と「ニュージーランド」では防御力強化のために、艦首と艦尾周辺の装甲の量を減らして、A砲塔とP砲塔の側面装甲に12.7cm(5インチ)の厚みを持たせている。一方で出力は1000馬力ほどしか増加していないので、速度は25ノットと微増に留まった。公試でも「インディファティガブル」はかろうじて25ノットを上回っているに過ぎない。しかし高負荷状態の「オーストラリア」は5万5881馬力、26.89ノットを、「ニュージーランド」は4万9048馬力、26.39ノットをそれぞれ叩き出している。またドッガー・バンク海戦で「ニュージーランド」は一時的に6万5250馬力、27ノットを発揮している。

本級では設計中に、排煙が艦に与える悪影響が明らかになったので、前部煙突を増高して対処した。第3煙突と三脚楼後方の射撃指揮所の間隔は広くとられていたものの、開戦後には指揮所は撤去されている。またP・Q砲塔の弾庫を分離してその間に缶室を配置した結果、水線長は8.5mも延伸してしまい、A・Y砲塔間の距離も増えている。この延伸分の装甲を確保するために、艦首尾付近の装甲を棄てるという思い切った構造にした。それでも、防御面と船体の動揺制御に支障が生じ、その代償を戦場で支払うことになった。

■高速は力ならず

竣工した「インディファティガブル」は1913年に本国艦隊から地中海艦隊所属となり、1914年8月にはドイツ巡洋艦「ゲーベン」「ブレスラウ」の追撃戦に参加している。1914年11月4日にはヘレス岬砲撃作戦に加わり、1915年2月にグランド・フリートに復帰した。そして1916年5月31日のジュトランド沖海戦を迎えるが、その緒戦に敵巡洋戦艦「フォン・デア・タン」と対峙して、約40発を放ちながら、自らも28cm砲弾数発の命中を受けて火薬庫が誘爆し、1000名を超える乗員とともに轟沈した。

「オーストラリア」はニュージーランド合同艦隊の旗艦として太平洋で作戦行動を開始。フォークランド沖海戦が勃発すると、「オーストラリア」はシュペー艦隊捜索に参加すべく、グランド・フリートに加えられた。ところが1916年4月に「ニュージーランド」と衝突事故を起こしてしまったために、ジュトランド沖海戦には参加できなかった。

「ニュージーランド」は1913年2月から12月にかけての期間を使って、イギリス自治領を周遊航海し、1914年8月にグランド・フリートの配下に置かれた。ドッガー・バンクの海戦では147発の主砲弾を放ったものの、戦果はなかった。ジュットランド沖海戦ではX砲塔に敵の28cm砲弾が命中しているが、損害はなかった。一方で、ド級戦艦、ド級巡洋戦艦では最多となる420発もの主砲を発射しているが、命中したのはわずかに4発のみであった。制動が不安定であることが、命中率の低下に影響したと思われる。

1917年6月には「オーストラリア」に仰角60度まで可能な10.2cm(4インチ)Mk.VII高射砲が増設され、同時期に「ニュージーランド」からは6ポンド高射砲が撤去された。1918年には両艦ともP・Q砲塔の上に航空機発射台が設けられ、ソッピース・キャメル戦闘機と1 ½ストラッター観測機が運用可能となった。同年4月4日には「オーストラリア」がQ砲塔上の滑走台から観測機の発進に成功した。

戦後、「オーストラリア」はオーストラリア海軍の旗艦に復帰する。しかし1922年にワシントン軍縮条約が締結されると廃艦が決まり、1924年4月24日にシドニー沖にて自沈処分された。1922年12月には「ニュージーランド」も売却処分されている。

(文/宮永忠将)

インディファティガブル(新造時)

常備排水量	1万8470トン
満載排水量	2万2150トン
全長	179.8m
全幅	24.4m
機関出力	4万4000hp
速力	25ノット
航続力	6330海里/10ノット
武装	30.5cm(45口径)連装砲4基
	10.2cm(50口径)単装砲16基
	4.7cm(50口径)単装砲4基
	45.7cm水中魚雷発射管5門
装甲	舷側152mm、甲板64mm
	主砲178mm

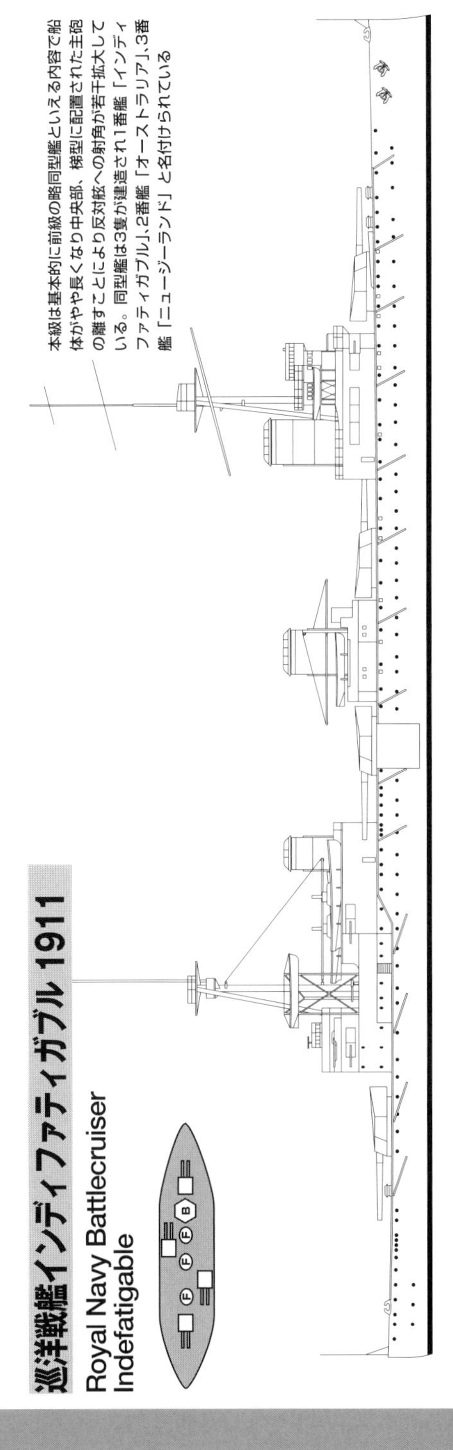

本級は基本的に前級の略同型艦といえる内容で船体がやや長くなり中央部、梯型に配置された主砲の離すことにより反対舷への射角が若干拡大している。同型艦は3隻が建造され1番艦「インディファティガブル」、2番艦「オーストラリア」、3番艦「ニュージーランド」と名付けられている

戦艦エジンコート1914～1921
Royal Navy Battleship Agincourt

戦艦エリン1914～1922
Royal Navy Battleship Erin

戦艦カナダ1915～1919
Royal Navy Battleship Canada

時代に翻弄され、数奇な運命をたどったイギリス生まれの三戦艦

他国からの兵器の発注を請け負い、外貨を得るということはかつて列強のどの国でも重要な産業であった。ド級戦艦もその例に漏れず、先進国イギリスは我が国をはじめ諸外国からの発注で建造を行なっている。ここで紹介する3隻はいずれもそうしたケースで建造され、はからずも母国イギリスで使用されたものたちだ

[戦艦エジンコート]

■7砲塔を持つ洋上の弾薬庫

艦尾に3基6門の主砲を背負い式に配置し、204mの船体に30.5cm（12インチ）砲を7基14門もの過剰な攻撃力を詰め込んだ戦艦「エジンコート」。しかしこの特異な艦はもともとイギリス海軍の戦艦ではなく、ブラジル海軍の発注で、1911年に9月に戦艦「リオデジャネイロ」として起工されたものであった。当時南米はアルゼンチン、ブラジル、チリのいわゆるABC3ヵ国が緊張状態にあって、アルゼンチン海軍が「リバダビア」「モレノ」（137ページ参照）の2隻の戦艦をアメリカに発注したことが刺激となり、ブラジル海軍が調達に動いたのであった。

しかし戦艦「ミナス・ジェライス」で発生した反乱事件で海軍が国民の信頼を失い、1911年に選出されたエルメス・ダ・フォンセカ大統領は、「リオデジャネイロ」を保有する財政上の負担が大きすぎるとして、キャンセルを決めた。ブラジルは転売先を探したが、折しもバルカン戦争の敗北により、近代化を目指していたトルコ帝国がこれに目を付け、1914年初頭に「スルタン・オスマンI世」として272万5000ポンドでの購入を決めたのである。

戦争勃発時にはすでにダヴェンポート工廠でほぼ完成状態であったが、チャーチルの命令で建造は遅延させられていた。そしてトルコがドイツに接近しているのが判明すると、イギリス海軍が戦艦「エジンコート」として接収した。一年に満たない間に、3ヵ国の間を変転したことになる。「エジンコート」は、当時イギリスが保有する最大の戦艦であった。

とはいえ海外向けに作られていた戦艦だけあってそのままではイギリス海軍では運用が難しいため、グランド・フリートに編入される前に、煙突の間にあったフライングデッキと防雷網が除去されるなど、かなりの改修を受けている。主砲もイギリス式に、艦首側がA、B砲、艦中央がP、Q砲、艦尾側がX、Y、Z砲塔となったが、乗員の間では、艦首側の砲塔から日曜日から始まる曜日の名前で呼ぶ方が定着していたようだ。

このような改修が施されたものの、30.5cm（12インチ）砲主体の戦艦は、もはやイギリス海軍では重視されていなかったため、「エジンコート」はほとんどドック入りをしていた。主砲塔を7基も搭載したために船体が細長く、斉射には耐えられない構造であるとか、そもそもの防御力が不足していると危惧されたためであり、ジェーン年鑑の編集長オスカー・パークスからは「ほどほどの装甲と、恐るべき火力を持つ洋上の弾薬庫」と評された。

ちなみにシングルレバーで操作される自動装填を組み込んだ、アームストロング社エルスウィック工場製の30.5cm砲は、初期のド級戦艦が搭載していた同口径の主砲との互換性はない。

■実戦で評価をあげる

「エジンコート」は1914年8月2日にはグランド・フリートの第四戦艦戦隊に編入された。そして1915年には第一戦艦戦隊に移り、ジュットランド沖海戦を迎えている。この海戦で主力戦艦隊の最後尾にで主砲144発を放っている。斉射時はまるで自艦が爆沈したかのように見えたとのことだが、船体は充分に安定していた。もし主砲14門を斉射したら「エジンコート」は反動で転覆するだろうという冗談が、港近くの酒場でたびたび耳にされていたが、この海戦で噂は払拭されたのである。とはいえ、見た目の派手さとは裏腹に、方位盤照準装置もなく、戦力としては期待できなかったが、敵戦艦「マルクグラーフ」と「カイザー」に合計3発の命中を出す一方で、自艦は損害も、犠牲者も出していないなど、一定の貢献はできた。

大戦中には改装により後檣楼が撤去され、トップマストは船体中央のデリックポストに移設されたことで、横からのシルエットが大きく変化した。1918年には艦橋構造物が拡張されて、探照灯は煙突の直後に設けられた探照灯台に集中された。1918年後半には第二戦艦戦隊に移り、

▲ブラジル海軍の発注で建造された「リオデジャネイロ」の後身で、のちにトルコ海軍が購入することが決まったが、トルコが敵国として参戦する公算が高くなったためイギリス海軍が押収しグランドフリートに配属した。7基の連装砲塔を中心線上に配置したため第一次大戦でイギリス海軍が保有したド級戦艦の中でもっとも全長の長い艦となった。最大速力は22ノットとド級戦艦の中では比較的高速だったが防御力はやや弱体で巡洋戦艦的要素の強い戦艦だった

▲「エジンコート」と同じくトルコ海軍が発注していた戦艦を押収しイギリス艦隊に編入されたのが戦艦「エリン」だった。基本的な設計はキング・ジョージV世級をベースとされたが副砲は15.2cm砲へと強化されている。本艦はジュットランド沖海戦に参加した戦艦の中で唯一主砲を発射していない

終戦を迎えている。戦後、イギリスはブラジル政府に対して「エジンコート」を100万ポンドで売却しようとしたが、交渉はまとまらなかった。「エジンコート」は1921年に技術実証艦となり、第1、第2砲塔以外が撤去されて、燃料および弾薬などの補給物資を貯蔵する「洋上移動基地」として使われるようになった。しかし実用性にとぼしく1921年に工事は中止され、翌年にスクラップ処分された。

[戦艦エリン]

■トルコ向け仕様を運用でカバー

第一次世界大戦が勃発したとき、イギリスではトルコから受注していた戦艦「レシャディエ(レシャドV世から改称)」が完成間近であった。これらは海軍大臣ウィンストン・チャーチルの命令でイギリス海軍に接収されることになった。ちなみにトルコはイギリスに同型艦「レシャド・イ・ハシス」と「ファーティ」も発注していたが、どちらも建造中止となっている

「レシャディエ」は「エリン」としてイギリス海軍に接収された。エリン(Erin)とは、アイルランドを指す文語である。「エリン」の計画主任はアームストロング社のペレット造船部主任技師であり、兵装はアームストロング社、船体と機関はヴィッカース社がそれぞれ割り当てられた。

「エリン」は基本的にはキング・ジョージV世級をベースに、アイアン・デューク級の長所を継ぎ足した感のある戦艦であった。船体の全長は短く、幅広で、中央部のQ砲塔(34.3cm砲)は有効な射界を確保するために一段高く設置されているなど、主砲の配置は同時期のイギリス戦艦より一歩進んでいた。また全長が短めであることにより、旋回半径も小さくできた。アイアン・デューク級よりも副砲が4門多く、防御面でも遜色ないにもかかわらず、機関室区画が短縮されていることで、2000トンも軽い。機関出力が約一割低下しているのに、速度はほとんど変わらないという、非常に素性のよい設計であった。

だが、実際にはそんなに都合のよいことばかりであるはずはなく、工業製品の鉄則としてトレードオフされたのが装甲配置であった。装甲帯はキング・ジョージV世級よりも幅が狭く、また石炭搭載量も1000トン以上少ないことから、航続距離も犠牲にされていたのだ。しかし作戦海域を北海に限定すれば特に不都合もなく、性能のマイナス面は運用で補えると考えられた。

イギリス戦艦の標準形からは外見もかなり異なっている。二本の煙突は違和感を覚えるほど接近していて、前檣楼は主脚をデリックポストと兼用としていたために、支脚を前に向かって突っ張る特異な形になっていた。また後檣楼は建造中に撤去されている。

戦艦「エリン」は1914年10月に「オーディシャス」が失われた穴埋めとして、第二戦艦戦隊に移った。ジュットランド沖海戦では戦艦部隊の先頭付近を航行していたが、会敵機会に恵まれず主砲を発射する場面はなかった。大戦中に前檣楼の指揮所に方位盤照準装置を設置されたが、他に目立った作戦も無いまま終戦を迎え、1919年には予備艦隊旗艦となる。1922年に解体処分が決まり、スクラップ業者に売却された。

[戦艦カナダ]

■友好国から平和裏に入手

1910年から1911年にかけて、チリ海軍はブラジル、アルゼンチン両海軍のド級戦艦整備計画に対抗するために、果敢にもより強力な攻撃力を持つ超ド級戦艦2隻をイギリスに発注した。このうち「アルミランテ・ラトーレ」(138ページ参照)は、開戦時の1914年8月には進水を終えて、ほぼ完成状態であった。

この戦艦は主砲が35.6cm(14インチ)砲5基10門、排水量2万7400トンというアームストロング社の提案に沿って建造されたが、ベースはオライオン級の2番艦「モナーク」であり、出力を1万馬力増強して、速力で2ノット上回ることを狙いとしていた。主砲は45口径35.6cm(14インチ)砲Mk.Iで、副砲は当初12cm砲20門搭載と予定されていたが、チリ海軍が50口径15.2cm(6インチ)砲を要求したため、数を16門に減らして搭載した。また本稿で扱った他の2隻と同様に、艦首の形状は斧型のクリーバー・バウで、前後の檣楼はともに三脚楼になっていた。

艤装中に第一次大戦が勃発した点では、「エジンコート」や「エリン」と同じわけだが、チリは友好的中立を維持しつつ、弾薬製造に不可欠な硝石の輸出でイギリスを助けていたことから、他の2艦のような接収という乱暴な措置はとられなかった。イギリス政府は1914年9月9日にこの戦艦をチリから適正価格で購入し、「カナダ」と命名したのであった。一方、姉妹艦「アルミランテ・コクラン」は船首楼まで完成し、主機主缶の据え付けと甲板の配置は終えていたものの、舷側の装甲はまだ貼られていなかった。こちらもイギリスが購入して、戦艦「インディア」となる予定であったが、工事はなかなか進まなかったので、完成していた35.6cm砲は、とりあえず「カナダ」の予備部品とされた。やがて1917年に全通飛行甲板を有する本格的航空母艦の要求が高まり、海軍はこの戦艦を空母に改装することを決め、1918年2月28日に工事が始まった。これが空母「イーグル」となる。

■日本との意外な関係

船体はオライオン級を踏襲しつつも、「カナダ」はアイアン・デューク級に倣って後檣楼や艦橋構造物を再設計したため、基本配置や乾舷の高さはアイアン・デューク級とほぼ同じである。しかし巨大な煙突と三脚楼がもたらす錯覚により、特に艦首付近の高さが低く見える。また後には煙突が増高され、上構に棒楼が加えられた。

ジュットランド沖海戦では第四戦艦戦隊に属して主砲弾42発を放ち、自らは無傷であった。この海戦の結果、後部の15.2cm(6インチ)砲4門がQ砲塔の砲撃時に使いものにならなくなると判明したために撤去された。また1918年にはB砲塔とX砲塔の上に飛行機用の滑走台が設けられている。

戦後、1919年から1920年にダヴェンポートで修理を受けると、1920年4月には元値の四割でチリに返却され、「アルミランテ・ラトーレ」の名前が復活、同国海軍の艦隊旗艦となった。これにより南米諸大国の海上軍事バランスも均衡した。

1929年からはダヴェンポートで射撃指揮装置の近代化や、バルジの装着、重油専焼缶への換装など近代化改修工事が行なわれた。そしてライバル国が戦艦を退役させたあとも現役に留まったため、第一次大戦を経験した唯一の戦艦として第二次大戦後も親しまれた。

なお、本艦は1958年にはスクラップとして日本の業者が購入し、日本に曳航された。解体時に一部の装備は記念艦「三笠」の復元作業に流用されている。

(文/宮永忠将)

▲「エジンコート」「エリン」と同じく「カナダ」も外国から発注された戦艦をイギリス海軍が編入したものだ。設計のベースはアイアン・デューク級戦艦だったが主砲は34.3cmから35.6cm砲へ機関出力は2万9000馬力から3万7000馬力へと強化、高速化されていた。その分、防御力はやや犠牲にされており舷側装甲は305mmから229mmへと減じられていた

戦艦エジンコート 1914
Royal Navy Battleship
Agincourt 1914

ブラジル海軍からトルコ海軍、トルコ海軍からイギリス海軍へと三度所属を変えた「エジンコート」。本艦の最大の特徴は中心線上に配置された7基の主砲で、14門という主砲数は近代戦艦史上最多を誇る。ただし多数の主砲を搭載するとはいえ方位盤照準装置も搭載しないため戦力的価値は一段低いものとみなされていた

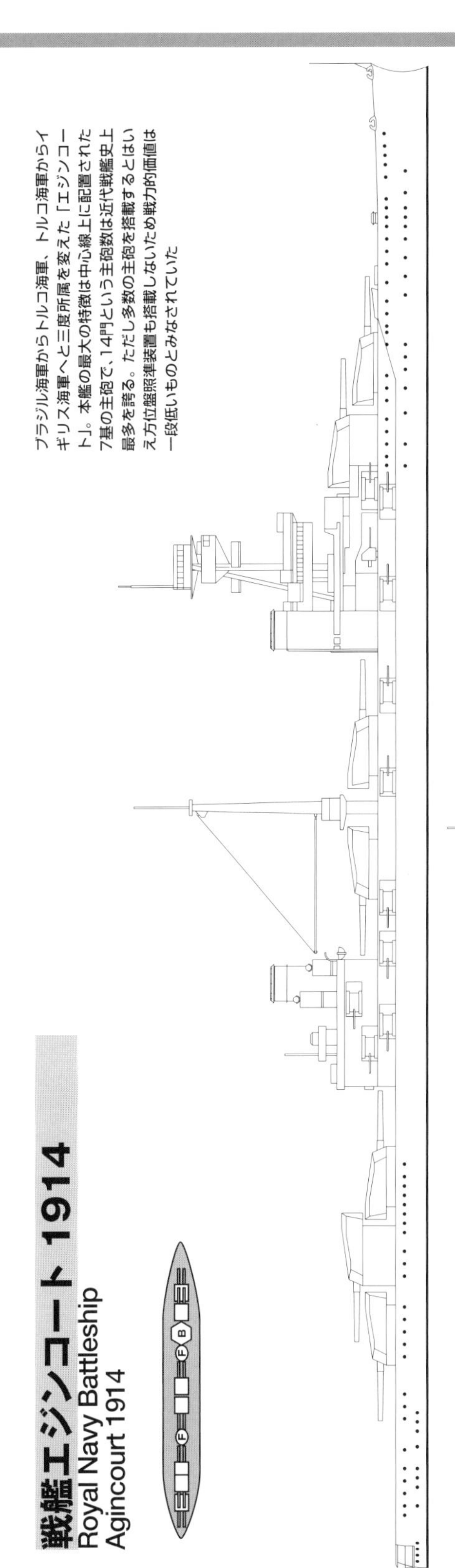

エジンコート（新造時）	
常備排水量	2万7500トン
満載排水量	3万250トン
全長	204.7m
全幅	27.1m
機関出力	3万4000hp
速力	22ノット
航続力	4500海里／10ノット
武装	30.5cm（45口径）連装砲7基 15.2cm（50口径）単装砲20基 7.6cm（45口径）高角砲2基 53.3cm水中魚雷発射管3門
装甲	舷側229㎜、甲板64㎜ 主砲305㎜

戦艦エリン 1914
Royal Navy Battleship
Erin 1914

トルコ海軍向けの戦艦として建造されていたものをイギリス海軍が押収して自国艦隊に加えたもの。キング・ジョージV世級をベースとしているがトルコ海軍での港湾整備環境を考え全長を12m短縮している。また副砲もより強力な15.2cm砲を16基搭載しているが、その代償として防御力、航続距離を犠牲にしていた

エリン（新造時）	
常備排水量	2万2780トン
満載排水量	2万5168トン
全長	170.5m
全幅	27.9m
機関出力	2万6500hp
速力	21ノット
航続力	5300海里／10ノット
武装	34.3cm（45口径）連装砲5基 15.2cm（50口径）単装砲16基 5.7cm（40口径）単装砲6基 7.6cm（45口径）高角砲2基 53.3cm水中魚雷発射管4門
装甲	舷側305㎜、甲板75㎜、主砲283㎜

戦艦カナダ 1915
Royal Navy Battleship
Canada 1915

チリ海軍向けの戦艦「アルミランテ・ラトーレ」をイギリス海軍が購入したもの。本艦は「エジンコート」「エリン」と異なりチリ海軍より代価を払って入手したもので、第一次大戦後は本来の持ち主であるチリ海軍に返却された。設計はアイアン・デューク級をベースとしていたが主砲はより強力な35.6cm砲を搭載している

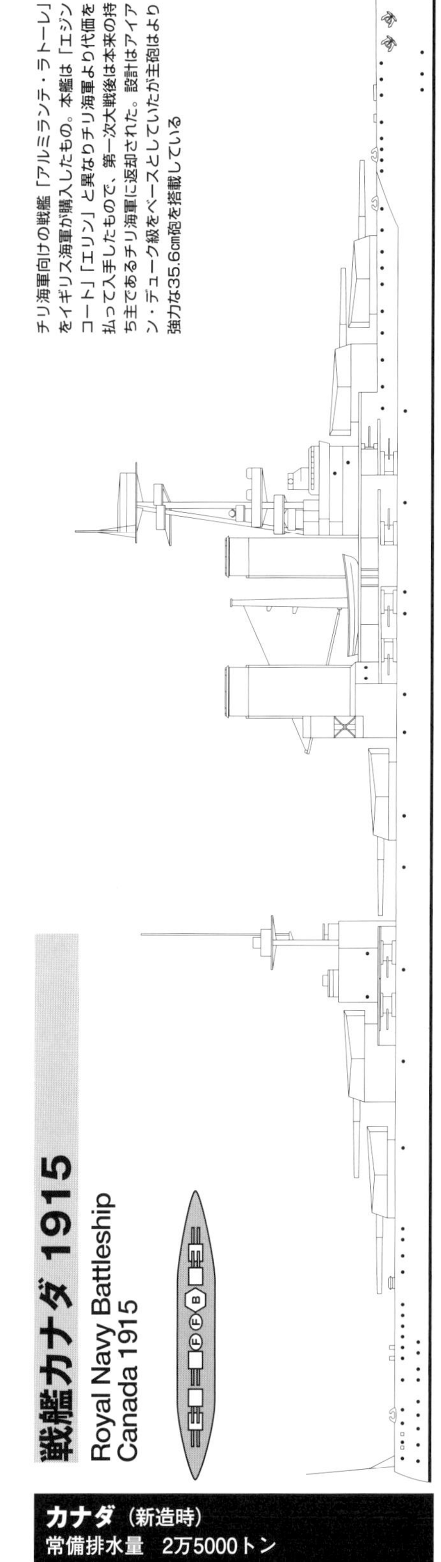

カナダ（新造時）	
常備排水量	2万5000トン
満載排水量	3万2300トン
全長	201.5m
全幅	28.0m
機関出力	3万7000hp
速力	22.75ノット
航続力	4400海里／10ノット
武装	35.6cm（45口径）連装砲5基 15.2cm（50口径）単装砲16基 4.7cm（50口径）単装砲4基 53.3cm水中魚雷発射管4門
装甲	舷側229㎜、甲板102㎜ 主砲254㎜

ライオン級巡洋戦艦1912〜1926
Royal Navy Battlecruiser Lion-class
巡洋戦艦タイガー 1912〜1931
Royal Navy Battlecruiser Tiger

ついに到達した第一次世界大戦型巡洋戦艦の標準形

日露戦争での戦訓を受けて生まれた巡洋戦艦は、実戦を経ないままに進化を遂げ、ライオン級と「タイガー」の2種で一応の完成形を見る。その答えの正誤はドイツ装甲巡洋艦を圧倒したことで出たかに見えたが、もうひとつの試練がジュトランド沖に待ち構えていた

[ライオン級巡洋戦艦]

■高い砲力と速力を実現

オライオン級戦艦と対になる巡洋戦艦として開発されたライオン級は、装甲の見直しと34.3cm(13.5インチ)主砲の首尾線上集中配置に力点が置かれている。全長はインディファティガブル級より32.6mも増していたが、全体では4000トンの重量増加に留まった。しかし引き替えに弾薬庫が機関室に前後を挟まれるというやっかいな配置となってしまい、船体中央から砲塔を削減した結果、全体の攻撃力が低下し、Q砲塔の旋回範囲も制限されていた。主機の数はオライオン級の6基に対して、ライオン級では14基と大幅に増えている。

その最大の欠点は装甲防御を28cm砲弾までしか想定せず、カバー範囲も狭いことにあった。現実には28cm砲弾にさえ貫通を許す危険もあったが海軍では意図的に「戦艦に準じる装甲」と偽装してリークし、むしろ高速戦艦に見せかけようとした。

また、第1煙突と前檣楼の位置関係はオライオン級と同じであったが、10缶が対応していた第1煙突は排熱がひどく、1番艦「ライオン」の公試ではトップマストの射撃指揮所の乗員と機械は数百度の煤煙にさらされたため直ちにドックに入り、前檣楼を司令塔と第1煙突間に移設する工事が行なわれた。しかしスペースが狭く、また強度が不足したので、主脚を支える副脚を追加することになった。

チャーチル第一海軍卿の推進により、「ライオン」の建造に続き2番艦の「プリンセス・ロイアル」が1912年11月に竣工した。この艦は公試で7万8803馬力を出力し、28.5ノットの速度を達成している。

続く「クイーン・メリー」はライオン級の3番艦として1910年度予算で建造されるはずだが、キング・ジョージV世級に対応する巡洋戦艦という位置づけに変更。主砲は前級と同じだが、砲弾が567kgから635kgに増量され、威力が増加している。また艦首上構の10.2cm(4インチ)砲は一層の砲郭に収められ、非装甲であった船首楼甲板には1.25インチの装甲が張られたほか、後部上構にも後部司令塔を付加するなど、全体で約400トン重量が増加している。このように細部が大きく異なることから、「クイーン・メリー」は「タイガー」に連なるライオン級準姉妹艦として扱われる。

ただ重量弾の採用で命中精度、射程とも延伸したにもかかわらず、34.3cm(13.5インチ)砲Mk.Vの測距上限は仰角15度までしかなく、宝の持ち腐れとなっていた。この欠点は1916年になってようやく改められ巡洋戦艦群の砲撃指揮所には6度超のプリズムを組み込んだ測距儀が置かれて本来の砲撃力が発揮できるようになった。

■華麗なる猫族のアキレス腱

1913年1月に「ライオン」は第一巡洋戦艦戦隊の旗艦となった。1914年8月にグランド・フリートに編入されると、ヘルゴランド海峡海戦では軽巡同士の砲撃戦に乱入して、ドイツ艦2隻を撃沈。この印象深い活躍から「華麗なる猫族(Splendid Cats)」ともてはやされた。

しかし1915年1月24日のドッガーバンク海戦では、距離約1万4500mの砲撃戦で、「ブルッヒャー」と「デアフリンガー」に各1発、「ザイドリッツ」に2発の命中弾を与えた一方で、敵主砲弾4発の命中で左舷機関室が浸水、右舷ではタービン停止という損害を受けてしまい、「インドミタブル」に曳航されてようやく港にたどり着くきわどさであった。

ジュットランド沖海戦では、「リュッツォー」との交戦で30.5cm砲弾の命中を受け、Q砲塔の弾薬庫に火災が及ぶ一歩手前であったが、負傷しながらも砲塔内に注水を命じた一士官の判断によって誘爆は食い止められた。ロサイスに帰還するとQ砲塔は撤去され、1916年7月20日から9月23日の期間は、そのままの状態で行動している。第二次ヘルゴランド海峡海戦にも参加した歴戦艦であったが、戦後はワシントン軍縮条約の削減対象となり、1924年にスクラップとして売却された。

「プリンセス・ロイアル」は1914年8月28日の ヘルゴラント海峡海戦に参加後、シュペー艦隊追撃のために西インド洋に派遣。ドッガーバンク海戦に参加し、ジュットランド沖海戦ではブロック少将の旗艦として「ライオン」とペアを組み、主砲弾230発を発射して「リュッツォー」「ザイドリッツ」に合計5発の命中弾を与えた。しかし自らも反撃により戦死22名、負傷81名を出し、三脚楼も2本の脚が全壊したが、最後まで戦闘力を失わなかった。その後は「ライオン」と並んで任務に当たり、1923年に売却処分された。なお、この間に、戦闘指揮所は拡張工事を受け、防雷網は除去、探照灯も新型に換装されるなど、戦争の推移に伴って、数多くの改修が施されている。1918年には両艦ともQ砲塔とX砲塔の上に航空機用発射台が設けられた。

「クイーン・メリー」はトラブルで完成が遅れ、第一巡洋艦隊に配属されたのは1913年9月であった(この部隊は1914年1月より第一巡洋戦艦隊に改編された)。大戦勃発と同時にグランド・フリートの第一巡洋戦艦戦隊に所属し、ヘルゴランド海峡海戦には参加したが、続くドッガーバンク海戦には修理中で参加できなかった。方位盤照準装置が装着されたのは1915年12月のことで、この工事では前檣楼やマストヘッド、拡張部や艦橋周辺が支柱で強化されたが、まだ防雷網を残していた。

ジュットランド沖海戦では「デアフリンガー」に叩かれた一方で、150発以上の砲弾を放って「ザイドリッツ」に命中弾4発を与えている。最初に受けた命中弾はQ砲塔の右砲身への直撃であり、これで右砲は使用できなくなったが、左砲で戦闘を継続していることから、深刻な損害ではなかった。ところが直後にA砲塔とB砲塔の中間付近とQ砲塔に連続して命中弾があり、一瞬にしてA砲塔とB砲塔の弾薬庫が大爆発を起こして艦首から前檣楼付近までが根こそぎ吹き飛び、戦闘開始からわずか38分で文字通り轟沈してしまったのである。生存者はほとんど発見されず、1266名が艦と運命を共にした。この損害の正確な評価は未だに確定していないが、1万3000mの砲戦距離において、約12度の角度で突入する敵弾に対し、「クイーン・メリー」の装甲が役に立たなかったのは明白だ。しかし「ライオン」が失なわれかけた一件と同様、イギリス海軍で日常化していたコルダイト火薬の粗雑な扱いや防火扉の欠落が砲塔やバーベットへの類焼を招き、弾火薬庫の爆発に繋がったと考えられている。

▲ライオン級巡洋戦艦1番艦「ライオン」。本級は34.3cm連装砲塔4基を中心線上に配置しており超ド級巡洋戦艦ということができるだろう。本級とその改良型の「タイガー」第一次大戦に参加したイギリス巡洋戦艦の中でもっとも有力な艦だったが装甲は相変わらず貧弱なままでジュットランド沖海戦では苦戦の一因となっている

[巡洋戦艦タイガー]

■走攻守の向上を測って

ライオン級の建造当時、イギリスでは巡洋戦艦は非常に高価な割に、コストに見合った存在ではないという評価が濃厚で、1911年度の概算要求で

は「クイーン・メリー」改良型1隻分の建造予算しか認めらなかった。これが「タイガー」だ。

設計に際しては、既存の巡洋戦艦で確認された欠点に徹底的な見直しが入ったこともあり、優れた主砲配置と適切な副砲装備が実現した。またドイツ巡洋戦艦の高速化に対抗するため機関の強化を図っている。出力は当初の8万5000馬力から10万8000馬力まで増強され、タービンを三胴構成として、翼軸は中圧タービン、内軸を高圧、低圧タービンのタンデム直結とする複雑な構造とした。これにより30ノットに手が届く巡洋戦艦と期待されたが就役後の1914年末に実施された公試では、出力9万1103馬力で28.38ノットに達しながら、全力の10万4635馬力でも29.07ノットを記録するに留まった。結果として燃費も悪く、5万9500馬力で航行する場合、一日の石炭消費量は1245トンとなる。ライオン級巡洋戦艦と歩調を合わせるには石炭貯蔵庫を大幅に拡張しなければならなかった。

ちなみによく「タイガー」が日本の金剛型巡洋戦艦から設計面で影響を受けたと言われるが、むしろ金剛型の設計が終わる前に、本艦の詳細は固まっており、ヴィッカース社の設計主任がこの艦の基本レイアウトを作成していることからすれば、金剛型が「タイガー」の長所を反映していると見なす方が自然だろう。「タイガー」はあくまでもアイアン・デューク級戦艦の巡戦バージョンである。

「クイーン・メリー」が第2、第3煙突の間にQ砲塔を置いていたのに対し、「タイガー」は煙突を船体中央に集約し、Q砲塔を艦尾側にずらしたため、頑丈な三脚マストと大きさが揃った3本の円形煙突とあいまって非常にスマートな外見となった。副武装はアイアン・デューク級と類似しているが、役立たずの艦尾6インチ砲は撤去、主甲板上に砲郭を設けて、そのまま艦首まで一層分を追加している。また他の34.3cm砲搭載艦と同じように、1916年に砲の最大射程を有効にするため、測距儀に6度のプリズムを追加した。2門の7.6cm高角砲を搭載し、1923年に10.2cmQF Mk.V高射砲4門に換装されるまで運用していた。そして1928年3月から9月にかけての改修工事によって、2ポンドMk.IIポンポン砲が搭載された。1915年3月には3ポンド礼砲2門が撤去されたが、1919年5月に復活した。

Q砲塔上の滑走台を除けば「タイガー」は建造当時の姿をおおむね維持していたが、1918年に前檣のトップマストが第2煙突と第3煙突の間のデリック・ポストに移され優美な外見は大きく損なわれた。1929年には燃料が石炭300トンと重油3300トンに削減された。

1914年10月にジョン・ブラウン社で竣工した「タイガー」は、同年11月6日にグランド・フリートの第一巡洋戦艦戦隊に編入された。1915年1月24日のドッガーバンク海戦では命中弾6発を受けてQ砲塔が旋回不能、10名が戦死、11名が負傷する損害を受けた。ジュットランド沖海戦では、「クイーン・メリー」に後続して303発を放ち、敵巡戦「モルトケ」と「フォン・デア・タン」に命中弾合計3発を与えたが、大口径弾14発の命中弾を受けて戦死24名、負傷者46名を出した。この砲撃戦でQ砲塔とX砲塔バーベットに貫通弾が発生したが、火災は免れた。

6月3日にロサイスで始まった修理は、1916年7月1日に完了した。その後、巡洋戦艦戦隊に再編入されている。1919年から1922年にかけて「タイガー」は大西洋巡洋戦艦戦隊に所属、し1924年から1929年にかけては、航海練習艦および砲術練習艦となった。1929年から1931年に「フッド」の代役となり、1931年に予備艦となり、間もなく3月にダヴェンポートで売却された。 （文／宮永忠将）

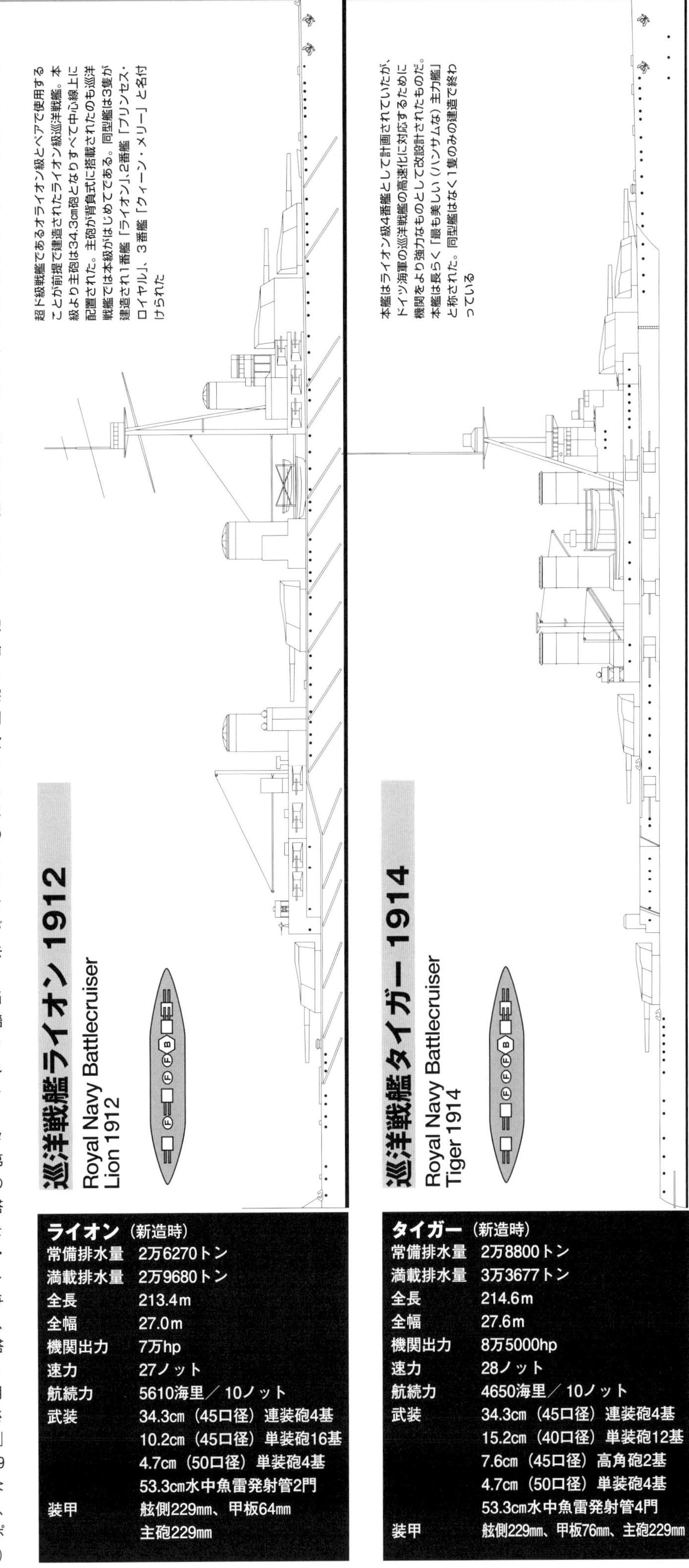

ライオン（新造時）

常備排水量	2万6270トン
満載排水量	2万9680トン
全長	213.4m
全幅	27.0m
機関出力	7万hp
速力	27ノット
航続力	5610海里／10ノット
武装	34.3cm（45口径）連装砲4基 10.2cm（45口径）単装砲16基 4.7cm（50口径）単装砲4基 53.3cm水中魚雷発射管2門
装甲	舷側229mm、甲板64mm 主砲229mm

タイガー（新造時）

常備排水量	2万8800トン
満載排水量	3万3677トン
全長	214.6m
全幅	27.6m
機関出力	8万5000hp
速力	28ノット
航続力	4650海里／10ノット
武装	34.3cm（45口径）連装砲4基 15.2cm（40口径）単装砲12基 7.6cm（45口径）高角砲2基 4.7cm（50口径）単装砲4基 53.3cm水中魚雷発射管4門
装甲	舷側229mm、甲板76mm、主砲229mm

クィーン・エリザベス級戦艦1915～1948

Royal Navy Battleship Queen Elizabeth-class

30年にわたって君臨した5隻の海の女王

クィーン・エリザベス級戦艦は第一次世界大戦に入ってから戦列に加わった新鋭戦艦でありのちの高速戦艦の原型ともなった。斬新さはないが余裕のあるその設計コンセプトは近代化改修の伸びしろを多く有する結果となり、結果的にふたつの大戦で活躍することとなった

■ドイツ巡洋戦艦の対抗馬

戦艦3隻、巡洋戦艦1隻が計画された1912年建造計画では、戦艦はアイアン・デューク級の改修型で充分と考えられていた。しかしドイツのクルップ社が各種35.6cm（14インチ）砲の採用に動き出し、また日本海軍やアメリカ海軍が35.6cm級主砲に移行したことを受けて、イギリスも新型戦艦の主砲強化に取り組んだ。これがクイーン・エリザベス級戦艦である。

砲製造を担当したアームストロング社では870kg（1920ポンド）の砲弾を発射可能な38.1cm（15インチ）砲を提案した。当時まだ実用化されていない大口径砲であり、各種試験や射撃準方位盤の開発の都合から同社は他の装備より最低4ヵ月早く完成させるように命じられている。アームストロング社は42口径38.1cm砲MK.Iの完成により、この期待に応えた。この砲は34.3cm（13.5インチ）砲Mk.Vより正確で、砲身命数はほぼ同じであったが、射程と威力は向上、少なくとも数年間はイギリス海軍の優位を保証する力を秘めていた。

クイーン・エリザベス級は砲塔5基10門、速力25ノットを目標としていたが、前級をベースとした技術改良では不可能であることが判明し、中央のQ砲を削減して4基8門とした。これでも口径増大により片舷への砲弾投射量は10パーセント増大していた。

砲塔削減による節約された重量は、主機主缶の増強に充てられた。当時、イギリス海軍大学校の研究では、巡洋戦艦を充実させているドイツ海軍を圧倒するには25ノット以上を発揮できる2万7000トン級の戦艦が必要であるとの結論が導かれていた。ただし、クイーン・エリザベス級が25ノットを達成するのは、石炭専焼缶のままでは不可能に近く、重油専焼缶にしなければならなかった。

しかし、イギリスでは容易に入手できる石炭と異なり、重油は中東からしか輸入できない。そこでチャーチル海軍大臣はアングロ・ペルシャ石油会社の経営権を買収して油田を確保した。これによりクイーン・エリザベス級の高速戦艦化の目処が立ち、1912年計画で巡洋戦艦を調達しなければならない理由が消えた。イギリス海軍は戦艦を4隻建造して第一戦隊を編成しようとしたのだ。

さらに英領マラヤが5隻目の建造予算供出に同意したため、これを顕彰して5番艦「マレーヤ」の建造が決まった。さらに1914年計画では6隻目となる「エジンコート」の建造が決まったが、戦争勃発により起工されなかった。また付け加えると、カナダで否決された軍協力予算案がもし実現していれば、クイーン・エリザベス級はさらに3隻が追加され、高速戦艦8隻が揃う可能性もあった。

■その実像

クイーン・エリザベス級の建造が具体化した際に、排水量の削減にもっとも力が入れられたが、これはあまりはかどらなかった。建造当初から5隻とも重量は3万3500～3万4000トンと予定よりかなりオーバーし、当初計画の25ノットは断念せざるを得なかった。それでも砲塔削減の効果もあって大径水管缶24基を搭載、7万1000～7万6000馬力で24ノットに手が届くところまでは持ち直している。ちなみに「クイーン・エリザベス」、「マレーヤ」、「ヴァリアント」はバブコック&ウィルコックス（B&W）製の缶を、「バーラム」と「ウォースパイト」はヤーロー缶を搭載ししている。主機は直結タービン2組の4軸推進で、パーソンズ式を採用した「クイーン・エリザベス」、「マレーヤ」、「ウォースパイト」はパーソンズ式の独立ケーシングの巡航タービンを搭載していたことにより、ブラウン・カーチス式を搭載した他の2隻より巡航速度での航続距離性能が大幅に優れていた。

副兵装については15.2cm（6インチ）砲Mk.XIIを16門装備する計画であったが、後甲板の4門はアイアン・デューク級と同じ理由ですぐに撤去され、船体中央の砲郭上に移設されて、砲郭で覆われた。また砲郭前部の15.2cm砲は航海中にしぶきを浴びて頻繁に故障したので、内部に矮壁を設け、ゴム製のシーリングを加えて海水の排出効率を改善した。また1916年には15.2cm砲2門が3インチ高角砲MK.Iに交換された。

クイーン・エリザベス級は非常にスマートな外見を持つ船であり、またそれまでの艦と比べて優れた防御配置を実現した艦であった。もっともジュットランド沖海戦の教訓は反映されていないので、装甲より速度優先というイギリスの建艦思想が色濃く、対38.1cm防御は徹底していないので、自信を持って高速戦艦として評価するのはためらわれる。装甲を強化した巡洋戦艦というのが、実像に近いだろう。

■多彩な戦歴

1915年1月に竣工したネームシップの「クイーン・エリザベス」は、翌月にはさっそく地中海に派遣されて、ガリポリ上陸作戦の支援についた。5月14日にかけての3ヶ月間に86発の38.1cm（15インチ）砲と、71発の15.2cm（6インチ）砲を発射した。しかし38.1cm砲弾に限りがあり、海軍でも主砲の使用を制限していたので、「クイーン・エリザベス」の艦砲射撃の有効性は低かった。1915年5月にグランド・フリートに復帰すると、高速戦艦部隊である第五戦艦戦隊に配属されたが、1916年のジュットランド沖海戦には入渠中であったために参加していない。

第五戦艦戦隊を編成した他の4隻は、ジュットランド沖海戦で大きな存在感を見せている。「バーラム」は主砲337発を発射して、「フォン・デア・タン」と「モルトケ」を痛打し、北上戦ではヒッパー提督の巡洋戦艦部隊とシェーア提督の主力戦艦部隊を相手に戦列を支えきった。ただし自身も主砲弾6発をくらい、26名の死者を出している。

「マラーヤ」は戦隊の殿艦となり、主砲200発以上を放ったものの戦果は無し。返って北上戦では被害担当艦となって7発の大口径弾を受け、63名が戦死している。

「ヴァリアント」は主砲弾288発を放って、敵巡戦「デアフリンガー」と「ザイドリッツ」に大損害を与え、自身は戦死者を出さなかった。ところが「ウォースパイト」は主砲弾259発を放ちながらも、ジェリコー提督の主力戦艦部隊との合同中に舵機が故障して、ドイツ艦隊の眼前で円周運動に入るという致命的な状況に陥ってしまう。この艦に大口径弾13発が命中したが、戦死は14名に留まっている。この際の攻撃で、厚さ19cm（7.5インチ）の上部装甲ベルトを貫通した敵弾が左舷貯蔵庫を破壊、その影響で主機室に浸水がおよんだ。ロサイス港での

▲クィーン・エリザベス級戦艦1番艦「クィーン・エリザベス」。第一次大戦直後の1921年ごろの姿。前級のアイアン・デューク級では34.3cm砲を主砲としていたが日米の戦艦がすでに35.6cm砲を採用しておりドイツ海軍もそれに続くと考えられたため、さらにそれを上回る38.1cm砲を搭載した

▲クィーン・エリザベス級戦艦2番艦「ウォースパイト」。第二次大戦中の1942年ごろの姿。クィーン・エリザベス級のうち「クィーン・エリザベス」「ウォースパイト」「ヴァリアント」の3隻は第二次大戦直前の時期に大規模な第二次改装が実施されキング・ジョージV世級に似た塔型艦橋を備えた

修理には1ヵ月半を要している。

クイーン・エリザベス級4隻は、ビーティー提督の巡洋戦艦戦隊が崩壊しかけた瞬間に戦場に駆けつけ、激戦の一翼を担ったのであった。なお、この海戦ではイギリス戦艦群全体の砲撃精度の低さが批判の対象とされたが、興味深いことに、ドイツ側では「ヴァリアント」の砲撃命中精度の高さに狼狽した記録があり、同じ文章で、イギリス側の射撃統制がドイツを大きく凌いでいたと結論づけている。

他のド級戦艦と同じように、ジュットランド沖海戦のあとで各艦とも改装工事を受け、方位盤照準装置や測距儀のアップデート、探照灯の配置変換や性能向上が図られ、砲塔やバーベット周辺の装甲も強化された。「クイーン・エリザベス」はスターンウォークを持つ唯一の艦であったが、1915年暮れから翌年にかけて撤去された。また「バーラム」は艦橋前部の探照灯台が、1917年に測距儀に置き換えられた。1915年から16年にかけて「ウォースパイト」と「バーラム」は煙突とメインマスト間に大型の測距儀台を設け、ドイツの高性能化に対抗しようとしたが無駄である事が判明し、1918年までに撤去されている。1918年には全艦ともB砲塔とX砲塔上に飛行機用発射台が設けられた。当然、排水量は増加し、「マラーヤ」が3万3530トン、「クイーン・エリザベス」が3万4050トンになっている。

戦後は全艦とも1919年から大西洋艦隊に編入され、その後は地中海艦隊に移っている。そして「ウォースパイト」を皮切りに、1924年から1933年にかけて、相次いで近代化改修工事を受けている。殊に本級はワシントン軍縮条約の制限下で、将来の新型戦艦の叩き台とすべく、最大規模の改装を受けている。この改装により、まずバルジが追加され、水平防御も強化された結果、船幅は27.6mから31.7mへと大幅に拡張し、排水量も3万5000トン台に増えた。また煙突を1本に集約し、対空兵装を追加、塔型艦橋を採用するなど、外見も大きく変化している。

例えば「バーラム」の場合、中甲板の弾庫の天井部分を12.7cm（5インチ）厚の装甲とし、15.2cm砲の背後に厚さ3.8cm（1.5インチ）の装甲を加えるなど、、排水量は3万5970トンに達している。また2ポンド8連装ポンポン砲が、「ヴァリアント」に1基、「バーラム」に2基追加されたほか、滑走台が加えられた。

1934年からは第二次近代化改修が始まり、例えば「マラーヤ」の場合は、ダヴェンポートにて1934年10月から1936年12月までの工事で装甲強化が行なわれると同時に、煙突後方に飛行機格納庫と舷側方向へ発艦させるクロスデッキ・カタパルトが設置され、10.2cm（4インチ）高角砲を8門と、8連装ポンポン砲が2基追加されるなど、各艦とも対空兵装を中心に強化されている。ただし「バーラム」は第二次改装を受けないまま大戦に突入してしまった。

開戦後は、各艦とも主として地中海で任務に就き、「バーラム」、「ヴァリアント」、「ウォースパイト」は1941年のマタパン岬沖海戦にも参加している。しかし同年11月25日に「バーラム」はリビア沖でU331に伏撃され、魚雷3本の命中により弾庫が爆発して失われた。

各艦とも老兵ながら使い勝手の良さが買われて、イギリス海軍の主要な作戦には必ずと言って良いほど、姿を見せている。

「マラーヤ」の場合は、当初はカナダのハリファクス港を拠点として船団護衛任務に従事し、1944年のノルマンディー上陸作戦では艦砲射撃を実施。戦後、1948年には「クイーン・エリザベス」、「ヴァリアント」とともにスクラップとして売却されている。

■ハードパンチにも屈せず

「ウォースパイト」は、同級はもちろん、イギリスの全戦艦を通じて最大の武勲艦として挙げられる。1937年3月に第二次近代化改修を終えた「ウォースパイト」は約815トンの装甲、10.2cm（4インチ）高角砲8門、8連装ポンポン砲4基を追加した。クロスデッキ式のカタパルトと2機の偵察機は、1943年に撤去された。イギリス海軍ではレーダーの発達や空母艦上機の性能向上から、戦艦の航空兵装が不要とされたからだ。

「ウォースパイト」は地中海、インド洋と転戦し、カラブリア沖海戦では、イタリア戦艦「ジュリオ・チェザーレ」に対して2万3400mという、移動する艦艇同士の長距離射撃命中記録を残した。しかしサレルノ上陸作戦支援中の1943年9月16日に誘導爆弾フリッツXの直撃2発を受け、機関室を粉砕された。修理には約半年を要したが、それでも主砲塔2基とボイラーの一部が稼働しないまま、戦列に復帰した。ノルマンディー上陸作戦では艦砲射撃に従事し触雷も重なったが沈没は免れ、応急修復だけで地上作戦支援を継続した。

終戦後、本艦はすぐに売却されたが、曳航中に遭遇した嵐で索が切れて漂流。座礁した状態で発見された「ウォースパイト」を見て、スクラップ業者は曳航をあきらめ、1950年まで3年をかけて座礁現場で解体するほかなかったのであった。

（文／宮永忠将）

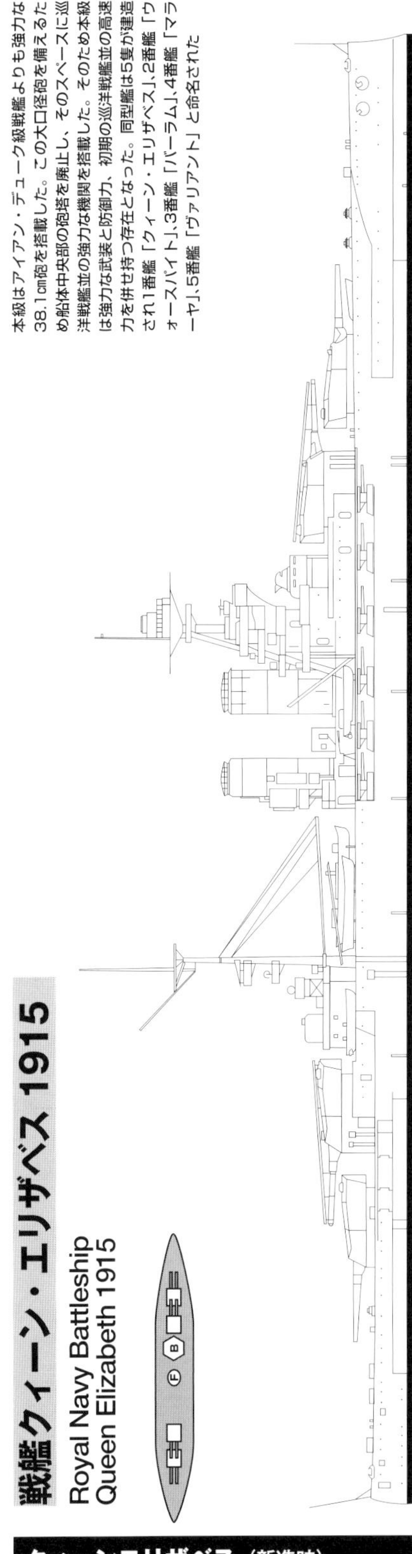

戦艦クィーン・エリザベス 1915

Royal Navy Battleship
Queen Elizabeth 1915

本級はアイアン・デューク級戦艦よりも強力な38.1cm砲を搭載した。この大口径砲を備えるため船体中央部の砲塔を廃止し、そのスペースに巡洋戦艦並の強力な機関を搭載した。そのため本級は強力な武装と防御力、初期の巡洋戦艦並の高速力を併せ持つ存在となった。同型艦は5隻が建造され1番艦「クィーン・エリザベス」、2番艦「ウォースパイト」、3番艦「バーラム」、4番艦「マラーヤ」、5番艦「ヴァリアント」と命名された

クィーンエリザベス（新造時）	
常備排水量	2万7500トン
満載排水量	3万3000トン
全長	196.8m
全幅	27.6m
機関出力	7万5000hp
速力	24ノット
航続力	4500海里／10ノット
武装	38.1cm（42口径）連装砲5基 15.2cm（45口径）単装砲16基 7.6cm（45口径）高角砲6基 4.7cm（50口径）単装砲4基 53.3cm水中魚雷発射管4門
装甲	舷側330mm、甲板76mm、主砲330mm

ロイヤル・ソブリン級戦艦1916〜1949

Royal Navy Battleship Royal Sovereign-class

数で勝負を挑み、地味ながら存在感を放つ

クィーン・エリザベス級の廉価版として多量建造が図られたロイヤル・サブリン級もまた、ふたつの世界大戦に参加した歴戦の五姉妹だ。卓越した性能を誇ったわけではないが、そつのない仕上がりは大規模な改装なく近代戦に適応し、船団護衛や拠点砲撃に活躍する

■廉価版新戦艦は数で勝負

第一次世界大戦当時の関連書類では、起工が最も早かった艦に由来してリヴェンジ級とも言及されているが、一般にはロイヤル・ソブリン級と呼ばれる戦艦である。艦名すべての綴りがRから始まるために、R級戦艦とも呼ばれる。

前級のクイーン・エリザベス級はドイツの35.6cm（14インチ）搭載艦出現に備えて建造されたが、最新のマッケンゼン級巡洋戦艦が35.6cm砲に留まることを確認すると、イギリス海軍は前級と同じ38.1cm（15インチ）砲搭載艦の数を揃えることで、一気に引き離しにかかろうとした。

ただし、クイーン・エリザベス級に匹敵するフラッグシップ的な性能を持つ戦艦ではなく、数を重視したことから、建造費用を抑え、速力は21.5ノット程度を狙った石炭・重油混焼缶という仕様にまとまった。これは中東の石油に依存するばかりでなく、平時にはイギリス国内で豊富で産出される豊富な石炭を使用して、運用コストを軽減するためであった。

ロイヤル・ソブリン級は、1913年度計画で5隻、1914年度計画で3隻、合計8隻が建造される予定であったが、第一次世界大戦の勃発により後者の3隻がキャンセルとなった。この予算を流用して建造されたのがレナウン級巡洋戦艦である。

ロイヤル・ソブリン級は、のちにイギリス造船界の至宝と呼ばれることになるサー・ユースタス・テニスン・ダインコート造船官がはじめて手がけた戦艦である。海軍からは3連装砲塔を採用して主砲を10門とするよう要請があったが、ダインコートはこれを退けて、前級と同じ連装4基8門に手堅くまとめている。廉価版クイーン・エリザベス級という当初のコンセプトを堅持したといえるが、用兵側の要求は次級のキング・ジョージV世級（二代）で実現することとなる。

また設計段階では15.2cm（6インチ）砲が艦首寄りの配置となり波浪が開口部に吹き込む可能性があったので、船体中央部に片舷6基ずつの放射状配置に変更、船首楼甲板に防盾付きの単装砲を2基を配置した。これにより15.2cm砲は片舷7基の計14基となったが、船首楼甲板上の2基は波浪で使用できないことが多く、後に撤去されて12基となった。いずれにしても、ロイヤル・ソブリン級は艦中央部の砲郭に副砲を集中配備した最後の戦艦となった。また、53.3cm魚雷発射管を1番主砲塔のやや後方の舷側に1門ずつ、計2門を配置していた。

起工後、機関に大きな変更がなされた。このころ、軍令部総長に復帰したフィッシャー提督は、優速主義ということもあって、当初の石炭・重油混焼缶を廃して重油専焼缶を採用し、23ノットを目指すことを命じた。クイーン・エリザベス級に比べれば、やや見劣りはするが、当時の戦艦がおおむね21ノット前後であったことからすれば、23ノットは充分に優速であった。

この主缶の変更により、出力は予定の3万1000馬力から4万馬力に、速力は21.5ノットから23ノットに上昇した。燃料積載量は石炭3000トン／重油1500トンから、重油のみ3400トンと総量で微減したが、航続距離は若干延伸し、排水量は2万5500トンから2万8000トンに増大した。

ロイヤル・ソブリン級はクイーン・エリザベス級より船体は小型であるが、装甲面では優れている。前級では水線部装甲が下部に向かって減厚していたが、本級では同じ厚さになっている。また防御甲板も中甲板から一層上げて、主甲板を装甲化した。

また舵に2枚の平衡舵を用いるのは前級まで伝統的であったが、ロイヤル・ソブリン級からは中心線上に大型の主舵を置き、その前に小型の補助舵を1枚装着するタンデム・ラダー配置となっている。これにより舵の損傷時の影響を局限するだけでなく、緊急時には補助舵は手動でも操作できるようになっていた。しかし実際には補助舵の効きが悪く、最終的には撤去されてしまう。

■急改造の必要はなし

本級は第一次大戦中の1916年3月から随時竣工しているが、戦歴を見る前に、バルジの装着について見ておきたい。

ベアードモアー社で建造されていた「ラミリーズ」は進水時の事故で舵を損傷してしまい、竣工が1年延びることになった。そこでこの期間を利用して、イギリス戦艦としてはじめて対魚雷防御を兼ねたバルジの装着が決まった。バルジの最大幅は7フィートほどで、複数の区画の内部や重油や水、魚雷命中時の破壊圧力を減衰する鋼管などが充填されていた。バルジの重量は2500トンで、このうち1000トン弱が爆発時の衝撃に備えた構造となる鋼管や木材であった。こうした改正により、「ラミリーズ」は主甲板を装甲化したことによって生じた横揺れを軽減し、理想的な射撃プラットフォームとなった。

同級では最初となる1916年2月に竣工した「リヴェンジ」は、グランド・フリートの第一戦艦戦隊所属となった。直後のジュットランド沖海戦ではジェリコー提督の主力戦艦戦隊の後方を占位し、敵巡戦「デアフリンガー」に7発、「フォン・デア・タン」に1発命中させている。また海戦の最終盤にはツェペリン飛行船に対して攻撃を行なっている。同年11月には全艦隊の副旗艦となり、マッデン海軍大将が座乗した。

「ロイヤル・オーク」は1916年5月に竣工し、第四戦艦戦隊に所属。ジュットランド沖海戦では主力戦艦隊のほぼ真ん中に位置して、敵巡戦「ザイドリッツ」に命中弾を与えている。

「ロイヤル・ソブリン」は1916年4月に竣工していたが、機関が不調であったために、ジュットランド沖海戦には参加していない。「レゾリューション」と「ラミリーズ」は、海戦時にはまだ完成していなかった。以降、イギリス海軍では最有力の戦艦でありながらも、本級はほかの戦艦と同様に、それほどの活躍の機会を与えられなかったのであった。

ロイヤル・ソブリン級は船体の基本性能こそほどほどというレベルに留まっていたが、装備については、前級までの試行錯誤を踏まえて、建造当時の最新技術をふんだんに盛り込んでいた。したがって、クイーン・エリザベス級が戦

▲ロイヤル・ソブリン級戦艦4番艦「レゾリューション」。本級はクィーン・エリザベス級戦艦の廉価版として設計されており8隻の建造が計画されたが第一次大戦の勃発により6〜8番艦の建造は中止された。高速戦艦として建造された前級が7万5000馬力という強力な機関を備えたのに対して本級は4万馬力に留まった

▲第二次大戦では速力の早いクィーン・エリザベス級が第一線で活躍したのに対して本級は船団護衛などの地味な任務を担った。写真は1番艦「ロイヤル・ソブリン」。本艦は1944年8月ソ連に貸与され1948年まで「アルハンゲリスク」としてムルマンスクに配備されていた。写真は1944年にソ連に引き渡された当時のものでソ連の艦首旗を掲げているが迷彩などはイギリス時代のままである

間期に都合二度の大改装を受けたのに対し、ほとんど大きな改装はなく、対空兵装の強化や射撃管制装置のアップデート、艦橋構造物の各台改正、航空艤装の追加や、煙突へのファンネルキャップの追加、バルジの装着に留まっている。ただし、各艦によって細部はかなり異なり、例えばバルジひとつとっても、資材の節約から、一部の区画には木材と混ぜ合わせたセメントが詰められたり、ただの空洞だったりした艦があった。また「ロイヤル・オーク」のバルジは本級の中でもなかなり大きくて水線上まで膨らみが伸びて、一部区画は真水貯蔵タンクとして使用された。

■5隻そろって2度めの大戦へ

ロイヤル・ソブリン級は5隻とも軍縮条約を生き残り、第二次世界大戦の勃発時には、イギリス戦艦隊の中で数の上での主力であった。しかし、実際には改修工事が徹底していなかったために、もっとも陳腐化していた艦であった。

「ロイヤル・オーク」は1926年に地中海艦隊に転属すると、1934年からの改装で対空兵装が強化されていた。しかし大戦勃発直後の1939年10月14日、ギュンター・プリーン大尉が指揮する潜水艦U47により、スカパ・フローに停泊中のところを雷撃され、魚雷3本が命中して撃沈された。これが第二次大戦におけるイギリスの喪失戦艦第一号となった。

「リヴェンジ」は1929年から1936年にかけて幾度かの小改修を受け、第二次大戦では北大西洋航路の船団護衛に就いている。1940年にはドイツのイギリス本土侵攻に備えて本国警備や、ノルマンディー海岸のシェルブール港砲撃をなどに参加しつつ、1942年からは東洋艦隊に所属を移して、インド洋で船団護衛にあたり、翌年、予備役となった。

「ラミリーズ」は地中海、紅海方面で護衛任務に就いていたが、1942年より東洋艦隊に所属して、インド洋に進出した。しかし1942年5月7日にマダガスカル島のディエゴ・スワレス港に停泊中を、日本海軍の特殊潜航艇に雷撃されて、損傷した。修理後は本土に戻され、ノルマンディー上陸作戦の支援にあたった。

「レゾリューション」は大戦初期に大西洋で船団護衛任務にあたり、1940年にはノルウェー海域で作戦中のところを、ドイツ空軍の爆撃により250kg爆弾で小破した。次いでドイツに降ったフランス海軍の無力化を図ったダカール作戦では、フランス潜水艦「ベウジール」の雷撃により雷撃を受けて大破した。このときは戦艦「バーラム」に曳航されて、かろうじて脱出でき、アメリカで修理された。1942年には東洋艦隊の旗艦となったが、間もなく本国に戻されて、予備役になった。

もっとも変わった経歴をたどったのが「ロイヤル・ソブリン」であろう。同艦は1936年に練習艦となっていたが、戦争が始まるとカナダのハリファックス港を拠点として、大西洋船団護衛艦隊の旗艦となり、船団護衛に従事した。その後、1944年にソ連に貸与されると、5月30日には「アルハンゲリスク」と改名されたうえで、1948年まで使われている。

撃沈された「ロイヤル・オーク」を除き、ロイヤル・ソブリン級4隻はすべて戦後間もなくスクラップとして売却されている。主要な海戦への参加もなく、護衛船団の護衛や、上陸作戦の支援艦砲射撃などに留まっているので、地味な印象しかない。実際に枢軸国海軍の一線級戦艦と砲火を交えた場合には、苦戦は避けられなかっただろう。

しかし、ドイツのポケット戦艦やアドミラル・ヒッパー級重巡のような、通商破壊向け水上打撃艦が相手であれば充分な抑止力になった。特に戦争序盤の苦しい時期に本級が果たした役割は、数字にこそ表れないものの、シーレーン防衛というイギリス海軍の重要な任務のひとつを達成したという点で、高く評価できるのではなかろうか。

（文／宮永忠将）

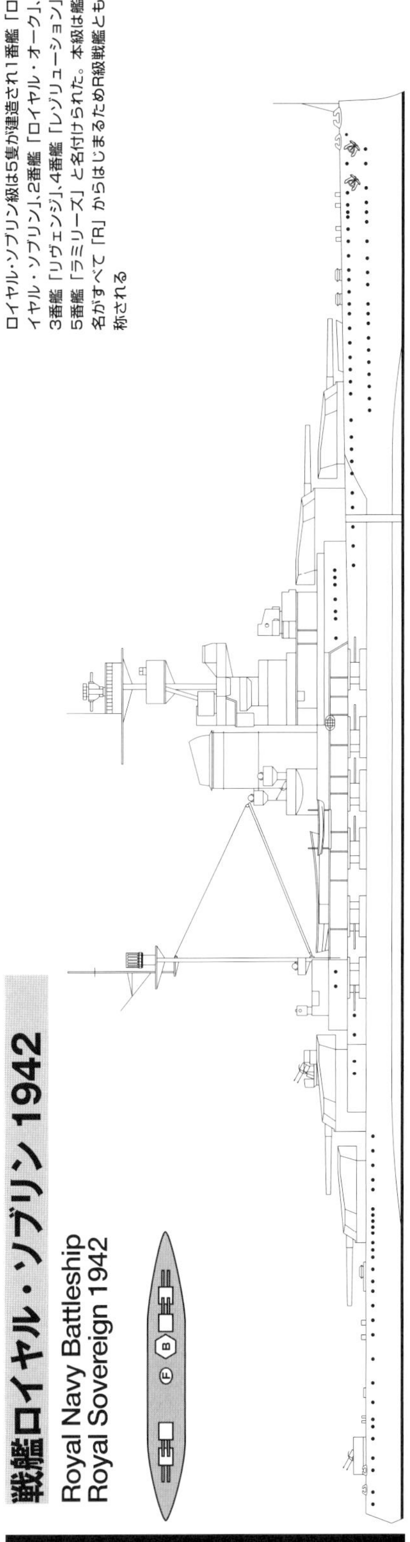

ロイヤル・ソブリン級は5隻が建造され1番艦「ロイヤル・ソブリン」、2番艦「ロイヤル・オーク」、3番艦「リヴェンジ」、4番艦「レゾリューション」、5番艦「ラミリーズ」と名付けられた。本級は艦名がすべて「R」からはじまるためR級戦艦とも称される

戦艦ロイヤル・ソブリン 1942
Royal Navy Battleship
Royal Sovereign 1942

ロイヤル・ソブリン（新造時）	
常備排水量	2万8000トン
満載排水量	3万1500トン
全長	190.3m
全幅	27.0m
機関出力	4万hp
速力	23ノット
航続力	4200海里／10ノット
武装	38.1cm（42口径）連装砲4基
	15.2cm（45口径）単装砲14基
	7.6cm（45口径）高角砲2基
	4.7cm（50口径）単装砲2基
	53.3cm水中魚雷発射管4門
装甲	舷側330mm、甲板51mm、主砲330mm

カレイジャス級巡洋戦艦1917~1940

Royal Navy Battlecruiser Courageous-class

巡洋戦艦フューリアス1917~1944

Royal Navy Battlecruiser Furious

航空母艦に転じて成功をみた、巡洋戦艦としての脚力

対ドイツ反攻作戦でバルト海沿岸へ上陸を行なおうとしたイギリス海軍がその支援用に建造したのがカレイジャス級と「フューリアス」という大型軽巡洋艦だ。第一次世界大戦でその脆弱さを露呈し、設計思想と用兵思想の誤りを突きつけられたた3艦はのちに航空母艦に改装され、その高速力を遺憾なく発揮することとなった

【カレイジャス級巡洋戦艦】

■軽装甲のハードパンチャー

1915年、第一海軍卿のフィッシャー提督は、将来、ドイツへの反攻作戦を行なうとすればバルト海沿岸への上陸は不可避と考え、これを支援する特殊な巡洋戦艦2隻が必要であると主張した。これがカレイジャス級巡洋戦艦で、当時、際限のない新型戦艦の建造に制限をかけたがっていた内閣を説得するため、フィッシャーは大型軽巡洋艦3隻の建造という名目で働きかけた。

バルト海に設けられたドイツ軍の沿岸拠点に肉薄し、強力な艦砲射撃を加えて上陸作戦を支援、場合によっては敵要塞を粉砕するという役割を実現するには吃水を浅くして、排水量が小さな高速艦が望ましい。さらに主砲は戦艦並みに強力でなければならない。当然、限られた船体にこれだけの要求を盛り込むのは困難である。

カレイジャス級の基本設計は、最新の巡洋戦艦であるレナウン級の小型軽量版であるが、実質的には軽巡洋艦の拡大発展型と言うべきだろう。推進機関は4軸推進で、C級軽巡洋艦の6缶に対して実に3倍の18缶に増加している。さらに小型軽量でありながら出力が大きな細管缶を大型艦としてははじめて導入し、軽巡「チャンピオン」で実証試験に成功した高低圧のパーソンズ式ギヤード・タービンを4基搭載するなどの新機軸の導入で、9万馬力を発揮できた。ちなみに石炭・重油混焼缶を採用した違いはあるが、改装前のレナウン級巡洋戦艦は42缶搭載して、出力は11万馬力である。

カレイジャス級の主機主缶に関する技術的躍進はイギリス海軍技術陣の勝利と呼ぶにふさわしく造船設計者は長い期間苦しめられた、重くて不経済な主機主缶から解放されたのだ。

船体の外見は、従来型の外に向かって膨らみを持たない、船体内バルジ（インターナル・バルジ）を採用するなど、レナウン級巡洋戦艦に類似している。水線部の装甲厚は最大で7.6cm（3インチ）しかなく、建造中に厚さ3.8cm（1.5インチ）の対魚雷隔壁をバーベットの間に追加したが、魚雷命中時に機関室など重要部への海水流入を妨げる効果はそれほど期待できなかった。

フィッシャーは当初、カレイジャス級の主砲には、18インチ（45.7cm）単装砲を搭載しようとしていた。しかし開発に時間がかかる一方で「カレイジャス」と「グローリアス」の2隻をなるべくはやく竣工させる必要から、レナウン級と同じ42口径の38.1cm（15インチ）砲Mk.I の連装砲塔を搭載した。ただし機関増強やトップヘビーの解消のためにB砲塔をあきらめて、艦の前後に連装砲各1基ずつと、攻撃力は大きく減じている。

カレイジャス級巡洋戦艦の諸元は、常備排水量が1万9230トン、速力32ノットを目指しており「グローリアス」は公試で排水量2万1270トン、8万8550馬力、31.25ノットを発揮して期待に応えた。

カレイジャス級については、船体が大きな割に軽量化を優先して設計されたことから防御面で見劣りがするが、船体構造にもしわ寄せがきていた。1917年1月8日には「カレイジャス」が全力公試の最中に、艦首の主砲塔と波除けの中間部分の船首楼に破損を生じて燃料タンクが裂け、重油130トンが流出する事故を起こしている。「グローリアス」ではこのような損傷は見られなかったが、1918年には早くも船体強化工事が施されている。またジュットランド沖海戦の戦訓を踏まえて、弾庫の天井にあたる主甲板部分の装甲を2.5cm（1インチ）増強している。

巨大な1本煙突と長大な船首楼は、カレイジャス級に優美な外見を与えている。しかしその姿とはうらはらに当初想定していた運用は不可能であった。そこで高速を活かし艦隊決戦で役立てるために、1917年には両艦とも連装魚雷発射管をメインマストの横に2基、後部主砲塔の舷側に4基の配置した。しかし2門の水中魚雷発射管は23ノット以下でないと水圧でガイドバーが開かないなど、ちぐはぐな仕様であった。

■薄氷を踏む実戦と空母への改装

1917年1月に竣工した「カレイジャス」は、グランド・フリートに編入されると、第一巡洋艦戦隊（第一軽巡洋艦戦隊から改称）の旗艦としてネイピア少将が座乗した。しかしフィッシャー提督の辞任で、バルト海での強襲上陸作戦の可能性が消えると、同年春には後甲板の両舷に片舷2列の機雷投下軌条を設置して、最新型のHII機雷202個を敷設可能な高速機雷敷設艦とされた。この投下軌条は複雑な鉄道の分岐を思わせる外観から、「クラパム・ジャンクション」の愛称が与えられた。しかしカレイジャス級を機雷敷設に使用した記録は残っておらず、早くも同年11月には撤去されている。また「カレイジャス」は煙突に取り付けられた探照灯台が単層式になっているが、2番艦「グローリアス」はこれが上下二段式になっていて、両艦を見分ける際の決め手になった。

1917年11月17日に「カレイジャス」は、第二次ヘルゴランド海峡海戦でドイツ海軍の巡洋艦部隊と交戦した。このとき92発以上の主砲が撃たれ、1発が敵巡洋艦「ピラウ」に命中したものの（「グローリアス」との共同命中とされる）、自身の主砲発射の衝撃で前甲板に破損を生じている。軽装甲の弊害が思わぬところで露呈した形となった。

終戦後はダヴェンポートに所在する海軍砲術学校の練習艦となり、間もなく予備艦隊旗艦となった。さらにワシントン海軍軍縮条約の結果、1924年から28年にかけて空母として改装されたが、第二次世界大戦が勃発した直後の1939年9月17日に、アイルランド沖でU29に撃沈された。「カレイジャス」は雷撃によって失われた最初のイギリス主力艦となった。この沈没で、ソードフィッシュ艦上攻撃機23機が失われ、乗員509名が戦死している。

同じく1917年1月に竣工した「グローリアス」は、第三軽巡洋艦戦隊に配属された。ヘルゴランド海峡海戦では57発の主砲弾を放ち、僚艦の「カレイジャス」と共同命中を出したのは既述のとおりだが、このとき両艦で400発近く放った10.2cm（4インチ）砲はまったく命中していない。

1919年には「カレイジャス」とともに海軍砲術学校の練習艦とり、後には予備艦隊旗艦となった。1924年から30年にかけての大工事で空母に改装。第二次大戦では1940年6月8日に、敵戦艦「シャルンホルスト」、「グナイゼナウ」との砲撃戦で沈められた。第一次大戦の最終盤で竣工した2隻は、奇しくも次の世界大戦の緒戦で失われたことになる。

【巡洋戦艦フューリアス】

■巨砲搭載を実現

カレイジャス級の3番艦「フューリアス」は、先行の2隻では見送られた40口径45.7cm（18インチ）砲Mk.I単装砲の実装艦として建造された。フランドル沿岸での運用を見すえ、さらに吃水を浅くするため、バルジを追加して船幅を約2m拡張し、装甲配置も変更している。

主砲の口径は大和型戦艦と同等だが、「フューリアス」の口径は45.7cmであり、大和型より3mmほど小さい。それでも大和型が登場するまでは世界最大の巨砲を搭載した戦艦であり、2万トンに満たない小型船体と相まって、モニター艦らしさが際立っている。当初この45.7cm主砲は機密保持のために38.1cm（15インチ）B型沿岸警備砲と呼称され、砲身重量152トン、弾量1.5トン、最大仰角30度、射程約2万6000mであった。

また副砲類については、重量制限で15.2cm（6インチ）砲が搭載できないため、カレイジャス級では10.2cm（4インチ）砲を18門搭載したが、威力不足が不安視されていた。そこで「フューリアス」では、ギリシャ戦艦「サラミス」（141ページ参照）用にストックされていた14cm砲を11門搭載している。巡洋艦「バーケンヘッド」および「チェスター」で行なわれた性能試験でも14cm砲は良好な結果を残している。これらは前檣楼と、煙突、メインマストの両舷、露天甲板上など各所に配置された。

「フューリアス」もカレイジャス級姉妹と同様、完成間近の1917年3月19日に、海軍省の要望で高速水上機母艦に改造された。未完成状態だった前部主砲塔とバーベット周辺は格納庫に改造され、船首楼部分に斜度7度の飛行甲板を設置し、ソッピース・パップ5機と、ショート184水上機3機を搭載した。主砲は艦尾側の1門のみ残される異様な艦型となったが、竣工から3ヵ月後の1917年12月には艦尾主砲の撤去が始まり、飛行甲板と格納庫が追加された。しかし艦橋や煙突、前檣楼には変更は加えられず、前後の飛行甲板は回廊状のデッキで連絡された。搭載機はソッピース1 ½ストラッターが14機、同2F-1キャメル8機に増加した。

ちなみに「フューリアス」への着艦は、失速直前まで速度を落とした機体が艦橋を追い越したタイミングで機を横滑りさせて甲板にタッチし、甲板員が機体を抑えるという、極めて危険な方法で、1917年8月7日にはダニング飛行隊長が転落事故で死亡したために、「フューリアス」は発艦専門の空母とされた。

1918年7月には2F.1キャメル7機によりトンデルン飛行船基地攻撃に成功し、空母搭載機による初の地上目標攻撃作戦を実現した。戦後は1921年から1925年にかけて全通甲板化の工事が行なわれ、近代空母としての運用能力を手に入れている。そして第二次大戦では各地を転戦して、武勲艦として生き残り、1948年にスクラップ売却とされた。

なおカレイジャス級と「フューリアス」の3隻は、その用途から建造中は箝口令が敷かれ、「ハッシュ・ハッシュ・クルーザー」という隠語で呼ばれた。ハッシュ・ハッシュとは人差し指を口の前に立てて「内緒」を示すジェスチャーのことである。

（文／宮永忠将）

カレイジャス（新造時）

常備排水量	1万9230トン
満載排水量	2万2690トン
全長	239.7m
全幅	24.7m
機関出力	9万hp
速力	32ノット
航続力	5850海里／16ノット
武装	38.1cm（42口径）連装砲2基
	10.2cm（45口径）三連装砲6基
	7.6cm（40口径）高角砲2基
	4.7cm（40口径）単装砲2基
	53.3cm水中魚雷発射管2門
装甲	舷側76mm、甲板38mm、主砲330mm

フューリアス（新造時）

常備排水量	1万9513トン
満載排水量	2万2405トン
全長	239.7m
全幅	26.8m
機関出力	9万hp
速力	31.5ノット
航続力	6400海里／15ノット
武装	45.7cm（40口径）単装砲2基
	14cm（50口径）単装砲11基
	7.6cm（40口径）高角砲2基
	4.7cm（40口径）単装砲4基
	53.3cm水中魚雷発射管2門
装甲	舷側76mm、甲板76mm、主砲178mm

艦種類別上は巡洋戦艦ではあるが実際にはバルト海上陸支援用の高速モニター艦とでもいうべき艦だった。主砲と副砲は次ページのレナウン級と同一だが主砲塔は1基減らして2基のみとなった。カレイジャス級は2隻が建造され1番艦「カレイジャス」、2番艦「グローリアス」と名付けられた

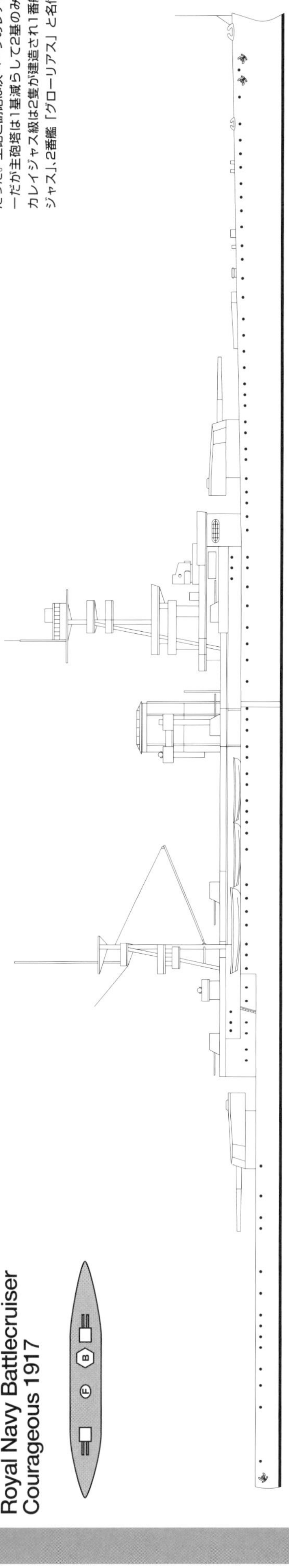

巡洋戦艦カレイジャス 1917
Royal Navy Battlecruiser
Courageous 1917

カレイジャス級の準同型艦だが主砲は38.1cm連装砲から45.7cm単装砲へと変更されている。図は計画時の姿で実際には前部の主砲を撤去し、そのスペースに飛行機滑走台と格納庫を備えた姿で就役した。そして就役から3ヶ月後には後部砲塔も撤去され本格的な航空機運用艦として使用されることとなった

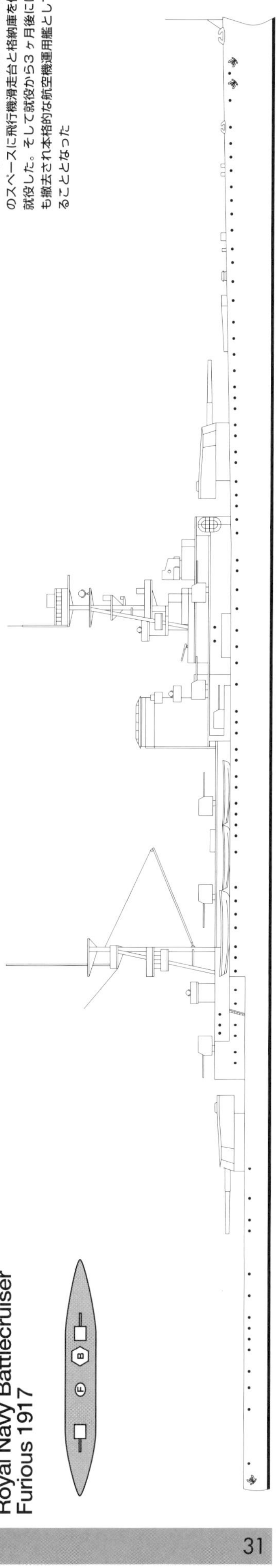

巡洋戦艦フューリアス 1917
Royal Navy Battlecruiser
Furious 1917

レナウン級巡洋戦艦1916〜1945

Royal Navy Battlecruiser Renown-class

38.1cm砲搭載も、速力重視のためその数を減らす

第一次世界大戦真っ最中に戦列に加わったレナウン級の2隻は、ジュトランド沖海戦により巡洋戦艦のメッキが剥がれたのちの登場ということもあり、新鋭艦であるにもかかわらずその立場は微妙なものだった。そして海戦の主役が航空機に変わった時、一方はその証左として真っ先に撃沈され、他方は脚力を活かした空母護衛任務に活躍する

■巡洋戦艦建造再開

イギリス海軍省では「タイガー」の建造をもって巡洋戦艦の建造を中断することに決めていた。しかし1914年10月に速力優先主義者のフィッシャー提督が第一海軍卿に復帰すると、この方針は白紙に戻された。さらに同年12月のフォークランド沖海戦でインヴィンシブル級巡洋戦艦がシュペー提督の通商破壊艦隊を壊滅させた戦果が追い風となり、フィッシャー提督は巡洋戦艦の建造再開を強く推進したのである。

アスキス内閣はいまから建造しても戦争に間に合わないという懸念を示したが、フィッシャーは15ヵ月間の短期で建造するとして押し切った。予算は建造中止されたロイヤル・ソブリン級6番艦以降の分が流用され、工期短縮のため、ロイヤル・ソブリン級の資材がストックされているフェアフィールド社とジョン・ブラウン造船所で建造された。主砲にはすでに完成済みであった同級の12門分の42口径38.1cm（15インチ）砲Mk.Iと砲塔6基が流用されただけでなく、「レナウン」「レパルス」という名前も未着工艦からとっている。さすがにフィッシャー提督が主張する15ヵ月は無理があったが、起工から20ヵ月以内となる1916年3月での完成は、イギリス造船業界の偉業といえる。

レナウン級の主砲配置は、艦首に背負い式に2基4門、艦尾に1基2門となった。速力優先のために、艦尾主砲を1基削減して機関搭載用のスペースを確保しなければならなかったのだ。舷側への砲弾投射量は、38.1cm（15インチ）砲を搭載したことにより、34.3cm（13.5インチ）砲搭載の前級「タイガー」をかろうじて上回ったが、遠距離砲戦で敵艦を公算射撃するには、主砲6門はギリギリであった。

速力こそがレナウン級のすべてであり、目標の32ノットを達成するために排水量を「タイガー」より1500トン少ない2万7320トンとしていた。重量軽減の目的から、副砲は10.2cm（4インチ）砲とされ、三連装砲架5基と、単装砲2基が上構を囲むように配置された。威力不足を数で補おうとしたわけだが、10.2cm砲では射程も阻止力も足らず、切り札の3連装砲架は取り回しに手間がかかり、1基当たりの操作には32人もの要員を必要とするなど、いいところは何もなかった。

このような努力のもとで、レナウン級はB&W式重油専焼缶を「タイガー」よりも3缶増やして42缶とした。主機は工期短縮の都合から「タイガー」と共通でしのんだが、こうした努力が奏功して「レナウン」は1916年9月の公試で、排水量2万7900トンの状態で、12万6300馬力、32.58ノットを記録している。

一方、高速化実現のために犠牲にされたのは、装甲も同じであった。レナウン級は舷側の主装甲帯が最大15.2cm（6インチ）しかなく、格下の戦艦相手にも心もとない。主甲板の装甲も、機関室の天井部分が7.6cm（3インチ）、もっとも危険な弾薬庫でも5.1cm（2インチ）しかなかった。一方で、水中防御では、イギリスの主力艦として初めてインターナル・バルジを採用するなど、水雷防御力には力を入れている。

■鎧をまとって戦場へ

だが、皮肉なことに竣工直前に行なわれたジュットランド沖海戦で「速力こそ最大の防御力」というフィッシャー提督の主張が机上の空論に過ぎないことが明らかになり、巡洋戦艦の価値が大暴落した結果、裸同然の装甲しか持たないレナウン級は、海軍にとってやっかいな荷物となってしまう。

グランド・フリートの総司令官ジェリコー海軍大将はレナウン級の装甲強化を命じ、一時しのぎではあったが、弾薬庫、主機主缶室を中心に、約500トン分の装甲を積み増した。また、この時に両艦とも、竣工時には高さが揃っていた2本のうち、第1煙突を約1.8m高くして、公試の際に明らかになった排煙の影響を拡散した。

装甲の緊急強化を終えた「レパルス」は、グランド・フリートに復帰すると、1917年11月17日の第二次ヘルゴランド海峡海戦に参加して54発の主砲を発射し、軽巡「ケーニヒスベルク」に命中弾1発を与えている。

ちなみに「レパルス」は1917年秋に離陸滑走台を最初に搭載した主力艦であり、10月1日にはルトランド飛行隊長のソッピース・パップがB砲塔上の滑走台からの離艦に成功した。10月8日には滑走台の汎用性を確かめるため、Y砲塔からも発艦試験が行なわれている。1918年には「レナウン」にも滑走台が設けられたが、これは行動中のイギリス艦隊を追跡してくる敵飛行船を撃退するためである。

両艦とも戦時中には随時、新型装備の更新を受けているが、戦後になると抜本的な装甲強化工事が行なわれた。そのひとつが舷側装甲帯の強化であり、予算削減のため、空母に改装中のチリ戦艦「アドミランテ・コクラン」から外した22.9cm（9インチ）装甲帯を「レパルス」に付け替え、「レナウン」については新たに装甲帯を製造することとなった。「レパルス」の22.9cm装甲帯取り付け工事は1918年12月から1921年1月まで行なわれ、もともとの15.2cm（6インチ）装甲帯は上方にずらして貼り直し、防御区画を一甲板分拡大している。主甲板の装甲も7.6cm（3インチ）平均となり、弾薬庫は主甲板で4インチ、下甲板で7.6cmと大幅に装甲を積み増しした。また、バルジの追加により船幅は30.8mに達し、新造時は2門だった水中魚雷発射管を、水上発射管8門に増強している。

一方、装甲付け替え工事が1923年まで延びた「レナウン」では、先に小改修を施すと同時に、王族の乗艦となって、世界各地を巡行した。長い航海に備えて左舷中央の三連装10.2cm（4インチ）砲を撤去してスカッシュコートを設置しているあたりは、伊達者のエドワード王子らしい。1921年10月の巡幸航海ではインドと日本を訪問しているが、この来日を記念して大阪の佐々木商会は自社商品に同艦の名を使った。これがのちにアパレル大手の株式会社レナウンの始まりとなった。

「レナウン」は自前の15.2cm（6インチ）装甲帯を装甲区画延長に流用しなかったので、舷側の防御は「レパルス」に劣ったが、その分、水平防御と水中防御の充実に力を入れている。結果、「レナウン」は舷窓が上下二段のまま残り、「レパルス」はバイタル付近の下段舷窓が15.2cm装甲帯でふさがれて、これが両艦の識別点となった。

この装甲増強工事により、レナウン級はライオン巡洋戦艦と同程度の装甲を手に入れたが、ジュットランド沖海戦で「クイーン・メリー」が30.5cm砲弾であっけなく撃沈されたように、

▲1930年代前半の「レナウン」。本艦はもともとインターナル・バルジを備えていたが1920年代の最初の大改装によりさらにバルジを追加し防御力を強化している。ほかにも舷側装甲の強化などを実施したが、それらを合わせてもライオン級巡洋戦艦程度の防御力しか持っていなかった

▲1936～1939年に実施された第二次改装後の「レナウン」。第二次改装により三脚檣を備えた旧来の艦橋が近代的な塔型艦橋へ変更された。ほかにも改装の内容は副砲の換装、主砲の仰角引き上げ、機関部の換装、防御力の向上など多岐に渡っておりその姿を一変させている

レナウン級の防御力不足は明らかであった。しかしこれ以上の増強は不可能であり、ワシントン軍縮条約で保有が認めらると、装甲の強化ではなく装備の近代化による戦力維持に努めることとなった。

■高速戦艦との明暗

1936年9月から1939年9月まで「レナウン」は二度目の大改装を受けた。狙いはコンセプトが固まりつつあった空母高速機動部隊の護衛にとすることにあり、改正箇所は船体の半分以上におよんでいる。この大改装により、艦橋と前檣楼が塔型艦橋として一体化され、シルエットが大きく変わっている。副砲も役立たずの三連装10.2cm（4インチ）砲を撤去して11.4cm（4.5インチ）連装高角砲10基に換装、8連装ポンポン砲も追加された。

防御力は、水平防御の改善をはかり、主甲板の装甲について弾庫上を9.5cm（3.75インチ）に、機関室上は2.5cm（1インチ）の装甲3枚を重ね合わせていた形式から、6.4cm（2.5インチ）の装甲鈑に2.5cmをさらに重ねた形式に改めた。

航空艤装も一新された。第2煙突基部に水上機格納庫を設けてその後ろにクロスデッキ・カタパルトを設置し、水上機や艦載艇の移動用クレーンが船体中央甲板の両舷に各1基ずつ設けられた。

主機主缶はアドミラルティ式加熱器付き三胴細径水管缶とパーソンズ式ギヤード・タービンに更新し、これに合わせて缶室、機関室のレイアウトまで一新している。これはドイツのシャルンホルスト級戦艦やフランスのダンケルク級戦艦のような高速戦艦の登場に触発されてのもので、新たな戦艦を作りなおすのと同レベルの改装工事だ。当然、相応の重量増加により、「レナウン」はバルジを追加してもなお、吃水が沈下して凌波性と速力が低下したが、主機主缶の刷新により12万馬力超を得たことで、公試での速力は29.93ノットと微減にとどまり、イギリス戦艦においては有数の速力をもつ艦となった。

一方、「レパルス」も1934年から第二次改装が実施されているが、「レナウン」ほど徹底しておらず、航空艤装や対空火器の刷新程度の状態で第二次世界大戦に突入した。

「レパルス」は当初、本国艦隊にあってドイツ海軍の仮装巡洋艦捜索やノルウェー侵攻作戦への対応、通商破壊阻止などにあたったが、目立つ戦果はなかった。1941年10月には日本軍の南進を牽制するためにシンガポールの極東艦隊に配属されたが、開戦直後の12月10日に南シナ海で日本海軍機に発見され、マレー沖海戦にて僚艦「プリンス・オブ・ウェールズ」とともに航空攻撃によって撃沈された。

「レナウン」はドイツ軍のノルウェー侵攻阻止に失敗すると、ジブラルタルのH部隊に派遣されて地中海での船団護衛任務に就き、1941年5月の戦艦「ビスマルク」追撃戦では、空母「アーク・ロイヤル」を護衛している。以降、大戦後半に極東艦隊に派遣されて機動部隊のエスコートをしていたが、終戦後まもなくスクラップとして売却された。

「レナウン」は、第二次大戦を生き残った唯一の巡洋戦艦であるが、レナウン級自体が、竣工以来、ドック入りの頻度と期間が長すぎたこともあり、Rのスペルからはじまる両艦をもじって「リフィット（Refit）」「リペア（Repair）」と揶揄される存在となっていた。それでも30ノットに迫る優速は、第二次世界大戦の戦場でも有効ではあったが、戦艦を相手にするには二線級の装甲防御力しか持たないことがはじめからわかっており、「ビスマルク」追撃戦でも「キング・ジョージV世」と「ロドネイ」が苦戦した場合にのみ参戦を許された「レパルス」の姿が、この優美な外見を持つ戦艦の限界を証明しているのだろう。

（文／宮永忠将）

レナウン（新造時）

常備排水量	2万7650トン
満載排水量	3万2000トン
全長	242.0m
全幅	27.4m
機関出力	11万2000hp
速力	30ノット
航続力	3650海里／10ノット
武装	38.1cm（42口径）連装砲3基
	10.2cm（45口径）三連装砲5基
	7.6cm（40口径）高角砲2基
	4.7cm（50口径）単装砲4基
	53.3cm水中魚雷発射管2門
装甲	舷側152㎜、甲板76㎜、主砲279㎜

新造時のレナウン級巡洋戦艦。速力重視の傾向はより強まっており、主砲はライオン級巡洋戦艦よりさらに1基減り3基となっている。ただし建造中止となったロイヤル・ソブリン級戦艦6番艦、7番艦より転用した38.1㎝連装砲の採用により、片舷斉射力はわずかに強化されている。同型艦は2隻で1番艦「レナウン」は2番艦「レパルス」。これらの艦名も建造中止となったロイヤル・ソブリン級戦艦から受け継いだものである

巡洋戦艦レナウン1916
Royal Navy Battlecruiser
Renown 1916

巡洋戦艦フッド1920～1941

United States Navy Battlecruiser Hood

徒花となって自ら示した巡洋戦艦という艦種の象徴

イギリスが最後に建造した本艦は、巡洋戦艦の究極形ともいえる艦だ。38.1cm砲8門を全長262mを超える船体に搭載した優雅な姿は「マイティ・フッド」として長く国民に親しまれた存在であった。その苛烈な最後は巡洋戦艦というひとつの時代を築いた艦種の真価を未来永劫伝えるものとなった

■巡洋戦艦の最終形

1915年11月、イギリス海軍省は目下進行中の世界大戦で得られている戦訓をもとに、戦時建造予算によってクイーン・エリザベス級戦艦をベースとした新型戦艦の建造を決定し設計と開発をダインコート造船局長に命じた。当初の主眼は、水密が甘くて弱点となっている副砲の砲郭を廃止して、副砲をすべて上構内に装備することにあった。

しかし1916年2月、グランド・フリートの艦隊司令官ジェリコー海軍大将は、敵のドイツ海軍に対して、イギリスの戦艦の優位は揺るぎないが、巡洋戦艦では拮抗されつつあり、かつ38cm級主砲の搭載が予想されるマッケンゼン級巡洋戦艦建造の動きが脅威であるとして、これを凌駕する巡洋戦艦の建造を命じた。海軍省では常備排水量3万6360トン、速力32ノットのアドミラル級新型巡戦の仕様をまとめ、同年5月31日に1番艦「フッド」が起工された。

ところが同日、ジュットランド沖海戦における砲撃戦で巡洋戦艦の致命的な欠陥が明らかになると、「フッド」の工事は直ちに中止となった。そしてアドミラル級については、高速性能を最優先しつつも防御力を強化することが決まった。このときには連装砲塔2基、3連装砲塔2基案や、3連装砲塔3基案も浮上したが、最終的に連装砲塔4基8門、排水量4万600トン、速力最大30.75ノットで主装甲帯30.5cm（12インチ）の戦艦案が12月にまとまった。建造計画は当初より約半年遅れとなり、結局は当初のクイーン・エリザベス級強化案に落ち着いたことになる。ちなみにアドミラル級とはイギリス海軍史に残る高名な提督（アドミラル）の名が艦名になることに由来する。

防御面では、アドミラル級の舷側装甲厚は戦艦と同等の30.5cmで、イギリス戦艦としては初めて傾斜装甲を採用し、水平装甲も最大12.7cm（5インチ）に増強された。しかし詳しく見てみると、A砲塔から機関部を挟んでY砲塔にいたる約170mの区間を305㎜の装甲で守った結果、上下幅が5mに満たない狭い装甲帯となってしまい、充分な装甲が施された範囲は小さかった。防御配置は高さの低い装甲板を横方向に広く貼る旧来の全体防御様式と変わらず、主装甲帯の上から主甲板までは152㎜、102㎜と徐々に装甲厚が減っていた。つまり「フッド」は戦艦並みに強力な巡洋戦艦ではなくて、戦艦からの攻撃に耐えられる可能性がある巡洋戦艦に過ぎなかったのだ。水平防御も127㎜（5インチ）とはいえ、1枚板ではなく、主甲板と防御甲板が各50㎜、中甲板25㎜と分かれている。

それでも主機主缶は強力で、レナウン級のB&W水管缶より軽量小型のヤーロー式細径水管缶を採用したことで、42缶もあった24缶に抑えられた。また推進装置もブラウン・カーチス式直結タービンを高速2基・低速2基の計4基4軸だったものを、同社製ギヤード・タービン4基4軸推進に変更した。この相性が良く、定格14万4000馬力、速力31ノットという予想を超え、公試では15万1280馬力、32.07ノットを記録して、関係者を喜ばせた。

主砲はクイーン・エリザベス級と同じ42口径の38.1cm（15インチ）砲Mk.Iであったが、仰角を従来の20度から30度までとしたMk.II砲塔を採用、最大射程は2万6500m超となった。

■北海に消ゆ

ところが合計4隻が建造される予定であったアドミラル級巡洋戦艦は、ドイツでマッケンゼン級の建造が中止されたことや、ジュトランド沖海戦以降にドイツ軍が海軍消極策に転じるなどの戦略環境の変化から、「フッド」のみで打ち切りとなってしまう。ほかの3隻「ロドネイ」「ハウ」「アンソン」は建造中止となった。

ワシントン軍縮条約では新造戦艦の排水量が3万5000トンに制限されたことから、「フッド」は世界で唯一の4万トン超の戦艦となり、優雅さをまとう艦容から「マイティ・フッド」と呼ばれて、国民の人気を集めていた。クイーン・エリザベス級ほどの大規模な近代化改装は行なわれなかったが、10.2cm高角砲の配置はひっきりなしに改正され、1941年には対空レーダーも設置されている。

第二次世界大戦が勃発したとき、「フッド」はすでに老朽艦であったが、高速艦であるため前線から下げられず、降伏したフランス艦隊の攻撃などにも投入され大改装は随時引き延ばしにされた。ただ、設計段階での重量抑制により艦舷を低くし過ぎていたので、改装には限界があっただろう。

1941年5月21日にはドイツ戦艦「ビスマルク」の追撃を命じられ、24日にアイスランド沖のデンマーク海峡で会敵。ところが戦闘開始から6分後、「ビスマルク」のからの命中弾が弾薬庫爆発を引き起こし、「フッド」は轟沈、生存者3名を残すのみで、1416名が戦死した。「フッド」は究極の巡洋戦艦であると同時に、その限界を示した艦となったのである。

（文／宮永忠将）

フッド（新造時）

常備排水量	4万2670トン
満載排水量	4万6680トン
全長	262.1m
全幅	32.0m
機関出力	14万4000hp
速力	31ノット
航続力	4000海里／10ノット
武装	38.1cm（42口径）連装砲4基 14cm（50口径）単装砲12基 10.2cm（45口径）高角砲4基 53.3cm水上魚雷発射管4門 53.3cm水中魚雷発射管2門
装甲	舷側305㎜、甲板76㎜、主砲381㎜

全長262mの長大な船体にクィーン・エリザベス級戦艦と同等の38.1cm連装砲塔を前後に2基ずつ搭載した本艦はイギリス海軍最大の軍艦だった。ジュットランド沖海戦の戦訓を取り入れ防御力はそれなりに強化されていたが、巡洋戦艦としての限界もあった

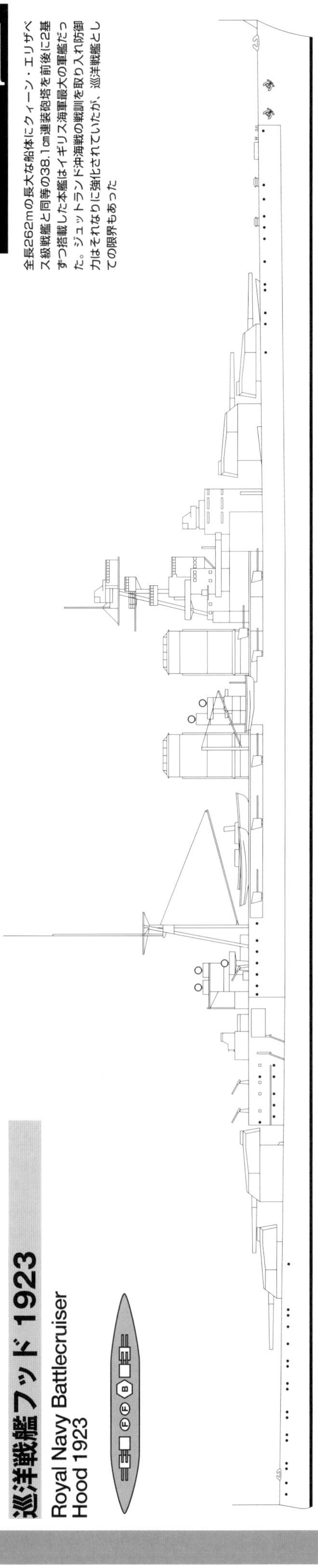

巡洋戦艦フッド1923

Royal Navy Battlecruiser Hood 1923

column 2

巡洋戦艦、その栄光と衰退

文／白石光（戦史研究家）

戦艦史にドレッドノートと同時に大きな影響を与えた巡洋戦艦。ド級戦艦がその後さまざまな国で独自の進化を遂げていったのに対し、巡洋戦艦の建造は比較的短期に終わった、ここでは巡洋戦艦の誕生とその欠点について紹介しよう

■「ドレッドノート」とのセット

1905年10月、ジョン“ジャッキー”フィッシャー提督（大将）がイギリス海軍第1海軍卿に就任した。海軍の艦艇や設備に関する総責任者である第3海軍卿と人事の総責任者である第2海軍卿、過去にそのどちらも歴任し、「ロイヤル・ネイビーの至宝」とも称された逸材である。彼はパーシー・スコット提督の砲術（斉射）に信を置いており、また、高速力が最大の防御力にもなると考えていた。

フィッシャーは、1904年に創設された軍艦設計委員会に対し、イタリア海軍造船官ヴィットリオ・クニベルティが『ジェーン海軍年鑑』1903年版に発表した単一口径巨砲高速戦艦にかんする論文や自国海軍における艦砲斉射の実験データ、当時最新の情報だった同盟国日本の日露戦争における戦訓（ただし速報の範囲に限定されたが）などを参考にした新時代に相応しい戦艦の構想を求め、その結果が「ドレッドノート」として結実した。

速度重視のフィッシャーの思想を反映して、「ドレッドノート」は同時代の戦艦よりも数ノットほど優速だったが、続いて彼は「ドレッドノート」と並行的に検討が行われてきた、装甲巡洋艦に代わる艦種についての検討を軍艦設計委員会に求めた。装甲巡洋艦は戦艦よりも快速で、偵察、警戒、シー・レーン防衛、さらには自艦より脆弱な艦艇を「狩る」ことを任務としており、その名のごとく装甲を備えていたが、戦艦のそれにかなうものではなかった。ゆえに戦艦と出会った場合には、優速を利して避退するのが常道であった。

そこでフィッシャーは、持論の脆弱な装甲防御力を高速で補うという発想を盛り込んで、このような装甲巡洋艦の任務をすべて遂行できるうえ、その装甲巡洋艦をも「狩れる」新しい艦種を案出した。それは、戦艦と同等の火力を備え、装甲防御力こそ戦艦にやや劣るが装甲巡洋艦よりは堅固で、装甲巡洋艦と同等の高速を有する艦種である。そして彼は、艦隊においてはこの艦種をド級戦艦と連携させてセットで運用することを考えていた。

のちに「巡洋戦艦」と呼ばれることになるこの艦種の主な任務は装甲巡洋艦とほぼ同じだったが、もし敵の装甲巡洋艦と遭遇した場合は、それを凌駕する火力と装甲で「狩って」しまう。また、こちらよりも装甲防御力には優れるが速力に劣る戦艦と遭遇した場合は、戦艦よりも速い船足をもって「三十六計」を決め込むもよし、状況しだいでは、戦艦と同等の火力をもって一戦交えるのもよし、という二択が可能となる。

■「何かを失って何かを得る」設計手法

ところで、なぜこの艦種の装甲防御力が戦艦に劣るのかといえば、それは機関に起因している。識者からのお叱りは覚悟のうえで、あえてごく簡単に説明しよう。これは航空機や車両でもまったく同様だが、同じ出力の機関を使ってより高速を出すには、機体や車体の重量を軽くするのが常であり、軍艦の場合もこの例に漏れるものではない。つまりこの艦種では、重量増加の原因となる装甲防御力を削ったのである。「何かを失って何かを得る」設計手法の典型といえよう。

こうしてこの艦種は当初、大型の装甲巡洋艦として建造が開始され、インヴィンシブル級の3隻が全世界における嚆矢となった。そして就役後、改めて艦種名を巡洋戦艦とされた。以降、巡洋戦艦の「生みの親」であるイギリス海軍は、第一次世界大戦期までインディファティガブル級、ライオン級、「タイガー」などを次々と就役させていった。

さて、イギリスに巡洋戦艦が出現すると、対抗するドイツ海軍もまた巡洋戦艦（大型巡洋艦）の建造に着手。同海軍初の巡洋戦艦「フォン・デア・タン」を就役させ、以降、数クラスの巡洋戦艦の建造を続けた。本家イギリスの巡洋戦艦との決定的な違いは、装甲防御力をできるだけ戦艦に近づけたことであった。これは「ドイツ海軍の父」アルフレート・フォン・ティルピッツが過去に述べた「軍艦は浮いている限り敵にとっては脅威である」の言葉に集約された思想に基づくもので、以来、同海軍の軍艦は伝統的に防御力とダメージ・コントロールに秀でているのが特徴となっていた。イギリスの巡洋戦艦が装甲防御力を削って誕生したのに対して、ドイツ海軍は可能な限りの範囲ながらも、このようなティルピッツの思想を貫いたのである。

■曝露された「本家」の大弱点とドイツの賢明

第一次世界大戦で、イギリス自慢の巡洋戦艦はその弱点を大きく曝け出してしまった。一大艦隊決戦となったジュットランド沖海戦において、一挙に「インヴィンシブル」「インディファティガブル」「クリーン・メリー」の3隻が撃沈されたのだ。それも轟沈や爆沈という、防御力とダメージ・コントロールに大きな欠点があることを明確に示す短時間での急速な沈没であった。

一方でドイツの巡洋戦艦は、同海軍の目論見通り被弾や損傷に対して優れた耐久性を示した。同大戦に参加した7隻中、失われたのは「リュッツオウ」1艦だけで、イギリス巡洋戦艦3隻が沈んだのと同じジュットランド沖海戦で沈んだ。だがその最期は、イギリス艦のような爆沈や轟沈ではなく、自航不能となって母港へと曳航されていたが、敵の攻撃を受ける可能性が高まったため、味方の雷撃によって処分されたというのが実情だ。

かくて、「本家」たるイギリス式設計の巡洋戦艦は「大欠点を抱えた軍艦」の烙印を押された。当のイギリス海軍自身もこの事実を受け入れ、建造途中だった「フッド（皮肉にもジュットランド沖海戦で第3巡洋戦艦戦隊司令官として旗艦「インヴィンシブル」と運命をともにした提督の名が冠せられた）」は大改装を施されたうえで就役し、同型艦の建造は中止された。しかしこの「フッド」も、第二次世界大戦でのドイツ戦艦「ビスマルク」追撃戦で、同艦の斉射を受けて一瞬のうちに爆沈。第一次大戦当時の艦影をもっとも残していた「レパルス」もまた、マレー沖海戦で日本の航空攻撃によって敢え無い最期を遂げ、イギリス式設計の巡洋戦艦の弱点を、「時代を超えて」改めて証明する結果となった。

実は日本も1911年、イギリスに金剛型巡洋戦艦の1番艦「金剛」を発注。以降、2～4番艦を国産してイギリス式設計の巡洋戦艦4隻を擁していた。しかしその後、ジュットランド沖海戦の戦訓などを取り入れて何度かの改修が行なわれ、艦種区分も戦艦へと変更された。そして太平洋戦争勃発時には、老朽艦ながら外国の「新戦艦」並みの高速航行が可能な高速戦艦として扱われていた。

一方、海軍軍縮条約の終了後に登場したいわゆる「新戦艦」──イギリスのキング・ジョージV世級、ドイツのシャルンホルスト級、アメリカのノースカロライナ級など──は、かつての巡洋戦艦のように「装甲防御力を犠牲にして高速を得る」という「何かを失って何かを得る」スタイルの設計手法ではなく、技術的進歩のおかげで「すべてが充足されたうえで高速を得た戦艦」となった。その結果、事実上、以前の戦艦と巡洋戦艦を兼ねた存在となり、続く第二次世界大戦で見事な戦いぶりを示したのは史実のごとくである。

◀イギリスの巡洋戦艦「クィーン・メリー」。ライオン級の新鋭艦だったがジュットランド沖海戦でドイツ巡洋戦艦「デアフリンガー」の砲撃を浴びてあっけなく轟沈した

▶ドイツの巡洋戦艦「デアフリンガー」。イギリス海軍と比較するとドイツ巡洋戦艦は速力と砲力はやや劣ったものの、防御力は高くのちの高速戦艦のコンセプトに影響を与えた

ネルソン級戦艦1915～1948

Royal Navy Battleship Nelson-class

40cm三連装砲塔3基を艦中央に集中配置した威容

加速する超ド級戦艦建艦競争に最初に音をあげたともいえるイギリスが、図らずも建造することになったのがネルソン級の2隻の戦艦だった。やがて日本海軍の長門型2隻、アメリカ海軍のコロラド級3隻とともに"ビッグセブン"と並び称されることになる二姉妹は、集中防御方式というひとつの防御パターンをも提案していた

■ついに40cm砲を搭載

第一次世界大戦で、当面のライバルであるドイツ海軍を破ったイギリスは、ヨーロッパにおける海軍力では絶対的な優位を占めた。しかし世界的には、急速に台頭してきたアメリカと日本に追われる立場にもなった。特に日本海軍が八八艦隊計画を進め、アメリカ海軍がこれに対抗するようにダニエルズ計画を打ち出して、それぞれが大建造計画に邁進し出すと、イギリスもG3級巡洋戦艦とN3級戦艦計画を策定して対抗しようとする。

しかし実際には各国とも財政事情が厳しく、野放図に軍拡をしていたのでは共倒れになりかねない。そこで建艦抑制のために1921年にワシントン海軍軍縮交渉が開催された。この時に日本が長門型戦艦2隻、アメリカがコロラド型戦艦3隻と、それぞれ40.6cm（16インチ）砲搭載艦の保有を認められたことから、イギリスもバランスをとるため40.6cm砲搭載艦2隻の保有を認められた。これがネルソン級戦艦である。

ネルソン級は廃案とされたG3巡洋戦艦案に類似しているが、ワシントン条約では、新造できる戦艦の基準排水量の上限を3万5000トンとしていたために、イギリス海軍ではこれに対応した設計案を作らねばならなかった。当初、設計局長のダインコートは3万5000トンで40.6cm搭載艦は不可能としたが、軍令部はこれを退け、40.6cm砲搭載を絶対条件とした。

この結果、3連装主砲3基を艦首に集中配置して防御区画を局限し、艦の軽量化を図ったO3戦艦案と、3番主砲塔を艦尾側に配置するQ3およびR3各案が出された。イギリス海軍はこれらを詳細に検討し、1922年2月にはO3戦艦案に準じた新型戦艦ネルソン級の建造計画を認可した。ネームシップ「ネルソン」は1927年8月にアームストロング社で、2番艦の「ロドネイ」が同年11月にキャメル・レアード社でそれぞれ竣工した。「ロドネイ」は元来、「フッド」と同じアドミラル級巡洋戦艦となる予定であったが、同級が「フッド」を残して建造中止となったために、艦名だけ流用された。ちなみに艦名となった「ネルソン」は、ナポレオンの艦隊を破ってイギリスの危機を救ったホレイショ・ネルソン提督から、「ロドネイ」は、18世紀末にフランス、スペインの両艦隊をたびたび破ったジョージ・ロドネイ提督に由来する。アドミラル級の意思を継いだとも言えるだろう。

■高い攻撃力ゆえに

ところが期待とは裏腹に、実際に運用が始まってみるとネルソン級には不具合が多く発見された。そのひとつは主砲の発射速度だ。

主砲の45口径40.6cm（16インチ）Mk.I砲は最大仰角40度で、射撃距離は3万6358mであった。三連装になったこともあり、砲塔の全重量はそれまで最大であった「フッド」の1080トンを優に上回り、1470トンに達している。これほどの砲塔を操作するには、従来の蒸気駆動式の水圧ポンプでは能力不足と考えられて油圧式となり、旋回および砲操作速度は従来型を上回るものとされた。しかし蓋をあけてみると、どちらも予定値が出せず、ひきずられるように斉射速度も従来型の2発／分さえ下回って、せいぜい分速1.5発にとどまってしまう。また新型砲採用にともなう小規模なトラブルの解消にもかなりの手間をとられたようだ。

主砲そのものだけでなく、その配置もトラブルを引き起こした。艦首に3基9門を集中した特異な配置のため、艦の後方への射撃時は首尾線を0度としてから左右30度で計60度の死角を生じたのだ。もっとも実戦ではこのような死角から敵艦の奇襲を受けることはまずないので、問題はなかったが、そもそも斉射時の爆圧がすさまじく、上構を破損する可能性があるために、平時には艦後方への主砲使用を禁じねばならなかった。

しかし、この主砲を制御するアドミラルティ式射撃管制装置は、一種の機械式コンピューターを使用した最新装置であり、長く主力艦の射撃管制装置として使われ続けたMk.I系統の装置より大幅に性能が向上していた。

当初の照準装置としては基線長4.58mの測距儀付き方位盤が、艦橋とメインマストに設置されていたが、1940年代に入ると射撃レーダーが実用段階に入り、ネルソン級は試作レーダーの試験に用いられたほか、79型対空捜索レーダーも装備されている。

副砲は50口径の15.2cm（6インチ）XXII連装砲で、従来型のような砲郭を廃して、艦尾両舷に3基ずつ合計6基を搭載した。これは中央砲塔のみ背負式になっていて、さらにその前方には40口径の12cm単装高角砲Mk.VIIIを6基配置していた。ただし、この配置は対空用と対水上目標用の砲を統一できなかった妥協案であり、大胆な主砲配置を採用した新型戦艦に相応しくない、中途半端なものであった。

ネルソン級戦艦が前例のない艦首への主砲集中配置に踏み切ったのは、敵主砲弾に抗堪すべき防御区画を艦首に集中することで装甲量を減らし、厳格な上限排水量の中で最大の防御力を獲得するためであった。この点、もっとも危険な主砲弾庫を艦首に集中して最大35.6cm（14インチ）厚の装甲帯で囲む方式は理にかなっていたし、18度の傾斜を持たせた傾斜装甲としたことで、実際の防御力は数字以上のものとなっていた。しかし、機関および副砲の弾薬庫が艦尾に集中したことから、結局は主装甲をかなり艦尾寄りに延伸しなければならず、集中防御による装甲重量軽減の恩恵は相殺されてしまっている。またインターナル・バルジを設けて水雷防御を強化する一方で、この頃、日本やアメリカ海軍で注目されていた、着水した主砲弾が

▲ワシントン軍縮条約で日本海軍の「陸奥」の保有を認める代わりに建造が許されたネルソン級戦艦。3万5000トンという軍縮条約の制限内で40.6cm三連装砲塔3基と充分な防御力を備えるため前部に主砲を集中配置するという特異な艦型を選択した。攻撃力と防御力を重視したため、速力は犠牲にされ最大速力23ノットと妥協している。軍縮期間中に建造された唯一の戦艦であるため各国の研究の対象となり、軍縮条約撤廃後の新戦艦の設計に多大な影響を与えた

50m程度水中を直進して、水線下にダメージを与えうる水中弾効果に対する防御が甘いなどの不備もあった。

■難しい操艦

ネルソン級の設計段階でもっとも犠牲にされたのが速力であった。決められた排水量で40.6cm砲搭載による攻撃力強化と、集中防御の採用など、攻防の両面を追求するには、速力を犠牲にするほかなく、ロイヤル・ソブリン級と同じ23ノットに設定されたのだ。それでも2000トン程度の重量に制限されたなかで、最低限の要求を満たす4万5000馬力を生み出すのは容易ではなく、第一次世界大戦の主力艦で実績を積んだヤーロー式三胴細径水管缶をもとに海軍で新開発したアドミラルティ式加熱器付き三胴水管缶を採用して、どうにかこれをクリアした。

また主機には「フッド」で良好な性能を発揮したブラウン・カーチス式のギヤード・タービンを採用した。ところが「フッド」とは構成を変えたせいか、公試で計画を上回る高性能を発揮したものの耐久力と信頼性が低く、いざ就役してみると機関部のトラブルにつねに悩まされる結果となってしまった。この過程でジョン・ブラウン社の設計が甘すぎただけでなく、原因究明能力も充分でないことが明らかにされてしまい、イギリス海軍は以降の新造艦の主機開発から同社を外し、パーソンズ式のギヤード・タービンのみを採用するようになった。

さらに、ネルソン級戦艦は運動性が悪いという欠点があった。艦橋が中心より艦尾側に寄っている特異な船が操艦しやすいはずはないとしても、ネルソン級の運動性は軍艦と呼ぶにはおこがましく、せいぜいタンカー程度に過ぎないと関係者が口を揃えて明言し、海軍所属のタンカー名をとって戦艦「ネルソル」「ロドル」と陰口を叩かれるほどであったという。実際、ネルソン級が入港する際には事故を避けるために、常に入港順序を最後にされている。こうした不満が募り、用兵側からは以後の新造戦艦については、決してネルソン級と同じ配置を採用することがないように申し入れされている。

■本国近海でにらみをきかす

だが、イギリス海軍が保有する唯一の40.6cm砲搭載戦艦ということもあって、第二次世界大戦での活躍は多彩であった。開戦直後、北海で哨戒にあたっていた「ネルソン」は、1939年10月30日にオークニー諸島近海でU-56に雷撃され、魚雷3本の命中を受けた。しかし運良く不発が重なり、損傷は免れた。だが12月には機雷に触接してしまう。

修理とイギリス海峡での警戒任務を終えた1941年には船団護衛任務に従事し、5月の「ビスマルク」追撃戦に参加後、地中海のH部隊で船団護衛や各種輸送作戦に就いている。特に敵中に孤立していたマルタ島への物資輸送作戦「ハルバード作戦」では、イタリア軍機による雷撃を受け、3750トンの浸水を生じて、大規模な修理を強いられた。

約1年後の1942年8月にH部隊旗艦としてジブラルタルに戻ると、マルタ島への補給輸送作戦「ペデスタル作戦」に参加。その後は北アフリカ各地の上陸作戦支援を皮切りに、シチリア島、イタリア本土のサレルノと、反攻上陸作戦を艦砲射撃で支援し続けた。イタリアの休戦調印も「ネルソン」艦上で行なわれている。

地中海作戦が終結すると、整備と対空火器の更新でイギリスに戻り、1944年6月にノルマンディー上陸作戦の支援にあたったが、またも触雷によりドック入りを強いられ、そのまま終戦を迎えた。この間に近代化改修や装備の刷新が行われたため、「ネルソン」は一線級の能力を得たが、戦後、1945年11月に本国艦隊の旗艦となるも、戦略環境の変化から戦艦に居場所はなく、1949年2月にスクラップ売却された。

2番艦「ロドネイ」は開戦直後に修理でドック入りしていたが、1940年4月9日、ドイツ軍のノルウェー侵攻作戦では、500kg爆弾による直撃を受けた。幸い不発弾で済んだのは、姉妹艦との奇妙な一致である。同年11月からはカナダ航路で船団護衛に就き、1941年1月には巡洋戦艦「シャルンホルスト」「グナイゼナウ」の追撃作戦に参加、その後も、ドイツ水上艦部隊に遭遇しているが、敵が消極策に終始していたため、戦闘は発生しなかった。

1941年5月には、客船「ブリタニック」護衛の最中に「キング・ジョージV世」とともに「ビスマルク」追撃を命じられる。5月27日未明に「ロドネイ」を含む戦隊は「ビスマルク」を発見したが、敵はすでに前日のソードフィッシュによる雷撃で自由に航行できなくなっており、戦いは一方的であった。「ビスマルク」が沈黙したあとで、「ロドネイ」は近接攻撃に切り替えてダメ押ししたが、一連の戦闘では284型射撃式レーダーを使った砲撃も実地試験されている。

地中海に活躍の場を移した「ロドネイ」は「ネルソン」と共同歩調をとり、各地での上陸作戦支援や船団護衛にあたっている。この間、主機主幹を中心に慢性的な不調を抱えながらも、「ネルソン」のように損傷しなかったため、逆に改修を受ける機会を逸してしまい、終戦まで働き続けている。その後はすぐに予備役に編入され、1948年にはスクラップとして売却された。

ネルソン級はワシントン海軍軍縮条約の制限下で建造された唯一の戦艦であり、野心的な技術を試した戦艦であった。指摘したような様々な問題点はあったが、もし日米が同じ制限にしたがって40.6cm砲搭載艦を作れば、ネルソン級より優れた戦艦が建造できた保証はない。水中防御が弱いことを除けば、「ビックセブン」と呼ばれた40.6cm搭載艦の中で卓越した防御力であったのは間違いなく、文字通り、世界最強の戦艦の一隅を占めていたのである。

事実、ネルソン級の集中防御方式は大和型戦艦をはじめ、条約明けをにらんだ新型戦艦開発の参考とされた。ただ惜しむらくは、ネルソン級が速度性能を犠牲にしすぎてしまい、戦後を生き残る発展余地を失っていたことであろう。

（文／宮永忠将）

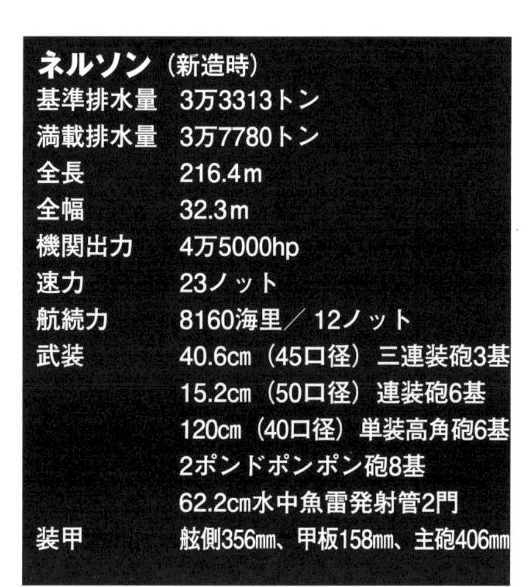

ネルソン（新造時）

基準排水量	3万3313トン
満載排水量	3万7780トン
全長	216.4m
全幅	32.3m
機関出力	4万5000hp
速力	23ノット
航続力	8160海里／12ノット
武装	40.6cm（45口径）三連装砲3基 15.2cm（50口径）連装砲6基 120cm（40口径）単装高角砲6基 2ポンドポンポン砲8基 62.2cm水中魚雷発射管2門
装甲	舷側356mm、甲板158mm、主砲406mm

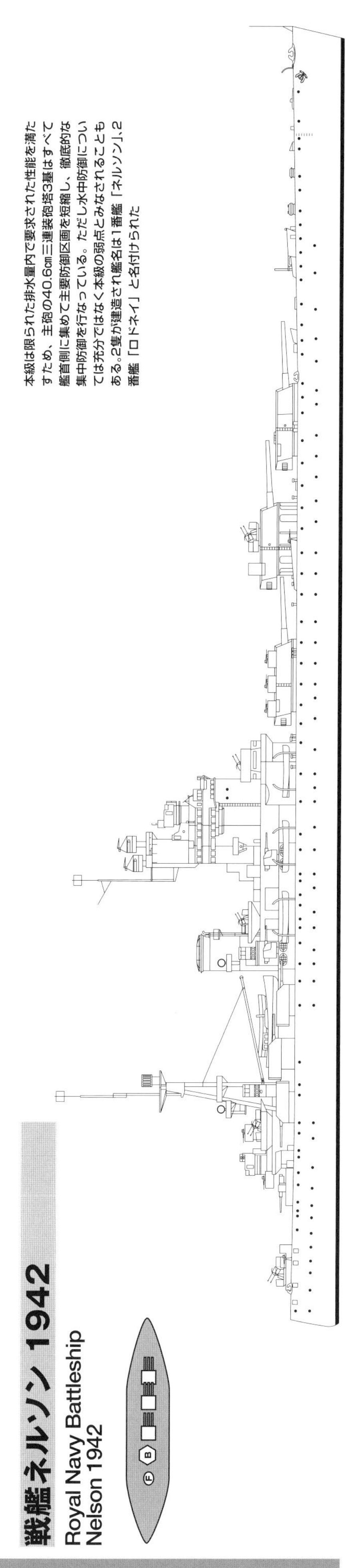

本級は限られた排水量内で要求された性能を満たすため、主砲の40.6cm三連装砲塔3基はすべて艦首側に集めて主要防御区画を短縮し、徹底的な集中防御を行なっている。ただし水中防御については充分ではなく本級の弱点とみなされることもある。2隻が建造され艦名は1番艦「ネルソン」、2番艦「ロドネイ」と名付けられた

戦艦ネルソン1942
Royal Navy Battleship Nelson 1942

キング・ジョージV世級戦艦1940～1951

Royal Navy Battleship King George V-class

高速戦艦を目指したイギリス超ド級新型戦艦

イギリス国王の名をいただいた栄えあるキング・ジョージV世級は排水量も主砲も、ネルソン級から一歩引いた数値となっている。これはワシントン、ロンドン両軍縮条約の影響を色濃く残した設計ともいえたが、その実は一皮むけた高性能となっていた。その狙いはイギリス海軍初ともいえる本格的な高速戦艦の具現化といえた

■気になる新戦艦の退化

第二次世界大戦を前にしたイギリス海軍は、1936年度および1937年度予算により5隻の新型戦艦キング・ジョージV世級を建造した。第一次世界大戦前に就役した同名の超ド級戦艦4隻（18ページ参照）はワシントン軍縮条約の削減対象として全艦退役しているので、シリーズとしては二代目の命名となる。

前級のネルソン級と排水量はほとんど変わらないが、主砲は5.1cm（2インチ）小型化して35.6cm（14インチ）砲搭載になるなど、KGV級は新型戦艦としてはかなり退行している印象を受ける。なぜイギリスの最新戦艦がこのような仕様になったのかを説明するには、軍縮条約をめぐる外交的なかけひきから説明する必要があるだろう。

1927年にネルソン級戦艦の建造を終えたイギリス海軍は、次の戦艦新造に関する開発研究に着手していた。この時の研究には3万5000トン級と2万5000トン級の2系統があり、搭載可能な主砲の口径に応じて、様々なタイプが考案されていた。ワシントン軍縮条約では、新造戦艦の排水量上限は3万5000トンとしているので、わざわざ小型の2万5000トン級戦艦を検討するのは無意味に思える。実はこれは1927年に開催されたジュネーブ軍縮会議にオブザーバーとして参加していたフランスとイタリアに対し、将来の新型戦艦に関する制限案のひとつとしてイギリス側から打診したものであった。実現の可能性は極めて低いが、先行研究をしておく意味はあったのだ。

以後、イギリスは2万～3万トン級戦艦の研究を進めならが、1930年のロンドン軍縮会議で、30.5cm（12インチ）砲上限、基準排水量2万7000トンという新造戦艦の規制案を提出したが、これは日米の反対にあって廃案となった。そのため、イギリスではこのクラスの研究は続けつつも、ロンドン軍縮条約明けをにらみ、3万5000トン級戦艦に計画を絞るようになった。

この建造計画では40.6cm（16インチ）砲搭載艦3案、38.1cm（15インチ）砲が2案、35.6cm（14インチ）砲が6案の計11案が出されている。装甲は舷側装甲鈑が最大35.6cm、水平防御は15.2cm（6インチ）、速力については27ノット以上の高速戦艦案が9案で、2案が23ノットの低速戦艦でよしとするものであった。ネルソン級は攻撃力と防御力を獲得するために、速力で妥協したが、後継のKGV級が速度性能重視に振れたのは、それだけネルソン級の不満がはっきりしていたからだろう。またこの頃には、新型戦艦にネルソン級と同じ主砲配置を採用しないようにとの、用兵側からの働きかけもあった。

だが、戦艦であるためには一般的な交戦距離と推定される1万2000m前後の距離で自身の主砲に抗堪できる装甲が必要だ。あくまでも排水量3万5000トンを墨守するならば、40.6cm（16インチ）砲を搭載すると30ノットが不可能となる。また35.6cm（14インチ）砲では余裕が生じるものの、パンチ不足は否めないことから、中間をとって38.1cm（15インチ）砲がベターとされ、海軍では1935年9月に38.1cm砲3基9門、29ノットの戦艦の仕様を決定した。

ところが第二次ロンドン軍縮条約の締結に向けた予備交渉で、日米が新造戦艦の主砲を35.6cmとする案に合意するとの観測がでると、1935年10月に条約更新を見越して、35.6cm砲12門、3万5000トン級戦艦とする案に舵を切ったのであった。

■主砲配置は何故に？

しかし35.6cm（14インチ）砲といっても馬鹿にしたものではない。KGV級戦艦が搭載する主砲は、ネルソン級の40.6cm砲で確認された欠点や問題を解決しながら新規開発された45口径35.6cm砲Mk.VIIであり、第一次世界大戦前後の同口径の砲とは一線を画していた。当初、KGV級はこれを四連装砲として、艦首に2基、艦尾側に1基の3基12門を搭載する予定であった。しかし艦首弾薬庫の防御力不足が懸念されたため、B砲塔を連装にして重量軽減分を装甲に積み増した結果、連装砲塔と4連装砲塔が混在する、特異な戦艦が誕生したのである。

砲塔はいずれも、各砲身が独立して仰俯角をとれるようになっていて、最大仰角は40度あり、射距離は3万5000mを超えた。40.6cm砲と比べると、弾丸重量では200kg以上も軽い721kgしかないが、射程ではほぼ同等であり、38.1cm砲との比較ではクイーン・エリザベス級が搭載した改良型のMk.I/N砲さえ凌いでいる。

主砲の照準にはネルソン級に続きアドミラルティ式射撃管制装置を搭載したが、この間に各種巡洋艦での運用やクイーン・エリザベス級の近代化改修工事で随時バージョンアップが施され、KGV級には最新版のMk.IXが搭載された。四連装砲塔には12.8mの高性能測距儀が取り付けられていたが、メインの艦橋用測距儀は4.58mしかなく、実用射程は2万5000m程度だった。

また竣工時から射撃管制用の284型レーダーを搭載している。このレーダーは送信用と受信用に分けられていて、ケーブル先端の給電点に2本の直線状の導線を取り付けた24個のダイポールを持つ、縦0.76m、横6.4mの巨大アンテナが艦橋上の方位盤に測距儀とともに据えられていた。このレーダーは戦争中の1942年から翌年にかけて随時、Sバンド・アンテナを2段重ねにした274型レーダーに換装され、前檣楼には279型対空捜索レーダーも搭載していた。

KGV級になって大きく変化したのが副砲だ。ネルソン級では15.2cm（6インチ）副砲と対空砲として12cm単装高角砲が艦尾側に据えられていて、煩雑であった。KGV級ではこれを50口径13.3cm（5.25インチ）砲MK.I連装両用砲として統一し、8基16門を搭載している。この砲は最大仰角70度で、発射速度は1分あたり最大12発、その名の通り、対空、対水上目標の両

▲本級4番艦「アンソン」。本級の4番艦、5番艦は未完に終わったアドミラル級巡洋戦艦（1番艦「フッド」のみ建造）の艦名が使われている。本級は主砲に仰角をかけることなく前方への射撃が可能となるよう平甲板型船体を採用し艦首部にもシアーを付けなかった。そのため写真のように航行時は波浪をかぶるケースが多かった。これらの欠点は次に建造される「ヴァンガード」建造の際には改められている

方に使用できる待望の装備であった。ただし急降下爆撃に追随できないという不備が、運用後に明らかになった。

ちなみに主砲は俯角0度での砲撃を可能とするために、艦首にシアーは付いていなかった。さらに艦首は海面に向かって垂直に切られたスターン・バウを採用し、乾舷も低かったことから凌波性が大変悪かった。さいわい実戦で問題になることはなかったが、荒天時にはB砲塔まで海水をかぶるのが当たり前で、北大西洋での運用には支障を来していた。

■高速と防御の両立

KGV級の主機主缶は29ノット実現のために11万馬力を目指すものとされ、これに加速性やシンプルな構造、整備のしやすさを両立させるために、軽量化が最優先された。

機関部自体は同時期に改装中のクイーン・エリザベス級とほぼ同じ方式をとっているが、損害を局限するために、主機主缶をユニット化して交互に配置する方式を採用。また缶室は前部機関室を挟んでシフト配置となり、缶室はそれぞれ縦隔壁で仕切られて、防御が強化されていた。このように主缶が従来のイギリス艦にない配置となったために、2本の煙突の間が広くとれるようになり、クロスデッキ･カタパルトは煙突間に設けられている。また巡航タービンを減速歯車装置を介して高圧タービンに直結するなど、航続距離を伸ばす工夫もされていた。

装甲は水線付近の装甲帯がイギリス戦艦では最厚の35.6㎝（14インチ）で、主水平装甲鈑は従来のような中甲板ではなく、一段階上段の主甲板に装備した。これはトップヘビーを招くが、脅威が顕在化してきた航空攻撃で爆弾命中時の損害を艦内までおよぼさずに済むだけでなく、損害を受けても予備浮力の確保や復元性の維持がしやすい利点があった。

反面、リナウン級やネルソン級で効果が確認され、各国ともこぞって新造艦に使用していた傾斜装甲を採用せず、垂直装甲に戻してしまったことは、重装甲優先の本級においては不可解な処置である。水中防御構造が複雑化するのを避けるためとも言われるが、判然としない。

■七つの海で戦う

KGV級戦艦は、ネームシップの「キング･ジョージV世」が1940年12月11日に竣工してから、1942年8月29日に5番艦「ハウ」が完成するまで、実に2年にわたり、さみだれ式に建造された。

「キング･ジョージV世」は就役後、本国艦隊の旗艦となり、1941年5月には「ビスマルク」追撃戦に参加。ソードフィッシュの雷撃により行動不能になっていた同艦へ、「ロドネイ」とともに集中攻撃を浴びせて戦闘能力を奪い、撃沈への道を開いている。その後は船団護衛や上陸作戦支援に従事しながら、1945年には対日戦に加わり、日立や浜松の軍需工場を艦砲射撃した。

2番艦「プリンス・オブ・ウェールズ」は1941年3月31日に竣工。直後の「ビスマルク」追撃戦では艤装が終わっておらず、民間の工員を乗せたまま出航したが僚艦「フッド」が撃沈されたあと、燃料不足で作戦中止を強いられた。その後、チャーチル首相、ルーズヴェルト大統領による大西洋憲章の発表がこの艦上で行なわれている。そして日本軍を牽制するために、1941年末に東洋艦隊旗艦としてシンガポールに派遣されたが、開戦直後の12月10日に発生したマレー沖海戦で、日本の海軍機の雷撃により撃沈された。作戦行動中を航空攻撃のみで沈められた最初の戦艦でもある。

3番艦「デューク・オブ・ヨーク」は、1941年11月4日竣工すると、ルーズヴェルト大統領との会談に向かうチャーチル首相の乗艦となり、以降は北大西洋と地中海に船団護衛任務に就いた。1943年12月には通商破壊作戦中のドイツ巡洋戦艦「シャルンホルスト」の捕捉に成功し、荒天の中でのレーダー管制射撃で大破に追い込んだ。1945年春からは太平洋艦隊に編入されて、日本の降伏調印の場に「アンソン」とともに居合わせた。

4番艦「アンソン」は 1942年6月22日に竣工。もっぱら援ソ船団の護衛を任務としていた。1943年からはノルウェー周辺での諸作戦に従事していたが、ドック入りしている間に、ヨーロッパでの戦いは終結。太平洋艦隊に編入されたものの、回航中に戦争が終わっている。

5番艦「ハウ」は、1942年8月29日に就役した。戦力化したのは1943年になってからだが、この頃には大西洋方面でイギリスを脅かすような敵水上部隊はおらず、任務はその状況下でも脅威度が高い援ソ船団の護衛が主体となり、5月からはイタリア上陸作戦の支援のために地中海艦隊に派遣されている。

1936年に逝去した英国王ジョージV世の名をネームシップにいただき、3番艦までは王室男子に由来する名称を、また4、5番艦は未完に終わったアドミラル級巡洋戦艦の名称として内定していたジョージ・アンソン、リチャード・ハウ両提督の名を使用するなど、命名からだけでもイギリス海軍が本級にかけた期待の大きさが伝わってくる。

実際に就役して見ても、ライバルとなるべきドイツのビスマルク級戦艦や、イタリアのヴィットリオ・ヴェネト級戦艦に攻撃力でこそ劣ったが、防御力では凌駕する、基本的に優れた戦艦であった。しかし戦艦が1隻でも欲しかった戦争の序盤に数が揃わず、水上戦の帰趨がほぼ明らかになってから登場したことが、チャーチルをして「我々はこの戦争を戦艦のようなもので戦った」と嘆かせるほどの影の薄さに反映していると言えるだろう。

それでも本級はイギリス海軍において実戦を経験した最後の戦艦群であり､また「デューク･オブ･ヨーク」は敵戦艦と砲火をかわした最後のイギリス戦艦であった｡ネルソン級とあわせ、建艦技術史的にも興味が尽きないこれらの戦艦が現存していないことがまことに悔やまれる。

（文／宮永忠将）

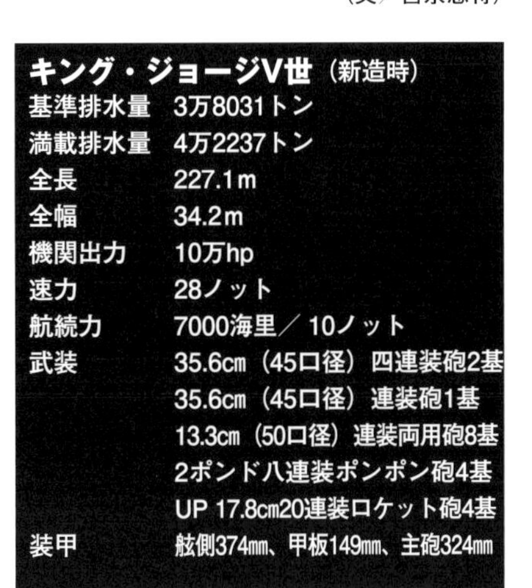

キング・ジョージV世（新造時）

基準排水量	3万8031トン
満載排水量	4万2237トン
全長	227.1m
全幅	34.2m
機関出力	10万hp
速力	28ノット
航続力	7000海里／10ノット
武装	35.6㎝（45口径）四連装砲2基 35.6㎝（45口径）連装砲1基 13.3㎝（50口径）連装両用砲8基 2ポンド八連装ポンポン砲4基 UP 17.8㎝20連装ロケット砲4基
装甲	舷側374㎜、甲板149㎜、主砲324㎜

本級は新型の35.6㎝四連装砲塔3基を搭載する予定だったが防御力を強化する代償に砲塔の1基を連装砲塔へと変更した。同型艦5隻の戦艦建造はロイヤル・ソブリン級以来23年ぶりのことだった。艦名は1番艦「キング・ジョージV世」､2番艦「プリンス・オブ・ウェールズ」､3番艦「デューク・オブ・ヨーク」､4番艦「アンソン」､5番艦「ハウ」と命名されている

戦艦キング・ジョージV世 1942

Royal Navy Battleship
King George V 1942

ライオン級戦艦

Royal Navy Battleship Lion-class

大戦勃発により幻と消えた16インチ砲搭載戦艦

日本とイタリアの脱退で発動することとなった軍縮条約のエスカレーター条項により計画されたのがライオン級戦艦だ。40cm砲を搭載して、完成したあかつきには「ビスマルク」を圧倒するはずだった新戦艦は、第二次世界大戦の勃発により日の目を見ることなく潰え去った

■第一次世界大戦時の計画戦艦

ド級戦艦の登場以来、イギリス海軍はドイツとの間で熾烈な建艦競争を繰り広げていたが、第一次世界大戦の勃発により一部の艦がキャンセルされている。

巡洋戦艦「インコンパラブル」は、第一次大戦中の1915年、第一海軍卿のフィッシャー提督のなかばゴリ押しにより計画された巡洋戦艦である。全長308m、主砲は未知の50.8cm（20インチ）で、これを連装砲塔3基6門に搭載、機関出力は18万馬力で、装甲を減らすことで35ノットを目指すという案であった。もし実現すれば巨大なリナウン級といった姿になっただろう。しかし大和型はもちろん、世界最長のアイオワ級戦艦の全長を38mも上回る超巨大艦が、果たして当時の技術力で建造できたかとなると疑問符がつく。

計画浮上直後のジュットランド沖海戦でドイツ海軍の脅威度が減り、かつ巡洋戦艦の脆弱さがはっきりすると、建造計画は即座にキャンセルされた。

次のインヴィンシブル級巡洋戦艦は、第一次大戦の終結直後に計画された艦艇で、40.6cm（16インチ）砲3基9門、排水量4万8400トン、機関出力16万トンと、「インコンパラブル」に比べると“現実的”な計画であった。詳細には不明点が多いが、ネルソン級戦艦のB砲塔とC砲塔の間に艦橋を挟みこむような、かなり奇妙な艦型で進められていたと言われる。

セント・アンドリュー級戦艦は、インヴィンシブル級巡戦のパートナーとなる戦艦で、50.8cm砲3基9門、排水量4万8500トンで計画されていた。インヴィンシブル級に装甲を積み増し、その分、速度性能を妥協した戦艦という姿になったであろう。いずれにせよ、50.8cm主砲は試作さえされておらず、建造にはかなり長期を要したのは疑いない。この2つの建造案は、仕様をまとめている間にワシントン軍縮条約が決まったために廃案となった。

■未完の16インチ砲搭載艦ライオン級

キング・ジョージV世級戦艦の建造に着手したイギリス海軍では、第二次ロンドン条約のエスカレーター条項を使用して、ライオン級戦艦の建造を決めた。

これは当初、45口径40.6cm（16インチ）主砲12門、排水量4万8000トン（満載時5万5000トン）の大型戦艦として計画されたが、建造に時間がかかりすぎることや、建造と整備が可能なドックが限られてしまうことが問題視されて、40.6cm砲3基9門、排水量4万トンに縮小されて、1938年および1939年度予算で4隻の建造が承認された。これを受けて、1939年にネームシップ「ライオン」と2番艦「テメレーア」がそれぞれ起工されたが、第二次世界大戦が勃発すると空母などの建造が逼迫したため、同年9月28日に建造が一時中断、最終的には建造計画自体が中止された。

もしライオン級が完成すれば38cm砲4基8門のビスマルク級を火力で圧倒できるため、ドイツに対する劣勢を挽回できると期待されたが、ドイツ海軍では次級のH級戦艦に47口径40.6cm砲の搭載を計画していたので、またもイタチごっこが発生していた可能性も高い。また当初は4連装砲塔案もあったが、KGV級の4連装砲塔が不具合の連発に悩まされていたこともあり、見送られたようだ。

主機主缶はそれぞれKGV級の能力増強版であり、機関出力は13万馬力を予定していた。この主機主缶をそっくり流用した「ヴァンガード」が良好な高速性を発揮していたが、ライオン級でも、船幅ではKGV級と変わらないまま、全長で12m上回るなどして、高速を発揮しやすい細長い船体設計となっているなど、高速性を強く意識している。

艦内配置も基本的にKGV級を踏襲しているが、艦尾構造のみ「ヴァンガード」と同じ箱型のトランサム・スターンになっているのが外見上の特徴となる。なお舷側装甲帯はKGVと同じく最大35.6cm（14インチ）であった。

以上から類推すると、ライオン級はうまくすれば30ノットを伺う高速戦艦になり得たが、そのぶん40.6cm砲を使用する射撃プラットフォームとしては安定性を欠いた可能性がある。いずれにしてもビスマルク級よりは有力だが、大和型、アイオワ級よりは劣るポジションの戦艦となっただろう。

しかし「ヴァンガード」が早期完成を目指したリサイクル戦艦であるにもかかわらず完成に5年を要したことからすると、「ライオン」の竣工も1944年末より早まることはなかったはずだ。したがって開戦から早々に建造を中止したイギリス海軍の判断は、結果として見るなら正しいことになる。とするなら、ライオン級よりも見劣りする「ヴァンガード」の完成にイギリス海軍が固執したのは、建艦関係者がイギリス最後の戦艦になることを覚悟していたからなのかも知れない。

（文／宮永忠将）

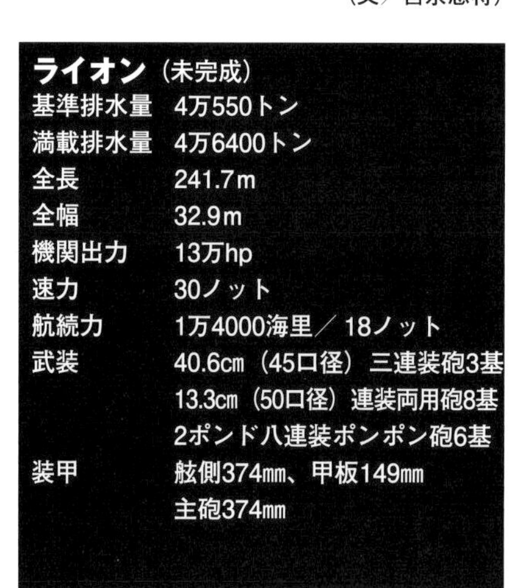

ライオン（未完成）	
基準排水量	4万550トン
満載排水量	4万6400トン
全長	241.7m
全幅	32.9m
機関出力	13万hp
速力	30ノット
航続力	1万4000海里／18ノット
武装	40.6cm（45口径）三連装砲3基 13.3cm（50口径）連装両用砲8基 2ポンド八連装ポンポン砲6基
装甲	舷側374mm、甲板149mm 主砲374mm

キング・ジョージV世級戦艦に続いてその拡大型として計画されたのがライオン級戦艦だった。主砲を40.6cm三連装砲塔3基とし、速力も巡洋戦艦並の30ノットが発揮可能な有力な高速戦艦となる予定だったが第二次大戦の勃発により建造は中止された。同型艦は2隻が予定されており、1番艦「ライオン」、2番艦「テメレーア」と命名されるはずだった

戦艦ライオン（未完成）
Royal Navy Battleship Lion

戦艦ヴァンガード1946～1960

Royal Navy Battleship Vanguard

主力艦の不足を見越して建造さる

「ヴァンガード」は戦後に竣工した数少ない戦艦としてその名を知られている。この当時の戦艦としては突出することないスペックとなったのは、何よりも完成が急がれたからだった

■戦時急造リサイクル戦艦

ワシントン、ロンドン両軍縮条約が失効した無条約時代を目前にしながら、条約の制限に縛られたキング・ジョージV世級戦艦の建造に踏み切らざるを得なかったイギリス海軍は、1939年より40.6㎝（16インチ）砲搭載艦のライオン級戦艦2隻の建造に着手した。ところが第二次世界大戦の勃発により、戦艦よりも航空母艦の建造が優先されたため、ライオン級は中止となってしまう。

しかし同盟国アメリカがサウス・ダコタ級、アイオワ級を建造するのはまだしも、日本が46㎝砲搭載艦の大和型を建造、また敵国ドイツのビスマルク級戦艦がキング・ジョージV世級より強力なことが明らかになると、イギリス海軍ではこれに対抗する新型戦艦の必要性が叫ばれた。設計案は1939年7月から策定が始まったが、開戦直後に「ロイヤル・オーク」がスカパ・フローにて雷撃であっけなく撃沈され、戦局次第では主力艦の劣勢という未曾有の事態を引き起こしかねない恐怖も手伝い、計画は促進された。

そこで、空母に改装された巡洋戦艦「カレイジャス」「グローリアス」から降ろして保管していた38.1㎝（15インチ）砲塔と、ストックが豊富な42口径38.1㎝砲Mk.Iをリサイクルして、なるべく短い工期で高速戦艦1隻を建造することが決められた。起工は1941年10月で、直後に「ヴァンガード」と命名された。

「ヴァンガード」は、第一次世界大戦当時の38.1㎝砲を、艦の前後に背負式に各2基ずつ配置していた。性能はクイーン･エリザベス級の主砲と同等であるが、連装砲塔は最大仰角を従来の20度から30度に引き上げ、射程は3万4000mまで延びている。

とはいえ砲の能力自体は完全に頭打ちで、4万mでの運用をにらんでいた他国の最新戦艦には一歩遅れていたが、基線長9.2mの測距儀および274型レーダーと連動した射撃方位盤および最新のアドミラルティ式射撃指揮装置Mk.Xが最初から搭載されているので、当時の水準以上の能力は持っていたし、弾着観測用の930型弾着観測レーダーも据えられていた。副砲はKGV級と同じ13.3㎝（5.25インチ）Mk.I連装両用砲で、両舷に各4基、艦橋と第1煙突の両側、上構と後檣楼の両側に、それぞれKGV級に倣って配置された。また建造中に戦訓から役に立っていないと判断された航空艤装と水雷装備も全廃して無駄を省いている。

主機主缶は未完のライオン級からの流用であり、配置はKGV級に準拠しているが、主缶容量と主機出力を増強して13万馬力で30ノットを達成した。また独立巡航タービンを廃止して、高圧タービンと複流型低圧タービンの2胴構成とすることで、主機の重量を軽減している。

これらの工夫が奏功して「ヴァンガード」は計画よりも排水量が2000トン近く増加しながら、公試では13万6000馬力、31.75ノットと優れた高速性能を発揮した。また従来のイギリス戦艦とは異なり舷窓を廃止、艦首をクリッパー・バウとして大きなシアーとフレアを着けることで凌波性を大幅に改善している。KGV級は艦首主砲の俯角を確保するために前甲板をフラットにしたことが、凌波性を著しく悪化させて北大西洋での作戦を困難にしたが、「ヴァンガード」はこの欠点を改善して、戦闘力を発揮できる場面を増やしている。一方で工期短縮のために艦尾を角形のトランサム型としているのも、イギリス戦艦としては新しかった。

主砲は「ヴァンガード」の弱点であったが、反面、防御力は1クラス上の40.6㎝砲にも抗堪できるよう舷側の装甲帯は349㎜、主甲板は149㎜と充分な装甲を有している。

■世界最後の戦艦として

以上のような速力と近代戦艦にふさわしい装備を取り入れた結果、「ヴァンガード」は排水量4万4500トンとイギリス最大の戦艦となった。一方で、1943年中の完成を狙っていたにもかかわらず、進水が1944年10月と遅れ、竣工は戦争が終わった1946年になってからのことであった。これは建造中に各種戦訓を取り入れたり、他の艦艇の修理にリソースを割かれたせいもあるが、イギリスの造船能力自体が枯渇していたのが最大の原因だ。

いずれにしても、戦争に間に合わないのでは、自慢の高速戦艦も宝の持ち腐れである。現実的には建造中から海戦の主役が戦艦から航空母艦に移ったのは明らかであり、むしろ竣工までこぎ着けたことが奇跡的とも言えるだろう。「ヴァンガード」は本国艦隊の旗艦として長らく戦後欧州に君臨し、イギリス王族のお召し艦として、海外巡行にも供された。またNATOの合同演習では、荒天時も悠然とした姿を見せていただけでなく、1955年に予備になってからはポーツマス港に繋留されてNATOの艦隊司令部として使われた。そうでありながら、近代戦艦の祖『ウォーリアー』が誕生してから百年後の1960年に、特に保存運動もないままスクラップにされたことは、イギリス戦艦の掉尾を飾るのに逆に象徴的であるかもしれない。

（文／宮永忠将）

ヴァンガード（新造時）	
基準排水量	4万4500トン
満載排水量	5万1420トン
全長	243.8m
全幅	32.9m
機関出力	13万hp
速力	31ノット
航続力	6660海里／12ノット
武装	38.1㎝（42口径）連装砲4基
	13.3㎝（50口径）連装両用砲8基
	40㎜6連装機銃10基
	40㎜連装機銃2基
	40㎜単装機銃11基
装甲	舷側349㎜、甲板149㎜、主砲324㎜

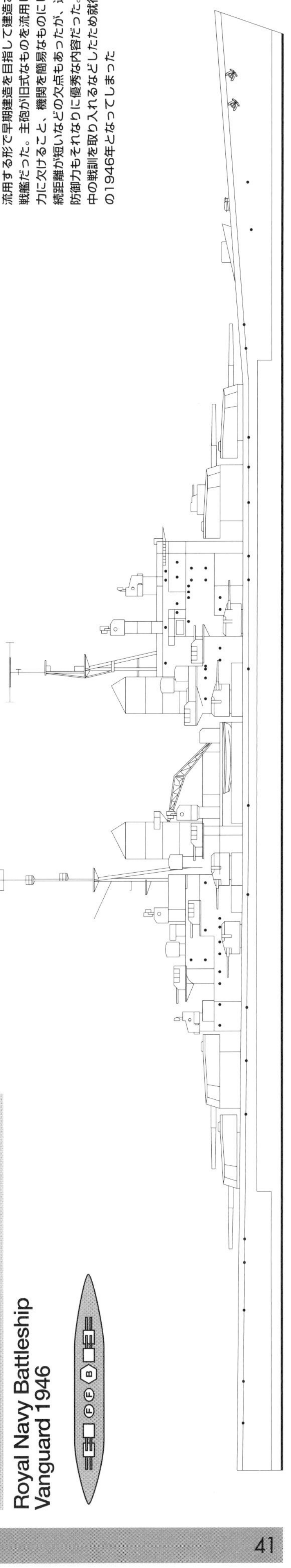

第二次大戦勃発後に保管されていた38.1㎝砲を流用する形で早期建造を目指して建造された高速戦艦だった。主砲が旧式なものを流用したため砲力に欠けること、機関を簡易なものにしたため航続距離が短いなどの欠点もあったが、速力は早く防御力もそれなりに優秀な内容だった。ただ大戦中の戦訓を取り入れるなどしたため就役は終戦後の1946年となってしまった

戦艦ヴァンガード1946
Royal Navy Battleship Vanguard 1946

column 3

ジュットランド沖海戦のあとに

文／白石光（戦史研究家）

史上最大の戦艦同士の海戦となったジュットランド沖海戦。日本海海戦とは異なり戦争の行方を左右するようなインパクトはもたらさなかったが、そこで得られた戦訓はのちの新世代の戦艦へと活かされていった

■屈指の大艦隊激突劇

第一次世界大戦中の1916年5月31日から6月1日にかけて、ユトランド半島沖でイギリスのグランド・フリート（大艦隊）とドイツのホッホゼー・フロッテ（大海艦隊）が正面衝突した。現代海戦史にその名を残す大海戦、ジュットランド沖海戦（別名スカゲラック海戦）が戦われたのだ。

だが、彼我双方がせいぜい戦隊規模で砲火を交える程度の「戦闘」ならまだしも、大規模な主力艦隊同士の「海戦」ともなれば、激突する両艦隊が決戦を望まない限り、そうたやすく雌雄が決せられるものではない。ゆえに明確な勝負がついた日本海海戦などは、逆に珍しい例といえよう。

というわけでこのジュットランド沖海戦も、どちらかが壊滅的打撃を被ったというような決着がつかない終わり方をしている。約150隻を擁するグランド・フリートと、約100隻を擁するホッホゼー・フロッテが戦火を交えたにもかかわらず、前者は各種艦艇14隻、後者は同11隻を失っただけに留まった。

ところで、ジュットランド沖海戦の経緯については数々の良書が世に問われており、限られた紙枚の本項ですべてを語ることは難しい。そこでここでは、同海戦がその後の戦艦の発展にどのような影響を及ぼしたかについて、ごく軽く触れてみることにしよう。

■新戦艦に集約された戦艦と巡洋戦艦

まず、イギリス海軍が生んだ鬼才であり、近代軍艦史に大きな足跡を残したフィッシャーが構築した理論のひとつ、「高速力は最大の防御力にもなり得る」を体現した巡洋戦艦についてである。ジュットランド沖海戦の推移自体は、双方の艦隊全体の運用というソフトの面に不手際も少なくなかったため残念な結果となった。だが、それでも巡洋戦艦は激しく交戦している。その理由は、高速であるがゆえに、そしてまた、巡洋艦艦の当初の建艦目的たる「巡洋艦を代替する強力な艦」であったため、巡洋艦とともに前衛を担ったからだったといえる。

ところがこの戦いの結果、提唱者フィッシャーの理論に忠実に則って造られたイギリスの巡洋戦艦がたやすく3隻も失われた一方で、彼の理論の論旨こそ受け入れつつ、ティルピッツ以来の伝統となっている防御力の重要性をも織り込んだドイツの巡洋戦艦はわずか1隻が失われたのみ。それも、大損傷を被ったにもかかわらず浮いていたため、味方の都合で雷撃処分にふされたというものだった。

というわけで、このような結果として得られた回答を噛み砕いて言えば、各艦とも悲劇的な終焉を迎えたイギリス巡洋戦艦では、主砲発射薬の管理が杜撰だったというソフト面の不手際を割り引いても、「巡洋戦艦の場合（特にイギリス艦の場合）、戦艦並みの火力と戦艦よりも足が速いことはけっこうだが、いかんせん、脆弱な防御力はなんとかならんか」というものだった。

一方で、従来の戦艦がジュットランド沖海戦で得た戦訓は、きわめて単純である。

それは、

1：より長射程、より大破壊力（貫徹力）、より高い命中精度、の三つを追求する火力の向上。

2：魚雷も含めた水平被弾と大落下角弾の垂直被弾、両方への抗堪性の向上を追求する装甲防御力の合理化（ヴァイタル・パート重点防御など）と強化（装甲鋼板の強度や装甲厚の向上）。

3：いっそうの高速化。

の三項目である。

いかがだろうか？

上に記したジュットランド沖海戦後の戦艦に求められた三項目を達成した先には、巡洋戦艦に求められた「いかんせん、脆弱な防御力はなんとかならんか」を解決達成したのとほぼ同じ「解」が待っていることがおわかりいただけよう。

戦間期のネーヴァル・ホリデーの期間中こそ、「ネクスト・ジェネレーションへの過渡期」として、より大口径の艦砲の搭載に重点が置かれた大艦巨砲化が中心の「戦艦の進化」が進捗した。しかし、無条約時代への突入前後に出現したイギリス、アメリカ、ドイツ、フランス、イタリア各国のいわゆる「新戦艦（これこそがネクスト・ジェネレーションである）」は、いずれも「高速化された戦艦」とも「重装甲化された巡洋戦艦」とも表現できる性能に収斂されていた。そしてこれが、戦艦と言う名の「人智が生んだリヴァイアサン」の最終形となったのである。

▲弾薬庫が誘爆し船体がふたつに折れて轟沈したイギリス海軍の巡洋戦艦「インヴィンシブル」。ジュットランド沖海戦ではイギリス海軍の巡洋戦艦3隻が失われた。速力を重視するあまり防御力を犠牲にしたイギリス式の巡洋戦艦はのちにあらためられる結果となる

▼ジュットランド沖海戦で20発以上の命中弾を浴び大破しながらも帰投したドイツ海軍の巡洋戦艦「ザイドリッツ」。速力と砲力は劣るもののそのタフなドイツ式巡洋戦艦の設計は注目され、高速戦艦の設計に大きな影響を及ぼした

"ジュットランド沖海戦、両軍の編成"

イギリス大艦隊（ジョン・ジェリコー大将）		戦艦アイアン・デューク（司令長官直率旗艦）
イギリス大艦隊（ジョン・ジェリコー大将）	第四戦艦戦隊／第四戦艦隊	戦艦ベンボウ、ベレルフォン、テメレーア、ヴァンガード
	第四戦艦戦隊／第三戦艦隊	戦艦シュパーブ、ロイヤル・オーク、カナダ
	第一戦艦戦隊／第六戦艦隊	戦艦マールバラ、リヴェンジ、ハーキュリーズ、エジンコート
	第一戦艦戦隊／第五戦艦隊	戦艦コロッサス、コリンウッド、ネプチューン、セント・ヴィンセント
	第二戦艦戦隊／第一戦艦隊	戦艦キング・ジョージV世、エイジャクス、センチュリオン、エリン
	第二戦艦戦隊／第二戦艦隊	戦艦オライオン、モナーク、コンカラー、サンダラー
	第三巡洋戦艦戦隊	巡洋戦艦インヴィンシブル、インフレキシブル、インドミタブル
	第一巡洋艦戦隊	装甲巡洋艦4隻
	第二巡洋艦戦隊	装甲巡洋艦4隻
	第四軽巡洋艦戦隊	軽巡洋艦5隻
	その他	軽巡洋艦（偵察巡洋艦含む）7隻、駆逐艦52隻
巡洋戦艦部隊（デイビッド・ビーティー中将）		巡洋戦艦ライオン（司令長官直率旗艦）
	第一巡洋戦艦戦隊	巡洋戦艦プリンセス・ロイヤル、クイーン・メリー、タイガー
	第二巡洋戦艦戦隊	巡洋戦艦ニュージーランド、インディファティガブル
	第五戦艦戦隊	戦艦バーラム、ウォースパイト、ヴァリアント、マレーヤ
	第一軽巡洋艦戦隊	軽巡洋艦4隻
	第二軽巡洋艦戦隊	軽巡洋艦4隻
	第三軽巡洋艦戦隊	軽巡洋艦4隻
	その他	軽巡洋艦2隻、駆逐艦27隻

ドイツ大洋艦隊（ラインハルト・シェーア中将）		戦艦フリードリヒ・デア・グローセ（司令長官直率旗艦）
戦艦部隊（ラインハルト・シェーア中将直率）	第三戦隊／第五戦艦隊	戦艦ケーニヒ、グローサー・クルフュルスト、マルクグラーフ、クローンプリンツ・ヴィルヘルム
	第三戦隊／第六戦艦隊	戦艦カイザー、プリンツ・レゲント・ルイトポルト、カイザリン
	第一戦隊／第一戦艦隊	戦艦オストフリースラント、チューリンゲン、ヘルゴラント、オルデンブルク
	第一戦隊／第二戦艦隊	戦艦ポーゼン、ラインラント、ナッソウ、ヴェストファーレン
	第二戦隊／第三戦艦隊	旧式戦艦ドイチュラント、ポンメルン、シュレジェン
	第二戦隊／第四戦艦隊	旧式戦艦ハノーファー、シュレスヴィヒ・ホルシュタイン、ヘッセン
	駆逐艦部隊	軽巡洋艦1隻、駆逐艦32隻
偵察部隊（フランツ・ヒッパー中将）	第一偵察群	巡洋戦艦リュッツオー、デアフリンガー、ザイドリッツ、モルトケ、フォン・デア・タン
	第二偵察群	軽巡洋艦4隻
	第四偵察群	軽巡洋艦5隻
	駆逐艦部隊	軽巡洋艦1隻、駆逐艦30隻

ドイツ海軍
German Navy

ドイツ海軍は自慢の工業力を活かして第一次大戦ではイギリス海軍の戦艦と開発競争を展開した。とくにドレッドノート開発以降は激しく猛追し、ときにはイギリス海軍の戦艦を上回るものを生み出した。ここではドイッチュラント級装甲艦を含む13タイプを紹介する

ナッサウ級戦艦
Battleship Nassau-class

ヘルゴランド級戦艦
Battleship Helgoland-class

巡洋戦艦フォン・デア・タン
Battlecruiser Von der Tann

カイザー級戦艦
Battleship Kaiser-class

モルトケ級巡洋戦艦
Battlecruiser Moltke-class

巡洋戦艦ザイドリッツ
Battlecruiser Seydlitz

デアフリンガー級巡洋戦艦
Battlecruiser Derfflinger-class

マッケンゼン級巡洋戦艦
Battlecruiser Mackensen-class

ケーニヒ級戦艦
Battleship König-class

バイエルン級戦艦
Battleship Bayern-class

ドイッチュラント級装甲艦
Armored ship Deutschland-class

シャルンホルスト級戦艦
Battleship Scharnhorst-class

ビスマルク級戦艦
Battleship Bismarck-class

ナッサウ級戦艦1912～1926

German Navy Battleship Nassau-class

新興海軍国が王者イギリスに挑戦するために繰り出したド級戦艦一番手

ジュットランド沖海戦でイギリス海軍と真っ向からぶつかった印象の強いドイツ大洋艦隊だが、そのじつ統一国家としての歴史が浅く、それまでの両者の力は格段に開いたものだった。ところが、「ドレッドノート」の登場で、ド級戦艦をいかに揃えるかというイコールコンディションになると、思わぬキャッチアップができるようになった。その先鋒がナッサウ級戦艦だ

■ドイツ帝国初のド級戦艦

イギリスが「ドレッドノート」を建造してド級戦艦の時代を迎えると、ドイツ海軍はこの新たな脅威に危機感を覚えた。対英戦の主戦場である北海では、中近距離での砲戦が多くなると想定して戦力を整備していたため、ド級戦艦により砲撃戦の距離が延伸したことで、手持ちの戦艦群の力が大きく低下してしまうからだ。

とはいえ、前ド級戦艦群が無価値になるのはイギリス海軍でも同じであり、ドイツがイギリスにキャッチアップする絶好の機会と見ることもできる。そこで1906年に、ドイツ海軍では初のド級戦艦の建造が承認された。これが4隻のナッサウ級戦艦で、1907年より起工された。

もともとナッサウ級は、イギリスに対抗する海軍建設を目指した第二次艦隊法において第二期建造分として予算が付いていた戦艦であり、1903年末から計画が始まっていた。当時は巨砲混載艦が主流であり、ナッサウ級は艦首と艦尾の連装砲を28cmとしたまま、舷側各2基4門の副砲の口径を21cmとする二巨砲混載艦とされる予定であった。

しかし建造中の「ドレッドノート」がどうやら単一巨砲搭載艦であることを掴むと、1905年にドイツでも主砲口径を28cmで統一、首尾線上に連装砲を4基、舷側に単装砲4基という案を検討した。そして同年12月には連装砲6基12門に改正されて、ドイツ初のド級戦艦建造が始まった。

ナッサウ級の全長は146.1m、船幅は26.9mで、L/B値は5.45となるが、これは両舷に連装の舷側砲を2基ずつ配置するために必要な措置であり、同時代の主力艦の中ではかなりずんぐりした艦型となった。排水量は1万8873トン（満載時2万535トン）で、キールの88%をカバーするように船底が二重構造になっていた。

ところがこの艦型が災いして、操作性がかなり悪かった。砲塔が舷側に寄っているため、ローリングの幅が大きかったのだ。砲撃時の安定性は優れていると想定されていたが、艦の揺動が一般的な波浪と同期しやすい不運も重なり、完成後すぐにビルジキールが追加された。このようなつまづきはあったが、ナッサウ級は基本的に素直な艦であり、旋回半径も小さかった。

さて、「ドレッドノート」に対抗すると言っても、先進的な攻撃力と機動力を同時に実現した同艦を模倣し、凌ぐのは容易なことではない。特にナッサウ級の限界は主機に現れている。

ドイツ海軍ではイギリスが採用していたパーソンズ式を代表とするタービンは、主力艦用としてはふさわしくないと考えていた。ナッサウ級には従来型の三段膨張型3気筒レシプロ機関を搭載し、推進装置は3基3軸としていた。これは1898年に就役した前ド級戦艦カイザー・フリードリヒIII世級以来の伝統であり、巡洋戦艦を除いてはドイツ海軍の大型主力艦の主機はすべてこの方式を採用している。2軸推進より1軸あたりの推力が小さくなって、主機を小型化し、艦内スペースを広くとれることに加え、巡行時には中央軸のみ使用して燃費を抑えられたためである。

ナッサウ級の最大速度は19ノットと想定されていたが、公試では最大2万8117馬力出力時に20.2ノットを記録している。「ドレッドノート」は21ノットなので、許容範囲とされた。

主缶にはシュルツ・ソーニクラフト式石炭混焼水管缶12基を搭載し、損傷時の生存性を確保するために、主缶室は6つに分けられていた。当初は石炭専焼缶であったが、第一次世界大戦が始まって間もなく石炭重油混焼缶に換装されている。

■挟撃に備えた主砲配置

主砲は45口径28cm連装砲6基12門で、最初にも軽く触れたとおりの曲折を経て亀甲型の配置となった。これにより片舷に最大4基8門を指向しつつ、反対舷方向に出現した敵にも一定の反撃能力を持たせられると期待されたのだ。主力艦の数でイギリスに劣勢なドイツ海軍では、そのような戦闘も発生するという可能性にも説得力がある。しかし仮に「ドレッドノート」と同じ配置にできれば、片舷には最大10門が指向できたわけで、艦内容積が足りなかったというのが現実的な問題だったらしい。

主砲はすべて同じであったが、配置場所の違いから、舷側砲は1906年型砲塔、首尾線上の砲塔は1907年型砲塔と異なっていた。ただしネームシップの「ナッサウ」と2番艦「ヴェス

▲ナッサウ級戦艦4番艦「ポーゼン」。もとは28cm主砲と21cm中間を混載する予定だったが、イギリス海軍が新世代の戦艦「ドレッドノート」を建造したのを知り、同じく単一巨砲搭載艦として設計を改められた。ただし造船所や交通インフラなど整備も併せて進めたため、就役は1909年以降となった。「ポーゼン」はジュットランド沖海戦では第一戦艦戦隊第二小隊の旗艦としてナッサウ級3隻を率いて戦った

トファーレン」では、すべて1906年型砲塔が使われていた。どちらの砲塔も最大仰角は20度で同じであるが、1907年型は俯角が2度多い、マイナス8度までとれるようになっていた。砲口初速は秒速885mで、最大射程は2万500m、交戦距離とされる1万2000mでの装甲貫通力は約20cmであった。

副砲は45口径15cm砲が12門と、8.8cm砲が16門で、すべてが砲郭内に搭載されていた。「ドレッドノート」の後継であるベレロフォン級戦艦が、副砲に4インチ砲（10.2cm）砲10門を採用していたのと比較すると、船体の割にかなり重武装であったことがはっきりとする。ただし8.8cm砲は射程が約1万mで、駆逐艦の撃退用としては威力不足であるうえに、多くの砲が波浪が高いときには役に立たないと判明したため、戦争が始まると、順次、高角砲に換装された。また水中魚雷発射管を計6基装備していた。

装甲は強靱な性能で定評のあるクルップ鋼で、装甲帯の最大厚は300mm、最薄で80mmとなっていた。また対魚雷用の隔壁は30mm厚である。水平装甲は55〜80mmの間で設定されていて、前部司令塔は屋根の厚さが80mm、もっとも命中弾が出やすい側面は400mmと充分な装甲が施されていた。この点、後部司令塔は側面装甲が200mmと防御力では劣っている。また当初は設置されていた防雷網は1916年から随時撤去された。

ネームシップとなる「ナッサウ」の建造は1907年7月22日に始まったが、ドイツ初のド級建造は、同国の造船業界にも大きな試練となった。影響はまず交通インフラから始まった。というのも北海とバルト海を東西につなぐために、1895年にユトランド半島（デンマークが所在する巨大な半島部）の根元に作られたキール運河は、1万5000トン級の艦艇しか通過できないため、ナッサウ級の建造に備えて拡幅工事が求められたからだ。当然、主力艦の大型化が進むであろう将来に備えて、工事は大がかりなものとなる。

造船所についても、当時のドイツで大型艦が建造できるのは官営が2ヵ所と民間造船所5ヵ所であったが、ナッサウ級の建造にあわせて、船台拡張工事が必要となった。この時に「ナッサウ」の建造を請け負ったヴィルヘルムスハーフェン工廠では、地盤が軟弱なために船台拡張工事はかなり難航している。また、フルカン社は3番艦「ラインラント」をシュテティン工廠で建造したが、将来の大型艦の需要を見越してハンブルクに新しい工場を建造した。

このような曲折があったために、ナッサウ級の建造着手は当初の計画より1年以上遅れたが、1908年3月に「ナッサウ」は進水し、翌年10月1日についに就役した。そして1910年5月までに同型艦4隻が完成している。

■ロイヤルネイビーとの決戦

1914年8月に第一次世界大戦が勃発すると、「ナッサウ」はヒッパー提督の巡洋戦艦戦隊と協同して、スカーボローをはじめとするイギリス本土沿岸部への攻撃に参加した。1915年8月にはナッサウ級、ヘルゴラント級の戦艦各4隻と、巡洋戦艦「フォン・デア・タン」「ザイドリッツ」が参加してリガ湾におけるロシア艦隊の掃討作戦が行なわれ、8月16日の海戦で「ナッサウ」は僚艦「ポーゼン」とともにロシアの前ド級戦艦「スラヴァ」と砲撃戦となり、3発の命中弾を与えて撃退した。

ジュットランド沖海戦では、「ナッサウ」は第一戦艦戦隊第二小隊の3番艦として参加し、主砲弾106発を発射した。この時には目立った戦果はなかったが、夜戦においてイギリス駆逐艦「スピットファイア」と遭遇すると、「ナッサウ」は衝突を試みた。「スピットファイア」はかろうじて直撃を避けるものの、衝突は避けられず、同時に「ナッサウ」の砲撃により艦橋と煙突を吹き飛ばされている。ただし接近しすぎていて主砲の俯角が足らなかったので、イギリス駆逐艦は致命傷を避けることができた。また「ナッサウ」もこの混戦で2発被弾して乗員11名が戦死、さらに衝突の損害で15cm砲の一部が使用不能となり、速度も15ノットに低下している。

2番艦「ヴェストファーレン」はジュットランド沖海戦にて「ナッサウ」と同じ第一戦艦戦隊第二小隊の4番艦として参戦し、主砲弾51発を発射。また続く夜戦では、イギリス駆逐艦「ティペラリー」と1800mという近距離で砲火をかわした。この攻撃により「ティペラリー」は艦橋とA砲塔を破壊されたが、戦闘を継続して雷撃まで敢行している。この夜戦は混沌を極めたことで知られ、駆逐艦の10.5cm砲弾が「ヴェストファーレン」の艦橋を直撃して、レドリッヒ艦長が負傷している。続いて、駆逐艦「ブローク」「フォーチュン」とも交戦となり、「ヴェストファーレン」は僚艦「ラインラント」と協力してこれを撃破した。

3番艦「ラインラント」は、第一戦艦戦隊第二小隊に所属してジュトランド沖海戦を迎えたが、位置取りや視界が悪く、最初の砲撃戦では期待されたほどの役は果たせなかった。しかし夜戦で敵装甲巡洋艦「ブラック・プリンス」と距離2000m前後での交戦となり、これを大破。自身も砲弾2発の命中により、煙突と艦首付近の舷側に損害を生じた。

4番艦「ポーゼン」は、ジュットランド沖海戦では第一戦艦戦隊第二小隊の旗艦としてエンゲルハルト少将が座乗し、主砲弾53発を発射したが戦果は無かった。また夜戦では敵水雷戦隊の魚雷を回避した際に味方軽巡「エルビング」に衝突し、自沈に追い込んでしまう失態を犯してしまった。

その後、ナッサウ級の4隻には幾度かの出撃機会があったが、積極的な接敵は見送られたため、イギリス戦艦群との戦いは実現しなかった。しかし1918年2月には意外な任務に投入される。当時、内戦状態に陥っていたフィンランドでの陸軍支援のために、「ヴェストファーレン」と「ラインラント」が派遣されたのだ。両艦は第14猟兵大隊を乗せて、ハンコ港を攻略のための拠点とすべくオーランド諸島の制圧に向かった。そして上陸成功後は「ポーゼン」も参加してヘルシンキ侵攻を支援し、4月には艦砲射撃で支援して赤衛軍を粉砕。フィンランドにおける反共政府の樹立に成功した。ちなみに4月には「ラインラント」は濃霧によって座礁してしまい、工作艦「ボスニア」が6000トン以上の艤装を外してようやく浮揚し、キールまで曳航されたが、修理は見送られた。また8月には「ヴェストファーレン」は主缶に重大な故障を生じたが、修理する余裕はなく、退役して砲術練習艦となった。

戦争終結後、ドイツの主力艦はスカパ・フローに繋留されたが、ナッサウ級はド級戦艦であっても老朽化し、戦力的な価値は低いと評価され、参戦各国への賠償艦として残された。この措置により「ナッサウ」は日本への賠償艦として引き渡されたが、日本海軍では本艦を運用する意図はなく、直ちにスクラップ業者に売却。オランダで解体処分されている。

（文／宮永忠将）

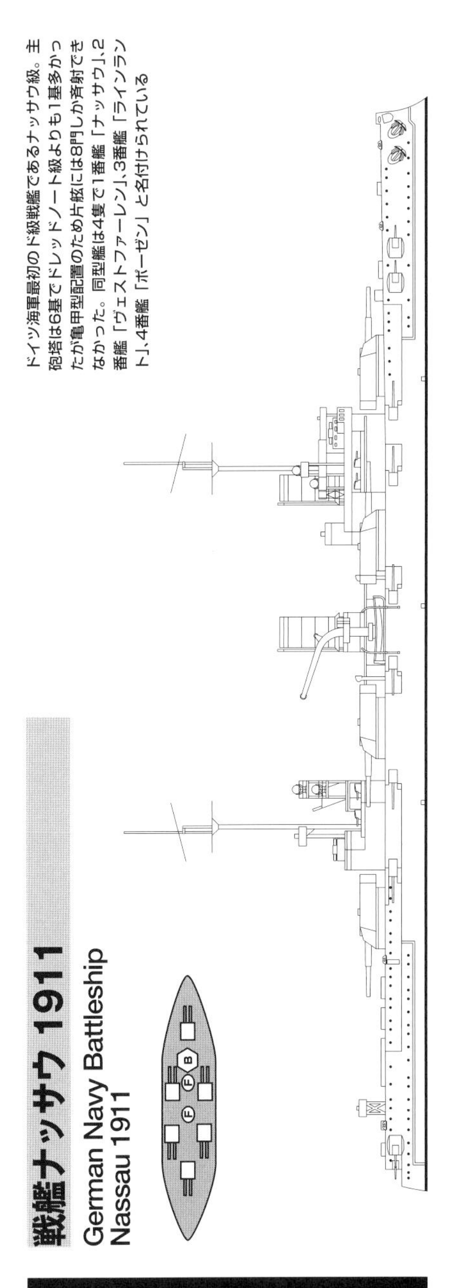

ドイツ海軍最初のド級戦艦であるナッサウ級。主砲塔は6基でドレッドノート級よりも1基多かったが亀甲型配置のため片舷には8門しか斉射できなかった。同型艦は4隻で1番艦「ナッサウ」、2番艦「ヴェストファーレン」、3番艦「ラインラント」、4番艦「ポーゼン」と名付けられている

戦艦ナッサウ 1911
German Navy Battleship Nassau 1911

ナッサウ（新造時）	
常備排水量	1万8873トン
満載排水量	2万535トン
全長	137.7m
全幅	26.9m
機関出力	2万2000hp
速力	19ノット
航続力	9400海里／10ノット
武装	28cm（45口径）連装砲6基 15cm（45口径）単装砲12基 8.8cm（45口径）単装砲16基 45cm水中魚雷発射管6門
装甲	舷側300mm、甲板80mm 主砲280mm

ヘルゴランド級戦艦1911〜1920
German Navy Battleship Helgoland-class

巡洋戦艦フォン・デア・タン1910〜1919
German Navy Battlecruiser Von der Tann

ドイツ流ド級戦艦の第2陣と質実剛健を体現した巡洋戦艦の先鋒

ナッサウ級でド級戦艦の建造に成功したドイツ海軍がその拡大改良版として建造したのが30.5cm主砲を搭載したヘルゴランド級である。また、ドイツでは「大型巡洋艦」の呼称で類別されてきた装甲巡洋艦を、イギリスが新たに創出した新カテゴリーである巡洋戦艦と対抗できるべくアップデートした。これが最初のドイツ巡洋戦艦となった「フォン・デア・タン」である

[ヘルゴラント級戦艦]

■ドイツ海軍ド級戦艦の二番手

ドイツ海軍初のド級戦艦であるナッサウ級の建造は、1895年に開通したばかりのキール運河の拡張工事や、各地の建艦ドックの新設を強いられるなど、関連業界を巻き込んだ大事業となった。しかしひとたびインフラが整うと、ドイツ造船業界は活況を呈し、過去の遺産が多いために生産体制では足並みが揃えにくいイギリスを、これまで以上のペースで猛追するようになる。

ヘルゴラント級戦艦は、ナッサウ級の後継となるド級戦艦である。ドイツの艦隊整備の基本となる艦隊法では、1908年と1909年度にそれぞれ2隻ずつのド級戦艦を建造する計画となっていた。しかしイギリスへのキャッチアップを急ぐため、1908年に艦隊法を改正し、4年の間、戦艦を毎年4隻ずつ起工することになった。ヘルゴランド級はその最初のグループである。ナッサウ級4隻と組んでの運用を前提としていたので、各艦の艦名は前級同様、ドイツ帝国を構成する領邦国家の名称に由来している。

このような運用方針から、艦の基本形はナッサウ級の拡大版となり、主砲の配置も中心線上の艦首と艦尾に各1基、両舷の前後に1基ずつ六角の、亀甲型配置を採用していた。ナッサウ級でも触れたように、反対舷の砲が遊兵化しやすいこの配置は、数では劣勢が予想されるイギリスとの海戦における、一種の保険として機能したと説明される。しかし「ドレッドノート」が中心線上に主砲を配置した単一巨砲搭載艦となったのは、一斉打ち方の効果を上げるためである。結局、砲の遊兵化は無駄でしかないことが判明したために、このような主砲配置はヘルゴラント級が最後となった。

ドイツの主力艦は、外国の同時期の主力艦に比べると、伝統的にあえて口径が小さな主砲を採用してきている。これはドイツ艦が防御力を重視していることから、主砲口径を小さくして兵装重量を軽減した分を防御力に充てたためである。そして一斉射あたりの威力の低下は、発射速度と命中精度を高めて一定時間内での目標への命中弾量を増やすことでカバーするとされた。

そのためナッサウ級の28cm砲は、イギリスの12インチ（30.5cm）砲に匹敵する威力があると見積もられていたが、ヘルゴラント級でははじめて50口径30.5cm砲を採用した。この主砲は、間もなくイギリスのオライオン級が搭載した13.5インチ（34.3cm）砲に対抗する威力があるとされているので、ヘルゴラント級を超ド級戦艦に相当する戦艦と見なすこともできるだろう。ただし、ナッサウ級と足並みを揃える名目で仰角は13.5度、最大射程は1万6200mとされた。これは明らかに不可解な決定だったが、実際、ドッガーバンクの海戦で射程不足が露呈し、改装により仰角を16度まで上げて、射程を2万400mまで延伸している。

副砲は45口径15cm砲と8.8cm砲をそれぞれ14門、すべてを砲郭内に搭載し、魚雷発射管も6基備えていた。

船体は主砲の口径拡大とともに大型化し、前級と比較して全長で約30m、全幅も1.5mほど大型化し、排水量は常備2万2800トンに達していた。また既述の通り、重装甲の設計思想の元で、波浪が高い北海での近距離砲撃戦を想定していたこともあり、装甲帯の最大厚は300mmに達している。これは同時代の海外主力艦に比較して20〜50mmほど厚い。防御用の装甲重量は8082トンで、常備排水量の37％を占めているうえに、ハーヴェイ鋼を凌ぐクルップ鋼の性能と相まって、同クラスでは最高の防御力であったと評価できるだろう。本土から近い北海での決戦を想定していたので、居住空間用の重量も防御に回せたことから、このような極端な重装甲が可能であった。これは世界中の海での運用を想定したイギリス艦には難しい選択であった。

また、対水雷防御を取り入れるのも世界的には早く、縦隔壁を設けて水密区画を細分化し、通行扉を廃止するなどの生存性向上策を可能な限り取り入れている。

ネームシップの「ヘルゴラント」が就役したのは1911年8月で、翌年7月には4番艦「オルデンブルク」が完成した。主に作戦はナッサウ級と足並みを揃えているが、ジュットランド沖海戦では、目立つ戦果こそないものの、各艦100発前後の射撃を行ない、戦列を支える重要な働きをした。なお、1918年11月に3番艦「テューリンゲン」で起こった抗命事件をきっかけにドイツ革命が始まり、同国は降伏を強いられたという変わったエピソードもある。

戦後はそれぞれ賠償艦となり、2番艦「オストフリートラント」はアメリカで爆撃標的艦となり、持ち前の優れた防御力を意外な形で発揮することとなった。また「オルデンブルク」は日本のものとなり、「ナッサウ」と同様にオランダで解体処分されている。他の艦も同じような運命をたどっている。

▲ドイツ海軍最初の巡洋戦艦である「フォン・デア・タン」。ドイツ海軍の大型艦としてははじめてタービンを搭載した。主砲の配置はイギリス海軍のインヴィンシブル級に似たものを採用した。主砲の口径はイギリス巡洋戦艦よりも一回り小さかったが代わりに強力な副砲を搭載していた

[巡洋戦艦フォン・デア・タン]

■イギリス巡洋戦艦に対抗

ドイツ海軍ではいわゆる装甲巡洋艦を「大型巡洋艦」と呼んでいたが、「フォン・デア・タン」はイギリスのインヴィンシブル級巡洋戦艦に対抗して建造された超大型巡洋艦である。同艦はイギリスで確立された巡洋戦艦のカテゴリーにおおむね合致するため、一般的に巡洋戦艦として扱われているが、ドイツ海軍でそのような呼称が使われることはなく、この艦に類する船はすべて大型巡洋艦と呼ばれていた。

戦艦の充実を図って制定された第二次艦隊法には、1906年から1909年の間に大型巡洋艦の建造計画は含まれていなかった。しかしイギリスで超大型巡洋艦（つまりインヴィンシブルのこと）が建造中であるとの情報をつかむと、これに対抗するために1906年度計画として「フォン・デア・タン」の建造を決めたのである。

当初は21cm砲を12門搭載する計画であったが、「インヴィンシブル」が30.5cm（12インチ）砲を搭載する戦艦クラスの船であることが判明すると、対抗して28cm砲搭載艦へ設計変更が

行なわれた。その際にはナッサウ級戦艦のように亀甲形の主砲配置が検討されたが、重武装に過ぎるとして連装砲4基に絞られた。この条件で片舷方向への攻撃力を追求した結果、舷側砲をアン·エシュロン配置とすることで固まったのである。ちなみに主砲はナッサウ級と同じだが、砲塔は同級3番艦で採用された1907年型砲塔で統一された。砲門数ではライバルに劣るものの、副砲に15cm砲10門を搭載したので、イギリスが主力艦のスクリーンとしていた駆逐艦や巡洋艦群を撃退するパンチ力は充分であった。

こうしてイギリスの巡洋戦艦に対抗した「フォン・デア・タン」であるが、設計思想の違いは顕著であった。イギリスの巡洋戦艦は、戦艦並みの攻撃力と巡洋艦並みの速力を得るために装甲を大幅に犠牲にして、もし戦艦と交戦になったら速力で砲弾をかわし、射程外に逃れるのを基本方針としていた。しかしドイツ海軍では、視界不良が多くなる北海で、このような運用が都合よくできるとは考えらなかった。そこで戦艦より優速ではあるものの、攻撃力と防御力のバランスを重視する艦としたのであった。

インヴィンシブル級が自重に対する装甲配分を19.9%に抑えていたのに対して、「フォン・デア・タン」は32.7%と、イギリスの戦艦に匹敵する装甲重量を確保していた。結果、同艦の主装甲帯は水線付近で250mmに達している。同じ巡洋戦艦に位置づけされながら、インヴィンシブル級の152mmに比べていかに重装甲かわかるだろう。また装甲帯も、艦首砲塔から艦尾砲塔までを甲板二層分の高さですっぽり覆い、前後端は厚さ230mmの横隔壁で閉ざされていた。さらにイギリスのライバルは無装甲部分も多かったが、本艦の場合、艦首付近まで厚さ120～800mmの装甲が施されていた。主甲板の装甲は25mmと薄かったが、中甲板にも25mmの装甲を張っていたために、遠距離砲戦で上方から落下する砲弾にもライバル以上の防御力を発揮できた。

主機は当初、3基3軸のレシプロ機関とされていたが、重量軽減の必要からタービン採用に踏み切っている。この時期、ドイツには大型艦用のタービンを製造できるのがブルーム·ウント·フォス社だけであったため、ドイツの巡洋戦艦は以降、基本的に同社が専従することになった。タービン採用により24ノット以上が期待できたため、戦艦より優速という最初のコンセプトを守ることができた。

■分かれた明暗

主砲の変更などで着工が遅れたため、「フォン・デア・タン」の就役は1910年9月とインヴィンシブル級より大幅遅れた、実質的にインディファティガブル級と同時期に建造された艦と言うことになる。公試では7万9000軸馬力、27.4ノットと申し分ない性能を発揮して関係者を驚かせた「フォン・デア・タン」は、戦争が始まると大洋艦隊第一偵察群に配属されて、同年末にはイギリス沿岸部への艦砲射撃に従事した。1915年1月のドッガーバンク海戦には参加しなかったが、応援として乗員が巡洋艦「ブリュッヒャー」に派遣されていたため、同艦の沈没により多数の兵員を失うという不運に見舞われた。

ジュットランド沖海戦では、巡洋戦艦5隻を主軸とする第一偵察群の殿につき、ヒッパー提督の指揮下でビーティー提督の巡洋戦艦部隊と遭遇する。「フォン・デア・タン」は「インディファティガブル」と撃ち合いになり、距離1万2300mで与えた命中弾により同艦を轟沈に追い込んだ。一方、直後に追いついてきた敵第五戦艦戦隊の攻撃を受けて38.1cm砲弾2発が命中し、艦首砲塔と艦尾水線に重大な損傷を受けたものの生還している。この両艦の対比は、英独の巡洋戦艦の明暗をくっきり分けることになった。

「フォン・デア・タン」は戦後に抑留先のスカパ・フローで自沈し、1934年にロサイスで解体された。　（文／宮永忠将）

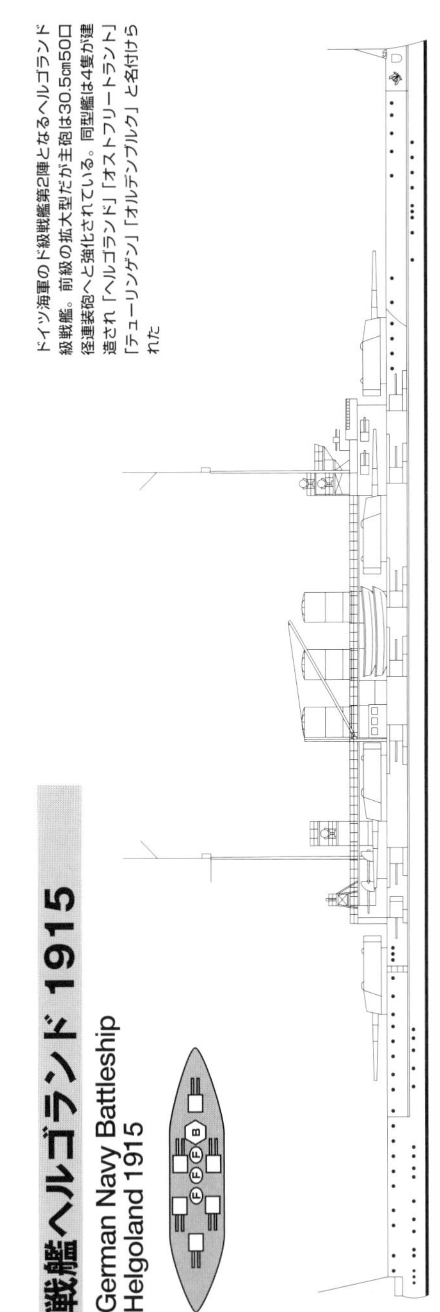
ドイツ海軍のド級戦艦第2陣となるヘルゴランド級戦艦。前級の拡大型だが主砲は30.5cm50口径連装砲へと強化されている。同型艦は4隻が建造され「ヘルゴランド」「オストフリートラント」「テューリンゲン」「オルデンブルク」と名付けられた

戦艦ヘルゴランド 1915
German Navy Battleship
Helgoland 1915

ヘルゴランド（新造時）	
常備排水量	2万2800トン
満載排水量	2万4700トン
全長	167.2m
全幅	28.5m
機関出力	2万8000hp
速力	20.5ノット
航続力	3600海里／18ノット
武装	30.5cm（50口径）連装砲6基 15cm（45口径）単装砲14基 8.8cm（45口径）単装砲14基 50cm水中魚雷発射管6門
装甲	舷側300mm、甲板80mm 主砲300mm

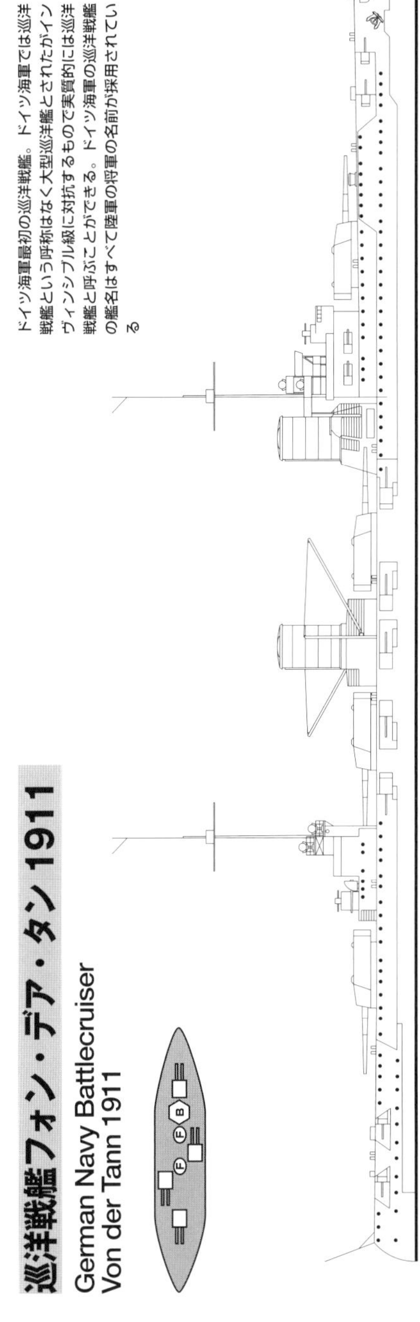
ドイツ海軍最初の巡洋戦艦。ドイツ海軍では巡洋戦艦という呼称はなく大型巡洋艦とされたがインヴィンシブル級に対抗するもので実質的には巡洋戦艦と呼ぶことができる。ドイツ海軍の巡洋戦艦の艦名はすべて陸軍の将軍の名前が採用されている

巡洋戦艦フォン・デア・タン 1911
German Navy Battlecruiser
Von der Tann 1911

フォン・デア・タン（新造時）	
常備排水量	1万9300トン
満載排水量	2万1300トン
全長	171.7m
全幅	26.6m
機関出力	4万2000hp
速力	24.8ノット
航続力	4400海里／14ノット
武装	28cm（45口径）連装砲4基 15cm（45口径）単装砲10基 8.8cm（45口径）単装砲16基 45cm水中魚雷発射管4門
装甲	舷側250mm、甲板50mm 主砲230mm

カイザー級戦艦1912〜1920

German Navy Battleship Kaiser-class

アンエシュロン式主砲配置により、全方位への敵と戦うべく

その名も「皇帝」とネームシップに命名されたカイザー級戦艦はドイツ戦艦としては初めてアンエシュロン式の主砲配置を採用、艦首尾方向と舷側方向のどちらの敵にも対応できるように考慮されていた。また、タービン機関の実用化にも成功し、以後のド級戦艦、さらには超ド級戦艦出現への大きな布石となった

■ドイツの将来は海上にあり

「ドレッドノート」に刺激されたドイツ海軍は、比較的短期間のうちにナッサウ級とヘルゴランド級の建造を成功させて、ド級戦艦の建造を波に乗せた。ここでなぜ当時のドイツがこれほど真剣に海軍国への脱皮を図ったのか、しっかりと説明をしておく必要があるだろう。

ドイツの統一国家としての歴史は浅く、長い間、この地域では小国が乱立していた状態が続いていた。つまりドイツというのは一種の地理的名称に過ぎなかったのだが、1871年に普仏戦争で勝利したプロイセン王国主導で統一が達成されると、にわかに大国として台頭することになった。しかし西をフランス、東をロシアの二大国に挟まれたドイツは、統一後の旺盛なエネルギーを海外進出に向ける他なく、必然的に強力な海軍が求められた。

さらに1888年にヴィルヘルムII世がドイツ皇帝に即位すると、対外進出への機運はますます加速する。皇帝は少年時代にはイギリス海軍艦艇の模型コレクションに夢中になり、自らポーツマス海軍工廠を見学した感動をたびたび周囲に語るなど、生粋の海軍マニアであった。長じてからはアメリカの海軍軍事理論家であるアルフレッド・マハンの著作に強い感銘を受けた。彼はこの本によって、自身の海軍熱がドイツの対外発展の必要性とリンクしていることを確信すると、「ドイツの将来は海上にあり」をスローガンに世界戦略を推進し、海軍の増強に着手するのである。

当時のドイツ海軍は、イギリスなど仮想敵国に対しての通商破壊を重視する巡洋艦隊重視派と、本格的な艦隊の建設を目指す戦艦派に二分されていた。ヴィルヘルムII世は、戦艦派の急先鋒、アルフレッド・フォン・ティルピッツ提督を海軍大臣に抜擢し、二人で両輪を為してイギリス海軍を目標とした艦隊建造に邁進することになる。この新興ドイツ海軍の艦隊は、大洋艦隊と呼ばれることとなった。

大洋艦隊建設の最初の一手が艦隊法の制定であった。これは、艦隊の長期整備計画をまず法律として定め、海軍は議会の承認を得ずに予算内で自由に軍艦を建造できるという法である。これにより、艦隊整備予算が政治取引の材料にされる心配はなくなった。1898年に成立した艦隊法では、戦艦17隻を中心とする艦隊整備が決まったが、早くも2年後には改正され、整備規模が倍増している。

とはいえ、単に戦艦の数を増やすだけでは、後発の不利は免れない。この観点からティルピッツが追求したのは、イギリスが脅威を感じる規模と戦力の艦隊の整備であった。ドイツにとっての大洋艦隊はイギリスを打倒する一手段に過ぎないが、海洋帝国のイギリスにとっては、ドイツ海軍と引き分ければ、世界戦略が破綻するというのがティルピッツの考えであった。このようなリスクを突きつけて、海洋強国イギリスとの戦力の均衡を図る彼の戦略は、リスク理論と呼ばれている。

■ド級戦艦の登場で格差なくなる

ティルピッツが海軍大臣に就任した時点で、ドイツ海軍は前ド級戦艦であるブランデンブルク級とカイザー・フリードリヒIII世級の9隻を保有、ないし建造中であった。そして艦隊法の整備後は、ヴィッテルスバッハ級、ブラウンシュヴァイク級、ドイッチュラント級各5隻が続き、ナッサウ級建造時には、ドイツは24隻の前ド級戦艦を保有していた。

1907年には既述のとおり「ドレッドノート」が姿を現し、これまでのドイツの努力は水泡に帰したかに見えたが、実はド級戦艦の登場による海軍軍拡競争の仕切り直しは、後発国のドイツに利するところが大であった。ナッサウ級の建造の前に、まず港湾や運河拡幅などのインフラ整備を急いだのも、こうした背景があってのことである。

カイザー級は1908年の艦隊法改正により1912年から繰り上げられたが、この14年度分の予算によって1909年度および10年度に建造されることとなった。当初は同型艦4隻の計画であったが、のちに大洋艦隊の旗艦として「フリードリヒ・デア・グローセ」のが追加されたため、合計で5隻建造された。

ヘルゴラント級の改良型という前提で設計が始まったが、実際には後述するように機関が変更されたため、主砲をかなり自由に配置できるようになった。そのため当初案では中心線上に、艦首と艦尾に背負式にして2基ずつ4基を並べ、舷側に1基ずつという、変則の菱形のような配置が考えられた。

しかし同じ時期にモルトケ級巡洋戦艦が起工されると、カイザー級の基本計画が一転する。平甲板であった船体が前級では長船首楼となり、主砲配置も中心線上は艦首に1基、艦尾に背負式で2基、舷側にそれぞれ1基ずつの5基となったのだ。これだけなら「ドレッドノート」に類似となるが、舷側砲はそれぞれ前後にオフセットしたアン・エシュロン(梯形)配置とされ、前後の煙突間がかなり広く採られているのが本級の外見的な特徴となった。これにより舷側砲の射界は120度の制限はあるものの、条件が合えば反対舷に射撃できる。したがって片舷への攻撃力は最大で5基10門となる。これにより前級に比べて最大攻撃力は25パーセントも向上している。

■蒸気タービンの実用化

砲塔が1基減少した分は装甲強化に充てられ、装甲帯は最大で50㎜ほど厚くなった。

また、カイザー級ではドイツ戦艦としてはじめて、主機にタービンを採用するという決断がされた。ドイツ海軍ではイギリス、アメリカからそれぞれパーソンズ式、カーチス式のタービンを購入して研究していたが、この頃になってようやくライセンス生産に目処が付いたのだ。タービンは従来の三段膨張型レシプロ機関より占有スペースが小さいため、艦内容積の融通が利くようになり、新しい主砲のレイアウトが可能になったのである。

ちなみにこの時期はまだいずれの方式のタービンが安定した性能を発揮するか確信が持てなかった。そこで「カイザー」「カイザーリン」「プリンツレゲント・ルイトポルト」はパーソンズ式を採用。そして「フリードリヒ・デア・グ

▲カイザー級1番艦「カイザー」。ふたつの煙突の間に2基の主砲を配置したため煙突の間隔は広い。これらの中央部の砲塔は限定的ながら反対舷への射撃も可能だった。また後部の2基の主砲は背負式に配置されているがこれはドイツ戦艦としてはじめて採用されたものだった。これらの主砲塔の配置の工夫により主砲門数はヘルゴランド級よりも2門減っているが片舷斉射砲力は逆に2門増加している

▲2番艦「フリードリヒ・デア・グローセ」。艦名の由来はプロイセン史上最高の軍人であり国王だったフリードリヒ2世、いわゆるフリードリヒ大王から。大洋艦隊旗艦として建造されたため艦隊司令部施設などをもち、後部艦橋は他の艦より大きいなど外見的にも違いがある

ローセ」はAEG社ライセンスのカーチス式、「ケーニヒ・アルベルト」はシッヒャウ式と、それぞれ異なるタービンを搭載していた。いずれも高圧、低圧用両タービンを同軸としたタンデム・コンパウンド（串形複式）タービンであり、ボイラーもイギリス同様に石炭重油の混焼缶が16基搭載されていた。

また「プリンツレゲント・ルイトポルト」については中央推進軸のみディーゼル駆動とする可能性を探り、クルップ／ゲルマニア社とMAN社に2サイクル複同式、6気筒の1万2000馬力級ディーゼルの開発を求めた。しかし研究ははかどらず、カイザー級への搭載は間に合わなかった。そのため「ルイトポルト」のみ缶数は14基、軸数はタービン2基2軸のまま就役している。しかし定格の2万8000馬力に対して、「ルイトポルト」は2万6000馬力の出力が可能であり、機関周辺の重量軽減もあって、速力低下はわずかだったため、そのまま就役した。もしディーゼルの開発が成功していれば、巡航速度12ノットの計算で、同型艦よりも航続距離が1200浬は増大すると見込まれていた。

副砲としては、片舷7門、合計14門の15cm単装砲を砲郭内に搭載し、8.8cm単装砲は前檣楼基部の上構に4基、後檣楼基部の上構側面と、艦尾甲板上に片舷2基ずつの、8基8門を搭載していた。

1912年8月に就役したネームシップの「カイザー」は、そのままの意味ならば普遍的な「皇帝」であるが、艦尾舷側にWとⅡ、そして王冠の意匠が施されていたことから、皇帝ヴィルヘルムⅡ世その人を強く意識したのは言うまでもない。1912年9月の公試では定格の2倍に迫る5万5100馬力を発揮して、標柱間で23.4ノットを記録した。

■ドイツ戦艦のスタンダードとなる

命名のわかりやすさも手伝ってか、砲艦外交にも用いられ、1913年12月には同級の「ケーニヒ・アルベルト」、巡洋艦「シュトラスブルク」とともに南米への周航を実施している。遠洋航行と本級の耐用試験を兼ねた航海であったが、懸念されたタービンが、従来のレシプロエンジンに比べると長時間、安定して高速航行が可能であり、整備性も比較にならないほど容易であることが判明した。

「カイザー」は1916年になってから第三戦隊第六小隊の旗艦を務め、ジュットランド沖海戦では北上戦の終盤で僚艦との協同攻撃により敵装甲艦「ディフェンス」を撃沈するが、自身も主力同士の砲撃戦で「エジンコート」の主砲弾2発が命中し、死傷者を出している。1917年には第四戦隊所属となり、1917年11月に第2次ヘルゴラント・バイト海戦にも参加した。

戦争に敗北すると、カイザー級以降の戦艦はすべてスカパ・フローに係留されたが、自沈した「カイザー」はしばらくその状態で放置され、1929年3月になってようやく浮揚され、スクラップとして解体された。

「フリードリヒ・デア・グローセ」は、就役順なら2番艦となるが、大洋艦隊の総旗艦として建造されたので、前部羅針艦橋や航海艦橋、後部檣楼などが同級よりも拡張されている。プロイセン王国の強大化の道を開いた偉大な国王の名前を戴くには相応の艦であった。

ジュットランド沖海戦ではシェーア提督が座乗して、戦艦隊の中央で全体の指揮を執り、72発の主砲を射撃した。そして1917年3月にバイエルン級戦艦の「バーデン」に旗艦を譲ると、本級5隻で編成された第四戦隊を率いた。

皇妃を意味する3番艦「カイザーリン」は1913年5月に就役した。ジュットランド沖海戦では第三戦隊第六小隊に属して、主砲160発を発射し、自らは無傷で帰還。戦後、スカパ・フローで自沈したあとはしばらく手が付けられないままでいたが、1936年になりようやくスクラップとして撤去された。

「ケーニヒ・アルベルト」は1913年7月に就役したが、復水器の修理中であったためにジュットランド沖海戦に参加できなかった。この船も「カイザーリン」と同じく、1936年までスカパ・フローに沈んでいた。

「ケーニヒ・アルベルト」に1ヵ月遅れで就役した「プリンツレゲント・ルイトポルト」は、第三戦隊の旗艦であったが、ジュトランドでは第六小隊に所属して169発の主砲弾を放ち、無傷で戦いを終えた。その後の運命は、他の姉妹艦と同様である。ちなみにプリンツレゲントとは「摂政皇太子」の意味であるが、ドイツでこの名前が出た場合、精神障害を煩っていた二人の甥に代わり、19世紀末から20世紀初頭にかけての26年間にわたって摂政を務めたバイエルン王国の王子ルイトポルトのことを思い浮かべる。本級の名称がプロイセン王国のホーエンツォレルン家に偏るのを避けて、南の雄邦バイエルン王国に配慮しての命名であろう。

大きな期待を背負って建造されたカイザー級戦艦は、実質、ジュットランド沖海戦だけしか働くことができず、損害は軽微であったものの、戦果もまた小さかったので、大きな投資にはまったく見合わなかった。しかしドイツ海軍初のタービン搭載艦が安定した性能を発揮したことで、以降のドイツ戦艦の方向性を決定づけるなど、重要な技術的蓄積を可能とした戦艦であった。　（文／宮永忠将）

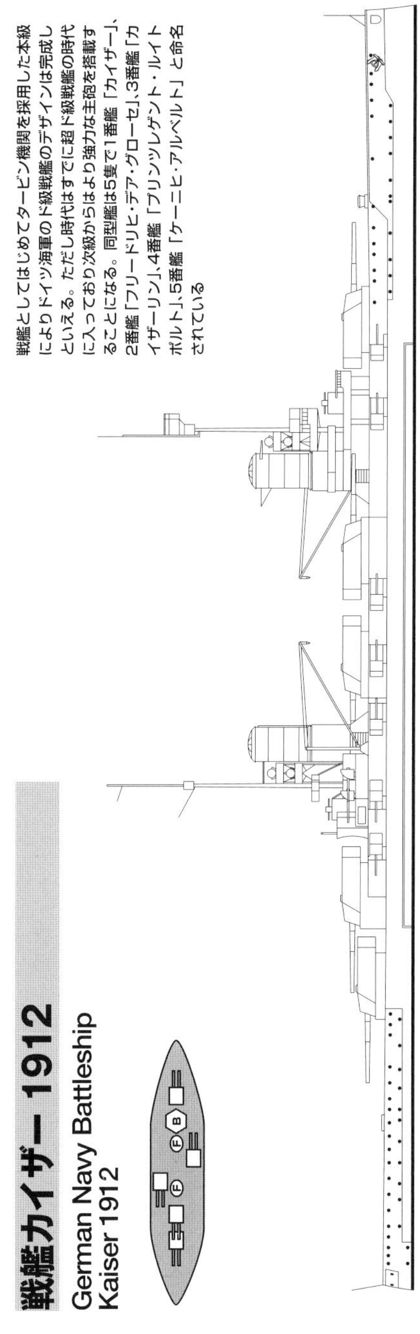

戦艦としてはじめてタービン機関を採用した本級によりドイツ海軍のド級戦艦のデザインは完成したといえる。ただし時代はすでに超ド級戦艦の時代に入っており次級からはより強力な主砲を搭載することになる。同型艦は5隻で1番艦「カイザー」、2番艦「フリードリヒ・デア・グローセ」、3番艦「カイザーリン」、4番艦「プリンツレゲント・ルイトポルト」、5番艦「ケーニヒ・アルベルト」と命名されている

戦艦カイザー1912
German Navy Battleship
Kaiser 1912

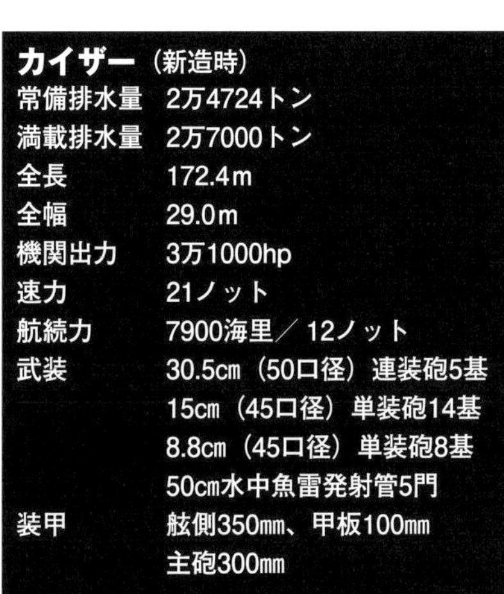

カイザー（新造時）

常備排水量	2万4724トン
満載排水量	2万7000トン
全長	172.4m
全幅	29.0m
機関出力	3万1000hp
速力	21ノット
航続力	7900海里／12ノット
武装	30.5cm（50口径）連装砲5基 15cm（45口径）単装砲14基 8.8cm（45口径）単装砲8基 50cm水中魚雷発射管5門
装甲	舷側350mm、甲板100mm 主砲300mm

モルトケ級巡洋戦艦1912～1919

German Navy Battlecruiser Moltke-class

巡洋戦艦ザイドリッツ1913～1919

German Navy Battlecruiser Seydlitz

背負い式砲塔の実用化で攻撃力を増した巡洋戦艦の本命

イギリスにおける巡洋戦艦の位置付けはあくまで「速度重視の、攻撃力を強化した巡洋艦」というものだったが、ドイツのそれは違った。攻撃力と防御力を重視しつつ速力の向上を狙ったドイツの巡洋戦艦は、ジュットランド沖海戦での打たれ強さを内外に知らしめ、以後建造される超ド級戦艦の方向性を暗示する。それがモルトケ級と「ザイドリッツ」だった

[モルトケ級巡洋戦艦]

■熟成された巡洋戦艦として

大型巡洋艦（イギリスに倣えば巡洋戦艦）の増勢をはかったドイツ海軍は、「フォン・デア・タン」に続き1908年～1909年計画艦として2隻のモルトケ級大型巡洋艦を建造した。

「フォン・デア・タン」は本家イギリスの巡洋戦艦ほど極端な速度偏重を採らずバランスを重視した設計で、完成度が高い艦であったが、試作的な要素が強かったため建造は1隻で打ち切られ、次のモルトケ級が本命がとなった。

全長は「フォン・デア・タン」より約15m大きくなり、船首楼甲板も延伸。また艦の中央部の膨らみが増え、艦首と艦尾が細めに絞られた。この艦型変更の影響で、伝統的な並列2枚舵（ツイン・ラダー）は採用できなかったため、主舵と副舵の2枚を前後に並べるタンデム・ラダー方式とした。しかし前方の舵の効きが悪くて旋回が緩慢で速力も大きく低下し、この試みは失敗に終わった。

主砲配置は前級を踏襲しつつ、これも艦尾側を背負式にして連装砲を1基追加した。これにより射撃範囲は限定的ながら片舷10門の射撃力を獲得した。主砲口径は同じく28cmだったが、45口径から50口径へと長砲身になったことで攻撃力は大幅に増加した。ちなみに口径長を尾栓の前の部分からの砲身の長さで計算するイギリスとは異なり、ドイツでは尾栓を含めた数値を使用するので、同じ基準で計算すると、ドイツの45口径は42.4口径、50口径は47.4口径となる。副砲は15cm単装砲を12基に増やし、8.8cm砲を12基に減らしている。

優れた防御力はさらに洗練され、装甲帯の最厚部は「フォン・デア・タン」より20mmも厚い270mmとなり吃水上1.4m、吃水下0.36mの上下幅で、前後主砲の間を完全に覆っていた。主砲塔防盾や水平装甲は変わらないが、司令塔の装甲も250mmから350mmへと大幅に増強された。

またスペック面ばかりでなく、地味ながら重要な変更もなされた。「フォン・デア・タン」は45cm水中魚雷発射管を艦首と艦尾に2門ずつ、計4門装備していたが、モルトケ級では搭載魚雷が50cmと大型化したため、実物大模型を使った実験の結果を見て、魚雷防御隔壁を25mmから50mmに強化し、破片防御隔壁を上甲板までつなげて水中防御範囲を拡大したのである。

同時に巡洋戦艦としての速力向上も求められたため大胆に軽量化を進めている。ただし重量の増加は避けられず、前部乾舷が7.3mほどしかなかったため、船首楼甲板を延伸したにもかかわらず、航洋性は低かった。

建造はブローム・ウント・フォス社で、1番艦「モルトケ」は1911年9月に就役。標柱間公試で8万5782軸馬力、28.4ノットを叩きだしている。ただし公試は極端な過負荷をかけて臨むので、実用的な値ではない。これはドイツに限らず、当時の巡洋戦艦全般に当てはまる。

開戦後は大洋艦隊第一偵察群に所属、1914年12月にヨークシャー沿岸の砲撃作戦に成功。翌年1月のドッガーバンク海戦にも参加し、8月にはリガ湾攻略支援のため出撃したが、イギリス潜水艦の雷撃を受けて損傷した。

ジュットランド沖海戦ではヒッパー提督の巡洋戦艦部隊の4番目に占位し、戦いが始まるとじつに装備弾量の4割におよぶ359発の主砲弾を放ち、巡洋戦艦「タイガー」に4発の命中弾を与えたが、自身も5発被弾して戦死17名を出した。また戦闘中に「リュッツォー」が落伍したため、一時的にヒッパー中将が移乗して旗艦を代行している。

1918年4月にはイギリス船団を攻撃中にプロペラ1基が脱落したところを潜水艦から攻撃を受けたが、どうにか帰投。1919年にスカパ・フローで自沈し、1929年に解体処分された。

1912年7月に就役した2番艦の「ゲーベン」はドイツ地中海艦隊の旗艦として、小型巡洋艦「ブレスラウ」とともにアドリア海に派遣された。当時、ドイツはアフリカをはじめとする海外進出に熱心で、こうした国情に後押しされて編成された新艦隊だった。そもそも大型巡洋艦は海外領土の警備が建造目的だったが、イギリスの巡洋戦艦に対抗する形で泥縄的に大型化したいきさつがある。そうした意味では、ようやく本来の用途に使われた船だったとも言える。

開戦時にはアルジェリア沖にいて、フランスの増援を防ぐために艦砲射撃を実施。直後、イギリス地中海艦隊の追跡をかわしてオスマン=トルコ帝国のダーダネルス海峡に逃げ込んだ。ジブラルタルを超えての帰国が不可能となった「ゲーベン」は、「ブレスラウ」とともにトルコに売却され、同国海軍で「ヤウズ・スルタン・セリム」と改名、黒海に移された（140ページ参照）。

▲数々の海戦に参加しながらタフネスぶりを証明した「ザイドリッツ」。ドッガーバンク海戦、ジュットランド沖海戦では多数の命中弾を浴びたがいずれも沈没は免れた。イギリス海軍の巡洋戦艦と異なり防御力にも力を注いだドイツ巡洋戦艦の真価を発揮したといえる

[巡洋戦艦ザイドリッツ]

■ドイツ主力艦最速を誇る

「ザイドリッツ」は1910年度計画で建造された大型巡洋艦で、「フォン・デア・タン」に始ったドイツの巡洋戦艦の到達点と呼ぶべき船だ。

モルトケ級と同様な長船首楼型船体にさらに一層の船首楼を上積みされてたためで、乾舷が高くなり、モルトケ級の弱点であった凌波性が大幅に改善された。これにより、艦首砲塔と艦尾砲塔の間には実に二層分の高低差が生じ、かなり特徴的なシルエットとなった。

高速性能を重視して、船体の幅をモルトケ級より1m減ずる一方、全長は14mも伸びしながら同じ装甲配置を維持しつつ、装甲帯の最厚部は300mm、水平装甲は80mmと強化されている。

主砲配置は、ちょうどケーニヒ級の計画時期とかさなったこともあり、30.5cm連装砲を4基8門とする案や、28cm連装砲5基10門を、艦首と艦尾でそれぞれ背負式とする中心線配置案など曲折したが、最終的に1910年1月にモルトケ級と同じ28cm連装砲5基のアン・エシュロン配置となった。

主缶はシュルツ・ソーニクロフト缶を前級より3缶多い27缶とし、主機はパーソンズ式高低圧直結タービンに代えて、並列タービンを2基搭載している。舵についてはモルトケ級のタンデム・ラダーを踏襲するほかになかった。

1913年5月に就役した「ザイドリッツ」は、標柱間公試で8万9738軸馬力、28.1ノットを出し、ドイツ主力艦としては最速を記録して設計の正しさを証明した。

■実戦でタフネスさを証明

開戦後にヒッパー提督の第一偵察群の所属となった「ザイドリッツ」は、1914年11月にヤーマス、12月にはハートルプール、ホイットビー、スカボローと立て続けにイギリス沿岸を攻撃して敵部隊を誘いだそうとしたが会敵しなかった。

しかし1915年1月24日のドッガーバンク海戦では、巡洋戦艦「ライオン」「タイガー」と相次いで交戦し、「ライオン」の34.3cm砲弾2発が命中した。うち1発は艦尾上甲板を貫通してD砲塔のバーベットに深く食い込んで炸裂し、砲塔内換装室の装薬に引火。火災は揚弾筒を伝って艦底の装薬室までおよび、C砲塔まで類焼しそれぞれを焼き尽くしてしまう。しかし注水処置が的確で、装薬の燃焼が緩慢で、誘爆しなかったことは幸運だった。もし誘爆したら轟沈は避けられなかっただろう。それでも戦死傷者192名という大損害を出している。

「ザイドリッツ」の修理は翌1916年4月1日にようやく完了したが、同月24日には英本土砲撃に向かう途中で触雷、舷側発射管室が破壊され、今度は5月末まで修理に費やす羽目になった。この仕切り直しとなった5月31日の出撃がジュットランド沖海戦を誘発したのだから、歴史の因縁とは不思議なものだ。

作戦に先立ち第一偵察群の旗艦を「リュッツォー」に譲った「ザイドリッツ」は、いわゆる南下戦、北上戦、第三巡洋戦艦戦隊およびグランド・フリート遭遇戦、薄暮戦などすべての局面で激戦を展開する。主な交戦相手だけでも、巡洋戦艦「クイーン・メリー」「タイガー」、戦艦「ウォースパイト」「コロッサス」があがり、主砲弾376発を発射して、最低10発は命中させた。とりわけ「クイーン・メリー」に対しては「デアフリンガー」との協同により轟沈に追い込んだ。

一方、「ザイドリッツ」も34.3cm砲を含む主砲弾21発と魚雷1本の命中を受けて、浸水で右舷に傾斜、戦闘能力をほとんど喪失して落伍した。翌日未明に一度は友軍と会合したが、浸水がひどくなり速力は3ノットにまで低下したので、独航することになった。じつはこのとき、浸水で大きく艦首が沈み込み、砲撃戦でできた無数の破孔から止めどなく浸水、艦首の沈降速度が加速するという、手に負えない状態にあったのだ。ポンプ船の派遣を受けてようやく浸水を止め、ヴィルヘルムスハーフェン港にたどり着いたのは6月3日未明であった。この遅れにより、イギリスではしばらくの間、「ザイドリッツ」はジュットランド沖海戦で沈んだと信じていた。その浸水量は5000トンを超え、もしも海が荒れたら助からなかったのは間違いない。ただし戦死傷者は153名で、損傷のひどさに比べると少ない印象もある。

修理には3ヵ月を要したが、「リュッツォー」の喪失もあり、第一偵察群に旗艦として復帰した。たびたびデンマークやノルウェーへの攻撃に参加したが、大きな海戦はないまま戦後はスカパ・フローに繋止され、1919年6月の一斉自沈に加わっている。ただし「ザイドリッツ」は浅瀬にあったため横転して着底し、約10年後に解体されるまで悲しい姿をさらしていた。

ジュットランド沖海戦で、イギリスが巡洋戦艦3隻すべてを轟沈という不名誉な形で失ったのに対し、ドイツは「リュッツォー」こそ失ったが、「ザイドリッツ」と、後述の「デアフリンガー」が滅多打ちにされながらしぶとく生き残ったことで、著しい対比をなした。

しかし戦闘海域が双方の海軍拠点の目と鼻の先だったこと、海が穏やかであったこと、どちらかの条件が欠ければ両艦とも助からなかっただろう。

いずれにしても「ザイドリッツ」は巡洋戦艦としては信じられないほどのタフネスを見せつけた。イギリスがインヴィンシブル級という新艦種で叩きつけて来た挑戦状に対して、痛烈なしっぺ返しをなしたと言えるだろう。　（文／宮永忠将）

巡洋戦艦モルトケ1912
German Navy Battlecruiser
Moltke 1912

ドイツ海軍2番目の巡洋戦艦となる「モルトケ」級。主砲は「フォン・デア・タン」と同じく28cmだったが砲塔が1基追加され、砲身長も45口径から50口径へと強化されている。2隻が建造されて「モルトケ」「ゲーベン」と名付けられた。このうち2番艦「ゲーベン」はのちにトルコ海軍に売却されて「ヤウズ・スルタン・セリム」として黒海で戦った

モルトケ（新造時）

常備排水量	2万2979トン
満載排水量	2万5400トン
全長	186.5m
全幅	29.5m
機関出力	5万2000hp
速力	25.5ノット
航続力	4120海里／14ノット
武装	28cm（50口径）連装砲5基 15cm（45口径）単装砲12基 8.8cm（45口径）単装砲12基 50cm水中魚雷発射管4門
装甲	舷側270mm、甲板50mm 主砲230mm

巡洋戦艦ザイドリッツ1917
German Navy Battlecruiser
Seydlitz 1917

「ザイドリッツ」は前級の改良型で高速を得るため船体を14mも延長し、凌波性を改善するため長船首楼型船体にさらに一層船首楼を追加した。その結果、ドイツ巡洋戦艦で最速の28.1ノットを公試で記録している。主砲配置自体はさまざまなプランが検討されたが最終的にはモルトケ級と同じ内容となっている

ザイドリッツ（新造時）

常備排水量	2万4988トン
満載排水量	2万8550トン
全長	200.6m
全幅	28.5m
機関出力	6万3000hp
速力	26.5ノット
航続力	4700海里／14ノット
武装	28cm（50口径）連装砲5基 15cm（45口径）単装砲12基 8.8cm（45口径）単装砲2基 50cm水中魚雷発射管4門
装甲	舷側300mm、甲板80mm 主砲250mm

デアフリンガー級巡洋戦艦1914～1919

German Navy Battlecruiser Derfflinger-class

マッケンゼン級巡洋戦艦

German Navy Battlecruiser Mackensen-class

ジュットランド沖海戦で見せた最後のドイツ巡洋戦艦の咆哮

口径はやや小さめながら、長砲身砲の採用でイギリスに追随するドイツ海軍が最後に完成させたのがデアフリンガー級で、主砲配置は本級で初めて中心線集中となり、ドイツ巡洋戦艦は本級に至り第二世代に移行したといえる。そしてその拡大発展版ともいうべき真打ちが未完成に終わったマッケンゼン級巡洋戦艦であった

[デアフリンガー級巡洋戦艦]

■高速戦艦のさきがけ

1911年度と1912年度予算により建造されたのがデアフリンガー級大型巡洋艦である。「ザイドリッツ」の拡大発展版という位置づけから設計が始まったが、上甲板に副砲砲郭を設置する長船首楼型艦という設計を叩き台に、副砲を船首楼甲板に移設する案を経て、最終的にはドイツ海軍の巡洋戦艦では初めてとなる平甲板型船体が採用された。ただし航洋性を確保するために、顕著なシアーを付与されている。

主砲はクルップ製の50口径30.5cm連装砲に強化され、全主砲が中心線上に配置となり、舷側砲は廃止された。また艦首と艦尾でそれぞれ主砲は背負式配置となったが、艦尾側はバーベットの間に機関室を挟んだために、「ザイドリッツ」よりも主砲同士の間隔が大きくなった。

船首楼甲板を二層にして、舷側砲をアン・エシュロン配置のまま残すなど、どこか建て増しを重ねた総合病院のような趣が強い「ザイドリッツ」と比較すると、デアフリンガー級の姿からは非常に美しくてスマートな印象を受ける。本級はあくまで「ザイドリッツ」の発展版であるが、艦型から判断するなら、本級からドイツの巡洋戦艦は第二世代に入ったと言えるだろう。もっとも「ザイドリッツ」には戦うための船=戦艦という無骨さがはっきりしていて、それも大きな魅力である。

装甲帯の最大厚は前級と同じであるが、装甲の上部は230mmの厚さのまま舷側の最上部までカバーしていて、下部は150mmの厚さでテーパーしながら吃水下1.7mまでの範囲を覆っていた。これが上下には継ぎ目のない幅2.5mの一枚板の状態で主装甲帯を形成して強靱な防御力を生んでいた。装甲帯の外側も、艦首方向には100mm厚を維持しながら先端まで伸び、艦尾も終端の4.5m分を除いて装甲化されていた。また副砲および水雷艇撃退用の8.8cm砲もすべて上構内に格納して、装甲部分の開口部を極力減らす努力をしている。前級より主砲塔を1基減らした分の重量は防御区画の充実に転用されたため、本級の装甲は戦艦と比べてまったく遜色ないレベルに達していた。

■唯一沈むも打たれ強さを実証

ネームシップの「デアフリンガー」は1912年1月に起工、1914年9月に就役した。進水式では船台からの滑り出しに失敗し、4週間の工事遅延を生じている。ちなみにドイツの巡洋戦艦は、海軍の歴史の浅さも手伝い、すべてプロイセン陸軍で功績があった軍人の名前を戴いているが、「デアフリンガー」は17世紀のドイツ三十年戦争で戦功があったブランデンブルク=プロイセン時代の元帥の名に由来する。

公試で「デアフリンガー」は7万6600軸馬力、25.8ノットを記録した。「ザイドリッツ」より大幅に劣るが、これはケーニヒ級戦艦と同じ理由でノイクルークではなく喫水が浅い海域で試験されたためであり、実際には28ノットを伺う速度性能があったはずだ。

「デアフリンガー」はヒッパー提督の第1偵察群所属で大戦を迎え、同年12月のスカーボロ砲撃作戦で初陣を飾る。翌年1月のドッガーバンク海戦では巡洋戦艦「ライオン」に命中弾を与えたが、自身も3発被弾している。

ジュットランド沖海戦では巡洋戦艦「クイーン・メリー」と「インヴィンシブル」を轟沈させた砲撃戦で主要な役割を果たしつつ、自らも主砲弾21発に直撃され、あわや沈没というところまで追い込まれた。

2番艦「リュッツォー」の起工は1912年5月で、シーヒャウ社が建造を担当した。この時期にはブローム・ウント・フォス社以外の造船所でも主力艦用タービンの実用化が進んでいたのである。しかし進水の半年後に大戦が勃発すると、兵器増産計画の重心が陸軍に移ったため、本艦のような大型艦の建造は後回しされてしまい、艤装工事に2年近くかけて、1915年8月にいったんは完成するも、10月の公試中に左舷低圧タービンが損傷して、ふたたび修理に入ったため、就役は翌年3月にずれ込んだ。

ジュットランド沖海戦では第1偵察群の旗艦となり、主砲弾380発を放つ激戦を展開して、「インヴィンシブル」を撃沈した。しかし自身も大口径弾10発と魚雷1本の直撃を受けて戦線を離脱。しかも艦首部に損害が集中したため、艦首が急速に沈下、損害箇所への負担軽減のために後進で帰港を試みるも、艦尾のスクリューが露出して航行不能となり、自沈処分とされた。「リュッツォー」は、第一次大戦中に交戦で沈んだ唯一のドイツ海軍主力艦となった。

ちなみに1913年度予算にて改デアフリンガー級と呼ぶべき「ヒンデンブルク」が建造されている。全長を微増し、機関出力を14%増強した高速重視型の大型巡洋艦であったが、完成は1917年5月であり、実戦投入はほとんどなかった。

[マッケンゼン級／ヨルク代艦巡洋戦艦]

■幻と消えた2タイプ

ドイツ海軍では35cm連装砲4基8門搭載のマッケンゼン級巡洋戦艦4隻と、38cm連装砲4基8門のヨルク代艦級3隻の建造を予定していたが、すべてキャンセルされている。

第一次大戦が勃発した直後の1914年8月14日に、ドイツ海軍は新型巡洋戦艦をブローム・ウント・フォス社に発注した。これがマッケンゼン級で、1915年中に4隻が起工されている。

本級はデアフリンガー級の拡大発展版であり、全長は223m、船幅は30.4mと、前級を全長で約12m、幅で1.4mほど上回っている。このように船体が大型化したのは、目玉でもある35cm（13.8インチ）砲を採用したためである。また攻撃力ばかりでなく速力も強化され、32缶、9万馬力の高出力により、最高速度28ノット、航続距離では14ノットで8000海里と巡洋艦に匹敵する性能を追求していた。

装甲の厚さや配置は基本的にデアフリンガー級と同じであるが、船体は18ヵ所の水密区画に分けられており、船体長の92%の範囲が二重底になっている。デアフリンガー級でも二重

▲デアフリンガー級巡洋戦艦3番艦「ヒンデンブルク」。本級は就役までに時間がかかったため先に完成した2隻のデアフリンガー級とは要目はかなり異なる。完成時から三脚檣を備え主砲の仰角も13.5度から16度へ引き上げられている。同様の改装はジュットランド沖海戦で損傷した1番艦「デアフリンガー」にも施された

底の範囲は65％ほどなので、防御力は格段に高い。

また船体形状はジュットランド沖海戦後のデアフリンガー級と酷似しているが、巡洋戦艦が高速航行すると、好天下でも艦尾が海水を被るという欠点が指摘されていたため、乾舷が甲板一層分だけ高くなっていた。またドイツ主力艦としてははじめてバルバス・バウを採用している。以上を総合すると、ドイツ巡洋戦艦は本級で完成されたと言うべきだろう。

マッケンゼン級はネームシップの「マッケンゼン」と「グラーフ・シュペー」が1917年中に進水までこぎ着けたが、他の2隻は船台に置かれたままの状態で、すべて年内に建造中止となり、戦後まで放置されたあとでスクラップとなった。ちなみに完成すれば「プリンツ・アイテル・フリードリヒ」と名付けられる予定であった3番艦は船台を空けるために、進水可能な状態まで建造してからスクラップにされた。造船所の工員は、このスクラップを当時の首相の名を取って「ノスケ」と呼んでいた。彼は当時、社会主義運動を徹底的に取り締まっており、労働者の敵としてにくまれていた。工員はこの船のようにノスケが退陣することを望んでいたのだ。

ドイツ海軍ではマッケンゼン級の次に、ローン級装甲巡洋艦「ヨルク」と、シャルンホルスト級装甲巡洋艦2隻の代艦、計3隻を建造する予定であった。マッケンゼン級の船体と装甲配置を流用しつつ、主砲のみ45口径38.1cm砲に強化するというのが本級の基本計画であった。ヨルク代艦の建造はジュットランド沖海戦直後の1916年7月に始まったが、工事は遅々として進まず、戦局の変化もあり、年明け早々に中止された。排水量は常備で3万3000トンとされ、もし完成すればイギリスの巡洋戦艦「フッド」のライバルとなったはずだ。

デアフリンガー（新造時）	
常備排水量	2万6600トン
満載排水量	3万1200トン
全長	210.4m
全幅	29.0m
機関出力	6万3000hp
速力	26.5ノット
航続力	5600海里／14ノット
武装	30.5cm（50口径）連装砲4基 15cm（45口径）単装砲12基 8.8cm（45口径）単装砲4基 50cm水中魚雷発射管4門
装甲	舷側300mm、甲板80mm 主砲270mm

マッケンゼン（未完成）	
常備排水量	3万1000トン
満載排水量	3万5300トン
全長	223.0m
全幅	30.4m
機関出力	9万hp
速力	28ノット
航続力	8000海里／14ノット
武装	35cm（45口径）連装砲4基 15cm（45口径）単装砲14基 8.8cm（45口径）単装砲8基 60cm水中魚雷発射管5門
装甲	舷側300mm、甲板80mm 主砲270mm

ヨルク代艦級は速力は当初29ノットを追求していたものの、最低12万馬力の出力を得るのは難しく、結局はマッケンゼン級と同じ主機主缶となり、出力9万馬力、速力は27ノットで妥協となった。この点では「フッド」に2.5ノットほど後れをとるが、主砲の威力や優れた防御配置、戦艦として見た場合に27ノットは非常に優れた速力であることを考え合わせると、ヨルク代艦級はワシントン海軍条約時代が終わる1930年代後半に開発が本格化する高速戦艦の嚆矢と呼ぶべき存在なのかも知れない。

（文／宮永忠将）

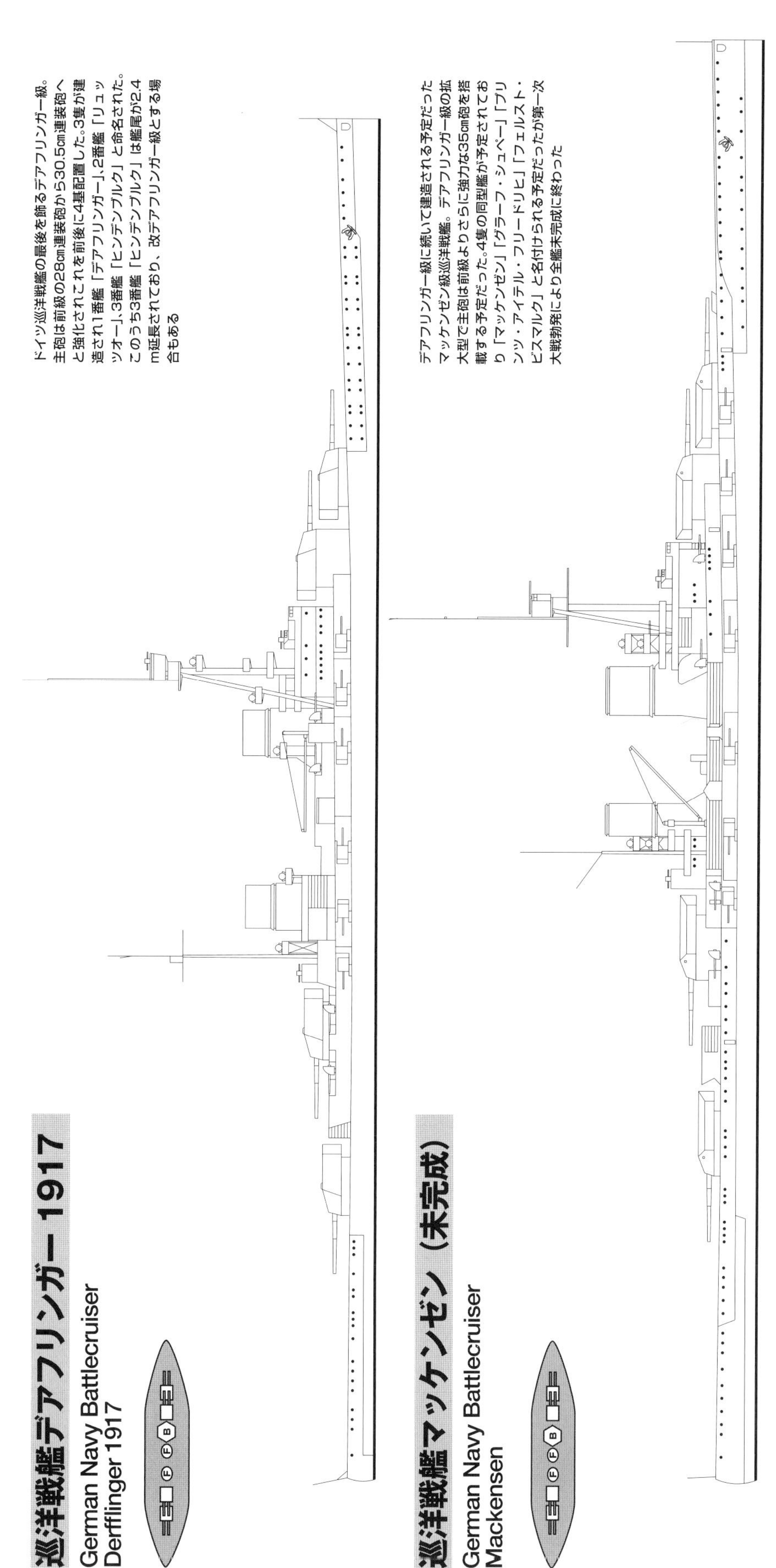

巡洋戦艦デアフリンガー1917
German Navy Battlecruiser Derfflinger 1917

ドイツ巡洋戦艦の最後を飾るデアフリンガー級。主砲は前級の28cm連装砲から30.5cm連装砲へと強化されこれを前後に4基配置した。3隻が建造され1番艦「デアフリンガー」、2番艦「リュッツオー」、3番艦「ヒンデンブルク」と命名された。このうち3番艦「ヒンデンブルク」は艦尾が2.4m延長されており、改デアフリンガー級とする場合もある

巡洋戦艦マッケンゼン（未完成）
German Navy Battlecruiser Mackensen

デアフリンガー級に続いて建造される予定だったマッケンゼン級巡洋戦艦。デアフリンガー級の拡大型で主砲は前級よりさらに強力な35cm砲を搭載する予定だった。4隻の同型艦が予定されており「マッケンゼン」「グラーフ・シュペー」「プリンツ・アイテル・フリードリヒ」「フェルスト・ビスマルク」と名付けられる予定だったが第一次大戦勃発により全艦未完成に終わった

ケーニヒ級戦艦1914〜1919

German Navy Battleship König-class

バイエルン級戦艦1916〜1919

German Navy Battleship Bayern-class

主砲中心線配置を採用したドイツ超ド級戦艦の横綱

ドイツ大洋艦隊が第一次世界大戦中に完成させたのがケーニヒ級とバイエルン級であり、そしてドイツのド級戦艦として初めて主砲の中心線配置を採用したのもこのふたつのクラスである。いずれもその活躍に期待が寄せられた戦艦たちであったが、その敗北により、貴重な建艦技術は失われゆく運命にあった

[ケーニヒ級戦艦]

■ディーゼル機関を試したい

旧式艦の退役を急ぎ、新造艦の建造を促進するために、1908年の艦隊法改正で戦艦の保有年限を25年から20年に短縮した。これにより第二次艦隊法における第二期建造予定艦から延期となっていた1隻と、第三期建造艦に該当する1916年、1917年度分の3隻が前倒しで建造された。これがケーニヒ級で、1911年度に3隻、1912年度に1隻のペースで建造された。

ケーニヒ級はその命名規則が面白い。先のカイザー級は、ネームシップが「皇帝」であることに象徴されるように、ドイツ統一に主導的な役割を果たしたプロイセン王国およびドイツ帝室に由来する名前で固められていた。その点、本級のネームシップの「ケーニヒ」は国王を意味する一般名詞であり、2番艦の「グローサー・クールフュルスト」はかつての神聖ローマ帝国で皇帝の選出権を持った選帝侯、3番艦「マルクグラーフ」は辺境伯、4番艦の「クロンプリンツ」は王子ないし皇太子といった具合に、ドイツ帝国の建国に合流した諸侯、大貴族の立場を象徴する言葉で飾られた。カイザー級とのバランスを取り、ドイツの挙国一致を訴えたネーミングといえるだろう。ちなみに4番艦は大戦後半に「クロンプリンツ・ヴィルヘルム」に改名されている。

ケーニヒ級はカイザー級と一緒に戦隊を組む予定で、船体は長船首楼型、前後の主砲を背負式にするなど、基本スペックはほぼ同じだ。ただしアン・エシュロンと呼ばれる梯形配置を徹底的に洗煉させた前級とは異なり、主砲は中心線上に一直線に配置されていて、外見は別物となった。

主砲口径は30.5cmだが、同時期にクルップ社で35cm砲が開発されていたため、イギリスはケーニヒ級がこの砲を搭載すると誤認して、クイーン・エリザベス級に38.1cm砲を急いだという経緯がある。

防御配置は前級と同様で、基本的な防御重量は1万440トンで、常備排水量の4割に達する重防御を誇っていた。装甲帯の最大厚は350mmで前級と同じだが、魚雷防御隔壁の上方が破片防御程度だったのに対し、本級はどちらも40mmほどの厚さを確保して、防御力の弱点を減らしている。

主機ではカイザー級からタービンを採用したが、巡航時の燃費の悪さを補完するため、3軸の推進装置のうち中心軸用とし、クルップ/ゲルマニア社とMAN社に2サイクル複同式、6気筒の1万2000馬力級ディーゼルの開発したことはカイザー級ですでに説明した。

しかし開発が難航したため1911年度建造分では見送られ、1912年度も間に合わなかったので、全艦ともディーゼルエンジンを未搭載のまま完成した。ただし前級のディーゼル試験艦となった「プリンツレゲント・ルイトポルト」とは異なり、全艦とも最初から中央軸にタービンを搭載して、能力低下を防いだ。

■ジュットランド沖での奮闘

「ケーニヒ」の就役は1914年8月10日、「クロンプリンツ・ヴィルヘルム」は同年11月8日と、いずれも第一次世界大戦の勃発直後に就役している。

「ケーニヒ」は第三戦艦戦隊の副旗艦であったが、同型艦4隻が揃ったことで同戦隊の旗艦に繰り上げられた。しかし、その直後に「グローサー・クールフュルスト」に衝突されて、右舷艦尾を損傷している。公試では4万3300軸馬力で21ノットを記録。カイザー級と比較すると2ノット以上遅いが、これは、いままで公試で使用していたノイクルークの試験コースの安全性が確保できず、代わって水深30m程度のキール湾エッケンフェルデ標柱を使用した影響であり、艦の性能が低下したわけではない。浅い海では艦への抵抗が増して速度が低下するのだ。

ジュットランド沖海戦では戦艦戦隊の先陣を切って主砲弾167発を放ち、北上戦でイギリスの高速戦艦部隊に痛打を加えた。しかし主力決戦に移行すると、34.3cm砲の命中弾9発を受けて、戦死者45名とドイツのド級戦艦群の中では最多の死傷者を出している。1917年10月にはバルト海のリガ湾に進出してロシア海軍の前ド級戦艦「スラヴァ」を大破自沈に追い込んだ。

「グローサー・クールフュルスト」は第三戦艦戦隊第六小隊の2番艦としてジュットランド沖海戦に参加し、「ケーニヒ」と組んで敵高速戦艦隊に主砲弾135発を放った。しかし反撃により38.1cm砲弾5発に加え、アイアン・デューク級2番艦「マールバラ」から34.3cm砲弾3発が命中、左舷の水線装甲帯が破壊され、大浸水を生じて戦闘力を喪失した。

3番艦「マルクグラーフ」は第三戦艦戦隊第六小隊の3番艦として最多数となる主砲254発を発射したが、38.1cm砲弾3発ほか、戦艦「オライオン」と「エジンコート」から主砲弾各1発の命中を受けるなどして、左舷推進軸が破損して脱落している。

「クローンプリンツ」は第三戦艦戦隊第六小隊の4番艦として主砲弾144発を発射し、自身は無傷で帰還。しかし同年11月にデンマーク沿岸を航行中に英潜水艦から雷撃を受けてしまう。1917年3月には僚艦「グローサー・クールフュルスト」と衝突事故を起こし、10月のリガ湾侵攻作戦では触雷により損傷するが、いずれも損害は軽微だった。

ケーニヒ級は大戦中に主砲の仰角増大工事を受けて最大仰角16度となり、前檣楼を頑丈な棒楼に換装、射撃指揮所や測距儀の位置変更や、水雷艇撃退用8.8cm砲の撤去と高角砲の増設などが実施された。しかしジュットランド沖海戦をピークに、ほとんど働き場所はなく、戦後スカパ・フローで係留中に自沈した。

[バイエルン級戦艦]

■攻撃力向上を目指して

1908年の艦隊法改正でドイツ海軍は戦艦の増勢を急ぎ、これがケーニヒ級に結びついたわけだが、同法では1912年度以降、毎年戦艦を1隻調達するという基本案が定められていた。これに加えて1912年の再改正では、1913年度に1隻が増勢され、さらに1914年には世界大戦勃発により1隻の追加が認められた。以上の4隻がバイエルン級戦艦である。

バイエルン級建造の主眼は攻撃力の増強だった。ドイツ海軍では同クラスのライバル戦艦に比べて主砲口径が一回り小さい傾向が続いていたが、これは砲の命中精度と威力が優れていることを前提に、単位時間あたりの命中弾数を増やすことで補えるとされた。しかしイギリス海軍がクイーン・エリザベス級で38.1cm砲を導入してくると、砲塔を1基増やし、6基12門でなければ均衡できなくなる。

ただしこの場合、船体の大型化が避けられない。これを懸念したドイツ海軍は、主砲の搭載方法を一から見直すことを決めた。研究の対象となったのは同盟国のオーストリアがフィリブス・ウニティス級(126ページ参照)で採用した三連装砲塔だ。これを

▲バイエルン級戦艦2番艦「バーデン」。ドイツ海軍が第一次大戦で完成させた戦艦の中でもっとも強力なものだったがジュットランド沖海戦には間に合わず自慢の砲力を活かすことはできなかった。実戦で試されることはなかったが魚雷発射管もこれまでの50cmから60cmへと強化されている

採用すれば4基で連装砲6基と同じ砲撃力を確保できるうえ、砲塔の総重量を増やさずに全長を短縮できる。反面、三連装砲塔にした場合、当時の技術力では中央砲の装填速度が遅くなり、加えて砲塔の重量が増加するため、旋回時に発生する巨大なトルクが艦全体にどのような影響を与えるかわからなかった。また被弾の際、1基の損傷による攻撃力低下も大きくなる。

さまざまな角度から検討した結果、ドイツ海軍では38cm連装砲の搭載に踏み切った。ドイツの伝統にしたがえば、クルップ社で開発していた35cm砲を採用するのが妥当だったが、ここで一気にイギリスに匹敵する38cm砲を採用することで、アドバンテージを得ようとしたのだ。砲塔は前級より1基減って4基8門となるが、主砲口径が一気に大型化することで相殺できると見なされた。ちなみにこの時には40cm砲も検討対象となり、皇帝ヴィルヘルムはこの砲を強く希望したと言われるが、開発に時間がかかるため断念された。

しかしクルップ社に託された肝心の38cm砲も、開発に予想以上の時間がかかり、完成が1年近く遅れてしまう。その結果、バイエルン級の就役は1916年3月にずれ込んだ。つまり期待の新鋭艦でありながら、決戦となったジュットランド沖海戦では充分に戦力化されていなかったのだ。

船体は前級と同じ長船首楼型で、砲塔は艦首艦尾でそれぞれ背負式となった。45口径38cm砲は最新のLC/38型砲架に据えられていて、最大仰角は16度、最大射程は2万400mで、仰角増大工事後のヘルゴラント級と同じだ。ただし前級の連装砲塔が重量550トンであったのに対して、本級の砲塔は旋回部の重量が870トンに達したため、搭載時のバランスについては相応の苦労があったことは疑いない。

防御配置は前級を踏襲しつつ、砲塔防盾の厚さは300mmから350mmに強化された。また装甲にあてられた防御重量も常備排水量の4割を維持している。

主機主缶も相応に強化され、3万5000馬力と、前級より定格で4000馬力ほど増加した。また、この頃にはようやく大型艦艇用ディーゼルエンジンの開発に成功し、3番艦「ザクセン」から低速航行用の主機として搭載が決まった。

■決戦には間に合わず

1番艦「バイエルン」は1916年3月に就役し、猛訓練に明け暮れたが、大洋艦隊第三戦艦戦隊に配備されたのはジュットランド沖海戦の終了直後だった。同年8月の出撃ではケーニヒ級が主体のヒッパー中将の第一偵察群に加わってイギリス艦隊を求めたが、会敵に失敗し、海戦自体が発生しなかった。

1916年10月に就役した2番艦「バーデン」は、翌年に「フリードリヒ・デア・グローセ」から艦隊総旗艦を引き継いで、シェーア提督の乗艦となった。しかし目立った任務はなく、1918年4月に通商破壊のためノルウェーのスタヴァンゲル沖に出撃したものの、会敵はなかった。

いずれも就役後の改修で主砲仰角を20度まで増大させたり、後檣楼を追加、高角砲を増やすなどの改修が実施されたが、実戦で試す機会はなかった。

ともに戦後は連合軍に接収されてスカパ・フローに繋止されたが、1919年に一斉自沈を敢行した。とくに「バイエルン」は状況がひどく手が着けられず、1933年からようやく浮揚と解体工事が始まった。一方「バーデン」は沈みきる前にタグボートが浅瀬に曳航して着底させたため、全没は免れた。浮揚後にポーツマス港に回航されると1921年には射撃標的艦として同港の沖合にて射撃の的となって消えた。

3番艦「ザクセン」はクルップ社のゲルマニア造船所で起工されたが、戦況の悪化により潜水艦や水雷艇の建造が優先されたために、とにかく船体の完成だけ急いで進水を済ませると、艤装岸壁に繋止された状態で放棄された。フルカン社が担当した4番艦の「ヴュルテンベルク」も1917年6月に進水までこぎ着けたが、艤装は中止されている。

この2隻は先に説明したディーゼルを中心軸用に採用したことから、船体線図まで変更されているので、厳密にはバイエルン級の改型ということになるが、完成しなかったので公試などのデータはとれなかった。いずれも戦後間もなくキール軍港やハンブルクで解体された。　（文／宮永忠将）

ドイツ海軍のド級戦艦は本級ではじめて主砲すべてを中心線上に配置した。機関は前級同様、蒸気タービンを採用している。これ以外に巡航時の航続距離を長くするためディーゼル機関も併用する予定だったがこれは実現していない。同型艦4隻建造され1番艦「ケーニヒ」、2番艦「グローサー・クールフュルスト」、3番艦「マルクグラーフ」、4番艦「クロンプリンツ」（のちに「クロンプリンツ・ヴィルヘルム」）と命名されている

戦艦ケーニヒ 1914
German Navy Battleship
König 1914

ケーニヒ（新造時）	
常備排水量	2万5800トン
満載排水量	2万8600トン
全長	175.4m
全幅	29.5m
機関出力	4万3300hp
速力	21ノット
航続力	8000海里／12ノット
武装	30.5cm（50口径）連装砲5基
	15cm（45口径）単装砲14基
	8.8cm（45口径）単装砲10基
	50cm水中魚雷発射管5門
装甲	舷側350mm、甲板100mm
	主砲300mm

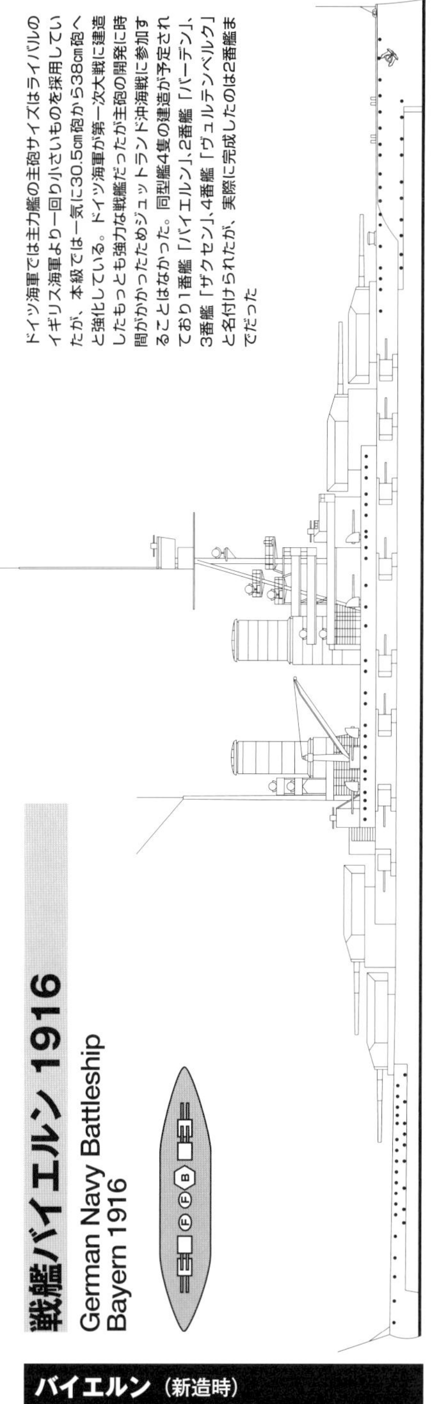

ドイツ海軍では主力艦の主砲サイズはライバルのイギリス海軍より一回り小さいものを採用していたが、本級では一気に30.5cm砲から38cm砲へと強化している。ドイツ海軍が第一次大戦に建造したもっとも強力な戦艦だったが主砲の開発に時間がかかったためジュットランド沖海戦に参加することはなかった。同型艦4隻の建造が予定されており1番艦「バイエルン」、2番艦「バーデン」、3番艦「ザクセン」、4番艦「ヴュルテンベルク」と名付けられたが、実際に完成したのは2番艦までだった

戦艦バイエルン 1916
German Navy Battleship
Bayern 1916

バイエルン（新造時）	
常備排水量	2万8530トン
満載排水量	3万2200トン
全長	180m
全幅	30m
機関出力	3万5000hp
速力	22ノット
航続力	5000海里／12ノット
武装	38cm（45口径）連装砲4基
	15cm（45口径）単装砲16基
	8.8cm（45口径）単装砲8基
	60cm水中魚雷発射管5門
装甲	舷側350mm、甲板100mm
	主砲350mm

ドイッチュラント級装甲艦1933～1945

German Navy Armored ship Deutschland-class

ヴェルサイユ条約が生んだ「装甲艦」という新しい主力艦

第一次世界大戦に敗北し、ヴェルサイユ条約のもとで軍備を大幅に抑えられていたドイツが旧式戦艦の代艦として建造できるギリギリいっぱいの制約で設計したのが「パンツァーシッフェ（装甲艦）」と呼ばれるドイッチュラント級だ。ポケット戦艦と呼ばれ、出現当初に各国の注目を集めたそれは、大航続力を持って通商破壊を行なう恐るべき主力艦だった

■世界の注目を集めた豆戦艦

第一次世界大戦に敗北したドイツでは、帝政が崩壊して共和政に移行したが、ヴェルサイユ講和条約によって軍備はかなり制限されることとなった。海軍では準ド級戦艦のブラウンシュヴァイク級3隻、ドイッチュラント級3隻が常用とされただけで、巡洋艦も大戦前のブレーメン級とガツェレ級防護巡洋艦の8隻のほか、駆逐艦、水雷艇、魚雷艇各16隻と、国力にはほど遠い軍備しか認められなかったのだ。

もっとも、ヴェルサイユ講和条約では、主力艦については1921年から排水量1万トン以下の装甲艦で代替することが認められていた。当時、ドイツはポーランドとフランスが東西から挟撃してくるという前提で防衛戦略を立てていたが、ポーランド海軍は弱体であるため、海軍はフランスを主要仮想敵と設定していた。しかしこの場合、1万トン程度の装甲艦で建造できるのは航洋性を欠く防御用のモニターか、戦艦には対抗不可能な巡洋艦でしかない。そのためその設計はさまざまなプランが考えられた。例えば主砲については38cm砲4門案から28cm砲6門案、速度は18ノットから32ノットまで、装甲帯の最大厚も100mmから250mmまでと、おおよそ思いつく限り、無数の研究がされながらも、結論がでないまま代艦建造は見送られていた。

しかし経済的困窮も徐々に回復に向かうと、1926年にはようやくまとまった建造予算が確保できたため、新造艦計画が動き出した。この時、ドイツ海軍はフランス艦隊との正面対決をあきらめ、大西洋での通商破壊に活路を見いだそうとしていた。フランス艦隊を大西洋に誘引し、北大西洋を航行中の自国の商船団の安全を図るという基本戦略だ。これが、のちに対イギリスの通商破壊作戦立案に至る下地となった。

ドイツ海軍は、この任務にあたる艦種を装甲艦と定めたが、後述するようにまったく新しい設計の軍艦となり､英国紙では「ポケット戦艦」とのあだ名が付けられた。日本でも袖に入る程の大きさという意味で袖珍戦艦や豆戦艦と呼ばれたように、世界中の注目を集めた。

海軍は当初、一度に2隻を更新する計画を立てたが予算が認められず、とりあえず1928年9月以降に最初の1隻となる「ドイッチュラント」の建造に着手した。

本級の建造予算は、1931年と1932年にも1隻分ずつ追加され、海軍では最終的に6隻を揃える決定をして、1936年から4番艦以降を建造する段取りを組んだ。しかし1930年代にナチスが台頭し、1934年にはヒトラーが再軍備を掲げて政権を掌握すると、本級の4番艦以降は一種の政権の目玉として重装備化の一途をたどり、フランスのダンケルク級に対抗して装甲を積み増したため、1万9000トンまで計画が肥大化した。そして最終的には本級の4番艦と5番艦の建造予算は、シャルンホルスト級戦艦に振り分けられることとなる。

■その実像は？

本級ではまず攻撃力が重視され、主砲は条約の上限である28cm砲を採用した。本級の1928年型52口径28cm砲は、重量300kgの砲弾を仰角40度で3万6000m以上の射程を持っていた。これは、同口径の主砲を搭載した大型装甲艦「ザイドリッツ」の50口径砲が仰角16度、射程2万m内外であったことと比較すると、隔絶した能力であった。これをドイツ主力艦としては初めてとなる三連装砲塔に格納した。

ちなみに条約違反を覚悟の上でデアフリンガー級と同等の30.5cm砲を搭載する選択肢もあったのだが、28cm砲でも強装薬とすれば貫通力ではイギリスの38.1cm（15インチ）砲に匹敵すると見積もられたために、口径は維持された。武装重量の増加が避けられない30.5cm砲よりも、弾薬庫のサイズから揚弾筒、バーベットや砲塔のサイズと重量など、システム全体を小型軽量化できるため、結果として、艦全体の性能向上に繋がると判断されたのである。

1万トン級の船体に28cm三連装砲塔2基6門を搭載したことから、主機主缶については燃料消費が多い従来型を棄て、新しいアプローチとして高出力の船舶用大型ディーゼルの採用に踏み切った。ディーゼル自体は鉄の塊なので非常に重い。しかし機関部はもちろん燃料タンクから煙突まで、システム全体を省スペース化することが可能で、防御区画もコンパクトにできるため、重量増加分の相殺が期待できる。その上でディーゼルは中低速航行時の燃費に優れるため、航続距離は20ノットの巡航で最大1万海里にも達する。デアフリンガー級が14ノット5000海里、ケーニヒ級戦艦が12ノット8000海里で、石炭消費の都合からカタログ値通りの数字が発揮できないのに比べると、いかに大きな数字かわかるだろう（ただし本級2番艦以降は艦型が異なるため、航続距離は若干低下している）。

ドイッチュラント級装甲艦はMAN社製9気筒2サイクルディーゼルを片舷4基ずつで1軸を回し、両舷で計8基2軸推進、4万8930軸馬力を発揮できた。また本艦としては世界で初めてバルバス・バウを採用している。

しかしディーゼル機関は新技術の常として原因不明の故障が多く、兵器としての信頼性が低かった。また燃料噴射システムには高い工作冶金精度が要求されたため、製造コストが高い。また燃費性能に優れる反面、航行に悪影響をおよぼすほど振動がひどく、ただでさえ低い居住性を悪化させた。

1万トン級という小型船体の制約は、防御力にもっとも皺寄せた。本級の防御力は条約型重巡洋艦の20.3cm（8インチ）砲に耐えるよう要求されたが、28cm砲とディーゼルを採用したため装甲重量のマージンはほとんど無い。

そこで本級は従来型の防御方式に近づけるべく、徹底的に装甲配置がブラッシュアップされた。舷側の装甲帯は60mmの厚さしか無かったが、これを内側に傾斜させて被装甲範囲を広げた。吃水下には50mm厚の装甲を延伸して最初の水雷防御とし、機関室にも45mmの装甲を別個に施して水密隔壁を作り、舷側を四層、艦底を三重底として水雷防御の不足を補っている。

実際、防御装甲を船体構造の一部に用い、電気溶接を多用したことによって、本級は550トンもの重量を節約できたと言われている。これには電気溶接が可能な高張力鋼が必要であり、ドイツ独自の技術でしか成し遂げられない、非常に高度な造船技術であった。

水平防御は、機関区の真上が30mmで、一番厚い舷側に近い部分でも40mmしかないが、これは致し方ないだろう。それでも砲塔防盾は

▲ヴェルサイユ条約で保有が許された前ド級戦艦の代艦として建造されたドイッチュラント級1番艦「ドイッチュラント」。ドイツ海軍では戦艦に代わる新艦種として装甲艦と呼んだ。カイザー級以来取り組んでいたディーゼル機関は本艦でついに実現したが、信頼性に乏しくたびたび故障したため次級のシャルンホルスト級ではタービン機関を装備することとなった

▲3番艦「アドミラル・グラーフ・シュペー」。本級2番艦以降は艦橋上部を大型の塔上構造物とするなど変更点も多い。本級をドイツ海軍では新艦種、装甲艦と称したが実質的には巡洋艦に近い存在で1940年2月にドイツ海軍でも重巡洋艦に類別変更している

140mm、司令塔は150mmで仮想敵とした条約型重巡の主砲弾には耐える配置であった。

ただ全体とすれば防御力が不足しているのは明らかで、軍縮条約でカテゴリー分けがされた軽巡の15.2cm（6インチ）砲には通常交戦距離でどうにか抗堪できるものの、20.3cm（8インチ）砲だとその最大射程からでさえ容易に舷側装甲を貫通されてしまう。超ド級戦艦はにいたっては交戦相手に想定することさえ無意味だ。したがって、相手が戦艦や重巡であれば優速性能を活かして交戦を避けるしかない。もっともこれは水上艦の絶対数が少ない新生ドイツ海軍全般にあてはまるドクトリンとも言える。

それでも強力な主砲を搭載した艦が破格の航続距離を得たことにより、通商破壊戦のレベルがひとつ上がったことは間違いない。イギリスの立場から見るなら、戦艦では追跡できず、駆逐艦以下の小型艦艇では歯が立たない危険な軍艦が大西洋に解き放たれる事態は悪夢以外の何物でもない。有効手段となりうる巡洋艦は、広大な海外領土を守るために、常に手薄なのだ。

■三姉妹の数奇な戦い

ネームシップの「ドイッチュラント」は1929年2月にキール工廠で建造が始まり、艤装と慣熟に時間をかけた上で1934年11月に就役した。最初の任務はスペイン内戦におけるフランコ将軍の支援で、1937年5月には共和国政府軍機2機の攻撃で132名の戦死傷者を出し、報復攻撃でアルメリア市を艦砲射撃している。

開戦時には「ドイッチュラント」はすでにグリーンランド沖に展開していて、バミューダ海域からニューファンドランド島周辺海域の間で通商破壊を実施して商船数隻の拿捕、撃沈に成功した。しかし戦果は思いのほか上がらず、11月15日にキール軍港に帰投している。前後して、ヒトラーは本艦が失われた場合の国民への影響を考慮して、艦名を「ドイッチュラント」から「リュッツォー」に変更した。

海軍の全力出動になった1940年4月のノルウェー侵攻作戦では、首都オスロの攻略部隊を支援したが、重巡「ブリュッヒャー」を雷撃で失い、「リュッツォー」も被弾。ノルウェーは降伏したものの、帰路をイギリスの雷撃機に襲われて左舷を損傷し、翌年まで修理にかかった。

その後は近海でのさまざまな作戦に投入されたが、1944年秋にはクーアラントからの陸軍撤退作戦を、数ヵ月に渡り支援している。そして1945年4月にはイギリス軍機が投下した5トン爆弾の至近炸裂で大破着底し、しばらく砲台として使われたのちに遺棄されている。

2番艦「アドミラル・シェーア」はヴィルヘルムスハーフェン工廠で建造され、1934年11月に就役した。大戦勃発時にはドイツ国内にあって出撃が見送られ、改装中であったため「ヴェーザー演習」にも参加していない。

しかし1940年10月24日に大西洋での通商破壊に出撃すると、首尾良くイギリスの哨戒をかいくぐって北大西洋に進出。11月5日にはHX84船団を発見して、補助巡洋艦「ジャーヴィス・ベイ」ほか4隻の商船を撃沈した。

補給船「ノルトマルク」と会合して補給を終えると、大西洋を東西に奔走して通商破壊を繰り返した。実際は位置の露呈を恐れての移動であったが、イギリス海軍には神出鬼没の不敵な艦として映り、通商ルートは麻痺状態に陥った。

1942年にはインド洋まで足を伸ばして2隻を拿捕。ここで追求の輪が狭くなりつつあることを確認すると、即座に大西洋に転進し、巧みにイギリス海軍をかわして4月1日にドイツ本国に帰投した。半年におよぶ単独通商破壊作戦で敵商船9万トンを沈めた「シェーア」は英雄として本国で大歓迎を受けた。しかしその後はバルト海での作戦に限定され、1945年4月の大空襲で直撃弾多数を受けてキール軍港内で転覆した。

3番艦「アドミラル・グラーフ・シュペー」は1936年1月6日にヴィルヘルムスハーフェン海軍工廠で就役。大戦が始まると南大西洋とインド洋で通商破壊を開始した。イギリスは総勢で戦艦3隻、空母4隻、巡洋艦16隻からなる部隊を編成してこれを追ったが、12月13日にようやく重巡1、軽巡2隻からなるG部隊が捕捉に成功。ラプラタ沖海戦により「シュペー」は敵艦3隻を大破ないし中破に追い込んだが、自身も被装甲区画に命中弾を受けるなど、修理不能の損傷を受けて中立国ウルグアイのモンテビデオ港に逃げ込んだ。

艦長のハンス・ラングスドルフ大佐は、このまま脱出しても逃げ切れないことを悟り、乗員をドイツ商船に移送すると基幹要員だけで出撃して自沈した。この様子はラジオ中継で全世界に放送されたことで有名になった。艦長は抑留先のアルゼンチンでピストルを遂げている。

ちなみにビスマルクの竣工が間近となった1940年2月に、ドイッチュラント級装甲艦は重巡洋艦に艦種変更されている。

（文／宮永忠将）

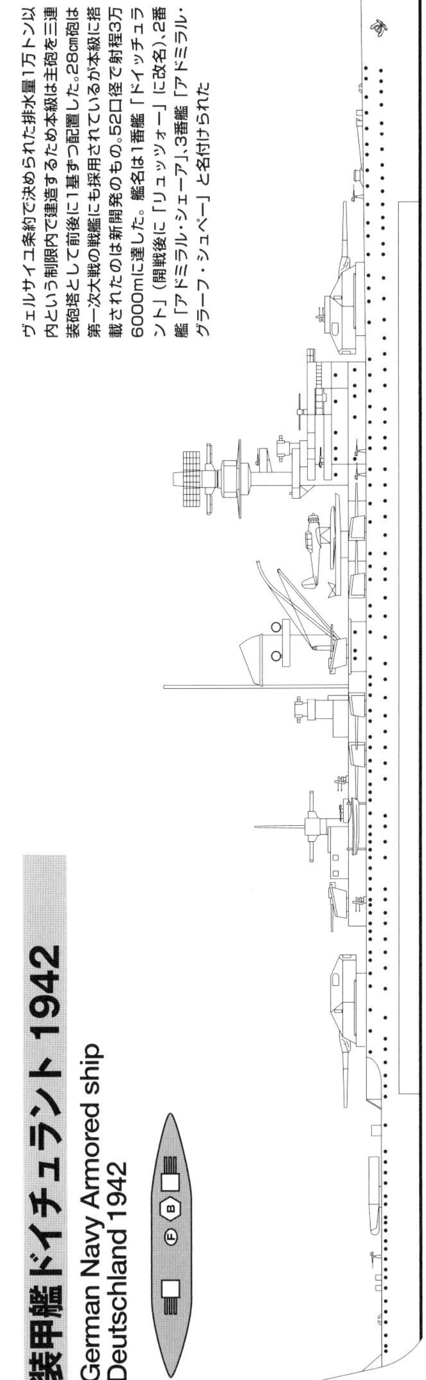

装甲艦ドイチュラント1942

German Navy Armored ship
Deutschland 1942

ヴェルサイユ条約で決められた排水量1万トン以内という制限内で建造するため本級は主砲を三連装砲塔として前後に1基ずつ配置した。28cm砲は第一次大戦の戦艦にも採用されているが本級に搭載されたのは新開発のもの。52口径で射程3万6000mに達した。艦名は1番艦「ドイッチュラント」（開戦後に「リュッツォー」に改名）、2番艦「アドミラル・シェーア」、3番艦「アドミラル・グラーフ・シュペー」と名付けられた

ドイッチュラント（新造時）	
基準排水量	1万800トン
満載排水量	1万4520トン
全長	186m
全幅	20.6m
機関出力	4万8930hp
速力	26ノット
航続力	1万海里／20ノット
武装	28cm（52口径）三連装砲2基 15cm（55口径）単装砲8基 8.8cm（45口径）単装高角砲3基 53.3cm四連装魚雷発射管2基
装甲	舷側60mm、甲板40mm 主砲140mm

シャルンホルスト級戦艦1938～1945

German Navy Battleship Scharnhorst-class

新生ドイツ海軍が手はじめに建造した中型戦艦

1934年の再軍備宣言により最初に建造されたのがシャルンホルスト級の2隻の戦艦である。フランスのダンケルク級と対抗するために設計されたそれは、先の大戦で未完成に終わったマッケンゼン級をベースにしたものであり、ワシントン軍縮条約時の戦艦の上限である3万5000トンにも及ばない中型戦艦となったのは建艦技術を取りもどす意味もあった

■新戦艦は中型艦？

1934年に全権委任法を可決してドイツの実権を掌握したアドルフ･ヒトラーは、翌年3月にヴェルサイユ講和条約の履行義務を破棄。徴兵制復活をはじめとする再軍備を宣言して、第一次世界大戦後の国際的枠組みを打破した。

しかし同時に、イギリスにはドイツ海軍の軍備をイギリスの35％にとどめる英独海軍協定を持ちかけて、敵意が無いことを証明しようとした。同時期に日本が海軍軍縮条約からの脱退を決めており、新たな建艦競争が始まると覚悟していたイギリスとしてはライバル国が減ることは歓迎なので、この協定に同意した。

シャルンホルスト級は、この協定を受けて開発が始まった第一次大戦後はじめてのドイツの本格的な戦艦である。30ノット超の快速からイギリスでは本級を巡洋戦艦として扱うことが多いが､ドイツでは一貫して戦艦と称している。日本ではそれぞれが混用されているが、本稿ではドイツの立場を尊重しておく。

もともと本級はドイッチュラント級装甲艦の4、5番艦として予算が組まれており、性能もその装甲強化版といった線に収まる予定であった。しかしフランスで建造が進んでいたダンケルク級戦艦（110ページ参照）が相手では限界があると判断され、改めて基準排水量2万6000トンの本格的な戦艦として建造されることになったのである。

しかしながら、ようやく本物の戦艦を建造できるというのに、海軍軍縮条約の上限である3万5000トンにも遠くおよばない戦艦にするというのは、やや奇妙な決定のようにも見える。英独海軍協定で、ドイツは排水量42万トン分の艦艇建造が可能になったのだから、余裕は充分にあったのだ。

だが、それは軍縮条約の制限内で小型の船体に兵装を最大限に詰め込むことに腐心してきた日本の見方であって、ドイツの立場からは別の意味がある。

まず政治的には、この時点でイギリスを刺激するのは得策ではなかった。皇帝ヴィルヘルムII世とティルピッツの海軍拡大策が先の世界大戦へのレールを敷いたのは間違いなく、リスク理論も戦争が始まってしまえば机上の空論でしかなかった。もしイギリスを海軍力で打倒しようというなら、それは別の形からのアプローチ── Uボートの通商破壊戦となるだろう。

またこの時点での仮想敵はあくまでフランスのダンケルク級戦艦である。ただでさえ20年近いブランクがあるドイツ造船業界において、一足飛びに3万5000トン級の戦艦建造に挑むよりは、同じく2万6500トン級の中型戦艦であるダンケルク級を抑止する力を確保しつつ、来たるべき本格的戦艦への跳躍台とするほうが、建造時間の短縮や技術的トラブルを回避するために利点が大きいと判断されたのだ。

■防御力が不満

シャルンホルスト級の設計は、前の大戦で未完に終わったマッケンゼン級をベースとしている。主砲はドイッチュラント級の52口径28cm砲を三連装砲として3基9門搭載する計画であったが、ダンケルク級の装甲帯が最大305㎜あるという情報を得ると（のちに225㎜であることが判明した）、主砲の威力不足が懸念され、急遽38cm連装砲への変更案が浮上した。しかしこの砲の実用化は1940年まで待たねばならず、その間に戦力の空白ができる方が深刻と判断され、まずは計画通り28cm砲を搭載し、38cm砲の完成後に砲塔ごと換装する方針となった。

しかしこの間に主砲の製造技術が上がり、同じ28cmでも最新型の1934年型54.5口径28cm砲の目処が付いたため、これを搭載するように設計が改められている。この新型28cm砲は前級より重い315kgの砲弾を最大仰角40度で4万mまで到達させる能力があった。発射速度も前級の毎分2.5発から3.5発まで向上し、射撃距離2万mでダンケルク級の装甲を貫通できると見積もられた。また1万5000mでも335㎜の装甲を貫通できる威力があったので、イギリスのクイーン・エリザベス級やロイヤル・ソブリン級などの格上の戦艦にも対抗できると期待された。

防御面も当然ダンケルク級との交戦を意識していて、同級の33cm砲弾に1万5000～2万mの想定交戦距離で抗堪することとされた。この点、防御重視の伝統に沿って、装甲帯の最大厚は350㎜と充分であり、これが前後の主砲塔間のバイタルをすっぽり覆う方式は変わらない。しかし建造中の設計変更にともない重量が増大したため装甲を削って調整しなければならず、装甲帯は水線からわずか1.2m部分しか残らなくなった。結果、舷側防御の大半は45㎜程度となってしまい、これでは軽巡洋艦の主砲にさえ防御力が不足することとなる。

砲戦距離が短かった第一次大戦であれば、命中弾の多くはこの装甲帯で吸収できたとも考えられるが、第二次世界大戦では観測機器の大幅な進歩もあって砲戦距離が延伸し、水線付近の防御だけでは不足することが明らかとなった。実際、本級は装甲帯以外の箇所への命中弾で大損害を生じている。また水平防御もマッケンゼン級の延長としてならば充分であったが、巡洋戦艦ベースであることから根本的に薄く、同大戦で新たな脅威として浮上した航空爆撃に対しては無防備同然であった。

主機主缶は、当初、ドイッチュラント級で採用されたディーゼルエンジンが有力視されていた。しかし経済性や航続距離は魅力でも、信頼性と瞬発力に欠けることが不安視され、重油専焼高圧缶と蒸気タービン機関の組み合わせに変更された。ドイツの船舶用推進装置の建造技術は、第一次大戦後期から急速にイギリスなどにキャッチアップしており、シャルンホルスト級の建造時には、優秀な高温高圧缶と高性能タービンの開発に成功していた。この時代、船舶の燃料は化石燃料に移っており、資源に乏しいドイツとしては燃費効率に優れた高温高圧化は不可欠な技術であった。そしてこの努力は50気圧・450度もの蒸気を使用できるワグナー式重油専焼高圧缶の開発に結び付いていたのである。

ただし、石炭を棄てたことで、水密区画で進水を食い止める充填剤が無くなるので、対水雷防御能力を低下が懸念された。これを埋め合わせるため45㎜の装甲板を艦底まで伸ばしたが、防御力低下はおさえきれなかった。

なお、タービンは、「シャルンホルスト」がブラウン・ボベリー式、「グナイゼナウ」はゲルマニア式と異なった形式を採用していた。

▲当初はドイッチュラント級の4番艦、5番艦として計画されたシャルンホルスト級戦艦。ヴェルサイユ条約を破棄したことによりあらためて排水量2万6000トン28cm三連装砲塔3基搭載の中型高速戦艦として設計された。写真は新造時の姿で艦首は垂直型のものを採用していた。

◀2番艦「グナイゼナウ」。新造時の艦首形状は公試で凌波性不足と判断されたため1939年に艦首を前方に突き出す形のいわゆるアトランティック・バウへと改修された。本級の特徴は高圧タービン機関の採用でこれにより最高速力31ノットを獲得した。ただしこれは取り扱いが難しく、戦時中もたびたび故障したためドック入りしている期間が長かった

ネームシップの「シャルンホルスト」は1935年6月にヴィルヘルムスハーフェン海軍工廠で建造が始まり、1939年1月に竣工した。しかし公試中に、海面に対して垂直な艦首形状だと凌波性に問題があることが判明すると、艦首を前方に向かってかぶせるように突き出すアトランティック・バウに改めた。すると今度は錨鎖口から吹き上がってくる海水が艦首砲塔に叩きつけてくる不具合が発生するなど、同艦は慢性的に艦首構造の不備に悩むことになる。

一方、2番艦「グナイゼナウ」は1935年5月6日にドイチェヴェルケ社のキール工廠で建造が始まり、「シャルンホルスト」より早い1938年5月21日に竣工した。このことから本級をグナイゼナウ級と呼ぶケースもある。また建造中の増設で本級の排水量は3万1850トンになったが、イギリスには通告されなかった。

■通商破壊戦で活躍

就役から間もない1939年9月1日に第二次世界大戦が勃発すると、さっそく4日には2艦ともイギリスのウェリントン爆撃機に攻撃されたが、損害は無かった。11月21日には僚艦「グナイゼナウ」とともに通商破壊のために北大西洋に出撃し、アイスランド南方沖で仮装巡洋艦「ラワルピンディ」に遭遇する。一方的な戦闘でこれを撃沈したものの、イギリスに発見されたことを危険視して本国に帰投した。

1940年4月に始まったノルウェー侵攻作戦「ヴェーゼル演習」では、シャルンホルスト級の2隻はノルウェー北端の重要拠点であるナルヴィク攻略部隊の支援にあたり、駆逐艦10隻とともにヴェストフィヨルドに到着。駆逐艦隊と別れた両艦は翌4月9日にロフォーテン諸島沖で敵戦艦「レナウン」と遭遇戦になった。このナルヴィク沖海戦では、「レナウン」と「グナイゼナウ」の双方が損傷し、「シャルンホルスト」とともにヴィルヘルムスハーフェンに帰投した。

6月4日には、本級2隻は重巡「アドミラル・ヒッパー」ほか駆逐艦4隻とともに、通商破壊のためにノルウェー北部に進出した。この時には空母「グローリアス」と護衛の駆逐艦2隻に遭遇し、砲撃戦で空母を撃沈する記録を残している。しかし駆逐艦「アカスタ」の反撃で「シャルンホルスト」は魚雷1本が命中し損傷した。

その後も、応急修理のために駆け込んだトロンハイムでハドソン爆撃機に空襲され、23日にキール軍港にたどり着くまでに再三の空襲を受けたが、この時期の航空機による対艦攻撃は未熟で、同艦を撃沈するには至らなかった。

1941年1月には、両艦は北大西洋での通商破壊「ベルリン作戦」に出撃し、2月8日にはHX106船団を発見するも、直衛にあたっていた戦艦「ラミリーズ」を確認して攻撃を断念。3月8日にはSL67船団を発見したが、今回も戦艦「マレーヤ」が護衛にいたために攻撃を断念している。いずれも老朽戦艦であり、本級であれば充分に対抗可能な相手ではあったが、ドイツ海軍には代替がないため、無理な攻撃が控えられたのだ。この作戦で両艦は約5万トンの商船を沈め、3月末にブレストに入港したが、力不足で重要な船団を取り逃がしたことが、のちの「ビスマルク」出撃を促すことになった。

「シャルンホルスト」はブレストで機関の修理に入り、7月23日に試験を兼ねてラ・ロシュルのラ・パリス港に向かって出港したが、同港でハリファックス爆撃機の攻撃により命中弾3発を受け、修理に12月までかかっている。また「グナイゼナウ」も再三の空襲に見舞われ、4月6日には右舷後部に魚雷が命中。その4日後には爆撃で約50名の死者を出している。ブレストへの空襲は頻度を増し、たまりかねたドイツ海軍は、1942年2月11日にドーバー海峡を突破してドイツに帰還するという、大胆不敵な「ツェルベルス作戦」を実施して成功させた。

ところが直後に「グナイゼナウ」は軍港内で爆撃を受けて弾薬庫が誘爆し、大破着底してしまう。ようやく浮揚したあとで、同艦は修理と38cm主砲への換装工事を同時に行なうためにゴーテンハーフェンに回航された。残された「シャルンホルスト」も、積極的な出撃は見送られ、航空支援が得られる範囲で、バレンツ海での通商破壊に従事するのが精一杯であった。そんな「シャルンホルスト」は1943年12月25日にJW55B船団攻撃に出たところを、キング・ジョージV世級戦艦「デューク・オブ・ヨーク」に捕捉された。この時発生した北岬（ノールカップ）沖海戦では、レーダー射撃によって滅多打ちにされ、最後は駆逐艦からの雷撃などで撃沈された。

「グナイゼナウ」はヒトラーの大型艦廃棄命令によって廃艦が決まり、備砲は海岸砲へと転用された。自身も1945年3月23日ゴーテンハーフェンの閉塞船として、自沈処分されている。船体は間もなくスクラップとされたが、陸揚げされたC砲塔と、一部の副砲は現在も記念碑として残され、往時の姿で目にすることができる。

（文／宮永忠将）

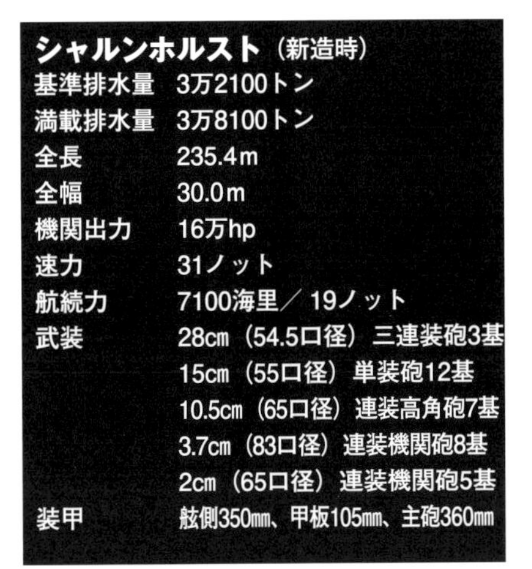

シャルンホルスト（新造時）	
基準排水量	3万2100トン
満載排水量	3万8100トン
全長	235.4m
全幅	30.0m
機関出力	16万hp
速力	31ノット
航続力	7100海里／19ノット
武装	28cm（54.5口径）三連装砲3基
	15cm（55口径）単装砲12基
	10.5cm（65口径）連装高角砲7基
	3.7cm（83口径）連装機関砲8基
	2cm（65口径）連装機関砲5基
装甲	舷側350mm、甲板105mm、主砲360mm

戦艦シャルンホルスト 1944
German Navy Battleship
Scharnhorst 1944

ドイッチュラント級に続く本格的な中型戦艦として設計されたシャルンホルスト級戦艦。主砲はドイッチュラント級と同じ28cm砲だが新開発の54.5口径砲となっている。これはのちに38cm連装砲へと交換される予定だったが実現することはなかった。同型艦は2隻で1番艦「シャルンホルスト」、2番艦「グナイゼナウ」。2番艦の「グナイゼナウ」のほうが早く就役したため本級をグナイゼナウ級戦艦と称する場合もある

ビスマルク級戦艦1941〜1944

German Navy Battleship Bismarck-class

質実剛健さを取り戻すことに成功したドイツ最強戦艦

どこの海軍にもその国の代名詞のような戦艦があるが、ことドイツに関していえばこのビスマルク級をおいて他にはないだろう。列強の40cm砲に引けを取らない38cm砲の搭載と、それまでに培われてきた堅固な防御力を取り戻した姿は周囲の国にとってまさに脅威というよりほかなく、その真価は実戦によって確かに発揮された

■実現した本物の戦艦

英独海軍協定で再建の道筋が付いたドイツ海軍が、いよいよ本格的な戦艦として建造に乗り出したのがビスマルク級である。1935年度と36年度の予算で1隻ずつ建造された。

ヒトラーは再軍備宣言によって軍部の支持を取り付けたわけだが、海軍については早期の対英戦を回避し、1948年には同国と拮抗できる海軍力を保有しようと考えていた。

時間がかかる艦隊建造は段階を追って進めなければならない。そのため、海軍はまず理想とすべき艦艇の所要兵力量をX計画としてまとめ、次にドイツ海軍の能力や造船態勢から現実的な線に調整しながら、海軍整備計画としてZ計画が策定された。

Z計画は1948年までに戦艦6隻、装甲艦（ポケット戦艦）12隻、空母4隻を揃えることを目標としていて、ビスマルク級はその最初の戦艦に位置づけられていた。ちなみにこの計画は1939年1月にヒトラーによって認可され、実現の妨げとなる英独海軍協定は同年4月に破棄。すでに前年のチェコ併合でヨーロッパの緊張は臨界点にあったが、この海軍協定破棄をもって戦争への疾走は始まったと言える。

ただしZ計画は真正面からのイギリス海軍打倒を目指した戦略ではない。1945年を区切りとし、シャルンホルスト級とビスマルク級はイギリス本国艦隊を牽制し、装甲艦が大西洋で通商破壊を展開するのが構想の骨子であった。もしもイギリス海軍が通商破壊に対応して艦隊を分散させるようなら、ビスマルク級以降の新造戦艦群が出撃、各個撃破するというものだ。

ビスマルク級自体は、当初はフランスのダンケルク級戦艦を打倒できる能力を目指すものとされ、基準排水量3万5000トン、33cm級の主砲8門、30ノット以上という要求から設計が始まった。工期短縮のためにバイエルン級戦艦（54ページ参照）を踏襲拡大するという点では、シャルンホルスト級と大差はない。しかしのちに主砲は38cm級となり、船体も相応に大型化して排水量は4万1700トンとなった（ただしドイツは公称3万5000トンで押し切っている）。戦艦を大きさで比較するのは適当ではないが、少なくとも大和型戦艦が確認されるまでは、「ビスマルク」は世界最大の戦艦を謳うにふさわしい存在だった。

■特異な防御方針

ビスマルク級の船体は、前級と同様に平甲板型で、航洋性を確保するために艦首をアトランティック・バウとしていた。主砲は連装砲になっていて、艦首と艦尾を背負式に配置していた。戦闘艦橋の天井部に10.5mの測距儀が据えられ、同艦橋の下部にあたる箱型の航海艦橋の天蓋には7m級の副測距儀があり、後檣にも7.5m副測距儀が設置されていた。

主砲が当初33cmで計画されていたのは既述のとおりで、強化するとすれば未完に終わったマッケンゼン級（52ページ参照）で搭載予定だった35cm砲が妥当と判断されていた。しかし計画時にフランスとイタリアの新造戦艦が38cm砲を搭載することが判明すると、建造計画が遅延するのを覚悟の上で38cm砲を搭載することが決まった。これも計画のみ存在したヨルク代艦で搭載予定の大口径砲であったが、第一次大戦中に40.6cm（16インチ）砲や45.7cm（18インチ）砲の試作研究までは行なわれていたので、開発は比較的短時間で終えている。

防御に関してもドイツ海軍の思想が強く現れている。ビスマルク級の排水量に対する防御装甲比率は39％で、ドイツの従来艦とほぼ同水準を維持している。強力な防御力を誇った大和型が33％程度であったことを踏まえると、重装甲が際立つが、そう簡単な比較の話ではない。

口径の増大により砲戦距離が伸びることを見越し、速度による回避を重視して生まれたのがイギリスの巡洋戦艦である。その点、気象状態が悪い北海や北大西洋では、射程の限界を試すような砲撃戦は考えにくいというのがドイツ海軍の結論であった。そのため、水線付近の装甲帯に最大の厚みをもたせた上で、重要区画をすっぽり覆い、艦の全体にも一定の厚さの装甲を施そうとしたのであった。この時期、列強の新造戦艦はジュットランド沖海戦の研究から、遠距離砲戦で発生する大角度の落下砲弾を警戒して水平防御に力を入れるようになっていた。ドイツも同様ではあったが、舷側装甲を限界まで削っても水平装甲に充分な防御力を与えられず、また重量と威力の増加が続く航空爆弾を防ぐのも不可能であるとわかると、上甲板に装甲を集中する新方式はあきらめ、第一次大戦以前の装甲配置を基本形とした。弱体化した舷側装甲を強化するために、装甲甲板の両端を、装甲帯の下端につなげるようにわずかに傾斜させて見なしの厚みを増やし、側面装甲を貫通した砲弾がそこで弾かれるように工夫されている。

このようにビスマルク級の装甲配置は時代的に古くさいものであったかも知れないが、ジュットランド沖海戦などでドイツ艦の強靱な防御力はすでに証明されている上に、艦内の鋼材には電気溶接を可能とする高張力綱が使われ、かつ防御力に優れたヴォータン鋼が装甲として船体を覆っている、非常に強力な艦であることに違いはない。ビスマルク級はイギリス海軍にとって大きなプレッシャーとなり、キング・ジョージV世級の完成を持ってしても脅威を払拭しきれなかった。

ビスマルク級の主機主缶は、前級に続いてワグナー式の高圧重油専焼缶が12基で、世界的には当時の新造大型艦では珍しい三軸推進であるが、ドイツでは操作性に優れたこの配置は第一次大戦以来の伝統になっていた。主缶の能力はシャルンホルスト級より強化されて、蒸気圧力は58気圧、蒸気温度は475度に達している。

■最強戦艦の真価を発揮

1番艦「ビスマルク」が就役した1940年8月を挟む時期、「アドミラル・シェーア」の活躍に象徴されるように、ドイツ海軍では水上艦が通商破壊ではUボートよりも好成績をあげていた。水上部隊ではこの流れを加速するために、1941年5月に「ビスマルク」を通商破壊に投入した。

この「ライン演習」作戦には、ブレストに停泊するシャルンホルスト級2隻も出撃する予定であったが、同港は執拗な空襲にさらされて出撃不能となり、作戦は「ビスマルク」と重巡「プリンツ・オイゲン」の2隻で実施された。

5月18日に出撃したビスマルク戦隊はバレンツ海からイギリスを西に回り込んで、北大西洋に出ようとしたが、この動向は、アイスランドとグリーンランド間の出口をおさえていた巡洋戦艦「フッド」と戦艦「プリンス・オブ・ウェールズ」に捕捉された。5月24日早朝には両艦隊の間で砲撃戦が始まるが、「フッド」に同乗

▲ドイツ海軍が最後に建造したビスマルク級戦艦。5月18日のライン演習出撃のもので独特の迷彩塗装がほどこされている。こののち「ビスマルク」は5月21日ノルウェーのグリムスタ・フィヨルドに入り現地で迷彩塗装の上からグレーで塗装しなおしている

▲ビスマルク級戦艦2番艦「ティルピッツ」。写真は就役直後のもの。本艦はその戦歴の大半をノルウェーのフィヨルドで過ごし、北氷洋航路の対ソ連レンドリース船団への牽制とノルウェー防衛任務についた。本艦は空襲を恐れほとんど出撃することはなかったが、連合軍の戦艦部隊を長期間、大西洋に拘束し続けた

していたホランド提督は、シルエットが酷似していることもあり、ドイツ艦隊の先頭にいた「プリンツ・オイゲン」を「ビスマルク」だと思いこむミスを犯した。本来なら戦艦を狙うべきなのに、「プリンツ・オイゲン」に砲撃を集中してしまったのだ。再軍備後のドイツ海軍は、大型艦のシルエットを意図的に似せたと言われるが、それが奏功した形となる。こうしてデンマーク海峡の海戦がはじまった。

この時のドイツ側の砲撃は素晴らしかった。世界最高品質の測距儀と観測機器に助けられて、「プリンツ・オイゲン」は第2斉射目で「フッド」に命中弾を送り込んで火災を発生させた。「ビスマルク」も第5斉射目で「フッド」を捕らえたが、命中の瞬間「フッド」は大爆発を起こし、真っ二つに折れて北大西洋に没した。「プリンス・オブ・ウェールズ」も命中弾多数を受け、司令塔が損壊して戦闘能力を喪失してしまい、戦場から離脱している。

しかし「ビスマルク」も水線付近に命中弾3発を受け、約2000トンほど浸水して速度が低下した。戦隊司令官のリッチェンス提督は、通商破壊作戦の継続は不可能と判断してフランスのサン・ナゼール軍港への退避を決める。

一方、「フッド」の仇を討つべく、イギリス海軍は稼働艦隊を全力投入して「ビスマルク」を追い、26日午前に哨戒中のカタリナ飛行艇がビスマルク戦隊を捕捉した。だが、そこから彼らの目的地のフランスまでの海域に、イギリスの戦艦は1隻もいなかった。唯一の攻撃手段は、空母「アークロイヤル」のわずかな艦上機のみ。しかし1910時に同艦を出撃した15機のソードフィッシュ複葉雷撃機の果敢な攻撃で「ビスマルク」には魚雷2本が命中し、操舵装置を破壊して、取り舵のまま舵が固定されてしまった。高速を出すと船は弧を描いて回るだけとなるので、低速でだましだまし進むしかない。

5月27日早朝、「キング・ジョージV世」と「ロドネイ」の2隻の戦艦が戦闘海域に到達した。海戦とはとても呼べない一方的な砲撃戦で、「ビスマルク」の主砲塔は次々に沈黙し、浸水量が限界に達して、ついに沈没した。しかし、ビスマルクは90分間も攻撃に耐えている。これは「フッド」撃沈の報告から中～遠距離砲戦を恐れたイギリス艦隊が、あえて近距離戦に終始したため、水平防御の弱点を「ビスマルク」が露呈せずに済んだためだ。しかし結果としてみるなら、イギリスの4戦艦を想定通りの砲撃距離に誘い入れて戦うことができたのは、ドイツ海軍の建造および運用思想が正しかった証拠だ。

■にらみを効かす“北海の女王”

1941年2月25日に竣工した2番艦「ティルピッツ」は、「ライン演習」には間に合わず、出撃の機会を逸していた。1942年になるとノルウェーのトロンハイムに送られたが、間もなくイギリスの空襲を避けるため、ノルウェー北部のアルテンフィヨルドに移った。

「ビスマルク」以降、大型艦の喪失を恐れたヒトラーの意向もあり、「ティルピッツ」の動きは消極的であった。1942年7月のPQ17船団を狙った作戦でも、出撃後にすぐに引き返している。ところがイギリス側は敵戦艦が迫っていると誤認して、船団を散開させる致命的ミスを犯した。バラバラになった商船は護衛を失い、潜水艦や航空機の攻撃にさらされた。結果、商船33隻のうち22隻がドイツ軍によって撃沈されてしまう。戦果を直接あげたのはUボートと空軍だが、船団に致命的な散開を強いたのは「ティルピッツ」の影があったためである。

このように就役期間の大半をフィヨルド内の泊地で過ごしていた「ティルピッツ」は北極海の“孤独な女王”と呼ばれ、不遇を託っていた。しかしこのドイツ戦艦をの過度に危険視していたイギリス軍は、名前が付いているだけでも10回以上の撃沈作戦を展開し、1943年9月には小型潜水艇Xクラフトを投入して大破させた。さらに1944年に6トン爆弾「トールボーイ」を航続距離が大きなランカスター重爆撃機に搭載して「ティルピッツ」を上空から破壊するという力業に出た。そしてついに11月12日には、ノルウェーのトロムゼで浮き砲台となっていた「ティルピッツ」に対して、第617爆撃飛行中隊32機が命中2発、至近弾2発を与えた。「ティルピッツ」は1000名以上の乗組員を閉じ込めたまま大破横転し、大半が犠牲となった。船体がスクラップとして処分されたのは戦後の1948年になってからであった。

「ビスマルク」が失われたのはあまりにも早かったがその奮戦が強烈な光芒を放ったために、連合軍、とりわけイギリスは2年もの間、「ティルピッツ」の対処に追われることになった。この過大とも言える評価こそが、ドイツ戦艦史の掉尾を飾るにふさわしい、ビスマルク級の真価であっただろう。　(文／宮永忠将)

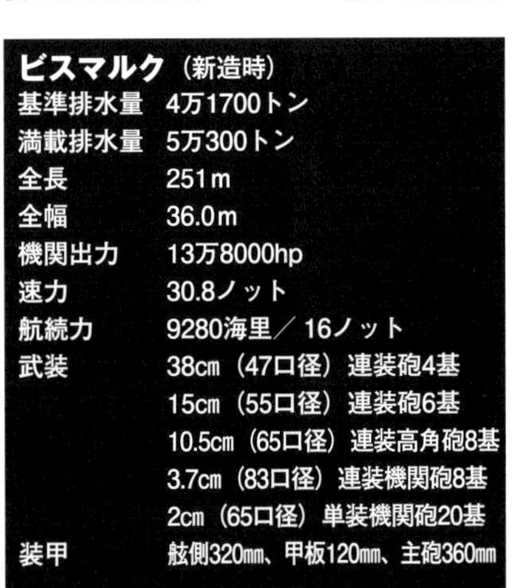

ビスマルク（新造時）

基準排水量	4万1700トン
満載排水量	5万300トン
全長	251m
全幅	36.0m
機関出力	13万8000hp
速力	30.8ノット
航続力	9280海里／16ノット
武装	38cm（47口径）連装砲4基
	15cm（55口径）連装砲6基
	10.5cm（65口径）連装高角砲8基
	3.7cm（83口径）連装機関砲8基
	2cm（65口径）単装機関砲20基
装甲	舷側320mm、甲板120mm、主砲360mm

ビスマルク級戦艦はドイツ海軍が最後に建造した戦艦でこれまでの集大成ともいえる内容だった。排水量は4万トンを超えヨーロッパ最大最強の戦艦ということができた。船体の設計自体は第一次大戦のバイエルン級をベースにしておりやや古いものだったかもしれないが堅実なものでライン演習作戦ではその真価を発揮した。2隻が建造され1番艦「ビスマルク」、2番艦「ティルピッツ」と命名されていた。このうちドイツ海軍はより大型で強力な主砲を搭載するH級戦艦の建造を開始する予定だったがこれらは全艦未完成に終わった

戦艦ビスマルク 1941
German Navy Battleship
Bismarck 1941

column 4

英独建艦競争1906〜1917

1906年に就役したイギリス海軍のドレッドノート。この戦艦の完成によりこれまでの戦艦はすべて旧式艦とみなされることとなり新たな建艦競争が始まった。ここでは1906〜1917年の英独のド級戦艦、巡洋戦艦の建造の過程をみよう

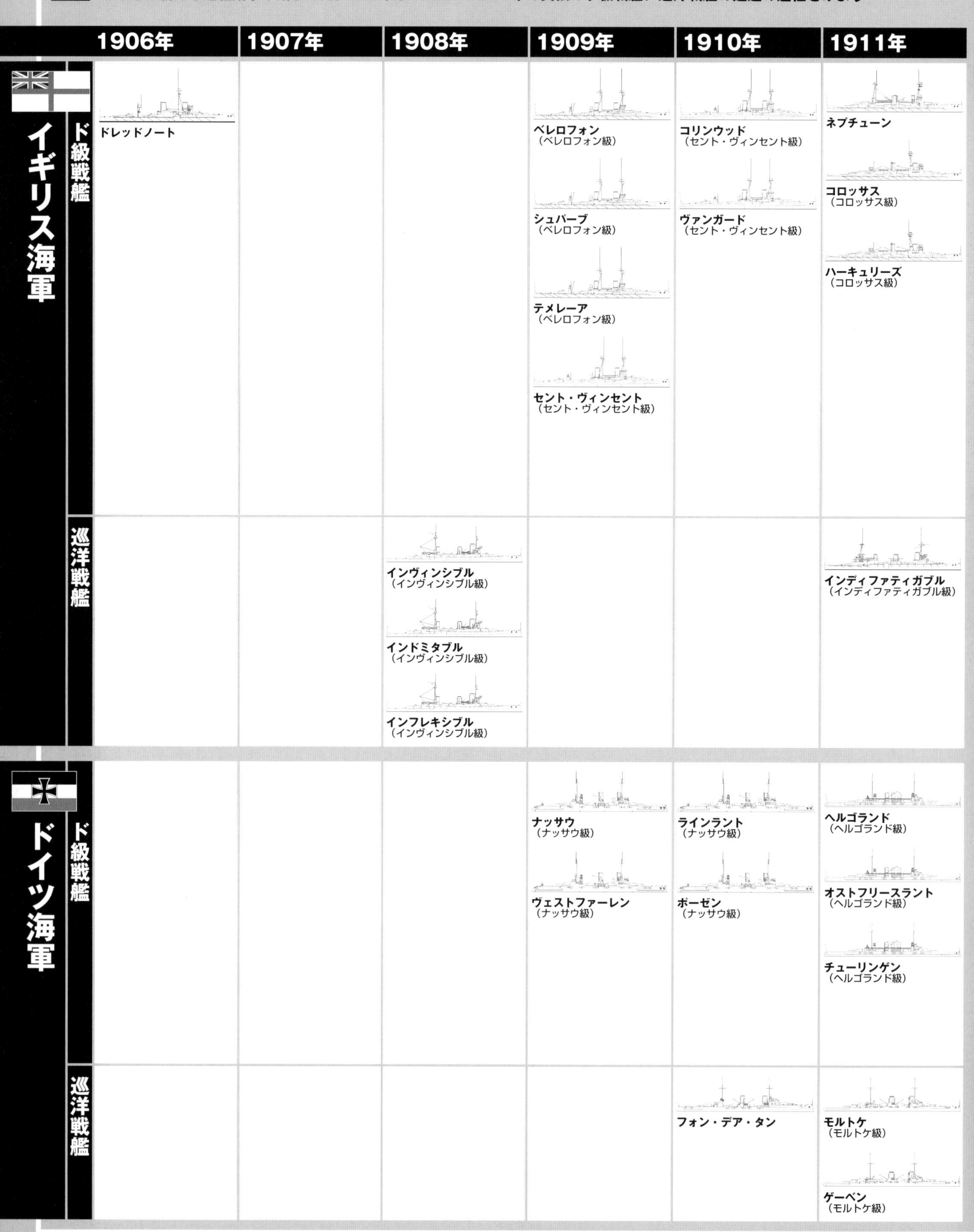

		1906年	1907年	1908年	1909年	1910年	1911年
イギリス海軍	ド級戦艦	ドレッドノート			ベレロフォン（ベレロフォン級） シュパーブ（ベレロフォン級） テメレーア（ベレロフォン級） セント・ヴィンセント（セント・ヴィンセント級）	コリンウッド（セント・ヴィンセント級） ヴァンガード（セント・ヴィンセント級）	ネプチューン コロッサス（コロッサス級） ハーキュリーズ（コロッサス級）
イギリス海軍	巡洋戦艦			インヴィンシブル（インヴィンシブル級） インドミタブル（インヴィンシブル級） インフレキシブル（インヴィンシブル級）			インディファティガブル（インディファティガブル級）
ドイツ海軍	ド級戦艦				ナッサウ（ナッサウ級） ヴェストファーレン（ナッサウ級）	ラインラント（ナッサウ級） ポーゼン（ナッサウ級）	ヘルゴランド（ヘルゴランド級） オストフリースラント（ヘルゴランド級） チューリンゲン（ヘルゴランド級）
ドイツ海軍	巡洋戦艦					フォン・デア・タン	モルトケ（モルトケ級） ゲーベン（モルトケ級）

「ドレッドノート」は1905年10月の起工されたがその後わずか1年で就役し、艦隊に編入された。続く量産型ドレッドノートともいえるベレロフォン級1番艦の建造には2年3ヵ月ほどかかっているが、これが当時としては普通で試験艦的要素の強い「ドレッドノート」の建造スピードがそれだけ早かったのだといえる。下記の表では1906～1908年の間、戦艦の建造は停滞しているように見えるが実際には「ドレッドノート」よりも先に起工されたキング・エドワードVII世級戦艦3隻とロード・ネルソン級戦艦2隻が完成している。この中でロード・ネルソン級は搭載予定の30.5cm主砲を「ドレッドノート」に転用されたため就役までに3年以上かかっている。これらの戦艦は古い設計思想の前ド級戦艦であり、完成と同時に旧式艦扱いとなった。ドイツ海軍も同じく前ド級戦艦であるドイッチュラント級戦艦5隻やブラウンシュヴァイク級戦艦1隻を1906～1908年に就役させていた。これらの前ド級戦艦は砲力はもちろんだが速力が18ノットと遅くド級戦艦と行動を共にすることはむずかしかった

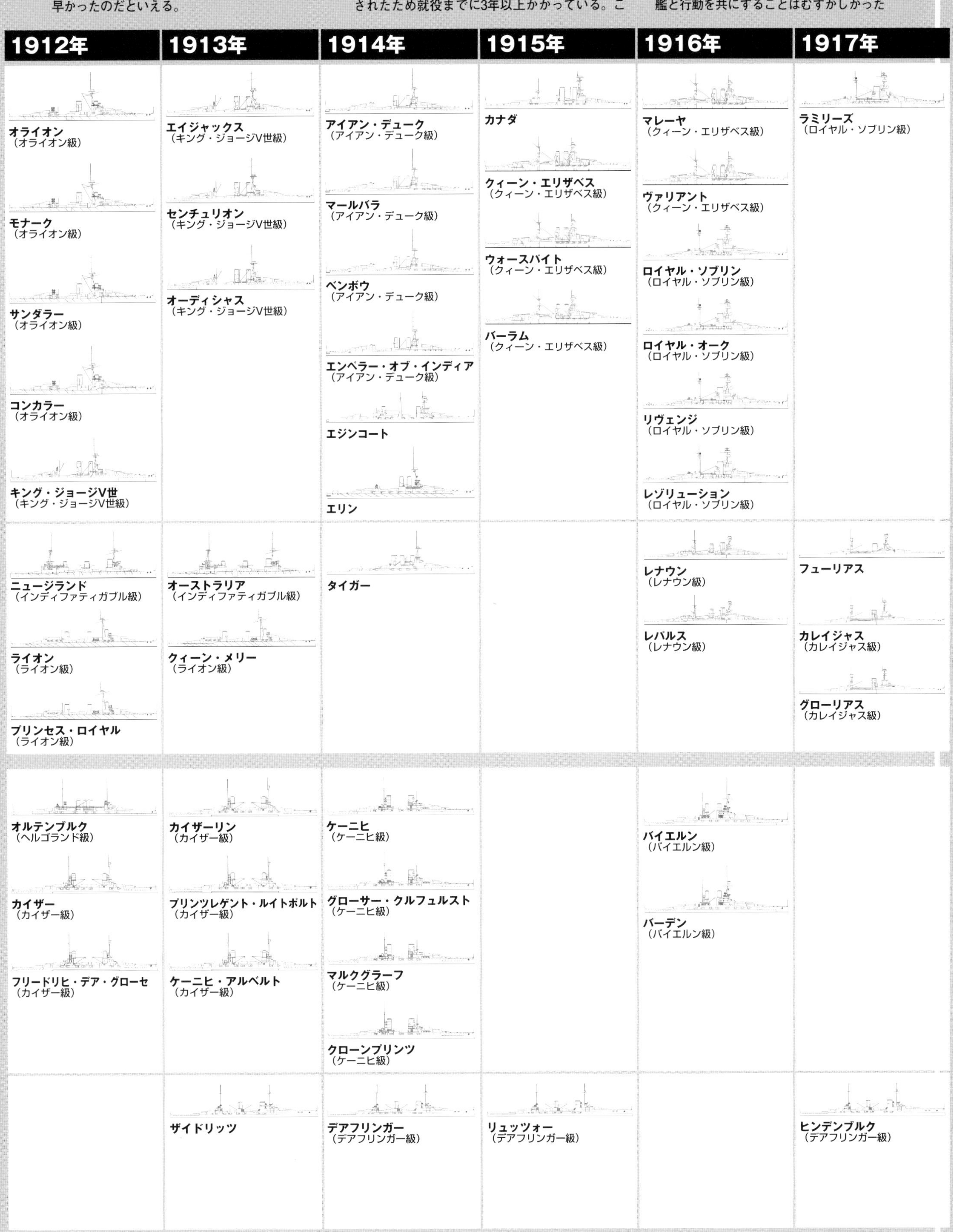

column 5

ドイツ海軍の興亡

文／白石光（戦史研究家）

第一次世界大戦の敗戦によりそのほとんど全てを失ったドイツ海軍。第二次世界大戦勃発時にはまだ再建の途中だったが、そこにはかつての煌きの残滓というべきものを見出すことができる。一度は消滅したドイツ海軍の復活劇を辿り見よう

■「Z状態」の屈辱

元来が大陸国家で陸軍立国のドイツが海軍の大規模な整備に乗り出したのは、プロイセン国王からドイツ帝国（第2帝国）カイザー（皇帝）となったヴィルヘルム1世の時代であった。反体制派を弾圧したため「ぶどう弾王子（Kartätschenprinz）」の渾名で呼ばれた彼は、まず、それまで陸軍の隷下だったドイツの海上兵力を独立させてカイザー海軍（Kaiserliche Marine）とし、近代化海軍へと進めた。1888年3月9日、彼は逝去しフリードリヒ3世が即位したものの、喉頭ガンで在位わずか99日の6月15日に逝去。同日、ヴィルヘルム2世が即位した。幼少時から海や海軍が大好きだった彼は、その頃にドイツがアフリカやアジアに植民地を獲得したこともあり、海軍力の醸成に努めた。そして、それまで逐次整備が続けられてきたとはいえ、まだ沿岸海軍的存在だったカイザー海軍を、外洋海軍へとレベル・アップさせようとした。

しかしその前に立ちはだかったのがヨーロッパ二大列強、イギリスとフランスである。両国とも、ドイツより前から多数の海外植民地を擁しており、イギリスは伝統的な海洋交易国家、フランスはそのイギリスの仇敵であった。ゆえにドイツがいっそうの植民地獲得のため外洋進出を図れば、両国が強く警戒するのは当然といえる。

そのような厳しい情勢下の1897年、ヴィルヘルム2世はアルフレート・フォン・ティルピッツを海軍大臣に任命。戦艦中心の大艦隊を育成し、政略的にも戦略的にも威光を発揮する外洋海軍の整備を決めた。そして、世界最大の海軍を擁するイギリスを主な仮想敵国に据えて戦略方針を模索。海軍増強政策を法的に支えるいくつもの艦隊法を議会で成立させるなどし、後年、彼は「近代ドイツ海軍の父」と称されることになる。

こうしてドイツは、当時世界第2位の規模を誇った「ホッホゼー・フロッテ」を構築。だが、第1位のイギリス海軍「グランド・フリート」に対しては、まだ戦力的に劣っているため、勝利を得るには相応に優れた作戦が求められた。と同時に、戦艦を筆頭とする当時のドイツ艦艇には、ティルピッツの思想たる「軍艦は浮いている限り敵にとっては脅威である」の言葉に則り、優れた防御力とダメージ・コントロール能力が与えられていた。

1914年に第一次大戦が勃発すると、外洋海軍として経験する初の大戦争にもかかわらず、老練なイギリス海軍を向こうに回してカイザー海軍も奮戦した。だがドイツは敗北。敗戦への端緒となったドイツ革命で海軍育成に力を注いだヴィルヘルム2世は退位し、イギリス海軍の根拠地スカパ・フローに抑留されたホッホゼー・フロッテは、1919年6月21日、「Z状態にせよ」を伝える旗旒信号を掲げて「名誉の自沈」をもって果てた。かくてドイツの海軍力は実質上、ゼロに転落したのである。

■遥かなり、再興への道程

ワイマール共和国と改められた敗戦ドイツは、ヴェルサイユ条約によって保有軍備を厳しく制限され、海軍は旧式戦艦6隻、軽巡洋艦6隻、駆逐艦12隻の保有しか認められず、既存艦の旧式化にともなう代替艦の新造にも大きな制約が課せられた。その一方で戦勝国側は、敗戦により自由に操れるドイツをロシアの社会主義革命がヨーロッパ社会に広がるのを防ぐ防波堤に利用しようと考えた。そこで国家海軍（Reichsmarine）と改名されたドイツのささやかな海軍は、バルト海でのソ連勢力の抑止力となることを求められた。

しかしワイマール共和国は、ソ連よりもイギリス、フランス、ポーランドのほうを脅威度が高い仮想敵国と見ていた。そこで国家海軍は、戦勝国に求められるまま沿岸海軍に「先祖返り」したように見せかけつつ、裏ではかつての外洋海軍のドクトリンを踏襲した。だが、ホッホゼー・フロッテのような大艦隊の早急な再興は不可能なので、敵のシー・レーンの妨害と遮断を海洋戦略の中心に据えるしかなかった。「砲艦外交」の言葉からもわかるように、国家の威信を担う政戦略兵器たる戦艦など大型軍艦の造船技術は、当時の最新エンジニアリングだった。ゆえに戦勝国は、ドイツが蓄積してきた優れた造船技術の断絶を見込んで、軍艦の新造に厳しい制限を加えた。だが国家海軍は、禁止された潜水艦の設計・開発を国外に創設したダミー会社でおこなうなど、ヴェルサイユ条約をすり抜けるべくさまざまな方策を駆使して技術的後退を防いだ。

そして旧式化した巡洋艦「ニオベ」の代替に、戦後初の大型軍艦たる軽巡洋艦「エムデン」が1921年度計画で建造され、これに軽巡洋艦5隻の建造が続いた。さらに、やはり旧式化した戦艦「プロイセン」の代替として装甲艦で仮称艦名「A」（のちの「ドイッチュラント」）が1928年度計画で建造され、細部がやや異なる仮称艦名「B」（同「アドミラル・シェーア」）と仮称艦名「C」（同「アドミラル・グラーフ・シュペー」）の2隻も建造された。

装甲艦は外国から「ポケット戦艦」とも呼ばれ、主力艦の建造に必須で失われては困る各種の工法や技法と軍艦建造の最先端技術といったハード面に加えて、国家海軍のドクトリン、つまりソフト面も反映されていた。装甲艦は、ヴェルサイユ条約海軍条項の代艦建造規定にある排水量1万トンという制限内（実際は2割程度超過）で建造されているので、一見では沿岸作戦向けの小型海防戦艦とも思える。

だがその実態は、「商船狩り」を主任務とし、敵のシー・レーン防衛の主力たる巡洋艦が出現すれば、これを凌駕する火力をもって撃破。逆に自身よりも強力な敵の戦艦が出現すれば、それに勝る船足で避退するという、「通商破壊戦の申し子」と呼ぶに相応しい性能を備えていた。そして建造に際しては、電気溶接の多用と設計上の工夫、新素材の利用で軽量化を図り航続距離を延伸するなど、秘密裡に研究開発が進められてきたさまざまな最新テクノロジーが盛り込まれていた。

のちの第二次大戦で、「アドミラル・グラーフ・シュペー」はイギリス巡洋艦3隻を相手に戦って一歩も引けをとらず、「アドミラル・シェーア」は約5ヵ月間もの長期の通商破壊航海を成功させた。これらの戦例を紐解くまでもなく、装甲艦のコンセプトに間違いはなかったといえよう。なお、装甲艦はのちに戦闘海軍自らによって重巡洋艦へと艦種変更されたが、一般的な重巡洋艦とは明らかに異なる特徴を多く備えている点で、やはり当初の区分である装甲艦にこだわる研究者も内外に少なくない。筆者もその一人である。

■ドイツ海軍魂の復活

1933年1月30日、アドルフ・ヒトラーがドイツ首相に就任。1935年3月16日、彼はヴェルサイユ条約の破棄と再軍備化を宣言し、国家海軍は戦闘海軍（Kriegsmarine）へと改名され、同条約によって保有を禁止されていた各種艦艇の建造に着手した。

装甲艦3隻に続くのは、仮称艦名「D」（のちの「シャルンホルスト」）と「E」（同「グナイゼナウ」）である。第一次大戦時に計画された防御力に優れる巡洋戦艦マッケンゼン級の設計コンセプトを下敷きにしたといわれ、戦闘海軍では戦艦に区分していたが、国際標準では高速戦艦というべきこのシャルンホルスト級は、イギリスの巡洋戦艦とは異なって重防御でダメージ・コントロールにも優れていた。

特筆すべきは、ドイツ海軍独自の発想に基づいた主砲である。他国の同規模の戦艦に比べてやや口径に劣る28cm砲を搭載したのだ。同海軍では、砲の強度を増すことで発射薬量を増やし、射距離を延ばして他国のワンランク上の口径の砲との交戦を可能にするという考え方を持っていた。レーダーがなかった当時、霞や靄、霧が発生しやすいバルト海や北海での海戦では、遠距離砲戦だと照準しにくく命中率も下がるため、中距離以内で砲戦が起こる可能性が高かったが、上述のようなコンセプトの砲の場合、砲弾重量が軽く、装填作業が容易になって単位時間当たりの発射速度が向上すると同時に、発射薬量が多いため弾道が低伸し弾速も速くなるという利点があった。とはいえ、より攻撃力を向上させるべく、戦闘海軍としても「シャルンホルスト」級の主砲を38cm砲に換装する計画こそ準備していたが、結局、実行されなかった。

シャルンホルスト級に続いたのが、仮称艦名「F」（のちの「ビスマルク」）と「G」（同「ティルピッツ」）である。ドイツ戦艦の伝統に則って防御力とダメージ・コントロール能力に優れており、就役当初は世界最大の戦艦であった。当時最強の戦艦用主砲は40cm（16インチ砲）だったが、このビスマルク級には、それよりもやや小さい38cm砲が装備されている。もちろん、その理由は既述のごとくだ。

ヒトラーは再軍備化宣言後、海軍総司令官エーリヒ・レーダー提督に対し、イギリスとの戦争は1946年まで起こらないだろうと説明。それを受けたレーダーは、規模的にはかつてのホッホゼー・フロッテの再興とまではいかないが、「Z」と命名された主力艦の整備計画に着手した。ところが現実の開戦は1939年と約7年も早まってしまい、建造に時間がかかる主力艦の整備は困難な状況となった。にもかかわらず戦闘海軍は中小艦艇やUボートを駆使して連合国海軍に対抗。特に大型艦の隻数という物質面ではともかく、「シャルンホルスト」にしろ「ビスマルク」にしろ、その壮絶な最期に示されるように伝統ある優れた防御力、抗堪性、ダメージ・コントロール能力が如何なく発揮され、ドイツ戦艦の設計コンセプトの正しさを証明した。

このように、かつてに比べて主力艦の数でこそ著しく劣ったとはいえ、第一次大戦時に勝るとも劣らぬ「誇り高きドイツ海軍魂」は、第二次大戦において見事に再興をはたしたといえよう。

アメリカ海軍
United States Navy

英独がヨーロッパで熱い建艦競争を繰り広げる中、大西洋を挟んだ米大陸では独自のスタイルの戦艦群が続々と生み出されていた。彼女たちは第一次大戦後、凋落したドイツ海軍に変わって世界最強海軍の一角に踊りでた。ここでは未完成艦も含めて15タイプを紹介する

サウスカロライナ級戦艦
Battleship South Carolina-class

デラウェア級戦艦
Battleship Delaware-class

フロリダ級戦艦
Battleship Florida-class

ワイオミング級戦艦
Battleship Wyoming-class

ニューヨーク級戦艦
Battleship New York-class

ネヴァダ級戦艦
Battleship Nevada-class

ペンシルヴェニア級戦艦
Battleship Pennsylvania-class

ニューメキシコ級戦艦
Battleship New Mexico-class

テネシー級戦艦
Battleship Tennessee-class

コロラド級戦艦
Battleship Colorado-class

レキシントン級巡洋戦艦
Battlecruiser Lexington-class

ノースカロライナ級戦艦
Battleship North Carolina-class

サウスダコタ級戦艦
Battleship South Dakota-class

アイオワ級戦艦
Battleship Iowa-class

モンタナ級戦艦
Battleship Montana-class

サウスカロライナ級戦艦1910～1922

United States Navy Battleship South Carolina-class

デラウェア級戦艦1910～1923

United States Navy Battleship Delaware-class

独自開発による世界初の背負式主砲塔戦艦と本格的ド級戦艦

竣工こそ「ドレッドノート」に後れをとったものの、アメリカ海軍には単一巨砲艦についての独自の試みが存在した。その実現に賭けた若き海軍士官たちの情熱とその前に立ふさがる議会の制約。かくして世界初の背負式主砲塔戦艦が誕生し、ドレッドノート・ショックをへて本格的ド級戦艦へと結実するのだった。そこには近代アメリカ海軍黎明期を彩る人間たちのドラマがあった

[サウスカロライナ級戦艦]

■アメリカ単一巨砲艦前史

イギリスの「ドレッドノート」が第一海軍卿フィッシャー提督の強力なリーダーシップのもとに設計・建造されたのに対し、アメリカにおける単一巨砲搭載艦の歴史はホーマー・ポンドストーンという一介の少佐から始まった。当初から海軍省には根強い抵抗があった。

「単一巨砲搭載艦というのは、日本のマツシマのことかね？」

日本の松島型防護巡洋艦は約4000トンの艦体に不釣合なほど巨大な32cm砲を1門だけ積みこみ、砲塔を旋回させただけで艦が傾き、砲撃すれば反動で針路が変わる代物だった。日本の連合艦隊はこの巡洋艦を3隻擁して中国の北洋艦隊を黄海海戦で打ち破ったが、その勝利は中口径の速射砲によってもたらされたものであり、主砲はほとんど発射されることさえなかった。

だが、たしかに松島型は欠陥兵器だったにせよ、兵器とは無数のバランスの上に成立するものである。松島型は砲のサイズを重視するあまりそこを見失ったが、単一巨砲のコンセプトのもとに新たなバランスを見つけることは可能であり、そしてそれが実現されれば現存するあらゆる戦艦を凌駕できるとポンドストーンは確信していた。彼が協力者の援助を得て作成した新しいデザインは海軍大学の兵棋演習に取り上げられ、速度の優越を利して中間砲や副砲が効力を持たない遠距離に戦闘を限定しつつ砲撃の応酬をくり広げたところ、じつに既存の戦艦の3倍の戦闘力を発揮すると判定された。この結果が、やがて大統領の注意を惹くようになり、最後まで懐疑的だった海軍造修局もついにはこのアイディアを受け入れた。

■世界で初めて主砲塔を背負式に配置

1905年3月3日、議会は新たな戦艦2隻の建造を正式に許可する法案を通過させたが、建造費がかさむのを警戒して総トン数は以前のコネチカット級と同じ1万6000トンに抑制された。艦の巨大化が急速に進んだ当時にあって、これはかなり厳しい制約であり、せめて1万8000トンは必要だろうという見方もなされていた。しかし、設計を担当したワシントン・L・キャップス少将には切り札があった。

この切り札は、どちらかといえばアメリカ海軍にとってあまり思い出したくない記憶に端を発している。以前に建造したキアサージ級戦艦は33cmの主砲塔の上に20.3cmの中間砲を載せる、二重砲塔という特異な配置によって建艦史に異彩を放っていた。実際にこの配置は発砲時の爆風が相互に干渉しあい、中間砲の装填機構が主砲を貫通するため仕組みが複雑で故障も多いなど、明らかに失敗だった。しかし、砲塔の配置を平面上に限定せず、立体的に展開させるというアイディアそのものには可能性があった。重ねるのは問題が多すぎたが、少しずらしてかぶせるだけでも、充分に効果があるのではないか？

こうすることで砲塔を近接させれば全長を縮めて排水量を抑えられ、全主砲塔を船体の中心線上に高低差をつけながら配置すれば中心線方向へ先頭と末尾以外の砲塔も砲撃可能となり、さらに舷側方向へは全砲門を指向して射撃ができる。「ドレッドノート」やその後のイギリスのド級戦艦のように反対側の舷側砲塔が遊んでしまうことはなくなる。

キアサージ級の後、ヴァージニア級でも修正した二重砲塔を採用して、やはり使いものにならなかった海軍は、慎重に砲艦「フロリダ」(1910年5月12日に進水する戦艦に名前を明け渡すため、1908年7月1日に「タラハシー」へ改名）で実験の後、戦艦への搭載を決めた。

かくして前後に並べた一方の砲塔の位置を高く上げ、砲身が前の砲塔の背へかぶさるほどに近づけた背負式砲塔がサウスカロライナ級に導入された。世界で初めて主砲塔を背負式配置にした戦艦の誕生である（副砲の背負式配置についてはフランスの海防戦艦「アンリ4世」の竣工が1903年)。船舶の動力が蒸気機関に移行し、甲板から帆走のためのマストが撤去されて以来、ここへいかに主砲を配置するのか、無数の試行錯誤がくり返されてきたが、それに最終的な回答がなされた瞬間であった。

イギリスではサウスカロライナの後に竣工した「ネプチューン」(14ページ）で後部に背負式配置を採用したが、建造後に後ろの砲塔の砲撃による高温の爆風が照準孔を通じて前の砲塔の内部へ吹きこむことが判明し、孔の位置を変更させる工事が必要になった。さらに前方への火力集中に固執するイギリス海軍は超ド級戦艦「オライオン」でようやく全主砲塔を中心線上に配置するまで、舷側砲を維持し続けた。このように、初期においてはトラブルもあり、「ドレッドノート」が即座に絶大な影響を及ぼしたのとは対照的に、サウスカロライナ級の打ち立てたコンセプトが他国に受け入れられるにはいくらか時間を要したが、その後は完全に定着し戦艦がその役目を終えて退場するまで引き継がれていった。

■早すぎはしたが速くはなかった戦艦

兵装の面では時代の先を行きすぎるほどに先進的だったサウスカロライナ級ではあったが、やはり、1万6000トンの制約の前にすべてを満足させることはできず、結果として速力については諦めざるをえなかった。ドレッドノートが石炭と重油の両方を燃料にできるボイラーと野心的な蒸気タービンの組み合わせで2万3000馬力、21ノットを達成したのに対し、本級は石炭のみを燃料とするボイラーと旧来のレシプロ機関によって1万6000馬力、18.5ノットにようやくたどりついたにすぎなかった。これは前ド級戦艦としてなら充分といえたが、ド級戦艦の戦列においては足手まといでしかなかった。事実、本級の2隻、「サウスカロライナ」と「ミシガン」はアメリカが第一次世界大戦に参戦した後も主力艦隊と行動をともにすることができず、後方任務に就いている。主砲の口径と門数および装甲においては充分にド級戦艦であるといえたが、

▲アメリカ海軍最初のド級戦艦となる「サウスカロライナ」。限られた予算の中で強力な主砲を搭載する工夫として世界ではじめて主砲を船体中心線上に背負式に配置した。アメリカ戦艦の外見的特徴ともいえる籠マストも本級からはじめて採用されたものである

その低速ゆえ運用では前ド級戦艦として扱われざるをえなかった。

なお、本級は竣工当初から籠マストを備えていた。外見は籐細工に似た、この時期のアメリカ戦艦に特有のマストである。どれだけ眺めても戦艦の甲板上にあることの場違いさが拭えない、不思議な造形をしている。1921年に「ミシガン」の籠マストが倒壊事故を起こして見直しを迫られ、結局、新造艦には採用されなくなり、既存のマストも改装のたびに撤去されていった。

両艦とも、ワシントン海軍軍縮条約に従い1924年に解体されてスクラップになり、売却された。

[デラウェア級戦艦]

■ドレッドノート・ショック

世界に衝撃を与えた「ドレッドノート」の進水だったが、蒸気タービンの採用こそ目を引くものの、それ以外は別にオーバーテクノロジーが駆使されているわけではない。その衝撃を引き起こしたのは、単一巨砲搭載艦という新たなコンセプトがバランスよく実現されていることと、世界の建艦競争をリードしてきた大英帝国が今後はこのレギュレーションでレースを行なうと宣言したことによる。議会にとって特に後者は重要で、否応なく始まったこの新たなレースへの参加を躊躇することは、新興の工業国としてようやく地歩を固めつつあったアメリカが、ふたたび二級国か反乱植民地に逆戻りすることを意味した。

かくて自国の海軍にはなにかと猜疑の目をむけてきた議会も、イギリスの新型戦艦には機敏に反応し、サウスカロライナ級における総トン数についての上限を撤廃してさらに強力な戦艦を建造する許可を海軍に与えた。こうして誕生したのがデラウェア級の2隻、「デラウェア」と「ノースダコタ」である。排水量はサウスカロライナ級から25%も増えて2万380トン、アメリカ海軍で初めて2万トンを超える艦となった。主砲はサウスカロライナ級から連装砲塔が後方にさらに1つ増えて全10門となり、同時期のイギリスのド級戦艦セント・ヴィンセント級（12ページ）と並んだが、舷側方向に指向できる門数では優越した。ただし、向かい合っている4番砲塔に爆風が吹きこんでしまうため、中央の3番砲塔は後方へ射撃することができず、この方角へ撃てるのは最後尾の5番砲塔のみと、前級より減ってしまった。さらに機関室が3番砲塔と4番砲塔の間にあるため、中央のボイラー室と機関室の間の3番砲塔の弾薬庫の温度が周囲をめぐっている蒸気管のために上がってしまい、弾道特性を変化させてしまう可能性があった。威力不足が指摘されていた副砲は7.6cmから12.7cmに強化された。

■アメリカ初の本格的ド級戦艦

最大の懸案だった速度についてはやや事情が複雑になる。「ドレッドノート」にならって蒸気タービンを搭載しようとしたが、当時まだ国産のカーチス蒸気タービンは信頼性が乏しかったため、試験的にそれぞれ別の機関を積むことになった。「デラウェア」には従来のレシプロ機関、「ノースダコタ」には蒸気タービンが割り当てられ、いずれも2万5000馬力で21ノットを実現してついにアメリカは名実ともにド級戦艦を手にしたのだった。しかし、タービンについての危惧は的中し、「ノースダコタ」の航続距離はデラウェアより10ノットで33%も短かった。

瑕瑾なしとはいえないものの、かくて政治の制約を受けることなく建造された本級は、その基本設計のポテンシャルの高さを遺憾なく発揮し、同時期の他国の戦艦より優れた性能をもって北大西洋に誕生したのである。

第一次世界大戦が勃発してアメリカが参戦すると、「デラウェア」は大西洋を渡って第六戦隊に編入されたが、すでにドイツ艦隊の活動は沈静化しており、もっぱら船団護衛任務に従事して海戦に遭遇することはなかった。「ノースダコタ」は機関の信頼性に問題があるとして大戦中もアメリカに残り、ニューヨーク沖で訓練に明け暮れたが、1917年に参戦と前後して優秀なイギリス製のパーソンズ・タービンへ換装している。

「デラウェア」は1923年にワシントン海軍軍縮条約に従って除籍し、解体され売却された。「ノースダコタ」は1923年に退役して無線操縦の標的艦になり、1931年に除籍されて解体されるまで、タービンはを調子の悪かった「ネヴァダ」のカーチス・タービンと取り換えられ、長く使われた。

（文／来島 聡）

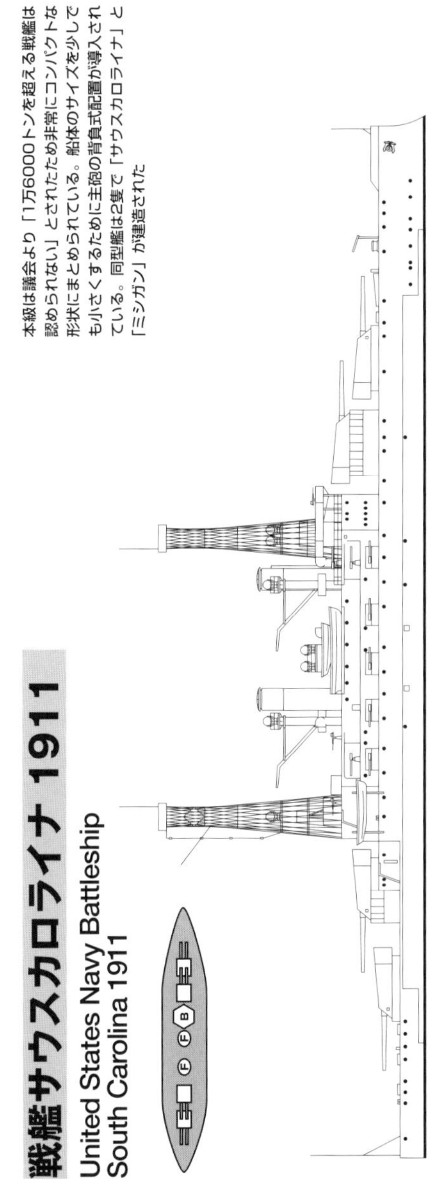

本級は議会より「1万6000トンを超える戦艦は認められない」とされたため非常にコンパクトな形状にまとめられている。船体のサイズを少しでも小さくするために主砲の背負式配置が導入されている。同型艦は2隻で「サウスカロライナ」「ミシガン」が建造された

戦艦サウスカロライナ 1911
United States Navy Battleship
South Carolina 1911

サウスカロライナ（新造時）

常備排水量	1万6000トン
満載排水量	-トン
全長	138.1m
全幅	24.4m
機関出力	1万6000hp
速力	18.5ノット
航続力	5000海里／10ノット
武装	30.5cm（45口径）連装砲4基 7.6cm（50口径）単装砲22基 53.3cm水中魚雷発射管2門
装甲	舷側279mm、甲板64mm 主砲305mm

イギリス海軍の「ドレッドノート」の出現により前級の厳しい排水量制限はいくぶん緩和され、これにより機関出力のアップも実現した。主砲塔が1基追加されたほか、速力も他国のド級戦艦並の21ノットに向上した。同型艦は2隻が建造され1番艦「デラウェア」、2番艦「ノースダコタ」と命名されている

戦艦デラウェア 1911
United States Navy Battleship
Delaware 1911

デラウェア（新造時）

常備排水量	2万380トン
満載排水量	2万2400トン
全長	158m
全幅	26.0m
機関出力	2万5000hp
速力	21ノット
航続力	6000海里／10ノット
武装	30.5cm（45口径）連装砲5基 12.7cm（50口径）単装砲14基 53.3cm水中魚雷発射管2門
装甲	舷側279mm、甲板51mm 主砲305mm

フロリダ級戦艦1911~1944

United States Navy Battleship Florida-class

ワイオミング級戦艦1912~1947

United States Navy Battleship Wyoming-class

ド級戦艦完成型と最多主砲塔戦艦から「チェサピークの襲撃者」へ

アメリカ海軍は未熟だった自国のタービン技術にひとまず見切りをつけ、イギリスからパーソンズ・タービンを導入してド級戦艦完成型フロリダ級へと至り、さらに国産では唯一の主砲塔6基のワイオミング級へと発展させる。退役後、甲板狭しと各種の砲を並べて砲術練習艦となった「ワイオミング」は、その異様な姿から「チェサピークの襲撃者」と呼ばれた

[フロリダ級戦艦]

■アメリカにおけるド級戦艦の完成形

デラウェア級の改良型として設計されたフロリダ級は、1911年に「フロリダ」と「ユタ」の2隻が竣工している。外見上はデラウェア級からやや大型化しているが、後部のマストと煙突が入れ代わっている他はあまり大きな違いはない。当初、主兵装は35.6cm連装砲塔4基が検討され、実現していれば世界初の超ド級戦艦になるはずであったが、砲の実用化が遅れ断念している。

本級の特徴は拡張された機関部にもっともよく表れている。アメリカ戦艦では初めて石炭と重油を燃焼させるボイラーを積み、推進機関は正式にタービンが採用されたが、国産のカーチス・タービンはまだ信頼性に難点があるとして、イギリスからパーソンズ式高速・低速型直結タービンを導入した。このタービンを格納するため機関室は延長されて艦尾ボイラー室は取り除かれ、残されたボイラー室は1.2m拡幅されたため、これと水平線下と石炭庫の防備を強化するために艦幅は0.91mデラウェア級よりも広くなった。

艦幅が広まったことにより前級の明らかな欠点だった重心の高さが改善され、機関部の拡大が艦の大型化を招いたが、これが評判の悪かった上部構造物や居住区の過密さの緩和につながった。兵装は主砲が45口径30.5cm砲10門を5つの連装砲塔に納めて前級から配置も変更はなかったので、後方への射界を有するのが最後尾の5番砲塔だけであったり、中央の3番砲塔の弾薬庫がボイラーとタービンの間に位置したため温度が上昇して弾薬が変質する問題は持ち越された。装甲はデラウェア級とほとんど同じだった。

1917年にアメリカが第一次世界大戦に参戦すると、両艦は大西洋で船団護衛任務に従事した。

1922年のワシントン海軍軍縮条約では、より艦齢の古い艦が解体されたり一線から退くなか、どちらも軍籍に残った。新たな戦艦の建造が厳しく制限されたこの時期、各国とも既存の戦艦の改修に力を入れたが、本級もボイラーを石炭と重油の混焼から重油専焼に入れ換え、タービンはギヤによって回転数を低減させるタイプに変更されて高速と低速を別々に装備する必要はなくなり、同種のものを4基並列で動かすようになった。これにより、燃料は重油に統一され、最大出力は2万8000馬力から4万7000馬力に向上、最大速力も20.75ノットから22ノットに上昇し、航続距離は10ノットで6860海里から1万6500海里へと倍増した。

■標的艦となって真珠湾に沈む

しかし、1930年のロンドン海軍軍縮条約ではいずれも廃艦対象となり、「フロリダ」は1932年に解体された。「ユタ」はワシントン海軍軍縮条約時に標的艦となっていた「ノースダコタ」が除籍されてスクラップになるにともない、その代わりとして保有が認められた。武装と装甲が撤去されて無線操縦装置が取り付けられ、ハル・ナンバーはBB-31からAG-16に改められた。操縦船からの信号に応じてボイラーを調節したり舵を操作し、任意の航路をとれるように改造され、実戦さながらに洋上を航行する標的として、水上艦や航空機の搭乗員の技量向上と新戦術開発に貢献した。

1935年からは砲術練習艦としての役目も負うようになり、7.62cm高角砲8基を搭載されたのを皮切りに、25口径12.7cm高角砲4基も追加され、新開発の75口径2.8cm機関砲10門が搭載された折には初期試験も行なわれた。

1941年12月7日日曜日（日本時間では8日月曜日）を、「ユタ」は真珠湾の中央、フォード島のF-11埠頭で迎えた。攻撃開始直後に魚雷の直撃を受けて次第に傾き、やがて乗組員の奮闘も虚しく繋船ロープが切れて横転した。その後、他の艦艇の航行を妨害しないように湾内を移動させられ、最終的には引き上げられる予定であったが、予算がつかず中止された。1944年9月5日をもって退役し、11月13日に除籍となった。そして2014年現在も、一部を水面の上に浮かべながら錆びた艦体を湾底に横たえている。1972年にはフォード島の「ユタ」の向かいに記念碑が建てられた。アメリカ合衆国国家歴史登録財に加えられ、1989年にはアメリカ合衆国国定歴史建造物に指定された。

[ワイオミング級戦艦]

■アメリカ最後のド級戦艦

フロリダ級から引き続いてワイオミング級でも35.6cm砲の導入が検討されたが、やはり実用化の遅れなどから見送られた。同時期にイギリスはオライオン級（16ページ）とライオン級（24ページ）で超ド級艦へと駒を進めており、結局、アメリカがそれに追いつくのは2年後のニューヨーク級からとなった。

砲の大型化は進まなかったが、アメリカ最後のド級戦艦となったワイオミング級ではさらに連装砲塔が1つ増えて主砲は全12門を数え、砲身長も45口径からより長砲身の50口径になった。しかし、貫徹力増大と命中精度向上を狙ったこの新開発の高初速砲は威力がさほど上がらないまま砲弾同士の相互干渉によって弾着のばらつきが広がるだけになってしまった。1912年9月に「ワイオミング」と「アーカンソー」がそろって竣工している。砲塔の増加にともなって排水量も20%ほど増えて2万6000トン、全長全幅とも少し増えて171.4mと28.4m、最大出力は変わらず2万8000馬力のままながら、最大速度は20.5ノットと微減に留まっている。

6つの連装砲塔は、背負式砲塔のペアが艦首・中央・艦尾へコンパクトにまとめて配置され、弾薬庫と機関室とボイラー室が入り組んで防御に支障が生じたりしないよう配慮されていた。とはいえ、機関室とボイラー室の間に中央砲塔群の弾薬庫が挟まれてしまい、弾薬が高温にさらされるという問題は相変わらずで、冷却のための措置もとられたが限定的な効果しかえられなかった。結局、これについては三連装砲塔の導入や砲の大口径化などによって砲塔が4基以下となり、中央の砲塔がなくなって事案そのもの

▲1920年代のワイオミング級戦艦2番艦「アーカンソー」の姿。本艦は1925～1927年に近代化改装が実施され機関の換装、後部の籠マストと煙突を廃止し、三脚檣を設置、副砲の一部撤去などが行なわれた。本艦は第二次大戦で前線に復帰するために1942年から上部構造物を一新するような大規模な改装が実施されている

が消滅してしまうまで、抜本的な解決が図られることはなかった。

艦体形式は艦内容積を拡大するため、それまでの船首楼型から平甲板型に改められ、砲塔が6基に増えたこともあいまって外見はかなり変わっている。なお、艦体形式の変更で艦首の乾舷が不足したために凌波性の低下を招いてしまった。

■標的艦と第一線への復帰

竣工後は両艦とも合衆国海軍大西洋艦隊の主力艦として行動し、第一次世界大戦参戦後はイギリスに派遣され、第六戦艦戦隊に所属して北海やノルウェー沖で哨戒や船団護衛に就き、戦闘に参加することもなく休戦までつつがなく任務を全うした。

1920年代中ごろのワシントン海軍軍縮条約下において、本級もフロリダ級と同様にボイラーを石炭と重油の混焼から重油専焼に換装、タービンは高速低速直結タイプ2組4軸からギヤードタービン4基4軸に変更して航続距離は12ノットで5190海里から1万4000海里へと倍増した。

1930年のロンドン軍縮会議の結果、1931年に「ワイオミング」は練習艦へ改装され、ハル・ナンバーはBB-32からAG-17になった。主砲を6門に減らし、防御装甲は取り払われ、ボイラーも一部を撤去して速力は18ノットに抑えられた。1930年代を練習艦として過ごし、1941年11月に砲術練習艦に改装された。

真珠湾攻撃によって太平洋艦隊の主力戦艦が大量に戦闘不能になったため、すでに一線を退いていた本級も現役復帰が検討された。「ワイオミング」をこれから元に戻すのは難しく、真珠湾で先任の砲術練習艦「ユタ」が沈んでいたため引き続き任務を続行することになった。もっぱら訓練に励んでいた「アーカンソー」は、副砲の大半を撤去し高角砲を追加して主砲射撃指揮用レーダーと対空警戒レーダーが搭載するなど大規模な改装を1942年3月から7月に施して前線に戻った。その後も対空兵装を継続的に増強しつつ、ノルマンディーと南仏沿岸、太平洋に移って硫黄島と沖縄でそれぞれ地上部隊への支援砲撃を行なった。

■チェサピークの襲撃者

「ワイオミング」は戦争中、メリーランド州のチェサピーク湾に浮かんでひたすら射撃訓練に明け暮れた。1944年には残っていた3基の主砲塔もすべて取り外され、そこに12.7cm連装両用砲が装備された。他に大量の対空兵器が甲板上に並べられており、前部の12.7cm砲は右舷がシールド付きで左舷はオープンマウント、ボフォース40mm機関砲は右舷が連装で左舷は4連装、エリコン20mm機関砲は右舷が一群で左舷は単独の銃座、後部は右舷が4基の7.62mm砲で左舷は2基の12.7cm砲と、訓練の便を優先して実戦ではありえない非対称の配置となっている。艦載艇は左舷に集中して置かざるをえなくなり、右舷側の艦載艇用クレーンは撤去された。副砲はすべて撤去され、砲郭は閉鎖された。艦橋両舷に新たに設置された射撃指揮所は右舷が射撃レーダー付きのMk37、左舷が旧式のMk33とますますキマイラか鵺（ぬえ）のような相貌に拍車がかかったが、11月にはさらに籠マストを撤去して新設のポールマストに新式のSG対空レーダーを装備。艦尾に無人標的機の射出装置を設けた。この1944年11月には133名の士官と1329名の兵士に対して対空訓練を実施し、3033発の12.7cm弾と849発の7.6mm弾、1万76発の40mm弾、3万2231発の20mm弾、6万6270発の30口径弾、360発の2.8cm弾を発射した。任務の全期間を通じてトータルで2000万発を放ち、7種類の砲に対応する3万5000名の射手を訓練したという。その異様な容姿から「チェサピークの襲撃者」と呼ばれた。

1945年7月にはカスコ湾に移り、第69混成任務群に所属し、日本軍の特攻機に対処する戦法を研究するため標的機や無線操縦機を操作した。第69混成任務群は戦後に作戦開発群と改称され、新型射撃管制装置の使用実験のため所属艦艇は増加したが、「ワイオミング」は1946年まで部隊の中核として活動した。1947年8月1日に退役し、同年9月16日に除籍され、同年10月30日にスクラップとして解体された。

「アーカンソー」は原爆実験クロスロード作戦に標的艦として参加して沈んだ。

（文／来島 聡）

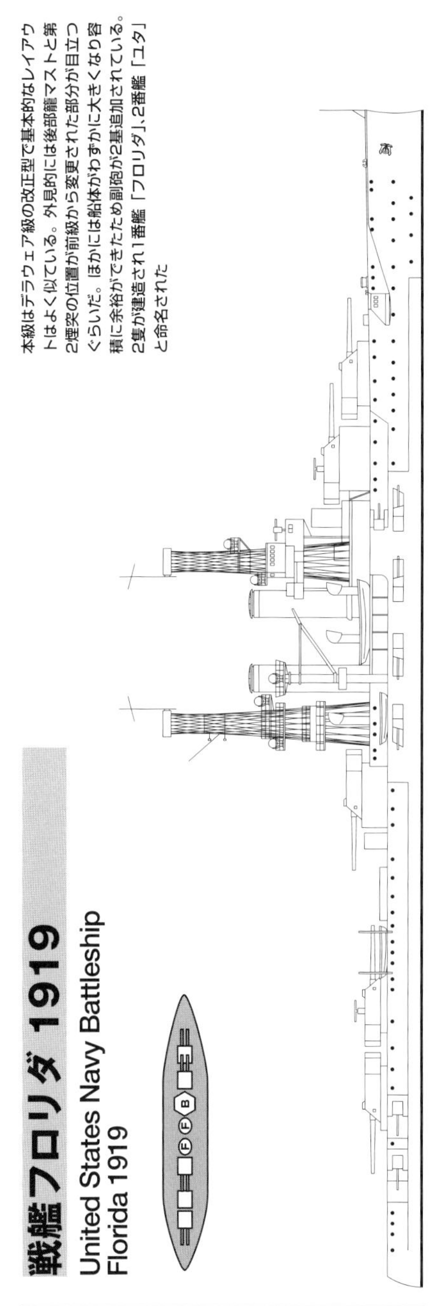

本級はデラウェア級の改正型で基本的なレイアウトはよく似ている。外見的には後部籠マストと第2煙突の位置が前級から変更された部分が目立つくらいだ。ほかには船体がわずかに大きくなり容積に余裕ができたため副砲が2基追加されている。2隻が建造され1番艦「フロリダ」、2番艦「ユタ」と命名された

戦艦フロリダ 1919
United States Navy Battleship
Florida 1919

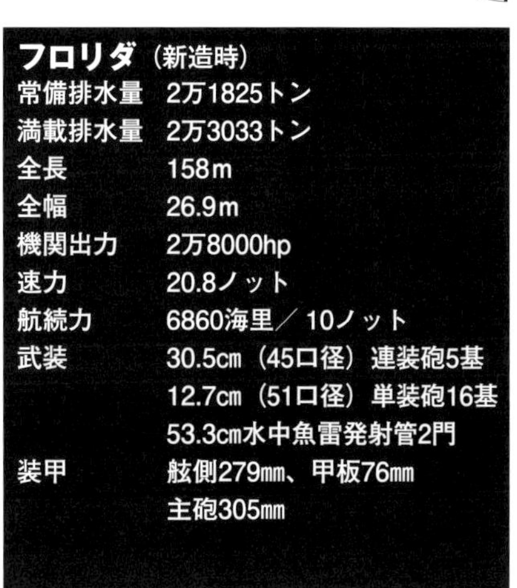

フロリダ（新造時）

常備排水量	2万1825トン
満載排水量	2万3033トン
全長	158m
全幅	26.9m
機関出力	2万8000hp
速力	20.8ノット
航続力	6860海里／10ノット
武装	30.5cm（45口径）連装砲5基 12.7cm（51口径）単装砲16基 53.3cm水中魚雷発射管2門
装甲	舷側279mm、甲板76mm 主砲305mm

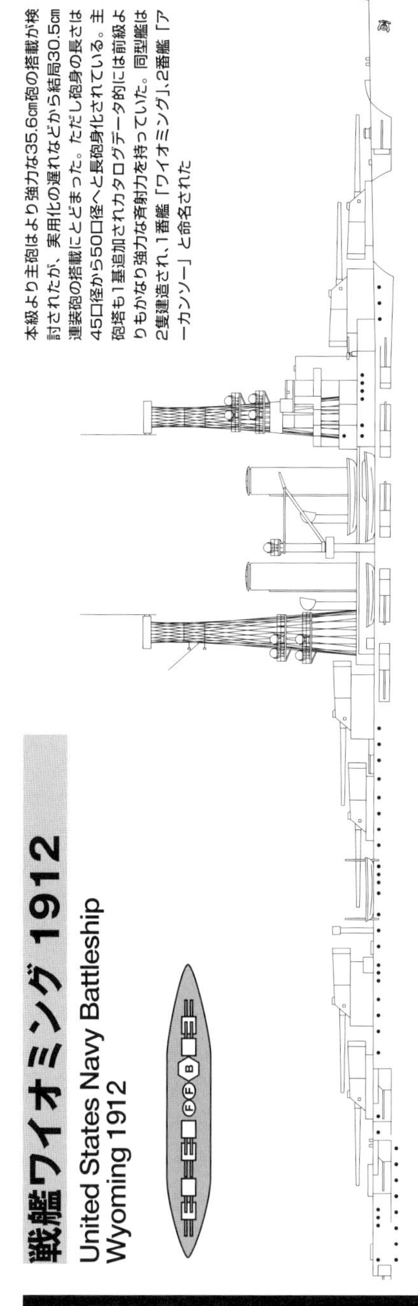

本級より主砲はより強力な35.6cm砲の搭載が検討されたが、実用化の遅れなどから結局30.5cm連装砲の搭載にとどまった。ただし砲身の長さは45口径から50口径へと長砲身化されている。主砲塔も1基追加されカタログデータ的には前級よりもかなり強力な斉射力を持っていた。同型艦は2隻建造され、1番艦「ワイオミング」、2番艦「アーカンソー」と命名された

戦艦ワイオミング 1912
United States Navy Battleship
Wyoming 1912

ワイオミング（新造時）

基準排水量	2万3328トン
満載排水量	2万6944トン
全長	171.4m
全幅	28.4m
機関出力	2万8000hp
速力	20.5ノット
航続力	5190海里／10ノット
武装	30.5cm（50口径）連装砲6基 12.7cm（51口径）単装砲21基 53.3cm水中魚雷発射管2門
装甲	舷側279mm、甲板76mm 主砲305mm

ニューヨーク級戦艦1914〜1948

United States Navy Battleship New York-class

レシプロ機関で航続距離を確保したアメリカ海軍初の超ド級戦艦

まだ完成していなかった35.6㎝砲を主砲として採用し、試験的にタービンを搭載していた「ノースダコタ」の運用成績が思わしくないため機関選定を白紙に戻さざるをえず、さらに議会は2隻のうち1隻分しか年度内に予算を通過させないという、スラップスティック・コメディかサスペンス映画のように混みいった状況のなか、どうにか竣工したアメリカ海軍初の超ド級戦艦

■アメリカ海軍初の超ド級戦艦

ワイオミング級の艦体に35.6cm（14インチ）砲10門を搭載するという次の戦艦の構想がまとめられたのが、1910年6月24日のことだった。しかし、フロリダ級のころから導入が検討されていたにもかかわらず、この時点でまだ35.6cm砲は完成しておらず、さらにこの年の4月に竣工した「ノースダコタ」の運用結果では採用を予定していたタービンの性能が思わしくなく、エンジン選定を白紙に戻さざるをえなかった。そして、最後に立ちはだかったのは例によって議会である。民間造船所に発注予定の2番艦「テキサス」の建造は同年12月17日に承認されたが、海軍工廠に発注予定の1番艦「ニューヨーク」は年度をまたいで翌年の5月1日と大幅に遅れた。そのため、本来ならば1911年度は1隻のみとなるところだったが、幸い2隻とも同一年度として執行することが予算通過時に認められたため、そろって起工することができた。

35.6cm砲は滑りこみで開発が間に合ったが、タービン搭載は諦めざるをえなかった。アメリカは米西戦争に勝利してフィリピンやグアムを海外領土として獲得しており、続いてフィリピンで起こった米比戦争を公式には終了とアナウンスしていたが戦闘は続いていた。太平洋には有力な中継ネットワークが未整備だったことから、海軍は新戦艦に「西海岸からフィリピンまで航行できる」航続距離を求めていた。そのため超ド級戦艦でありながら、「ドレッドノート」より前にさかのぼって実績のあるレシプロ機関を選択することになった。こうして機関出力は予定の3万2000馬力から2万8100馬力へと低下し、フロリダ級やワイオミング級と比較しても微増にとどまったが、速度は21ノット以上を達成しており、航続距離は12ノットで7684海里と約50%長くなっている。

本級の艦体は前述の通りワイオミング級をベースに設計されており、凌波性に問題があるとされた同じ平甲板型を採用している。ワイオミング級より大口径砲を搭載しているが、砲塔は5基に減ったことで相殺されて全長全幅は微増に留まった。砲塔数がフロリダ級やデラウェア級と等しくなったが、4番砲塔と5番砲塔が背中に合わせになるのではなく、背負式に配置され後方に2基とも砲撃できるよう改善されている。一方、大口径砲を装備したことで遠距離戦闘に対応しなくてはならなくなり、各砲塔で射撃にまつわる管制のすべてをまかなうことが困難になったため、艦内に独立した砲撃指揮用の作戦室が設けられるなど、主兵装の巨大化が直面する戦闘の質を変容させ、それが艦の構造に影響を与えていく様子も見てとれる。

■35.6㎝砲とその防御

搭載された連装砲塔はワイオミング級と同じく砲ごとに仰俯角をとることが可能になっており、その範囲は仰角15度・俯角5度だった。最大仰角では重さ635.0kgの砲弾を2万1030mまで飛ばすことができ、射程1万8290mでは装甲170㎜を貫通する性能を有していた。一方、砲塔の装甲厚は前盾が356㎜、天蓋が102㎜とワイオミング級より強化されており、砲塔の下の筒状のバーベット部は砲弾や装薬が格納されており砲撃の要となるところであるが、同時に敵の砲撃が命中すると誘爆を起こし大損害が生じる部位でもあるので厳重に防備され、それぞれ前級より13〜25㎜厚みを増して最も厚いところは305㎜で守られていた。ここから砲弾と装薬を引き揚げる方式はアメリカの戦艦も他国と同じく、換装室で1発分の砲弾と装薬をセットにしてからすぐ上の砲塔の最上部、砲室へ運び上げていた。しかし、1904年にメイン級「ミズーリ」の射撃演習中に砲室で発生した火災が換装室へ延焼し、危うく装薬に引火しかけたので、本級から砲弾と装薬を別々に引き揚げることで運搬口を狭めた。さらに砲室から弾薬庫へじかに火が広がることを防ぐため、双方へ通じる換装室の運搬口が同時に開かないようにした。

基本的に戦艦は自己と同等の能力の敵と対峙することを前提とするため、大口径砲を積むならば、それに応じた装甲を備えることになる。艦首の砲塔から艦尾の砲塔までの舷側の装甲は上端が305㎜と下端で254㎜と強化されており、またワイオミング級で無防備だったそれより後ろの部分には152㎜の装甲が追加された。舷側の上部装甲は上端229㎜と下端279㎜で前級から変わらなかった。甲板の防御もワイオミング級と同じく、下甲板部に前部38㎜、中央51㎜、後部76㎜の装甲が施されており、下甲板と中甲板の間に45度に傾けた38㎜の弾片防御隔壁2枚が上部水線の後ろへ加えられて煙路を榴弾の破片から守っていた。水中防御も二層に分けた石炭庫区画をこれにあて、追加の装甲など設けていないのは前級と同じだった。

▲ニューヨーク級戦艦のネームシップ「ニューヨーク」。竣工時の姿で後部籠マストに煙突からの煤煙が降り注ぐ様子が見て取れる。アメリカ海軍ではじめて35.6㎝砲を搭載した本級は第一次大戦勃発時、アメリカ艦隊最強の戦艦であり、アメリカ参戦後はイギリス艦隊の指揮下で戦線に参加している

■第一次世界大戦とその後の改装

就役後は両艦とも大西洋艦隊に配属された。1916年には「テキサス」にアメリカの戦艦としては初めて対空砲とアナログ式の射撃管制装置が設置されている。第一次世界大戦参戦後はイギリスに派遣されたが、まだアメリカの他の戦艦は方位盤や測距儀を装備しておらず、射撃指揮の水準も未熟で演習結果をみたイギリス海軍のグランド・フリート、ビーティ司令長官から「アメリカ戦艦隊はイギリス戦艦隊より能力的に劣る」と厳しい評価を下されている。ジュットランド沖海戦ではドイツ艦隊に劣勢だったイギリスですらその評価であり、ドイツ艦隊と対峙した場合にはかなり深刻な事態もありえたが、幸い当時すでに大洋艦隊の活動は沈静化しており、水上艦艇と戦闘する機会もなく哨戒や船団護衛をこなした。

1925年から1927年にかけて、本級もフロリダ級やワイオミング級と同じくボイラーを石炭

▲2番艦「テキサス」。本艦は1925年～1929年にかけて近代化改装が実施された。新造時に備えられていた籠マストは三脚檣に変更され、機関も重油専焼缶へと換装され航続距離も倍増している。本級は第二次大戦でも船団護衛任務や上陸支援任務につき活躍した

と重油の混焼から重油専焼に換装した。エンジンは更新されなかったので速力・出力は変わらなかったが、航続距離はさらに延びて10ノットで1万5000海里へと倍増した。第一次世界大戦ではイギリスの超ド級戦艦が水雷兵器によって戦闘不能になった戦訓に鑑み、魚雷防御隔壁を増やし、砲塔横の舷側にバルジを追加して艦幅は32.4mに広がった。同時に甲板の防御も、51㎜の中央部が95㎜になるなど厚くなった。前後の籠マストはいずれも撤去され、前部マストはそのまま強固な三脚型に取り換えられ、後部マストは半分ほどの高さになって3番砲塔と4番砲塔の間に移設された。艦橋構造も司令塔の上に拡幅され、測距儀を載せた完全な密閉構造となった。頂上部には主砲・副砲の射撃方位盤を内蔵する密閉型の見張り室が設けられた。

その後、太平洋戦争開戦直前の1941年11月に大きな改装がなされた。主砲の仰角が30度に拡大されて射程距離が延び、同時に7.62㎝高角砲2門と28㎜四連装機銃2基が追加され、主砲射撃指揮用Mk3レーダーも搭載されている。対空兵装はこの後も継続的に強化され続けた。

■標的艦と博物館

両艦とも第二次世界大戦では初め大西洋における船団護衛任務に就き、やがて地中海に転じてトーチ作戦の支援に参加した。ここで「ニューヨーク」は国内に戻ってチェサピーク湾で砲撃訓練の任務に就いた。

一方、「テキサス」はノルマンディー上陸作戦に参加して最もドイツ軍の抵抗が激しかったオマハ・ビーチの支援砲撃を担当し、初日の最初の砲撃では午前5時50分から午前6時24分まで34分の間に255発の35.6㎝砲弾を発射した。この任務はその後も続いたが6月15日にはいよいよ地上部隊が射程距離ぎりぎりまで前進したため、右舷の対魚雷用バルジに注水し艦体を2度傾けて仰角を確保し、最後の支援砲撃を行なった。6月26日からはシェルブールを砲撃し、沿岸砲台と撃ち合いになった。ドイツ軍の砲台からは65発以上の直撃また至近弾を受けながら、朝から16時の撤収命令まで砲撃を続けた。

その後、1945年2月16日からの硫黄島への艦砲射撃に両艦は合流して参加。さらにそろって沖縄攻略にも参加し、「ニューヨーク」は1945年4月14日に特攻機の攻撃を受けカタパルトと艦載機に損害を受けたが、作戦を続行している。

そして再びこの姉妹のゆく道は別れ、以後二度と交わることはなかった。「ニューヨーク」は1946年に核実験のクロスロード作戦へ標的艦として参加。7月1日の水上実験と25日の水中実験にも沈まず、8月29日に退役した。その後、真珠湾に牽引されて2年間にわたって研究され、1948年7月8日に標的艦として艦艇と航空機による8時間におよぶ攻撃の後に沈められた。

「テキサス」はテキサス州サン・ジャシント州立公園に牽引され、1948年4月21日に退役、4月30日に除籍された。4月21日はテキサスがメキシコに対してサン・ジャシントの戦いで華々しい勝利を収め、テキサス独立戦争の帰趨を決定づけた戦いの日付である。

1983年、「テキサス」はサン・ジャシント・モニュメントの近くに係留され、1990年9月8日に博物館として再公開された。「テキサス」はアメリカ合衆国国定歴史建造物であり、タービンを諦めることで採用になったレシプロ機関は皮肉なことにいうべきか国定歴史工業製品に指定されている。また、スティーブ・マックィーン主演の『砲艦サンパブロ』(1966) を最初として、いくつかの映像作品に舞台を提供している。

(文/来島 聡)

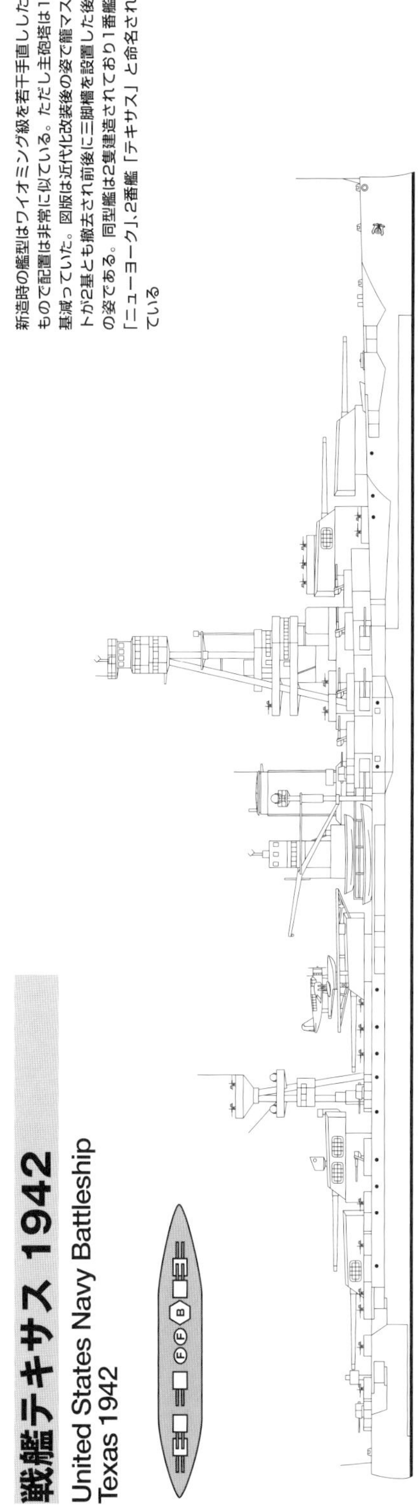

新造時の艦型はワイオミング級を若干手直ししたもので配置は非常に似ている。ただし主砲塔は1基減っていた。図版は近代化改装後の姿で籠マストが2基とも撤去され前後に三脚檣を設置した後の姿である。同型艦は2隻建造されており1番艦「ニューヨーク」、2番艦「テキサス」と命名されている

戦艦テキサス 1942

United States Navy Battleship Texas 1942

ニューヨーク(新造時)	
基準排水量	2万3957トン
満載排水量	2万7933トン
全長	174.7m
全幅	29.1m
機関出力	2万8100hp
速力	21ノット
航続力	7684海里/12ノット
武装	35.6㎝(45口径)連装砲5基 12.7㎝(51口径)単装砲21基 53.3㎝水中魚雷発射管4門
装甲	舷側305㎜、甲板76㎜ 主砲356㎜

ネヴァダ級戦艦1916〜1946
United States Navy Battleship Nevada-class

ペンシルヴェニア級戦艦1916〜1946
United States Navy Battleship Pennsylvania-class

世界で初めて集中防御を採用した三連装砲塔の標準型戦艦第一陣

主砲門数増加と装甲強化と中央の第三砲塔弾薬庫の温度上昇への対応、しかし、予算増額は認められずという八方ふさがりの状況を、設計陣は三連装砲塔と集中防御方式という大技を続けざまに放って切り抜けた。異なる艦級でもそろって艦隊行動をとるための指針に基づいて設計されたネヴァダ級からコロラド級まで5艦級12隻の戦艦群、標準型戦艦はここから始まる

[ネヴァダ級戦艦]

■世界初の集中防御戦艦

ニューヨーク級に続く1912年度計画について、激化する一方の建艦競争を反映して海軍上層部は主砲の門数増加とさらなる装甲強化を要求してきたが、当然のことに議会が建造費の増額を認めるはずもなく、艦隊側からは竣工したばかりのデラウェア級の3番砲塔の弾薬庫の温度上昇への対応を要望されていた。

弾薬庫の温度上昇については、結局、ボイラー室と機関室の間から砲塔を除くしか手段はなく、となれば砲塔を4基以下に抑える必要があった。もちろん、そのまま砲塔を減らせば門数も減って上層部の要求と齟齬をきたすことになる。そこで、1910年に進水したイタリアの「ダンテ・アリギエーリ」(116ページ参照)に搭載される三連装砲塔が検討された(なお、この主砲塔配置の原案を出したのは「ドレッドノート」建造のきっかけとなる論文を書いたヴィットリオ・クニベルティ)。国内での35.6㎝砲三連装砲塔の試作はまだ終わっていなかったが、砲塔を減らせればそれに相当する重さと防御区画が減少した分だけ装甲を厚くすることもできる。つまり、軍上層部と議会と艦隊の三者をどうにか満足させられる。

しかし、これでもまだ要求を満たすには足りず、設計陣はさらに大胆な手を打った。そして、これによってネヴァダ級はその名を建艦史に残すことになる。集中防御の導入であった。

別にこれまでも艦の全周をぐるりと同じ厚さの装甲で覆っていたわけではない。コストや速度との兼ね合いから、必要に応じて装甲の厚さは場所によって増減したし、非装甲のところもあった。しかし、集中防御においては機関区や武器庫といった最重要区画のみを厳重に防御し、それ以外にはほとんど装甲を施さなかった。キッチンに被弾してフライ用の油に引火したとしても、実際にはさほどの被害は生じない。集中防御は区画の重要度・危険度に応じ装甲の配分を大きく見直したというだけでなく、むしろ、防御の概念を装甲厚だけによらないものへと拡張したともいえる。以降、合衆国海軍は被弾後の損害をできるだけ抑えるダメージ・コントロールにより積極的に取り組んでいく。アメリカ艦艇がとにかくしつこく粘り強く、ときに驚異的ともいえるしぶとさをみせたのはこの集中防御の概念に早くから取り組んでいたからかもしれない。本級においても、二つの機械室を隔壁で区切って損害をそれぞれに限定する、水中防御として内部に一層の水雷防御区画を設ける、魚雷弾頭の炸裂による破片を防ぐため外壁部に装甲を施す、艦底部を三重底にするなどの配慮がなされている。また、燃料が重油のみになったことで、石炭の搬入口から浸水することもなくなった。

なお、本級では試験的に異なるボイラーと機関がそれぞれ用意された。1番艦「ネヴァダ」はヤーロー缶にカーチス式直結タービン、2番艦「オクラホマ」はバブコック&ウィルコックス缶に直立型三段膨張式四気筒レシプロ機関である。「ネヴァダ」の方が機関出力が高く巡航時の燃費もよく、ようやくアメリカ合衆国は「ノースダコタ」以来の念願だった国産の実用的な蒸気タービンを手にしたことになる。

■標準型戦艦の第一陣

この時期、合衆国海軍は異なる艦級であってもそろって艦隊行動がとれるよう、標準型戦艦(79ページ参照)というコンセプトに沿って各艦級の満たすべき仕様のガイドラインを定めていた。本級にはじまって、以下、ペンシルヴェニア級、ニューメキシコ級、テネシー級、コロラド級までがこれに該当する。本級はさまざまな試みが一度に盛りこまれたアメリカ建艦史に一大エポックをなす艦級であり、他国にも多大な影響を及ぼした。

結局、ぎりぎりで三連装砲塔の開発が間に合い、三連装砲塔が連装砲塔を背負う形でペアになり、艦首と艦尾に配置されて主砲は35.6㎝が10門になった。アメリカが比較的容易に三連装砲塔を実用化できたのは、砲の構造による。イギリスや日本のように砲の閉鎖機が横にスライドする方式の場合、三連装にすると中央の砲の閉鎖機をどこにスライドさせるかが問題になる。アメリカの場合、これが最初から下にスライドする方式であったため、問題そのものが生じなかった。また、前級から取り組まれている砲塔内の安全強化については、人力によっていた換装室から砲室への装薬の引き揚げをホイストを用いて装填部へじかに行なうことで、危険な状態をできるかぎり局限する措置がとられている。

本級は第一次世界大戦中にヨーロッパへの派遣が検討されたが、重油不足のイギリスに重油を燃料とする戦艦を送ることは同盟国の燃料事情を逼迫させかねないとして見送られ、アメリカ海軍指揮下でアメリカ本土からアイルランドまでの航路の防衛任務に就いていた。

両艦とも1941年12月の真珠湾攻撃で空襲を受けた。横転沈没した「オクラホマ」は1943年3月にサルベージされたが損傷が激しく修理は断念された。1944年9月1日に退役となり艦体は売却され、曳航されてサンフラシスコに向かう途中の1947年5月17日、真珠湾から540マイルの海域に沈没し失われた。

フォード島に単独で係留されていた「ネヴァダ」は機関を始動させ、湾を出ようとしたところで空襲を受け、沈没するよりはと自ら浅瀬に乗り上げて座礁した。引き揚げられて改装され、40㎜四連装機関砲8基と20㎜機銃42門を搭載するなど新型戦艦に匹敵する対空戦闘能力を備えて、ノルマンディー上陸作戦と硫黄島・沖縄攻略に参加した。戦後はビキニ環礁における原爆実験・クロスロード作戦の標的艦となったが沈まず、1948年7月31日にハワイ沖で砲撃と雷撃の標的となり沈没した。

▲ペンシルヴェニア級戦艦2番艦「アリゾナ」。本級はネヴァダ級戦艦の改良型。前級が35.6㎝砲を三連装砲塔と連装砲塔の混載としたのに対して、本級はすべて三連装砲塔に統一した。日本海軍の扶桑型戦艦と比較すると速力はやや遅かったが防御力は格段に優れていた

[ペンシルヴェニア級戦艦]

■全主砲塔が三連装

ペンシルヴェニア級はネヴァダ級の拡大発展型である。前級では主砲を三連装砲塔2基と連装砲塔2基に納めていたのに対し、本級では4基がすべて三連装になった。これにより主砲の門数が10から12に増えた。

機関は蒸気タービンに統一され、1番艦「ペンシルヴェニア」が前級と同じカーチス式で出力3万1500馬力、2番艦「アリゾナ」はパーソンズ式で3万4000馬力だった。

武装強化と機関出力増大を受け、排水量は前級から10%以上も増えて3万1400トンとなった。2万トンを超えたデラウェア級からわずか5年間で1.5倍であり、このまま青天井で増えていけばいったいどうなるのかと議会は予算案の通過に難色を示した。海軍にしてみればそういう苦情はイギリスとドイツ、特にウィルヘルム二世に言ってくれと応じたいところではあったがない袖は振れず、それまで年度ごとに2隻ずつの建造であったが、本級では1隻ずつに減っている。とはいえ、艦の巨大化はここで一段落し、以降は40.6cm砲を搭載したコロラド級まで排水量は微増にとどまり、標準型戦艦の艦体はほぼ本級をベースにしているといえる。

排水量増大をうけてタービンは4基に増え、これが縦隔壁で区切られ、横一列に配置された。それぞれにスクリューが割り当てられたため、ニューヨーク級でレシプロ機関に戻して2軸に減っていたのがふたたび4軸に増えた。機関室が細分化され個別に防護されたことにより、戦闘時の損害によって推進力を全喪失する可能性はさらに低下した。

ペンシルヴェニアの竣工当時、すでに第一次世界大戦が始まっていた。参戦後はネヴァダ級とともに北大西洋で船団護衛任務に就いた。

■長距離砲戦の切り札、SHS弾

戦争が終わってしばらくすると、ワシントン海軍軍縮条約によって新たな戦艦の建造が厳しく制限される時代が到来し、各国は既存の戦艦の改装に力を入れた。大戦における海戦の様相から砲戦距離が延びることは確実とされ、着弾のばらつきを狭める重要性がさらに増した。そこで用いられるようになったのが、従来の635kgから680kgへとより重量を増したSHS弾（Super Heavy Shell。超重量弾）である。あわせて主砲の最大仰角は15度から30度に拡大したので、射程距離は3万1360mに延びた。

また、アメリカ戦艦の外見上の特徴であった籠マストは強度不足から廃止され、代わりに上部に指揮所を有する三脚檣が設置された。その他、エンジンをウェスティングハウス製減速タービンに換装、ボイラーはワシントン条約で廃艦になったコロラド級の「ワシントン」とサウスダコタ級のため用意されていたものを再利用して従来のボイラー区画1つにつき2基ずつ6基搭載した。これによって4つあったボイラー区画が1つ余ったので、そのスペースを追加の衝撃吸収層にあて、それまでの衝撃吸収層との間に76mmの装甲を追加した。さらに戦艦には使う機会がない魚雷発射管を外し、水中防御は大きく改善された。

■真珠湾のモニュメント

両艦とも1941年12月の真珠湾攻撃で空襲を受けた。「アリゾナ」は弾薬庫が爆発し、大火災が発生して、二日間燃え続けて沈み、爆発の残骸がフォード島に降り注いだ。1962年には湾に沈んだまま「アリゾナ」の船体の上にアリゾナ記念館が建設され、1966年10月15日に国家歴史登録財に登録、さらに1989年5月5日にアメリカ合衆国国定歴史建造物に指定された。

乾ドックに入渠中だった「ペンシルヴェニア」は雷撃を免がれ、損害は軽微だった。1942年10月から43年2月にかけて近代化のための大改装が実施され、前後の檣楼の最上部には主砲射撃指揮用Mk3レーダーが備えられたが、これは旧式で性能が充分ではなかった。戦艦同士の最後の砲戦となるスリガオ海峡海戦には、参加しながら目標を識別できず、味方艦艇に射界を遮られていたせいもあって発砲していない。

戦後は1946年7月のビキニ環礁で行なわれた原爆実験で標的にされたが沈まず、クェゼリン環礁へ曳航されて1948年2月10日に沈没するまで放射線や構造の研究などに利用された。

（文／来島 聡）

戦艦ネヴァダ 1916
United States Navy Battleship
Nevada 1916

はじめて集中防御方式を取り入れたネヴァダ級戦艦はのちに続くアメリカの標準型戦艦12隻の最初のタイプということができる。第1、第4砲塔が三連装で第2、第3砲塔が連装砲塔だった。同型艦は2隻で1番艦「ネヴァダ」、2番艦「オクラホマ」と名付けられている

ネヴァダ（新造時）	
基準排水量	2万6115トン
満載排水量	2万8581トン
全長	177.7m
全幅	29.1m
機関出力	2万6500hp
速力	20.5ノット
航続力	8000海里／10ノット
武装	35.6cm（45口径）三連装砲2基 35.6cm（45口径）連装砲2基 12.7cm（51口径）単装砲21基 53.3cm水中魚雷発射管2門
装甲	舷側343mm、甲板76mm 主砲457mm

戦艦ペンシルヴェニア 1916
United States Navy Battleship
Pennsylvania 1916

ペンシルヴェニア級戦艦はネヴァダ級の改良型で主砲をすべて35.6cm三連装砲塔で統一している。本級はアメリカ戦艦の中ではじめて満載排水量が3万トンを超えたクラスで、当時、世界最大の戦艦は日本の扶桑型だったが本級がその称号を奪い取った。同型艦は2隻で1番艦「ペンシルヴェニア」、2番艦「アリゾナ」と命名されている

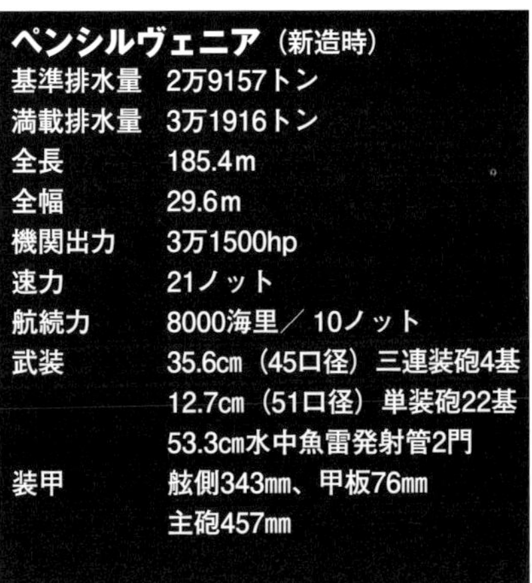

ペンシルヴェニア（新造時）	
基準排水量	2万9157トン
満載排水量	3万1916トン
全長	185.4m
全幅	29.6m
機関出力	3万1500hp
速力	21ノット
航続力	8000海里／10ノット
武装	35.6cm（45口径）三連装砲4基 12.7cm（51口径）単装砲22基 53.3cm水中魚雷発射管2門
装甲	舷側343mm、甲板76mm 主砲457mm

ニューメキシコ級戦艦1917～1956

United States Navy Battleship New Mexico-class

テネシー級戦艦1920～1947

United States Navy Battleship Tennessee-class

世界初のターボ電気推進システムと堅牢な多層式水中防御

「クッキーの抜き型で作ったような」と外見上の類似を揶揄されることもある標準型戦艦だが、見えないところで実はさまざまに改良が進められている。ニューメキシコ級一番艦「ニューメキシコ」は世界で初めてターボ電気推進システムを搭載し、その後のテネシー級はターボ電気推進システムの艦内レイアウトの柔軟さを活用し、きわめて堅牢な多層式水中防御を実現した

[ニューメキシコ級戦艦]

■世界初のターボ電気推進システム搭載

ニューメキシコ級は、アメリカ戦艦で初めて凌波性向上のためクリッパー型艦首が採用された。海面に切りこみを入れるような湾曲した舳先が目を引くが、排水量や全長、装甲などは前級と比較してそれほど変わっていない。主砲も前級と同じく35.6cm砲を4基の三連装砲塔に納めて前後に配置。ただし砲身は45口径から50口径へと長くなっている。これにより砲口初速が速くなって射程が伸び、貫徹力も増した一方で、遠距離での弾着がばらつくことになった。この点を改善するため、さまざまな対応策が講じられたが、どうにか許容できる範囲まで収束するようになったのは太平洋戦争開戦直前、1番艦「ニューメキシコ」が竣工してから実に20年以上もたってからのことだった。

それまでの艦級と同じく、本級も2隻が建造される予定だったが、前ド級戦艦ミシシッピ級の2隻がギリシャ海軍に売却され、その代金を充てて3隻目が建造されることになり、2番艦と3番艦には売却された艦の名前が引き継がれた。

2番艦「ミシシッピ」と3番艦「アイダホ」の機関は前級と同じ蒸気タービンだったが、「ニューメキシコ」のみ試験的に世界で初めてターボ電気推進システムを搭載した。これは蒸気タービンによるモーター発電で推進するものである。タービン発電機と電動機の組み合わせで推進力を作るため、直結型タービンと比較して容量はかさばり重量も増加するが、高速以外で効率が悪いタービンに対して、ひとまずエネルギーを電気に変換するため配電盤で回転数を調節可能、前進後退の切り換えも容易であり、総合的な効率にもやや優っていた。また、タービンと減速機とプロペラをほぼ一直線に並べる必要がある蒸気タービンと異なり、発電機と電動機を配線でつなぎさえすればよく、ダメージ・コントロールに適した配置を追求できる利点もあった。

■改装時にタービンへ換装

「ミシシッピ」は1915年4月5日に起工、1917年12月18日に竣工。機関が変更になった「ニューメキシコ」は起工が1915年10月20日にずれこんだが1918年5月20日に竣工。いずれも訓練中に第一次大戦が終了したため、実戦には参加していない。「アイダホ」は最も早い1915年1月15日に起工しながら参戦に間に合わず、以後は中小艦艇の建造が優先されたためさらにずれこみ、1919年3月24日に竣工した。

戦後のワシントン海軍軍縮条約時代の大改装においては遠距離砲戦に対応するため、主砲の最大仰角を15度から30度に拡大し、弾着のばらつきを抑えるため砲弾はより重いSHS弾に変更された。アメリカ戦艦の特徴であった籠マストは廃止され、イギリスのネルソン級を参考にした大型の塔型艦橋になったため、この時期に改装を受けたアメリカ戦艦の中では最も外観が変わった。「アイダホ」と「ミシシッピ」はボイラーをビューロウ・エキスプレス6基に、「ニューメキシコ」はより大型で強力なホワイト・フォスター4基に換えた。さらに全艦がエンジンをウェスティングハウス製減速タービン4基に換装した。「ニューメキシコ」は試験的に積んだターボ電気推進システムを棄てたことになるが、タービンの性能が上がってターボ電気推進システムと燃費に差がなくなってきたため、重量とスペースの面でのタービンの優位が際立ってきており、エンジンをそろえると改装費用が全体で30万ドル節約できることにも後押しされた。こうして機関出力は4万馬力に向上し、最高速力は1ノット以上も優速になった。航続距離は9ノットで2万3400海里、18ノットで1万2750海里となり、この時期のアメリカ戦艦としては最も長い。ボイラーが小さくなったため、それに対応する容積だけ衝撃吸収層が追加された。機関室側壁の内側にもう一層縦隔壁を設けて機関区内部への浸水をできるだけ防ぐ措置も取られ、水中防御強化と浮力保持のため、一層式のバルジが追加されている。これらの改装により、第二次世界大戦が始まる前の時点では、第一次世界大戦後に竣工したテネシー級やコロラド級の5隻、いわゆる、“ビッグファイブ”をしのぐ性能を有するようになっていた。

■最強三姉妹、太平洋へ

第二次世界大戦においては、当時のアメリカ海軍の主力となる標準型戦艦（79ページ参照））12隻のうち、本級3隻は大西洋で「ティルピッツ」への警戒にあたっており、残りの9隻はすべて太平洋にあって日本の帝国海軍に対していた。真珠湾攻撃時にはこの9隻のうち、1隻が本国でオーバーホール中、それ以外の8隻は南雲機動部隊の空襲を受けて4隻が擱座・沈没、他の4隻も大小の被害を受けてしばらくは行動不能になった。合衆国海軍はすぐさま本級3隻を太平洋へ回航させた。

太平洋ではもっぱら地上砲撃任務に就いた。戦争中にも継続的に改装を受けているが、開戦時に最新型だったため後回しにされがちであり、「ミシシッピ」のみは史上最後となる主力艦同士の砲撃戦、スリガオ海峡海戦に参加しているが、この時の射撃指揮用レーダーは旧式のMk3だったため目標を識別できず、有効な射撃ができなかった。

戦後、「ニューメキシコ」は1946年7月19日に退役、1947年10月13日にスクラップとして売却。「アイダホ」は1946年7月3日に退役、1947年11月24日にスクラップとして売却された。「ミシシッピ」は1946年2月15日に艦種変更されて砲術訓練艦となり、主砲を全廃し新兵器ミサイルを装備して艦上ミサイル運用の第一世代になった。1953年1月28日にテリアミサイルを艦上から発射し、1956年2月にはレーダー誘導ミサイルの最終評価試験を支援するなど、10年ほどミサイルの運用テストに従事した後、1956年9月17日に退役し同年11月28日にスクラップとして売却された。

[テネシー級戦艦]

■堅牢な多層式水中防御を実現

テネシー級はクリッパー型艦首を含め、外見上は前級からほとんど変化がない。排水量、全長、全幅もほぼ同じ。主砲は砲身および砲塔の配置は前級から引き継いだが、最大仰角は新造当時から30度であり、射程距離は3万メートルを超えていたが遠距離における弾着のばらつきという問題も持ち越してきていた。装填機構は換装室で砲弾と装薬をまとめて砲室へ揚げるニューヨーク級より前の方式に戻っており、運搬口が大きくなってしまっているが、砲室に入ってから砲身に装填される時間は最小限に短縮されており、ダメージ・コン

▲戦艦「テネシー」。主砲はニューメキシコ級戦艦と同様、これまでの35.6cm45口径砲よりも強力な35.6cm50口径砲を搭載している。射程、貫徹力とも増したが遠距離での弾着がまとまらないという欠点もあった。本級2隻とこれに続くコロラド級3隻はアメリカ標準型戦艦の中でもとくに強力で“ビッグファイブ”と呼ばれた

トロールの重点がそちらへと移行されたものとみられる。

機関は2隻ともターボ電気推進システムが搭載されたが、エンジンは1番艦「テネシー」がウェスティングハウス製、2番艦「カリフォルニア」がジェネラル・エレクトリック製でいずれも2万6800馬力、最高速度は21ノットだった。本級は機関区の細分化による水中防御力の強化が極限まで突き詰められている。8基のボイラーは両舷側に4基ずつそれぞれ別個の区画に配置され、発電機はその内側に置かれた。4基の発動機は、外軸用の2基がボイラー後方に個別の区画を設けて1基ずつ、内軸用の2基は発電機の後ろにまとめて設置された。電気を介してエネルギーを伝達するため、発電機と推進軸の配置を離すことができるターボ電気推進システムの利点を最大限に引き出し、容積が大きく損傷時に大規模浸水を招きやすい推進軸と推進以外のさまざまな作業にも電力を供給する発電機を別パッケージにしていた。さらに1基ごとに区分されたボイラーは損害発生時の喪失を最低限にとどめ、出力の低下を抑えた。こうして本級は水面下の損傷に対してきわめて厳重な防備が施され、アメリカ戦艦における水中防御のひとつの完成形を提示したのだった。

■戦争中の大改装でほぼ別艦へ

「テネシー」は1917年5月14日に起工、1920年6月3日に竣工。「カリフォルニア」は「テネシー」より半年以上も早い1916年10月25日に起工したが第一次世界大戦参戦の影響を受けて工事が長引き、5年もかかって1921年8月10日にようやく竣工した。建造費用は1隻につき約1900万ドルといわれている。「カリフォルニア」は竣工と同時に太平洋艦隊の旗艦になった。

いずれも第一次大戦後の生まれの新鋭艦で、国民からは後のコロラド級の戦艦3隻とあわせ“ビッグファイブ”と親しまれたが、それだけにかえって軍縮条約時代の改装は小規模に抑えられてSHS弾への変更程度にとどまり、第二次世界大戦開戦時には特に防御力が水準を下回りつつあった。

1941年の真珠湾攻撃で「テネシー」は損傷を受け、「カリフォルニア」は着底したが後に引き上げられた。この機会に「テネシー」が8ヵ月、「カリフォルニア」は復旧工事と兼ねたために1年半以上を費やして、防御と兵装を当時最新鋭のサウスダコタ級に匹敵するまで引き上げる大規模な改装がなされることになった。経費は当時のアトランタ級軽巡洋艦1隻分にあたる2025万ドル、物価上昇分を考慮すれば建造費用より高いとはいえないまでも、相当な資金が注ぎこまれたことは間違いなく、あらためてアメリカの国力の強大さを実感させられる。排水量は大きく増加して満載で4万1000トンを超え、機関だけは強化されなかったため最高速力は約1ノット低下した。それまでの副砲や高角砲と籠マストなどの上部構造物はすべて撤去され、前後ふたつの艦橋とひとつにまとめられた煙突のさらに後方の棒檣などサウスダコタ級に準ずるものが設置された。海上戦闘の様変わりを反映し、12.5cm高角砲が片舷に4基ずつ、「テネシー」が40㎜四連装機関砲10基と20㎜機銃43門、「カリフォルニア」は40㎜四連装機関砲14基と20㎜連装機銃40基と対空兵装が大々的に強化された。主砲の射撃管制についても方位盤は最新のMk34、射撃指揮用レーダーも他の改装戦艦がおおむねMk3だったにも関わらず最新のMk8を装備され、1944年10月25日未明のスリガオ海峡海戦ではこれが威力を発揮し、まだMk3だった「ミシシッピ」、「メリーランド」、「ペンシルヴェニア」が目標を識別できないなか、戦艦「山城」の存在を確認して砲撃している。

再就役後の任務はもっぱら艦砲による地上砲撃だった。戦後、「テネシー」と「カリフォルニア」はともに1947年2月14日に退役し、1959年7月10日にそろってスクラップとして同じ業者に売却された。

（文／来島 聡）

本級はペンシルヴェニア級戦艦を基本としながらも凌波性向上のためクリッパー型の艦首に変更している。また主砲はこれまでの45口径砲よりも射程、貫徹力とも向上した50口径砲を採用した。アメリカの標準型戦艦は基本的に2隻ずつ建造されていたが本級は旧式の前ド級戦艦2隻を売却した代金を充当して3隻が建造された。艦名は1番艦「ニューメキシコ」、2番艦「ミシシッピ」、3番艦「アイダホ」と名付けられた

戦艦ニューメキシコ 1918
United States Navy Battleship
New Mexico 1918

ニューメキシコ（新造時）	
基準排水量	2万9953トン
満載排水量	3万2736トン
全長	190.2.4m
全幅	29.7m
機関出力	3万2000hp
（ニューメキシコは新造時2万7500馬力）	
速力	21ノット
航続力	8000海里／10ノット
武装	35.6cm（50口径）三連装砲4基 12.7cm（51口径）単装砲22基 53.3cm水中魚雷発射管2門
装甲	舷側343㎜、甲板76㎜ 主砲457㎜

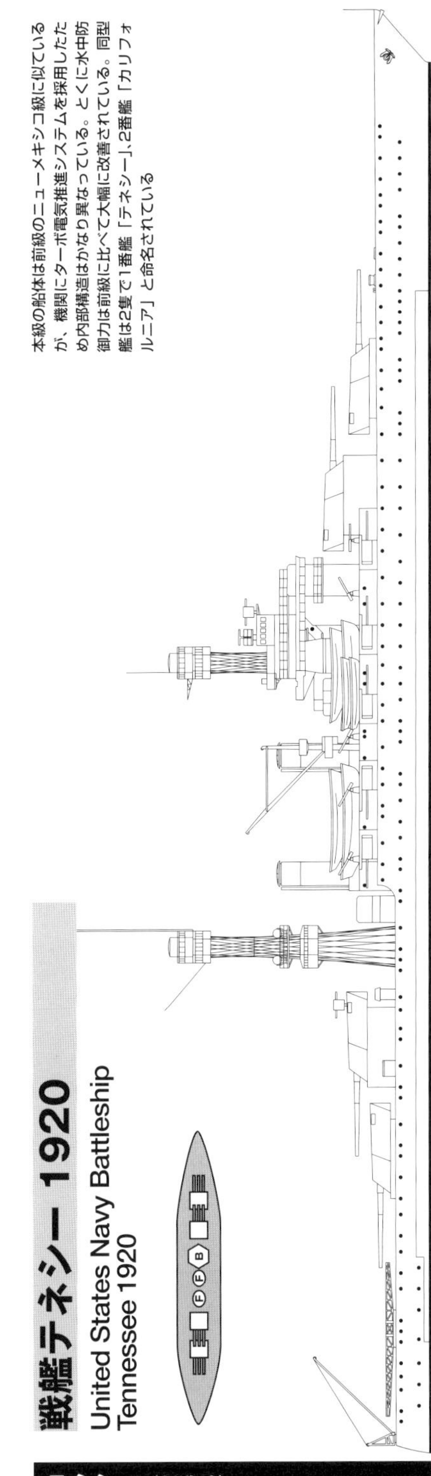

本級の船体は前級のニューメキシコ級に似ているが、機関にターボ電気推進システムを採用したため内部構造はかなり異なっている。とくに水中防御力は前級に比べて大幅に改善されている。同型艦は2隻で1番艦「テネシー」、2番艦「カリフォルニア」と命名されている

戦艦テネシー 1920
United States Navy Battleship
Tennessee 1920

テネシー（新造時）	
基準排水量	3万2140トン
満載排水量	3万4560トン
全長	190.2m
全幅	29.7m
機関出力	2万6800hp
速力	21ノット
航続力	8000海里／10ノット
武装	35.6cm（50口径）三連装砲4基 12.7cm（51口径）単装砲14基 7.6cm（50口径）単装高角砲4基 53.3cm水中魚雷発射管2門
装甲	舷側343㎜、甲板89㎜ 主砲457㎜

コロラド級戦艦1921～1947

United States Navy Battleship Colorado-class

最後の標準型戦艦はアメリカ海軍で初めて40.6cm砲を装備

標準型戦艦の掉尾を飾るコロラド級はアメリカ海軍で初めて40.6cm砲を装備した戦艦でもあった。第一次世界大戦をまたいで建造され、ワシントン条約で4隻中3隻が廃艦になりかけたが日本のおかげで3隻残り、世界に7隻しかない40.6cm砲搭載戦艦“ビッグセブン”で最大派閥を占めた。真珠湾攻撃で大破した「ウェストバージニア」は大改装の結果、別級に分類されることもある

■三年計画あるいはダニエルズ・プラン

1914年に第一次世界大戦が始まった当初、アメリカは中立を維持したが軍備増強の機運は高まった。これを受けて1915年、海軍の将官会議は戦艦10隻巡洋戦艦6隻をはじめとした計186隻を5年で建造する計画を建て、大統領ウッドロウ・ウィルソンに提出した。この計画は1916年度議会の審議にかけられ、下院海軍委員会は単年度分のみ2億4000万ドルとして通過させ、下院本会議ではさらに3000万ドルを追加して可決した。しかし、政府は上院に働きかけ5年を3年に短縮した上で若干手直しした計画をほぼ要求どおり可決させた。こうして157隻81万余トン、建造費5億8800万ドルの大建造計画が成立した（なお、合衆国の当該年度の歳出は7億1300万ドルだったが、参戦にともなって以降は19億5400万ドル、126億7700億ドル、184億9300万ドルと激増する）。この計画は当時の海軍長官ジョセファス・ダニエルズの名前から「ダニエルズ・プラン」とも（本人は軍備拡張に反対だったという説もある）、あるいは計画年数から「三年計画」とも呼ばれる。

この計画の初年に4隻建造されることになっていたのが、コロラド級戦艦だった。計画当時はすでに38.1cm（15インチ）砲を搭載したクイーン・エリザベス級が就役して直前のユトランド沖海戦で活躍しており、アメリカの戦艦もより大きな砲を積まなければならないという海軍上層部の強い意向を受け、砲塔は35.6cm（14インチ）三連装から40.6cm（16インチ）連装に取り換えられたが、排水量や全長、全幅や機関は前級とほぼ同じである。主砲を変更した以外は前級を踏襲したため、5日で設計案が完成したという話さえ伝えられている。装甲も変わっておらず、自らの主砲に対応した装甲を施すという戦艦の一般的な目安からすれば軽装甲といえる。

■アメリカ初の40.6cm砲搭載戦艦

本級の主砲である新開発の45口径40.6cm砲は砲弾の重量が957kgであり、前級の35.6cm砲弾635kgより40%も重く射程距離は最大仰角30度で3万1360m、これを新設計の連装砲塔に納めたが門数は2/3に減じたため一斉射あたりの投射量はほとんど変わらなかった。ただし、三連装が連装になって砲身が離れたため発射の際の相互干渉が緩和されたことと砲口初速が遅くなったことで弾着のばらつきはかなり収束し、砲撃の精度はアメリカ戦艦の中で最良であった。貫通力は距離1万4630mで舷側装甲376mm、1万8290mでは292mmとされている。砲塔の旋回は左右150度まで可能であり、砲身は仰角30度から俯角4度までかけられ、動力は電動モーターで補助に人力を必要とした。装塡機構は仰角1度の固定角度装塡、発射速度は毎分1.5発である。

機関はバブコック・アンド・ウィルコックスのボイラー8基によるターボ電気推進システムだが、発電タービンは艦によって異なり、1番艦「コロラド」と2番艦「メリーランド」はウェスティングハウスのパーソンズ式タービン、3番艦「ワシントン」と4番艦「ウェストバージニア」はジェネラル・エレクトリックのカーチス式タービンだった。このタービン2基で発電して電気モーターを回転させる4基4軸推進で、最大出力2万8900馬力、最大速力21.0ノット、航続距離は10ノットで8000海里だった。

舷側と甲板の装甲は集中防御方式を確立したネヴァダ級から基本的にそのまま引き継いでおり、舷側は1番主砲塔から4番主砲塔の弾薬庫を防御すべく高さ5.2mにわたって上部は343mmの厚みがあり、途中から滑らかに徐々にうすくなっていって最下端では厚みが203mmになる。甲板は舷側装甲と接続した主甲板装甲で敵弾を受け止め、剥離した装甲板の断片（スプリンター）を下甲板で受け止める複層構造であり、主甲板が最も厚いところで89mm、下甲板が38～57mとなっている。主砲塔の装甲は前盾は457mm、側盾254mm、後盾229mm、天蓋127mm、バーベットの最も厚いところは320mmであった。

密接に関係する機関配置と水中防御はこれを完成させた前級の形式をそのまま引き継ぎ、艦体中心部に位置する発電室にタービン発電機が前後に1基ずつ計2基が並べられ、発電室を左右から挟みこんでボイラー室を舷側に配置。1室あたりボイラー1基ずつ、片舷に4室4基ずつの計8基が搭載された。

■滑りこみメリーランドとビッグセブン

第一次世界大戦へのアメリカ参戦は1917年4月6日だった。「メリーランド」のみ4月24日に滑りこみで起工したが、他の3隻は参戦によって中小艦艇の建造が優先されたため、大戦終了後の1919年とその翌年に起工がずれこんでいる。戦後、再びプレイヤーを交代させて続行することになった建艦競争に各国は音を上げ、1921年11月11日から開かれたワシントン海軍軍縮会議でこれを抑えようとした。会議開催までに完成していなかった戦艦は廃棄されること

▲1932年、ニューヨークに入るコロラド級戦艦1番艦「コロラド」。新造時はなかった水上機が3番砲塔の上に搭載されている。アメリカの標準型戦艦の中でもっとも強力な本級は戦間期においても大規模な近代化改装は実施されていない。そのため第二次大戦直前の段階では先に大改装を実施した長門型戦艦に比べて防御力はやや見劣りするものとなっていた。後部の籠マストは煤煙対策のために黒く塗装されている

▲1941年12月の真珠湾攻撃により大破した「ウェストヴァージニア」は大規模な改装が実施された。これは最新鋭のサウスダコタ級戦艦に準ずるもので上部構造物は一新されている。また水平防御力、水中防御力も大幅に強化されている。ただし機関は変更されていないため速力は若干低下している

になったが、「メリーランド」は1921年7月21日に滑りこみで竣工している。他の3隻は廃艦となってコロラド級は「メリーランド」のみとなるところだったが、日本が未完成の「陸奥」を完成と強弁し、却下されてもなお保有を強硬に主張したため、代替条件としてアメリカとイギリスにそれぞれ追加で戦艦2隻の保有が認められることになった。この時点で世界に存在する40.6cm（16インチ）砲搭載艦は「長門」と「メリーランド」の2隻のみであったが、こうして「陸奥」が加わり、アメリカは廃艦になるはずだった「コロラド」と「ウェストヴァージニア」を復活させ廃艦になったのは「ワシントン」だけとなり、イギリスは新たにネルソン級の「ネルソン」と「ロドネイ」の2隻を建造した。いずれも40.6cm砲を搭載し、世界に7隻しかない巨砲の持ち主として“ビッグセブン”と呼ばれた。日本はごり押しが転じてやぶ蛇となった格好だが、経緯からして“ビッグセブン”の生みの親といってもいい当の「陸奥」自身は戦争中の1943年に謎の爆発事故を起こして沈没している。なお、1番艦「コロラド」と3番艦「ウェストヴァージニア」の竣工はいずれも1923年と遅れたためため、コロラド級はメリーランド級と称されることもある。

第一次世界大戦後に竣工した戦艦として、戦間期のアメリカではテネシー級の2隻とあわせて“ビッグファイブ”の呼び名で親しまれたが、それだけにかえってワシントン海軍軍縮条約時代の改装は小規模に抑えられ、SHS弾への変更程度にとどまって第二次世界大戦開戦時には特に防御力が水準を下回りつつあった。日本が条約から脱退し、事実上の無条約時代に入ってからようやく改装にとりかかり、「コロラド」は1941年夏から本土でオーバーホールに入って対空兵装を強化し、対空警戒用のSCレーダーと水上射撃指揮用のFCレーダーを装備、さらに幅1.83mのバルジを追加して全幅をパナマ運河がぎりぎり通航できる32.9mに収めつつ水中防御力を他の改装戦艦と同程度まで強化した。この間に真珠湾攻撃があったため、「コロラド」は難を逃れ、真珠湾にいたものの「メリーランド」は雷撃を受けず損害が軽微であったので修理とあわせて「コロラド」と同じ改装を受けた。その後も両艦は20mm機銃を引き続き増やしながら、前線にあっては上陸支援のための地上砲撃を多く受け持った。1943年11月にふたたび改装され、28mm機銃と12.7mm機銃すべてと12.7cm副砲2門と20mm機銃いくつかを撤去して40mm機関砲の四連装6基と連装4基を搭載し、その後の40mm機関砲と20mm機銃の装備変更とあわせて40mm機関砲36門と20mm機銃39～40門を装備するようになった。

■大改装でウェストヴァージニア級に

一方、「ウェストヴァージニア」は真珠湾攻撃で甚大な被害を受け大破着底し、その修理とあわせて防御と兵装を当時最新鋭のサウスダコタ級に準じるまで強化する大規模な改修を1944年まで受けた。この改修はテネシー級の2隻にもあわせて実施されており、ふたつの艦級の類似性の傍証ともなっている。

全幅が最大34.75mとなりパナマ運河を通航できなくなったのと引き換えに二層式バルジを装着、水密区画をさらに細分化し、砲塔上面は178～190mmの装甲に換え、甲板の装甲は弾薬庫部が165mm、機関部は140mmに増やされて満載排水量4万1000トンを超え、機関は従前のままだったため最高速力は約1ノット低下した。副砲と高角砲と上部構造物はすべて撤去、ふたつの艦橋とひとつにまとめられた煙突のさらに後方の棒檣などサウスダコタとほぼ同じものが設置され、対空警戒用には前部マストにSKレーダーと後部棒檣にSCレーダー、Mk12/22レーダー装備のMk37対空射撃指揮装置が前後の艦橋と煙突の両舷にあわせて4基、40mm四連装機関砲10基と20mm機銃40門（後に58門）と対空兵装を大きく強化した。主砲の射撃管制についても方位盤は最新のMk34、射撃指揮用レーダーも他の改装戦艦がMk3であるなか最新のMk8を装備した。

1944年10月25日未明のスリガオ海峡海戦では同じコロラド級ながらMk3のままだった「メリーランド」は目標を識別できずにいたが、「ウェストヴァージニア」は識別して16回の斉射を放ち、そのすべてで夾叉に成功したという。

他のコロラド級戦艦と比較して著しく強力になった「ウェストヴァージニア」はそのため公式文書でもこの艦だけを別格のウェストヴァージニア級とすることがあり、「ウェストヴァージニア」は文書によって、コロラド級でもありメリーランド級でもありウェストヴァージニア級でもあるということになる。

戦後、「コロラド」は1947年1月7日に退役、1959年7月23日にスクラップとして売却された。「メリーランド」は1947年4月3日に退役、1959年7月8日にスクラップとして売却された。「ウェストヴァージニア」は1947年1月9日に退役、1959年3月1日に除籍され、同年8月24日にスクラップとして売却された。

（文／来島 聡）

アメリカ海軍の標準型戦艦の最後となる本級はテネシー級をベースに新開発の40.6cm連装砲を搭載したもので船体は同一のものを採用している。三連装砲塔から連装砲塔となったため主砲の門数は12門から8門へと減少し斉射弾量はテネシー級と大きな差はなかった。ただし砲弾の弾頭重量が増しているため命中した際の威力は大きくなっている。同型艦は3隻あり1番艦「コロラド」、2番艦「メリーランド」、3番艦「ウェストヴァージニア」と名付けられている

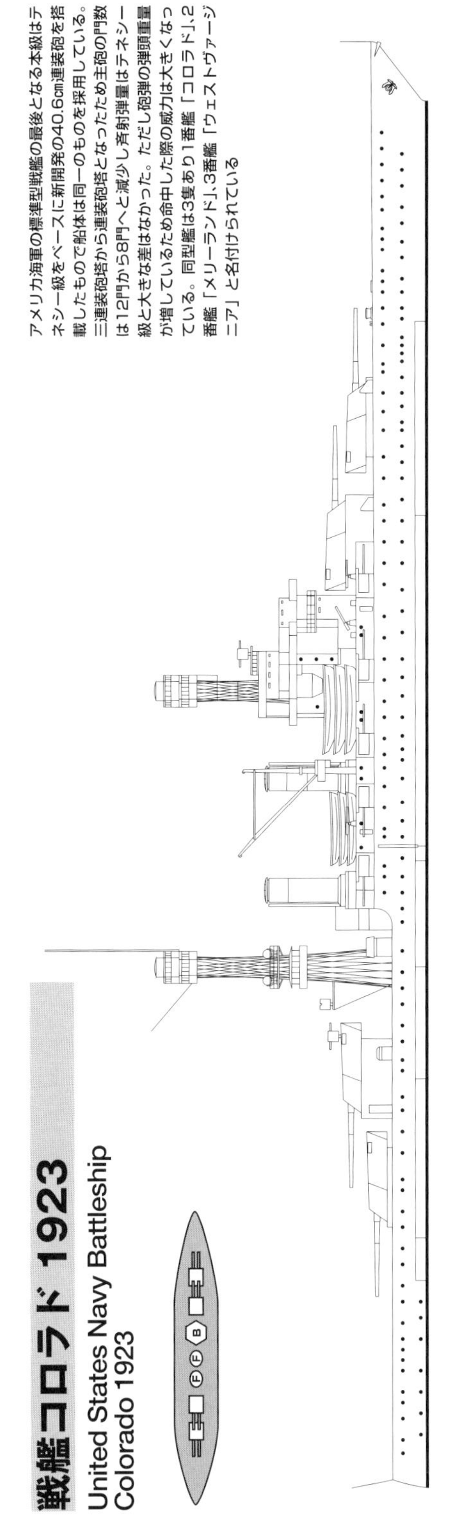

戦艦コロラド 1923

United States Navy Battleship
Colorado 1923

コロラド（新造時）	
基準排水量	3万2600トン
満載排水量	3万4946トン
全長	190.2m
全幅	29.7m
機関出力	2万6800hp
速力	21ノット
航続力	8000海里／10ノット
武装	40.6cm（45口径）連装砲4基 12.7cm（51口径）単装砲12基 7.6cm（50口径）単装高角砲8基 53.3cm水中魚雷発射管2門
装甲	舷側343mm、甲板89mm 主砲457mm

レキシントン級巡洋戦艦

United States Navy Battlecruiser Lexington-class

18万馬力で33.3ノットを叩きだす超特急巡洋戦艦

戦艦の速力を21ノットに固定していたアメリカだったが、巡洋戦艦の活躍に惹きつけられ、それまでのラインナップからすれば突然変異といえるほどの高速性能、18万馬力で33.3ノットを発揮する巡洋戦艦の建造にとりかかった。しかし、折からの軍縮条約によりうち2隻のみ空母へ転用され完成をみた

■飽くなきスピードへの執念

アメリカの戦艦は、頑なに最高速力を「ドレッドノート」以来の21ノットへ固定していた。イギリスはクィーン・エリザベス級で24ノット、日本は扶桑型で22.5ノットと高速化に取り組み始めており、さらに両国とも巡洋戦艦を擁していたが、アメリカは標準型戦艦（→P79参照）として艦級をまたいでもあくまで21ノットで隊列を組むとしており、高速戦艦が入りこむ余地は錐の先ほどもなかった。

しかし、第一次世界大戦ではフォークランド沖海戦で巡洋戦艦が装甲巡洋艦に圧勝し、ジュットランド沖海戦ではその脆弱さを露呈したが戦闘の大半はやはり巡洋戦艦同士でなされていた。これらの活躍に刺激され、遅まきながらアメリカ海軍も巡洋戦艦の建造に着手することになる。

しかし、何事もそうだがやりつけないことにいきなり手を出すと、加減がわからず度を失ってしまいがちである。最初の設計では35ノットという高速を実現させるためボイラーが24基も必要となり、装甲甲板の下には12基しか収まらず、残りの12基はむき出しでその上に並べられ、砲塔よりも煙突が多く7本も林立する代物だった。その後、技術の進歩によってボイラーの数を減らしなんとか全16基をすべて装甲甲板の下に配置したが、第一次世界大戦の戦訓を取り入れて主砲は40.6cm砲連装砲塔4基へと強化され、装甲も追加されたため大型化し、排水量も増えて速力は低下した。それでも装甲は初期の巡洋戦艦よりわずかに優るほどしかなく、機関出力18万馬力で最高速力33.3ノットを叩き出すという、まだ存命だったイギリス元第一海軍卿フィッシャー提督の生霊に取り憑かれたようなスピードへの妄執ぶりだった。18万馬力は同時期に計画されたサウスダコタ級の3倍であり、直近のコロラド級戦艦と比較すると6倍である。6倍という数字は飛躍的や破格といった月並みな形容詞の扱える範囲を遥かに超え、いっそ不気味ですらある。さらに排水量はコロラド級から大幅に増加し、サウスダコタ級と比較してもわずかながら大きかった。

このきわめて意欲的な設計のアメリカ初の巡洋戦艦は、ダニエルズ・プランの椀飯振舞によって1917年に6隻の建造が認められたが、その後の第一次世界大戦への参戦によって起工は1921年にずれこんだ。同年11月から主力艦の制限を目的をひとつとするワシントン会議が開催され、そこで2隻のみ空母に転用して残りはすべて廃棄されることになり、当初の計画どおりの巡洋戦艦としては1隻も竣工しなかった。

■露払いから一転、救国の柱石へ

こうして、1番艦「レキシントン」と2番艦「サラトガ」はいずれも1927年に空母として竣工した。短い飛行甲板から航空機を発着させるためには強い向かい風が必要であり、そこで空母は必要な合成風力を得るため風上に向かって航走する。最大速力が34ノット以上あれば、完全に無風の状態からでも同じ速力の合成風力を作り出すことができ、本級の機関出力の大きさはまさにうってつけであった。巡洋戦艦として艦隊決戦に臨むことはなくなったが、決戦前に航空戦を制して有利な情勢を作っておくことも重要な任務である。竣工後の両艦は訓練や演習に明け暮れた。

やがて、運命の1941年12月7日（日本時間では8日）を迎える。その日、「レキシントン」は真珠湾からミッドウェイに向けて海兵隊の航空機を輸送中であり、「サラトガ」はサンディエゴで整備中で、幸運なことに真珠湾にはいなかった。その日をもって明らかになったことは、空母は艦隊決戦で戦艦を支援するものではなく、空母こそが決戦兵力だということだった。

「レキシントン」は大西洋から回航してきた「ヨークタウン」と組んで日本軍のポートモレスビー攻略部隊とその護衛にあたった機動部隊を迎え撃ち、史上初の空母戦である珊瑚海海戦を戦ってその企図を挫いたが撃沈された。

「サラトガ」は第二次ソロモン海戦で日本の軽空母「龍驤」を撃沈するなど、太平洋戦争を開戦から勝利まで戦った3隻のうち最先任の空母となった（他は「エンタープライズ」と「レンジャー」）。しかし終戦後すぐに退役し、ビキニ環礁での核実験の標的艦となって沈没した。現在も環礁の底にあり、民間人でも30mほど潜ればその姿を目にすることができる。人気のダイビングスポットとなっている。

（文／来島 聡）

レキシントン（未完成）

常備排水量	4万3500トン
満載排水量	4万4638トン
全長	266.5m
全幅	32.2m
機関出力	18万hp
速力	33.3ノット
航続力	1万2000海里／10ノット
武装	40.6cm（50口径）連装砲4基 15.2cm（53口径）単装砲16基 7.6cm（50口径）単装高角砲6基 53.3cm水中魚雷発射管8門
装甲	舷側178mm、甲板64mm 主砲280mm

これまでアメリカ海軍は標準型戦艦として最大速力21ノットの戦艦を量産していたが、第一次大戦の英独海軍の巡洋戦艦の活躍に刺激され設計したものが本級である。新開発されたばかりの強力な40.6cm連装砲塔4基を搭載し最大速力は33ノットと高速だったが防御力は貧弱でイギリスの初期の巡洋戦艦に似た構想だった。同型艦は6隻あり1番艦「レキシントン」、2番艦「コンステレーション」、3番艦「サラトガ」、4番艦「レンジャー」、5番艦「コンステレーション」、6番艦「ユナイテッドステイツ」と命名される予定だったが、軍縮条約により全艦建造が中止され「レキシントン」と「サラトガ」の2隻のみが空母として完成した

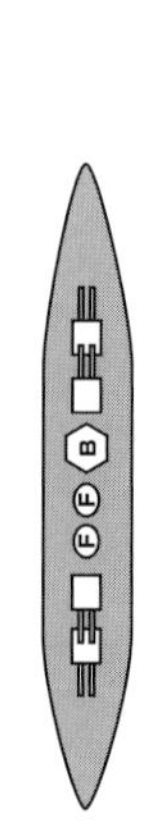

巡洋戦艦レキシントン（未完成）
United States Navy Battlecruiser Lexington

column 6

アメリカ海軍における標準戦艦とは

文／来島聡

イギリスがリードした戦艦の高速化の流れに反してアメリカでは一貫して低速力の戦艦を整備し続けた。そこには「標準型戦艦」といわれるアメリカならではの海戦のシステム化の考え方がベースとなっていた。ここではアメリカ海軍の戦艦整備の基本姿勢について紹介しよう

■アメリカ海軍による独自路線の試み

時代は第一次世界大戦をまたぐ数年間、パクス・ブリタニカがいよいよその絶頂とともに迫りくる衰退への兆しを垣間見させていたころ、台頭してきた新興の工業国アメリカは、ニューヨーク級において超ド級戦艦というトップグループへのパスポートを手に入れ、ようやくヨーロッパ諸国のフォローアップから独自の路線を擁する国へと変貌を遂げつつあった。そのアメリカにより建造されたのが、標準型戦艦と称される一群の戦艦、ネヴァダ・ペンシルヴェニア・ニューメキシコ・テネシー・コロラドの5艦級にまたがる12隻である。特徴は以下の通り。

・集中防御方式
・主砲塔を前方に2基と後方に2基、あわせて4基配置
・巡航速度で航続距離8000海里
・最高速度21ノット
・旋回半径700ヤード（約690m）

集中防御方式は、最初の標準型戦艦であるネヴァダ級において世界で初めて採用され、アメリカの戦艦設計がトップレベルにあることを知らしめた画期的な防御方式である。これとあわせて揚弾方式の改良や水雷防御隔壁の設置、多層式水中防御方式の採用といったダメージ・コントロールの徹底は、標準型戦艦の際立った点といえる。また、タービンとエンジンの間に位置する中央の砲塔の弾薬が高温により変質することが判明して以来、アメリカ戦艦の砲塔は4基以下に抑えられたし、海外植民地への中継ネットワーク網の貧弱さから、長大な航続距離が必要とされていた。

上記の項目のうち、もっとも目を引くのは、最大速度を21ノットに限定したことであろう。当時のアメリカ海軍はマハンの影響が絶大で、シーパワーを確保するためには互いに敵の艦隊を無力化せねばならず、決戦は不可避である以上、捕捉するための速力は必要ないと考えられていた。また、たしかに戦隊を組む場合には最も遅い艦にあわせる必要があるから、部分的な優速はすべて無駄ではある。しかし、より速い艦を建造していけば世代交代にあわせて戦隊の速力が上がっていくのに対し、固定してしまえば未来永劫そこから抜けられないことになる。結局、ワシントン海軍軍縮条約でいずれもキャンセルされたレキシントン級巡洋戦艦やより優速のサウスダコタ級戦艦をみる限り、アメリカ海軍も第一次世界大戦の戦訓をとり入れて速力については見直すつもりだったようである。

一方、標準型戦艦でも砲塔は連装もあり三連装もあり両者を混在させたものもあり、砲身は45口径35.6cmと50口径35.6cmと45口径40.6cm砲があり、最大仰角は15度と30度があり、エンジンは蒸気タービン（カーチス式とパーソンズ式いずれも）とレシプロとターボ電気推進システムがあった。排水量はネヴァダ級からペンシルヴェニア級で約10%増加したものの以降は微増にとどまり、艦首がニューメキシコ級からクリッパー型になりはしたものの艦体はいずれも長船首楼型であって外見上の違いはそれほどないことを考慮すると、よくぞここまでバリエーションをもたせられたともいえるほどで、標準という看板に公共広告機構の指導が入りはしないか心配なぐらいである。

膨大な資材とコストとマンパワーを注ぎこんで限られた隻数のみ建造する戦艦に、標準の策定がふさわしいかは議論を要しかねないところで、現にそんなことを試みた国は他にない。それは、標準化を検討するほど多くの戦艦を建造できる国などそれほどなかったということであるが、同時にそこへアメリカ海軍に独特の戦艦の捉え方も見てとれる。それは、戦艦ですらもより巨大なシステムのパーツにすぎないという発想である。

■海上戦闘のシステム化

海上は戦闘の分業化が最も遅れた戦場であった。個艦の能力をひたすら高める方向へと兵器が進化し、その究極の姿として現れたのが戦艦だった。かかる状況を導いたのは重量物の運搬に適した海洋という環境である。戦艦こそは中世の騎士たちの最後の末裔といえるかもしれない。

アメリカ海軍はその海上にあってもあくまでシステム化を指向した。それがいわく微妙な展開に終始したのは戦艦という個艦の強さを追求する艦種に、システム化を適用しようとしたためである。海上戦闘のシステム化が次の段階に進むのは、空母の戦力化によってであった。

皮肉にも、その鋒先を最初に向けられたのは標準型戦艦である。南雲機動部隊による真珠湾攻撃時、標準型戦艦12隻のうち大西洋にはニューメキシコ級の3隻があり、本土西海岸の海軍工廠で1隻がオーバーホール中であり、真珠湾には残り8隻があった。このうち、4隻が損傷を受け、4隻が座礁・沈没させられた（うち2隻は後に引き揚げられて戦線に復帰）。この攻撃こそは太平洋戦争と海上戦闘のシステム化の開始、そして、戦艦の時代の終焉を告げる号砲であった。

戦争は標準型戦艦の頭越しに展開し、システム化に順応してこれに取りこまれていったのは条約後に設計・建造された新型戦艦であった。太平洋戦争における初の戦艦同士の砲戦、第三次ソロモン海戦はこれらの戦艦によって戦われている。旧式戦艦の主な任務は地上への支援砲撃であり、戦艦というより外洋航海可能な海上砲台の趣があった。

一方、戦史上最後の戦艦同士による砲戦、スリガオ海峡海戦を戦った6隻の戦艦はいずれも標準型戦艦である。それは四半世紀以上も前に世界最大の戦艦であった「扶桑」と、後にその座を奪った「テネシー」が対峙しえた因縁の一戦ではあったが、「扶桑」は駆逐艦の雷撃により撃沈され、残った同型艦「山城」のみ闘将西村祥治の指揮下に突入するもアメリカ戦艦隊に迎え撃たれて壊滅するという一方的な戦闘だった。この帰趨を決定づけたのは、大改装によって電測装備を一新された3隻の新型レーダーであり、すでにもうここに標準型のコンセプトの影響をうかがうことはできない。

空母には兵器というよりもむしろ、航空機運用システムの洋上プラットフォームとしての側面が強い。そして、彼らはシステムを設計・構築し、運用する能力において明らかに群を抜いていた。アメリカ軍といえば、圧倒的な物量に目を奪われがちではあるが、それとて有効に活用する術があってのことである。なければ、ありあまる物資も宝の持ち腐れとなる。これを活用し尽くし、怒濤の物量攻勢を可能としたものこそ、後方の莫大な資源群を管理統制し、生産し訓練して前線へ注ぎこみ続けるシステムであった。

空母が海上における決戦兵力の座につくにおよんで、彼らの勢威は七つの大洋を覆った。やがて、パクス・ブリタニカの後を継いで日本とソビエトの挑戦を退け、パクス・アメリカーナを築きあげたのである。

戦艦を標準化するという試みそのものは興隆期における若気の至りといえなくもない。しかし、そこにみえる思考のスタイルは、確実にこの国を史上屈指の覇権国家に押し上げたものの雛形といえた。

アメリカ戦艦の航行能力

	基準排水量	速力	航続力	機関出力
ネヴァダ（1916）	2万6115トン	20.5ノット	8000海里／10ノット	2万6500hp
ペンシルバニア（1916）	2万9157トン	21ノット	8000海里／10ノット	3万1500hp
ニューメキシコ（1917）	2万9953トン	21ノット	8000海里／10ノット	3万2000hp
テネシー（1920）	3万2140トン	21ノット	8000海里／10ノット	2万6800hp
コロラド（1921）	3万2600トン	21ノット	8000海里／10ノット	2万6800hp
ノースカロライナ（1941）	3万7487トン	28ノット	1万6320海里／15ノット	12万1000hp
サウスダコダ（1942）	3万7970トン	27.8ノット	1万7000海里／15ノット	13万hp
アイオワ（1943）	4万8425トン	33ノット	1万6600海里／15ノット	21万2000hp

ノースカロライナ級戦艦1941～1947

United States Navy Battleship North Carolina-class

海軍軍縮条約のブランクを経て建造された新世代戦艦

ワシントン・ロンドン両海軍軍縮条約において14年間停止されていた戦艦の新規建造が、いよいよ解除されることになった。条約の制限である排水量3万5000トンに抑えつつ、日本が条約から抜けた場合も想定し40.6cm砲への換装にも抜かりなく備え、さらにその間の技術の進歩を反映して二段減速式タービンを採用するなど、多くの課題を見事にクリアした新世代戦艦

■海軍軍縮条約時代の戦艦設計

19世紀末からイギリスとドイツの間でくり広げられた建艦競争は、第一次世界大戦でドイツが敗北することにより終わりを告げた。しかし、それはプレイヤーをイギリスとアメリカと日本に交代させた次のレースの始まりにすぎなかった。当時、海軍は国家の国際的な発言力を裏打ちするものであり、各国は競ってその拡充に努めたが、その負担は次第に限界を迎えつつあった。アメリカのダニエルズ・プラン、日本の八八艦隊計画はいずれもまだ机上の計画にすぎないとはいえ、忠実に実施すればそのまま財政を破綻させるほどの爆発力を秘めていた。列強は、敵国の海軍に攻められて滅びるより先に、自国の海軍の重みに耐えかねて倒壊する危険さえはらみつつあった。

第一次世界大戦後の揺り戻しの機運の中でアメリカ大統領に就任したウォレン・ハーディングは、軍事費削減のため各国に国際協調を呼びかけ、経費による圧迫に喘いでいた他の国もそれに応じた。

1921年から開催されたワシントン海軍軍縮会議では戦艦の建造を10年休止する協定が結ばれ、1930年のロンドン海軍軍縮条約でさらに休止期間は5年延長された。1935年から開催された第二次ロンドン海軍軍縮会議では、いよいよ再開される戦艦の建造について排水量は3万5000トン以下、主砲の口径は35.6cm以下という制限が設けられた。ただし、これには脱退した国があった場合、締結した国が一方的に不利になるのを防ぐエスカレーター条項が存在し、上記の制約は緩和されることになっていた。

これを受け、海軍作戦部長スタンドレイ大将はいずれの状況にも対応できるよう、新しい戦艦の設計については排水量3万5000トンに35.6cm砲四連装砲塔3基搭載の案を推しつつ、砲塔を40.6cm三連装に換装するオプションもあわせて用意するよう求めた。結局、新たな条約はアメリカとイギリスとフランスのみで締結され、日本とイタリアが会議から脱退してエスカレーター条項が発動した。主砲が換装されることになったが議会の承認を得るのに手間どり、許可が下りたのは「ノースカロライナ」起工後の1937年11月だった。

ワシントン海軍軍縮条約までの数年はほぼ毎年新たな艦級の設計図が引かれ、それに基づいてほぼ2隻ずつ建造されたが、大胆な新技術の採用が提案されては議論が紛糾し時間切れで部分的な変更にとどまるという斬新的な経過をたどることが多かった。しかし、条約前の最後に戦艦が竣工した「ウェストヴァージニア」の1923年12月1日から、「ノースカロライナ」の起工した1937年10月27日までほぼ14年が経過している。この間の技術的発展はめざましく、さすがに前級から引き継いでいる要素は少ない。

排水量3万5000トンは前述の第二次ロンドン海軍軍縮条約によるものであり、なによりもこの艦の設計を制約していた。35.6cm砲三連装砲塔4基搭載として設計されつつ40.6cm砲連装砲塔4基に変更されたコロラド級は3万2600トンだが、当初から40.6cm砲三連装砲塔4基を搭載する予定ながらワシントン海軍軍縮条約で廃艦になったサウスダコタ級が4万3000トンであるから、かなりタイトな設計が必要になった。

■賭けに勝った二段減速式タービン採用

対日戦においては南太平洋が主戦場と想定され、当地の過酷な気候および高温高湿度にあっても乗組員の健康状態を維持し、本土近海と変わらない能力を発揮させるためには良好な居住性も必要とされ、そちらにも容積を割かれたため、他はますます引き締められた。最も割を食ったのが機関部で、総トン数に対する割合はほぼ変わらないにも関わらず、前級の3倍の機関出力と50%も速い30ノットの最高速力、さらに航続距離の延長が求められた。しかし、最も技術的に進歩したのもこの分野であり、前級でのターボ電気推進システムから小型化・高出力化が進んだ蒸気タービンに戻し、高温高圧ボイラーと二段減速式タービンの採用により最高速度こそ28ノットにとどまったものの機関出力は4倍の12万1000馬力、航続距離は15ノットで

▲軍縮条約の戦艦建造禁止期間を終えてはじめて建造されたいわゆる新戦艦の1番手「ノースカロライナ」。当初は第二次ロンドン軍縮条約の条項に基づき排水量3万5000トンで35.6cm四連装砲塔3基12門搭載の戦艦として設計されていたが、日本が軍縮条約から脱退することが明らかとなったため主砲を40.6cm三連装砲塔3基9門へと変更して完成している。航行能力もこれまでの標準型戦艦とは一線を画しており速力28ノット、航続距離15ノットで1万6320海里と格段に強化されていた

1万6320海里を達成した。新開発の二段減速式タービンは機構が複雑で技術的にまだこなれているとはいえず、信頼性を懸念されたが特に大きな問題を指摘されることもなく、遅れていたタービン技術の発展ぶりを見せつけた。前級におけるターボ電気推進システムの機関レイアウトの柔軟さを利用した堅牢な水中防御は継承できなかったが、本級ではこのボイラーとタービンを互い違いに入れ換え、横一列に並べて配置し、あくまでダメージ・コントロール重視の姿勢は保持している。

■SHSと両用砲

設計時には防御区画を短縮するため3基の主砲塔をすべて艦橋より前に集める案も検討されたが、同じ配置をとったイギリスのネルソン級の運動性が劣悪という情報が伝わって幸い実現には至らず、前方2基後方1基と常識的に配置された。主砲の口径は前級と同じだが、砲弾は1016kgから20%以上も重くなった1225kgのSHS（Super Heavy Shell、超重量弾）を用いられるようになり、威力と貫徹力が大幅に向上した。ニューメキシコ級やテネシー級で高初速弾の弾着のばらつきに悩まされたアメリカ海軍としては精度にも期待のかかるところだったが、これはこれで風などの影響を受けやすかった。

兵装については新たな試みとして、艦のサイズを抑えるため副砲と高角砲を兼ねた両用砲が採用されており、12.7cm38口径Mk12高角砲連装砲を10基搭載している。両用とはいいつつ小型艦艇に対して副砲として用いるにはやや威力不足とされたが、高角砲として用いるには砲身の短さゆえに航空機を追いかけやすく日本軍攻撃機には脅威となった。同時期にイギリスも両用砲を採用しているが、こちらは長砲身で副砲としての威力を重視し、旋回性能が悪くて航空機には対応しきれず、装填が人力のため速射性にも劣っていたので高角砲としての使い勝手は悪かった。

設計の途中で主砲の口径が拡大するという前級と同じ経緯をたどったため、装甲についても同じく自身の主砲に対する防御としてはやや弱体であった。爆弾や遠距離からの砲弾など上からの攻撃に対しては、まず一番上の甲板に37mmの装甲が施されてそこで威力の弱い爆弾や砲弾、艦の上での爆発による破片を防いだ。その次が主装甲甲板で中央部が91+36mm、両舷側は104+36mm。さらに主装甲甲板被弾時の破片がその下に及ばないよう中央部16mmと両舷側19mmの三層になっており、前級より重装甲ではあったものの40.6cm砲に対しては充分ではなかった。水中防御はテネシー級以来の多層式防御を引き継いでいるが、最外部以外の層は衝撃を吸収するため重油が満たされ、これが艦中央部の80%に施されていた。それ以外の箇所も浸水を限定するため区画が細分化され、注排水能力も大きく強化されているため浸水への備えは他国の戦艦と比較してもかなり優れていた。なお、テネシー級とコロラド級で二層に減らされていた艦底部は三層に戻されている。

■ツイン・スケグの振動問題

1番艦「ノースカロライナ」の起工は1937年10月27日、2番艦「ワシントン」は翌38年6月14日だったが、進水は「ワシントン」が先んじて1940年6月1日、「ノースカロライナ」は同年6月13日。最後はさらに「ノースカロライナ」が逆転して翌41年4月9日に竣工、「ワシントン」は同年5月15日と奇妙なデッドヒートをくり広げつつ建造された。

条約時代の技術の進歩を反映し、総じて先進的で強力な戦艦として建造された本級ではあったが、内舷軸をスケグ（ひれ）で覆うツイン・スケグを採用したところ、たしかに旋回半径は全速時でも630mと非常に小さくなったものの、高速時にこれが原因とみられる振動に見舞われた。太平洋戦争が始まった後もこの対応に追われ、その間にはショーボート（Showboat、見せかけの船）と揶揄されることもあったが、どこにでもそういうあだ名をつけられる戦艦はあるものである。どうにか実戦に耐えうるまで改善されたとして前線に投入されたのは、年を越して1942年の初めになってからだった。しかし、その後もスクリューを取り換えるといった対応策がとられるなど、これには悩まされ続けついに完全には解決しないままであった。

■空母の護衛から夜間砲戦まで

就役して一定の振動対策がなされた後、両艦はそろって大西洋に配属され、ソビエトのムルマンスクへ向かう船団を「ティルピッツ」から護衛する任務に就いた。それから太平洋へ転属し、旧式戦艦が地上砲撃や船団護衛へ駆り出されるのを横目に、新型戦艦ならではの高速を利して空母を護衛した。1942年9月15日、日本海軍の潜水艦伊-19が空母「ワスプ」にむけて魚雷を6本発射、3本が命中して炎上し最終的には味方駆逐艦の魚雷により処分された。外れた3本のうち2本は偶然にも10km先を航行していた「ノースカロライナ」と駆逐艦「オブライエン」それぞれ1本ずつ命中、「オブライエン」はその損傷がもとになって後に沈没、「ノースカロライナ」も修理のため11月まで戦列を離れた。以降は終戦まで大過なく任務をこなしている。「ワシントン」は第64任務部隊に配属され、太平洋戦争における初の戦艦同士による砲戦、第三次ソロモン海戦の夜戦にてレーダーで日本の戦艦「霧島」を捉え40.6cm砲弾多数を命中させ、航行不能となった「霧島」は戦闘終了後に沈没した。

「ノースカロライナ」と「ワシントン」はそろって1947年6月27日に退役し、1960年6月1日に除籍された。その後、「ノースカロライナ」は1962年4月29日からノースカロライナ州ウィルミントンにて記念艦として公開され1986年にはアメリカ合衆国国定歴史建造物に指定されたが、「ワシントン」は1961年5月24日に売却、解体された。

（文／来島 聡）

ノースカロライナ（新造時）	
基準排水量	3万7487トン
満載排水量	4万2330トン
全長	222.11m
全幅	33.0m
機関出力	12万1000hp
速力	28ノット
航続力	1万6320海里／15ノット
武装	40.6cm（45口径）三連装砲3基
	12.7cm（38口径）連装両用砲10基
	28mm四連装機関砲4基
装甲	舷側324mm、甲板140mm
	主砲406mm

戦艦ノースカロライナ 1941

United States Navy Battleship
North Carolina 1941

高速力とともに12.7cm両用砲を採用したことも本級の価値を大いに高めた。第二次大戦では戦艦同士の戦いはほとんどなかったが高速で安定した防空プラットフォームであり、空母直衛艦として第二次大戦全期を通じて活躍した。同型艦は2隻で1番艦「ノースカロライナ」、2番艦「ワシントン」と命名されている

サウスダコタ級戦艦1942～1947

United States Navy Battleship South Dakota-class

条約制限下で40.6cm砲と対応する装甲を備えた傑作戦艦

設計時に35.6cm砲を装備する予定だったノースカロライナ級は搭載した主砲と装甲が釣り合っていなかったため、同じ排水量3万5000トンのもとでこれに対応する装甲を備え、機関出力も増大させて27.8ノットを維持。条約制限下に走攻守のバランスを高い水準で達成した傑作戦艦と評価されるが、それは劣悪な居住性と引き換えに実現されたものであり、乗員からは不評だった

■居住性を犠牲にした堅牢さ

1934年12月に日本はワシントン海軍軍縮条約の破棄を通告（破棄通告から2年間有効）、1936年1月15日には第二次ロンドン海軍軍縮会議から脱退し、同条約のエスカレーター条項が発動することになった。ノースカロライナ級の建造は1938年度も続けられる予定であったが、スタンドレイ海軍作戦部長は最初から40.6cm砲搭載を前提とした新戦艦が必要と判断し、あえて当該年度の建造を見送って次の計画が検討されることとなった。

最大の懸案事項は、前級が設計途中で主砲を35.6cmから40.6cmに変更したことにより“矛”と釣り合わなくなった“盾”の強度である。当初は速力を犠牲にして装甲を強化するとされていたが、日本の長門型が改装により26ノットへ増速したという情報があり、艦隊側はノースカロライナ級と戦隊を組める速力を要望した。しかも、条約によって排水量は3万5000トンを上限とし、またパナマ運河を通過するため全幅は最大33mの制限があり、きわめて厳しい制約の中での設計となった。それでも1937年の年の瀬も押し迫った12月22日になんとか排水量を400トンだけ超過した最終案がまとめられたが、スタンドレイの後任で謹直なリーヒ海軍作戦部長がより条約の制限を遵守する方向へ改めるよう指示したため、乗員一人一日あたりの給水量を規定の最低に設定して造水器と給水器の容積を削るなどの対策を講じ、超過分を24トンまで縮めてようやく許可を得た。本級は他にも提督用のキャビンから兵員室まで居住区画は狭められ、前級の広い風呂場や食堂もなくなり、せっかく改善された居住性は元の木阿弥になった。

そうまでして強化した防御力は、まず、排水量の節減と防御区画短縮のため艦の大きさそのものを縮め、全長が前級より約15mも短くなっている。全幅はほぼ変わらなかったため、寸胴な艦形となって速度は出しにくくなり、艦首の浮力が不足して凌波性は低下した。上部構造物は軽量化と対空火器の射界を遮らないため低くコンパクトにまとめられており、2本だった煙突は1本になって前部艦橋と密接し、短艇も減らしてその分のスペースも小さくしている。舷側装甲は前級が艦の外に貼りつける方式であったのに対し、艦の内部、19度に傾斜させた22mmの水中防御隔壁の三層目に装着されている。装甲は上から3.2mが厚さ310mmで前級より5mm増しただけだが、傾斜が増えたのと隔壁そのものが厚くなっていることもあって対40.6cm砲弾（ただし、SHSではなく通常弾）の安全圏は1万6200mからと大きく広がっている。そこから2.1mで310mmから152mmへと厚みが減っていき、さらにその下は艦底部で25mmまでうすくなっている。全長を縮め極端な集中防御を施していることや舷側防御の形式など、本級の防御は同世代の大和型戦艦と奇妙に暗合するところが多い。

甲板の装甲は基本的に前級から引き継いでおり、最上層の対爆防御装甲甲板は38mmのまま、127+19mmの主装甲甲板が被弾した際の断片を受け止める16mmの弾片防御甲板の配置は中甲板から主装甲甲板のすぐ下へと引き上げられ、代わりに中甲板には弾片防御甲板も貫通された場合のために8mmの装甲が施され、四層に増えた。また舷側部の弾片防御甲板は廃止される一方で、当該部分の主装甲甲板は135+19mmに強化されている。これによって40.6cm砲弾に対する安全圏は2万8200mまでとなり、ようやくアメリカの戦艦も40.6cm砲に対応できる防御力を獲得したといえる。ただし、自身の主砲弾であるSHS弾（重量1225kg）での安全圏は1万8740mから2万4130mまでとされている。

水中防御も前級と同じく外側の二空層と内側の二液層の計四層で衝撃を吸収するようになっている。とはいえ、舷側の装甲が傾斜をもたせて艦内に引きこむ方式になったため、各層に充分な間隔を設けることができない部分があり、実物大模型による水中爆発実験では前級より衝撃吸収能力が劣ると判定された。これを受けて建造中に液層の配置を見直すなどの改善が図られたが、あくまで対症療法の域を出るものではなかった。

■次々と盛りこまれた新技術

主砲は前級と変わらず、主砲塔の配置や搭載門数も同一である。本級は速度の出にくい艦形でありながら、戦隊を組むため前級と同等の速度性能を要求され、排水量の制約から機関区画の拡張は許されなかったため、ボイラーの大型化とタービンのアップデートにより、機関重量の増大を約300トンに収めながら出力は9000馬力増やして13万馬力の大台に乗せ、27.8ノットを達成している。前級は内舷側推進軸をツイン・スケグとしたが、本級では模型試験で艦体抵抗をより低減できるとされた外舷側推進軸をツイン・スケグにした。果たしてツイン・スケグが原因とおぼしき振動が今回も発生したが前級ほどではなく、並列配置の二枚舵と相まって旋回性能はきわめて良く、トータルとしては優れた運動性能を有していた。

1番艦「サウスダコタ」と2番艦「インディアナ」と3番艦「マサチューセッツ」は1938年12月15日に、4番艦の「アラバマ」だけ予算の都合で年度をまたいで1939年4月1日に発注された。いずれも1939年7月から翌40年2月の間に起工し、真珠湾攻撃の時点では「アラバマ」のみ進水前、他は進水して艤装にかかっていたが、早急に太平洋における水上戦力を再建する必要から工期短縮が促され、いずれも1942年の3月から8月にかけて竣工している。工期は最短で2年半、最長でも2年10ヵ月に過ぎず、排水量

▲メジャー32迷彩に身を包んだ2番艦「インディアナ」。本級はノースカロライナ級で実現できなかった40.6cm砲弾への対応防御力を得るため船体の全長を15m短くしその分、装甲を強化した。そのためきわめて高いレベルで攻撃力、防御力、速力のバランスが取れており条約型戦艦としては最強のものと考えられている

が倍ほど違うとはいえ「大和」の4年と比較するとその速さは際立っており、工業力の違いを見せつけている。

本級は初めて建造時から電測兵装を備えていた。このレーダーは大きく分けて見張り用と射撃管制用があり、それぞれさらに対空用と対水上用に分かれる。対空用レーダーはまずSCレーダーを搭載して竣工し、1943年以降にSKレーダーに換装され、1944年末期以降になるとさらにSK-2型になった。1945年に入ると予備として早期警戒用のSRレーダーと高角観測用のSPレーダーも搭載された。高角砲射撃指揮用レーダーは竣工時にMk4レーダーが装備され、1943年以降にMk12/22レーダーへと換装されていった。水上索敵レーダーは竣工時にSGレーダーが搭載されており、「アラバマ」のみ戦争末期にSUレーダーに換えられている。主砲射撃指揮用レーダーは竣工時からMk8の搭載が予定されていたが、「サウスダコタ」のみ間に合わなかったため、旧式のMk3だった。レーダー射撃といっても、当時の射撃指揮用レーダーは左右5.75度ずつ、あわせて11.5度の範囲を1度ずつスキャンするだけであって解像度は粗く、機械の信頼性も低かった。それほどはっきりと敵艦を捉えらることができたわけではなく、次の射撃を補正するための水柱も鮮明には映らなかったため、効果はあくまで限定的といえた。有効な射撃指揮が可能であったかどうかは、状況にも依存していた。

■ “艦隊の疫病神” サウスダコタ

「サウスダコタ」はパナマ運河を通過後、ラハイ水道で海図にない暗礁に衝突し艦体に大きな損傷を受け、真珠湾で修理を受けた。初陣は南太平洋海戦で「エンタープライズ」の護衛として行動。空襲により1番主砲塔へ250kg爆弾の直撃があって49名が負傷し、損害そのものは軽微だったにもかかわらず、動揺した士官が無断で操舵系を第2戦闘指揮所に切り換えたため、数分にわたって誰も操艦していない状態となって「エンタープライズ」に突進、ビッグEがこれをかわして大惨事を免れた。4日後、「サウスダコタ」は駆逐艦「マハン」と衝突し、「マハン」は艦首が曲がり火災が生じたが直ちに鎮火された。この時点ですでに「サウスダコタ」には“艦隊の疫病神”という評判が立っていた。

「サウスダコタ」は戦艦「ワシントン」以下の第64任務部隊に合流し、夜間にサボ島沖を通過するという日本艦隊を迎え撃ち、ここに第三次ソロモン海戦の火蓋が切って落とされた。「サウスダコタ」は副砲で日本の駆逐艦「綾波」を大破させるが、「綾波」と駆逐艦「浦風」の砲撃で全電源を遮断され、直後、日本艦艇にサーチライトで照らされ暗闇に艦影が浮かび上がって集中砲火を浴び、42発の35.6cm砲弾と20.3cm砲弾を受けた。38名死亡、60名負傷、第3砲塔使用不能、艦首部分炎上、射撃管制レーダー損傷という大損害を被り、後退を始めた。

その間、乱戦で別行動となっていた「ワシントン」は敵戦艦「霧島」と交戦し、航行不能に追いこんだ（後に沈没）。

この戦いののち「ワシントン」と「サウスダコタ」は設定海域で合流し、ところがヌーメアに帰還した。ヌーメアでは先の海戦の模様から「ワシントンがサウスダコタを見捨てて逃げた」という噂が広まり、互いの乗組員が反目して乱闘騒ぎまで発生した。損傷の激しかった「サウスダコタ」は本国に戻って修理とオーバーホールを受けたが、その間に艦長トーマス・L・ギャッチ大佐はサンデー・イブニング・ポストの取材を受け、「戦艦X（サウスダコタ）が霧島を撃沈し、ワシントンとリー提督は逃げた」と部下を戒める立場にありながら火に油を注ぐコメントをした。度重なる問題児ぶりが忌まれたのか、験が悪いと敬遠されたのか、復帰した「サウスダコタ」はようやく一線の任務に就くことになった末妹の「アラバマ」とともに大西洋にまわされ、以後は一緒に行動した。42年11月にはふたたび太平洋へ戻って今度は終戦まで空母の護衛や艦砲射撃に従事している。

■八面六臂、疾走し続けた5年間

「インディアナ」は第三次ソロモン海戦の後から太平洋戦線に参加し、そのまま終戦まで姉妹たちと行動をともにした。

「マサチューセッツ」は北アフリカでの反攻を支援するため大西洋に派遣され、42年10月24日にメイン州カスコ湾を出港、11月8日にカサブランカ沖でフランス戦艦「ジャン・バール」の砲撃を受けたが反撃して撃退し、フランス駆逐艦2隻を撃沈、沿岸砲台を砲撃して弾薬庫を破壊した。フランス軍との停戦が成立すると帰国し、1943年3月4日にヌーメアへ到着して以降は太平洋戦線に加わった。

戦後もサウスダコタ級の戦艦はボイラーの火を落とす暇もなく出征兵士を帰還させるためのマジック・カーペット作戦に参加し、1947年中にいずれも退役した。

1962年6月1日に除籍されたが、その後の状況はそれぞれに少し異なった。「サウスダコタ」と「インディアナ」はスクラップとして売却された。「マサチューセッツ」は65年8月14日からマサチューセッツ州フォール・リバーに係留され、記念艦として公開されている。「アラバマ」もモービル湾に牽引され、記念艦として1964年9月14日から展示されている。

いずれも開戦によって大急ぎで竣工され、就役してからは艦隊決戦に参加することもなく地上砲撃と水平線の彼方から飛来する敵機への備えに明け暮れ、1隻も喪失することなく終戦を迎えた。現役にあった5年の間、駆逐艦のように忙しく走りまわり働きづめに働いた。航空機の発達により、戦艦は海洋の王者であって艦隊決戦の主役という高みから、艦隊を構成する艦種の一つとしてのワン・オブ・ゼムの立場に降りたが、そこでも本級は攻撃・防御・速度のバランスのよさ、基本性能の高さを活かして新しい環境に順応し、その役目を存分に果たしたといえよう。

（文／来島 聡）

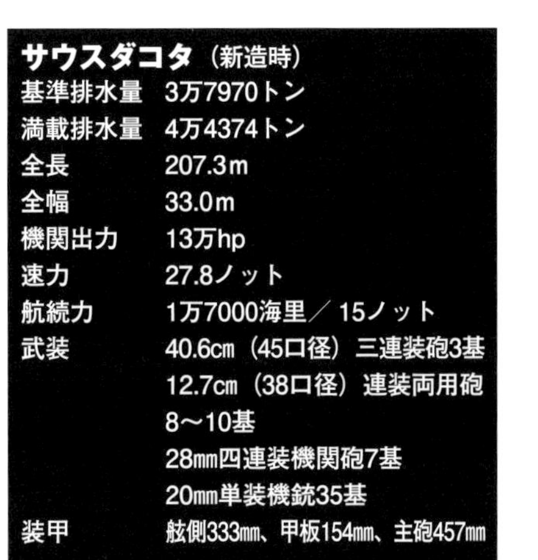

サウスダコタ（新造時）	
基準排水量	3万7970トン
満載排水量	4万4374トン
全長	207.3m
全幅	33.0m
機関出力	13万hp
速力	27.8ノット
航続力	1万7000海里／15ノット
武装	40.6cm（45口径）三連装砲3基 12.7cm（38口径）連装両用砲8〜10基 28mm四連装機関砲7基 20mm単装機銃35基
装甲	舷側333mm、甲板154mm、主砲457mm

戦艦インディアナ 1942

United States Navy Battleship
Indiana 1942

サウスダコタ級の中で1番艦サウスダコタのみは旗艦設備を設けるため12.7cm両用砲が2基少ない。走攻守のバランスがとれた本級だが最大のポイントは建造期間の短さで4隻全てが2年半から2年10ヵ月で完成している。1番艦「サウスダコタ」、2番艦「インディアナ」、3番艦「マサチューセッツ」、4番艦「アラバマ」が1942年8月までに就役した

アイオワ級戦艦1943〜1992

United States Navy Battleship Iowa-class

最大最長最強最速最後のアメリカ戦艦にして戦後も長く大活躍

4万8425トンの排水量、サウスダコタ級から63mも伸びた全長270.5m 、新開発の50口径40.6cm砲、機関出力21万2000馬力からの最高速力33ノット、半世紀にわたる戦艦発達史の総決算にして最後のアメリカ戦艦。太平洋戦争にはかろうじて後半から参戦し、艦歴の大部分を占める戦後は現代における戦艦の存在意義を模索する道行きといえた

■エスカレーター条項下の高速戦艦

1936年に第二次ロンドン海軍軍縮会議から日本が脱退し、条約を批准した英米仏の三国はエスカレーター条項を発効させるための協議に入った。アメリカは発効を見越して新たな戦艦の設計にとりかかり、ふたつの案を検討した。ひとつは会議を脱退した日本がすでに条約制限を超える艦の建造に乗り出しているとみて、速力はノースカロライナ級やサウスダコタ級と戦隊の組める27ノットに抑えつつできるだけ重武装重装甲を備えた重装戦艦。もう一つは金剛型の加わった日本の空母艦隊からアメリカの空母艦隊を護衛するため（当時は空母艦隊同士が会敵しうると考えられていた)、空母に随行できる33ノットの高速を発揮しつつ敵巡洋戦艦を圧倒する火力と装甲を有する高速戦艦。前者はのちにモンタナ級へと発展したが、戦局の推移や海戦の形態が変わったため、最終的には計画のみで実際には起工されることなく破棄された。後者を叩き台としてアイオワ級が設計されていくこととなる。

1938年3月末、戦艦の主砲の口径が35.6cmから40.6cmに、基準排水量が3万5000トンから4万5000トンにそれぞれ上限を拡大し、各国の保有制限枠も緩和となったエスカレーター条項が発効した。この上限に収めつつ、サウスダコタ級と同等の火力と装甲を備え33ノットに高速化させるという方針で設計は具体化していった。当初は余裕があるとみられていた排水量だったが、航洋性改善のため乾舷を上げたり火力向上のため50口径40.6cm砲を搭載するなど変更のための超過しそうになり、主砲を戻したり速力を落とすことも検討されたが、軽量の新型砲と機関の採用によりどうにか各要求を満たしつつ排水量は条約の上限をわずかに上回るところで設計をまとめている。

これが1938年末に海軍で認可を受け、1939年度予算で2隻、翌1940年度予算でさらに2隻、あわせて4隻の建造が認められた。1940年夏にはフランスが降伏し、イギリスも予断を許さない状況となったため、アメリカだけで枢軸国と対峙することも想定し、太平洋と大西洋の両方で戦争を継続できる海軍を整えるための二大洋艦隊整備法案が可決されてさらに2隻追加されたが、こちらは終戦に至っても進水しておらず、未成のまま工事は中止されている。

アメリカ戦艦の宿命としてパナマ運河を通航するために全幅は33mに抑えられているが、排水量は前級の3万5000トンから4万5000トンに増大しており、その分はもっぱら全長に反映されて前級の207mから271mへとかなり細長くなり、高速に適した艦形となった。艦内容積が増えたため、前級でぎりぎりに切り詰められた居住環境も改善された。

主砲は前級の45口径40.6cm砲Mk6を改良した長砲身の50口径40.6cm砲Mk7を三連装砲塔3基に収めて計9門搭載した。前級と同じ重量1224kgのSHS弾を砲口初速60m/秒の高速で発射するため、近距離での精度に優れ遠距離でも風などの影響が少なく弾着のずれが収束している。主砲塔は機構もふくめて基本的に前級から引き継いでいるが、砲が長くなったため取り付けには困難を伴ったといわれる。射撃指揮用レーダーは建造時からMk8が搭載されていた。

エスカレーター条項上限いっぱいの4万5000トンの巨体に33ノットの高速航行をさせるため、21万2000馬力という途方もない機関出力を要した。ボイラーは前級から引き続き信頼と安心のバブコック＆ウィルコックス製高温高圧蒸気型だがより圧力が高くなって搭載数は8基のまま出力が増加しており、タービンもそれに対応したジェネラル・エレクトリック製大型二段減速式タービンが4基搭載されている。機関配置は前級から変更され、前方のボイラー 2基と後方のタービン1基が1セットとなって全4軸のうちの1軸ずつを受け持つ。この4セットが艦首方向から艦尾方向にむかって左右が交互に入れ替わるシフト配置を採用し、戦闘時の被弾にもできるだけ出力を維持できるよう配慮されていた。

本級も艦体抵抗を減らすためツイン・スケグとなっているが、前級の外軸側ではなく、前々級のノースカロライナと同じ内軸側に装着されている。ただノースカロライナ級で問題となった振動は、本級では生じなかった。建造された中では最も高速でありながら旋回半径も狭く、運動性能はきわめて優れている。なお、本級はその高速と費用の高さ（1.14億ドル。ノースカロライナ級やサウスダコタ級の約1.4倍）から、「レキシントン級の再来」と陰口を叩かれることもあった。

■アメリカ戦艦の総決算

装甲は基本的に前級を踏襲しつつ、若干の改善が施されている。舷側装甲は前級と同じく傾斜19度の内装式装甲であり、一番砲塔前部から三番砲塔後部の主要区画を覆っている。水線上部の最大装甲厚は307mmで前級よりやや減少しているが艦の外板そのものが厚くなっており艦体構造が強化されているため、耐弾性能は少し向上したとされている。なお、主水線装甲の高さは変わっていない。下部装甲も前級と同様で307mmから152mmへと厚みが減っていく部分の高さも2.1mのまま変わらないが、そこからさらに下については艦底と接続する最もうすい部分でも装甲厚は41mmと絞りが緩やかになっている。

甲板の装甲も前級とほぼ変わらず、最上甲板と断片防御甲板の厚さは同じだが、その間の主装甲甲板は中央部が121+32mm、舷側部が127+32mmに変化し、耐弾性能が場所によっては強化されている。これらの変更により、砲弾重量1016kgの40.6cm砲弾に対する安全圏は1万6088〜2万8419m、重量1224kgのSHS弾では1万8647m〜2万4406mとなり、前級と比較してやや拡大している。

水中防御は前級で問題になった防御層の強度不足を改善するため縦壁部の増厚などの対策が施された結果、本級の排水量が計画当初より増大した原因のひとつとなった。砲塔と後部推進軸まで、全長の7割以上の広範囲をカバーしている。

1939年度予算の1番艦「アイオワ」は1940年6月27日、2番艦「ニュージャージー」は同年9月16日に起工された。工期は約3年と見積もられていたが太平洋戦争が始まったことで完成が急がれ、両艦とも1942年中に進水して「アイオワ」は1943年2月22日、「ニュージャージー」も同年5月23日とほぼ2年8か月で竣工している。しかし、1941年度予算の3番艦「ミズーリ」は1941年1月6日、4番艦「ウィスコンシン」は同月25日に起工され、特に急ぐこともなく「ウィスコンシン」が1944年4月16日、「ミズーリ」は同年6月11日に竣工した。「ミズーリ」はアメリカが最後に竣工させた戦艦となっている。

就役後は訓練をへて太平洋に投入された。もはや敵戦艦との決戦は生起しえなかったが、最初から空母の護衛を想定して設計されており、基本性能も優秀であったため、空母の護衛と陸上砲撃を主な任務とする新しい状況にも難なく

▲1944年5月、アイオワ級戦艦4番艦「ウィスコンシン」の公試中の姿。ノースカロライナ級、サウスダコタ級と異なり本級は日本海軍の金剛型戦艦に対抗する空母機動部隊随伴艦としての能力が求められた。そのため33ノットという高速力が要求されている

▶2番艦「ニュージャージー」。本級はアメリカ海軍最強の戦艦であり、ほかの戦艦が早期に退役する中も長く現役にとどまった。写真は1969年3月、ベトナム戦争で火力支援任務についている様子。電子装備などが追加され大戦中とはかなり艦影が異なっているのが見てとれる

適応しよく働いた。1945年8月15日に日本はポツダム宣言を受諾。太平洋戦争が終結して東京湾に進駐した連合国軍艦隊の中に「アイオワ」と「ミズーリ」があり、9月2日の降伏調印は「ミズーリ」艦上でなされた。

■いくつもの改装案

戦後、他の戦艦が標的艦として処分されるか、核実験に供用されるか、スクラップとして売却されるか、砲術練習艦になるか、記念艦として余生を送る中、アイオワ級は全艦が海軍に籍を残していた。ミズーリのみ朝鮮戦争開戦時にも現役だったが、戦争の長期化にともなって他の3隻も現役に復帰して地上砲撃の任務に就いた。

朝鮮戦争後からさまざまな改装案が出されるようになった。最初は艦体がほぼ完成し機関も積んでいた6番艦「ケンタッキー」にジュピター中距離弾道ミサイルを搭載して戦略ミサイル艦とする計画が1955年ごろに検討されたが、コストに引き合わないとして破棄されている。1958年には予備役に編入された艦へ核弾頭も搭載可能なポラリス弾道ミサイルとタロス艦対空ミサイルシステムを装備させるミサイル化改装が検討されたが、水上艦からの戦略ミサイル運用構想が放棄されたことと、これも効果がコストに見合わないとされ60年に廃案になった。

1962年には車両などの装備とともに1800名の海兵隊員を収容する強襲揚陸艦への改装が検討された。前部2基の主砲塔は上陸作戦時の砲撃に利用するためそのまま残し、後部の主砲塔を撤去し艦の後ろ半分に上部構造物を設けて兵員と装備を搭載し、艦尾の最上甲板はヘリポートとしてその下のヘリコプター20機分の格納庫とはエレベーターで結ぶというというものである。上陸作戦においては戦艦の砲撃力が不可欠と考えられ、費用対効果的にも評価されたため、この改装はかなり現実味を帯びていた。しかし、当時のアメリカ海軍は増強著しいソ連の潜水艦に対抗するため、旧式の艦艇に近代化改修を施して最新の対潜兵器を搭載するなどに多額の予算を要しており、この改装を実現する目算が立たず見送りとなった。

ベトナム戦争では航空機によって地上を支援していたが、出撃にかかる費用が莫大であり、当時世界有数の対空兵器大国であった北ベトナムの防空網による損失もかさんだため、戦艦1隻を再就役させて艦砲射撃を行なわせることになった。「アイオワ」は電子装備が旧式、「ウィスコンシン」は以前の艦内火災で前部砲塔付近が焼損しており、「ミズーリ」は1950年の座礁事故で艦体が良好でないため、「ニュージャージー」が起用されてベトナムに向かって砲撃支援任務に就いた。半年間に5688発の40.6cm砲弾を含む1万発以上を北ベトナム軍に浴びせ、地上部隊からは航空機と異なって天候に左右されず継続して支援できることが高く評価された。しかし、いったん帰国して再度の派遣のため整備と訓練をしている間に維持費の高い戦艦は退役させることが決まり、予備役へ編入されている。

■老兵は死なず

1970年代になるとさすがに廃棄が取り沙汰されるようになったが、「他に代わるべき能力をもつ艦がない」という海軍の主張が受け入れられ、保有が続けられた。レーガン政権の600隻海軍構想の目玉のひとつが戦艦の復活であり、1988年までに全艦が改装を終えて再就役している。この改装では主砲は残されたが両舷各2基の副砲が外され、対地対艦攻撃用ミサイルのトマホークと対艦攻撃用ミサイルのハープーンを搭載し、その間に長足の進歩を遂げていた電測兵装が一新された。その後、冷戦の終結によって「アイオワ」と「ニュージャージー」は再び予備役に編入されたが、「ミズーリ」と「ウィスコンシン」は湾岸戦争に参加した。海兵隊の上陸を艦砲射撃で支援し、地上の目標にむけてトマホークを発射して、特に後者の映像はテレビで何度も放送された。その「ウィスコンシン」と「ミズーリ」も1992年3月には予備役に編入され、1995年には全艦が除籍となった。1998年に「アイオワ」と「ウィスコンシン」が再び艦籍に復帰しているが、2006年に両艦とも正式に除籍され「アイオワ」はロサンゼルスに回航して博物館として公開されている。「ニュージャージー」はニュージャージー州カムデンに移され博物館およびメモリアルとして2001年10月から公開されている。「ミズーリ」は真珠湾攻撃で沈められメモリアルとなった「アリゾナ」の近くで1999年1月29日から博物館として公開されている。2009年12月14日、「ウィスコンシン」はノーフォーク市へ公式に移管され、2012年3月28日には国家歴史登録財に指定された。

（文／来島 聡）

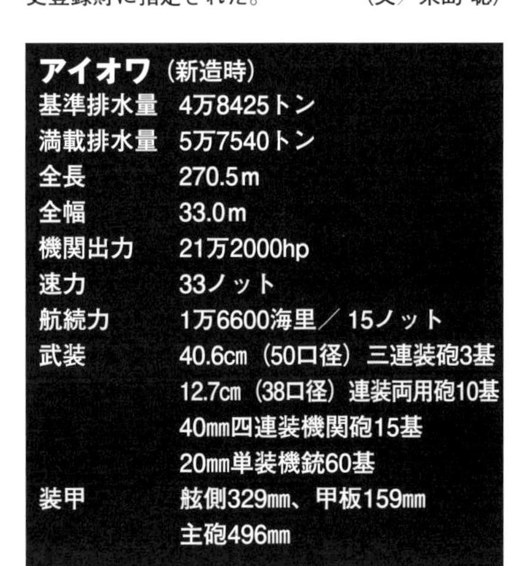

アイオワ（新造時）

基準排水量	4万8425トン
満載排水量	5万7540トン
全長	270.5m
全幅	33.0m
機関出力	21万2000hp
速力	33ノット
航続力	1万6600海里／15ノット
武装	40.6cm（50口径）三連装砲3基 12.7cm（38口径）連装両用砲10基 40mm四連装機関砲15基 20mm単装機銃60基
装甲	舷側329mm、甲板159mm 主砲496mm

本級は空母機動部隊と行動をともにするため33ノットという高速が求められた。ただ速力が早いだけでなく主砲も前級の45口径砲から50口径砲へと強化されており攻撃力も最強のものを備えていた。同型艦は当初4隻の建造が決まったが1940年に2隻が追加された（ただしこの追加の2隻は完成していない）。艦名は1番艦「アイオワ」、2番艦「ニュージャージー」、3番艦「ミズーリ」、4番艦「ウィスコンシン」。なお未完に終わった2隻は「イリノイ」「ケンタッキー」の艦名が予定されていた

戦艦アイオワ 1944
United States Navy Battleship
Iowa 1944

モンタナ級戦艦

United States Navy Battleship Montana-class

満載排水量7万トン、計画のみに終わった大和キラー

日本が建造中の強力な戦艦に対抗するため1942年末の条約期限切れを睨み、アメリカもこれに対抗する戦艦の設計を開始する。パナマ運河を通航するためアメリカ戦艦に課せられていた全幅33mの上限すら撤廃して大型化が図られたが、戦局の推移により1隻も起工されないまま計画は破棄された

■大和キラーとしての宿命

1936年、第二次ロンドン海軍軍縮会議から日本が脱退した。日本が条約の制限を超える艦を建造するのは自明であり、これにいかに対抗するかは合衆国海軍の以降の主要なテーマのひとつとなった。日本が抜けたことにより批准国同士でエスカレーター条項についての協議が始まり、それを受けて新たな制限のもとでの戦艦建造について海軍内で討議が交わされたが、最終的に速度を重視する高速案と兵装強化を指向する重装案に絞られ、前者がアイオワ級に結実し、後者はモンタナ級へとつながる。

海軍軍縮条約後のアメリカ戦艦にあって、ノースカロライナ級は初め35.6cm砲を搭載する予定で設計されたため装甲は40.6cm砲に対応しておらず、サウスダコタ級とアイオワ級の装甲は40.6cm砲に対応しているもののこれは通常弾であり、自身が発射するSHS弾には対応できていなかった。軍縮条約後のアメリカ戦艦はモンタナ級をもって初めて自らが発射する砲弾に耐える装甲を手に入れる、はずであった。水中防御はサウスダコタ級において衝撃吸収層の間隔が狭まる箇所が生じて防御力が低下したためノースカロライナ級の方式に戻し、機関のレイアウトはシフト配置を廃しワシントン軍縮条約締結以前のコロラド級まで遡ってボイラーを外側に並べタービンを内側に納める方式に戻した。機関出力は17万2000馬力、速力はノースカロライナ級やサウスダコタ級と戦隊を組める28ノットを確保した。

初め排水量はエスカレーター条項に準じる4万6000トンを目安として設計されていたが、中間評価の後、戦艦設計諮問会議は5万9000トンに引き上げ、さらにさまざまな強化が施された結果、基準排水量6万トン強、満載排水量は7万トンを超える予定だった。また、それまでのアメリカ戦艦はパナマ運河を通航するために全幅を33mに抑えていたが、本級は運河の拡張計画（戦後に破棄）を踏まえて37mとした。

主砲はアイオワ級と同じ50口径40.6cm砲を三連装砲塔に収め、砲塔の配置はコロラド級をはじめとする標準型戦艦（79ページ参照）の伝統に立ち返り、前方に2基と後方に2基の計4基、12門を搭載した。砲の口径こそ大和級戦艦の46cmに劣るが、通常より20％も重いSHS弾を三連装砲塔ひとつ分多い12門から撃ちだすため、1斉射で発射する砲弾の総重量はモンタナ級が14.7トン、大和級が13.1トンとなり、モンタナ級の方がやや大きい。実際に本級が大和型と砲戦に至った場合、本級の対46cm砲安全圏は2万～2万9000m、大和型の対50口径40cm砲SHS弾安全圏は1万7000～3万2000mとなるが、2万5000m以遠ではそもそも砲弾が命中しないため、大和型が有利なのは近距離側の3000mということになる。しかし、これとて確実な優勢を保証するものとは言い難く、大和型がやや優位ながらほぼ互角といえよう。

■抜かずの大剣

1940年夏にはフランスが降伏し、イギリスは窮地に立たされた。ハロルド・スターク海軍作戦部長はアメリカだけで太平洋と大西洋を舞台に枢軸国と戦うための海軍を整備するため、スターク案を提出。これはアイオワ級戦艦2隻、モンタナ級戦艦5隻、エセックス級7隻をはじめとする空母18隻、アラスカ級大型巡洋艦6隻、巡洋艦27隻、駆逐艦115隻、潜水艦43隻など合計で135万トンの建造計画だった。ちなみに同じ時期の大日本帝国海軍の連合艦隊が147万トン。艦艇の総トン数が対米6割に抑えられることを不服として第二次ロンドン会議を脱退した日本だったが、実際の国力はさらに隔絶していた。この提案は同年7月に通過した二大洋艦隊整備法案によって予算成立し、9月9日に国内の造船所へ発注された。完成は1945年7月から11月の予定だった。

しかし、まもなく真珠湾で日本の航空機が合衆国の戦艦を壊滅させた。すでに起工していた戦艦の竣工は急がれたが、それ以外は航空母艦や上陸用舟艇や輸送船などの建造が優先され、戦艦は後回しにされた。1942年には1隻も起工しないまま延期となり、1943年7月には中止となった。こうしてモンタナ州は合衆国の48の州（当時）のうち、主力艦に命名されなかった唯一の州となった。

モンタナ級は最初に目指していたように、日本が第二次ロンドン条約脱退後に建造した大和型戦艦に火力・装甲・排水量において匹敵するものだった。しかし、海戦の様相はすでに一変しており、敵の戦艦を撃沈するため相打ち上等でこちらから戦艦を建造してぶつける必要はなくなっていた。「大和」も「武蔵」も航空機の攻撃によって沈められている。「大和」を攻撃した386機のうち、未帰還機は10機だった。

（文／来島 聡）

モンタナ（未完成）	
基準排水量	6万3221トン
満載排水量	7万965トン
全長	281.9m
全幅	36.9m
機関出力	17万2000hp
速力	28ノット
航続力	1万5000海里／15ノット
武装	40.6cm（50口径）三連装砲4基 12.7cm（38口径）連装両用砲10基 40mm四連装機関砲8基
装甲	舷側410mm、甲板244mm 主砲571mm

アイオワ級に続いてアメリカ海軍が計画したのがモンタナ級で前級以上に充実した防御力を備えていた。自身の装備するSHSと呼ばれる弾頭重量の大きな40.6cm砲弾に耐えうる装甲を持つ。そのためそれまでパナマ運河通過のために課していた全幅33m以内という制限も撤廃しており、もし完成すれば日本の大和型戦艦に匹敵する強力な戦艦となるはずだった。同型艦は5隻が建造される計画で「モンタナ」「オハイオ」「メイン」「ニューハンプシャー」「ルイジアナ」の艦名が予定されていたが、空母建造などを優先するためすべて建造中止となった

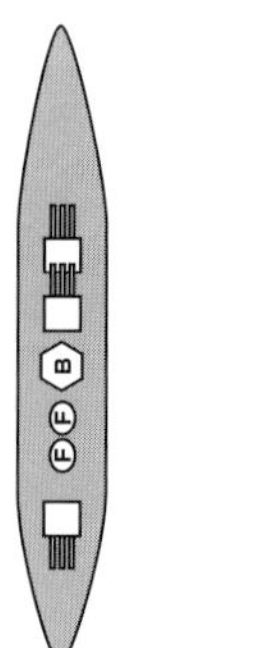

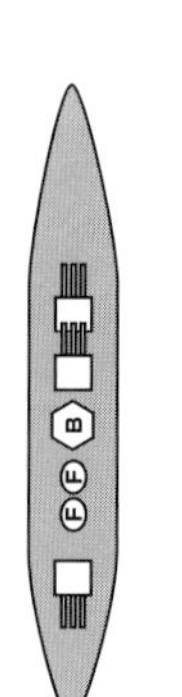

戦艦モンタナ（未完成）
United States Navy Battleship Montana

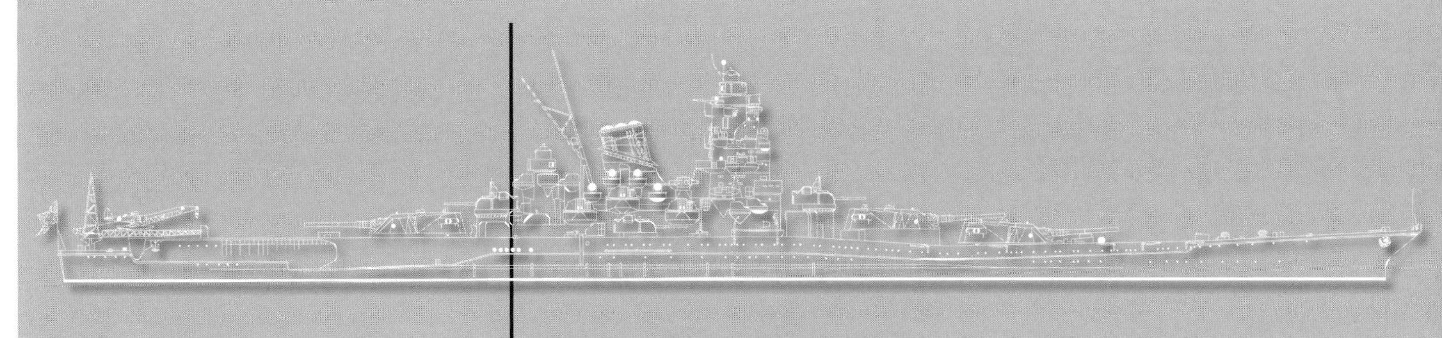

日本海軍
Imperial Japanese Navy

第一次大戦ではほとんど戦闘に参加しなかった日本海軍は戦後急速にその海軍を強化していった。米英の海軍を逆にリードする立場になったアジアの海軍国はやがて史上最強のモンスター、大和型戦艦を生み出すこととなる。ここでは9タイプを紹介する

河内型戦艦
Battleship Kawachi class

鞍馬型巡洋戦艦
Battlecruiser Kurama-class

金剛型巡洋戦艦
Battlecruiser Kongu-class

扶桑型戦艦
Battleship Fuso-class

伊勢型戦艦
Battleship Ise-class

長門型戦艦
Battleship Nagato-class

加賀型戦艦
Battleship Kaga-class

天城型巡洋戦艦
Battlecruiser Amagi-class

大和型戦艦
Battleship Yamato-clas

河内型戦艦 1912〜1922

Imperial Japanese Navy Battleship Kawachi class

日本初のド級戦艦は、日本最後のド級戦艦!?

イギリス戦艦「ドレッドノート」の出現は、それまでに同国海軍をお手本としていた日本の海軍にも一大転機をもたらした。日本版のトップバッターとして登場した河内型戦艦は日本で建造されたとはいえまさしくイギリス戦艦の正常進化形ともいえたが、時代は一気に「超ド級戦艦時代」へと追い越していく

■国産のド級戦艦をめざして

1906年12月に登場したイギリス戦艦「ドレッドノート」は、副砲と中間砲（文字通り、主砲より口径が小さいが副砲よりは大きい砲）を全廃、備砲を30.5cm主砲に統一した当時としては画期的な戦艦であった。ド級または超ド級という言葉が現在でも通用することからも、各国の戦艦を一気に旧式化させた絶大な衝撃が想像できる。

以後、各国の主力艦は俄然としてド級、さらには超ド級という流れになるのは必然であり、日本海軍もまた建造に乗り出した。

日本海軍は日露戦争後、準ド級戦艦である香取型戦艦や、単一口径砲を搭載する計画もありながら準ド級となった薩摩型などを建造したが、いずれもド級戦艦の登場で存在価値を減じていった。

河内型戦艦はこのような背景のもと、日本でもド級戦艦を保有すべく1907年度計画によって建造された。

基本的には薩摩型戦艦2番艦「安芸」の拡大強化型であり、兵装などの配置はこれに準じている。

1番艦「河内」は1909年4月に起工、1912年3月に完成した。2番艦「摂津」は「河内」より早い1909年1月、竣工は1912年7月で危うく大正改元（1912年7月30日）を迎えるところであった。

■遅かりし登場

「ドレッドノート」の竣工に遅れること6年、日本海軍が初めて保有したド級戦艦である河内型は、初めて排水量が2万トンを超えた戦艦でもあった。さらに初めて三脚式の前檣楼も取り入れられた。

主砲は30.5cm連装砲6基を搭載、日本初の単一口径砲搭載戦艦となった。しかし艦首と艦尾の中心線上に搭載された2基は50口径、舷側の計4基は45口径と砲身の長さが異なっていた。このため、厳密にはド級戦艦の定義のひとつである「単一口径砲艦」からはずれており、河内型を準ド級戦艦とする主張もある。また、連装砲塔を6基12門も搭載しながら、舷側へ8門しか指向できない点も問題視されていた。この砲塔配置は同時期に建造され、第一次大戦後に日本の賠償艦となる奇しき縁のドイツ戦艦「ナッソー」なども同じであった。

ただし、50口径砲は減装薬で使用すれば45口径砲と同じ性能になり、現場で苦情などは出なかったようだ。砲の混載は現在の視点では理解に苦しむが、さまざまな事情を取捨選択（背負い式案もあった）した結果なのだろう。

なお50口径砲の搭載は、当時の軍令部長であった東郷平八郎の「前後部の砲は、一段と有力とせねばならぬ」という鶴の一声にあったという。こうした異なる口径の大口径砲を搭載した例は日本では薩摩型の2隻、イギリスではロード・ネルソン級2隻、フランスではダントン級6隻であり、いずれもやむない事情による混載で、当該国でも成功とは認めていなかったようだ。

河内型は「安芸」との顕著な違いとして、中間砲の廃止があげられる。砲戦距離の延伸に従い中間砲の威力と存在価値が疑問視されるようになり、「安芸」では強化されたもののついに河内型に至ってこれを廃したのである。そのぶん副砲として15.2cm砲を、日本主力艦として初めて搭載した。

次に防御だが、基準とした「安芸」より装甲が増しているものの、装甲配置は旧式の「富士」などに準じたものとなった。理由は定かではないが、実戦で損傷する機会がなかっただけに、実際の防御力は不明である。

機関も「安芸」より強化されており、同艦や巡洋戦艦「伊吹」などに搭載したカーチス式タービンの改良型を採用した。これは1905年に製造権を購入、「河内」用は神戸川崎造船所で、「摂津」用は呉海軍工廠で国産化に成功したものであった。新タービンの効果もあり、河内型は「安芸」よりも排水量が増したにもかかわらず20ノットを維持していた。

しかしながら、時代はすでに超ド級戦艦の時代へと移り始めていた。主砲口径も34.3cm砲を搭載した「オライオン」が登場、さらに河内型の竣工時は38cm砲搭載のクイーン・エリザベス級戦艦が起工していた。恐るべきは当時の技術進歩であった。

こうした技術的な遅れを挽回すべく、日本海軍はイギリスに対して「金剛」の発注を決断することになる。

■「河内」の爆沈と長命の「摂津」

竣工した河内型は、「河内」と「摂津」が交代で第一艦隊の旗艦を務めた。各国の超ド級戦艦には見劣りしたものの、当時の日本では最大最強の戦艦であったことは事実である。思えば、1915年に金剛型巡洋戦艦4隻が加わるまで、連合艦隊の主力は河内型の2隻と、薩摩型の2隻が支えていたのであった。

新造時の両艦は、艦首形状が「河内」は垂直型、「摂津」がカーブを描くクリッパー型となっていた。凌波性の比較のため形状を変えたと伝えられるが、運用実績では格段にクリッパー型が優れていたため、以後の日本主力艦は長門型までクリッパー型となった。

第一次大戦でも河内型は第一艦隊に属し、「摂

▲河内型戦艦1番艦「河内」。日本海軍最初のド級戦艦とされる河内型だが艦の中心線上に配置した前後の主砲が30.5cm50口径砲で、舷側の4基は30.5cm45口径砲となっており「単一巨砲搭載艦」であるド級戦艦の定義に当てはまらないという意見もある。本艦は日本海軍の戦艦でははじめの三脚檣を採用し三本の煙突を配置していた。第1煙突と第2煙突との間が離れているがこれはここに舷側配置の主砲の弾薬庫が設置されていたからである。
「河内」は1918年に爆発事故でわずか5年の生涯を閉じた

▶河内型戦艦2番艦「摂津」。前後に配置された30.5cm主砲は50口径で舷側配置の主砲の45口径よりも長砲身だったが、減装薬で使用すれば主砲の統一射撃は可能だったようだ。短命に終わった「河内」に比べ「摂津」は軍縮条約で廃棄が決まった以降も標的艦として日本海軍に貢献した

津」が旗艦を務めていた。しかし、1918年7月12日、徳山湾に停泊していた「河内」は1番砲塔火薬庫が爆発、着底した。復旧も不可能と判断され、浮揚後に解体された。わずか5年の艦歴であった。

一方、「摂津」はワシントン軍縮条約で廃棄が決まったものの、1923年10月に兵装と装甲を撤去して標的艦となった。

軍縮条約が失効すると装甲を再度装着、無線操縦装置を取り付けた新たな標的艦として生まれ変わった。この時期の「摂津」を「ラジコン戦艦」と紹介した文献も多く、操縦は同じく標的艦である旧峯風型駆逐艦「矢風」から行なった。

爆撃、砲撃など多くの訓練に用いられた「摂津」の艦長を務めた松田千秋大佐は、爆撃は必ず回避できるとの持論を得た。この回避法は大戦末期のレイテ沖海戦で、奇しくも松田司令官が指揮する第四航空戦隊の伊勢型航空戦艦の各艦長が実践、飛行機の直掩もない低速な戦艦を生還させる一因となる。

長らく生きながらえた「摂津」だったが、1945年7月24日に米軍機の空襲を受け、呉に着底。戦後、1947年8月に解体が完了した。

（文／松田孝宏）

ド級戦艦以前の戦艦たち

■準ド級戦艦、香取型の誕生

日本海軍は日露戦争前、初めての近代戦艦である富士型、それに続く敷島型の計6隻を保有したものの、当時における戦艦の発達は日進月歩の感があり、この6隻も早々に旧式化されるものと思われていた。

そのため日本海軍は11年間にわたる長期計画として1902年（明治35年）12月、明治36年度から46年度の第三期海軍拡張計画を提出、1903年5月に予算が成立した。この計画の建造艦に含まれていたのが香取型戦艦の「香取」「鹿島」であったが、日露間が緊迫したこともあって1907年度発注予定艦を繰り上げることとした。それがイギリスのビッカース社に発注された「香取」、同アームストロング社に発注された「鹿島」であった。

両艦とも完成したのは日露戦争が終わった明治39年だが、最初に中間砲として25.4cmを搭載した日本戦艦となった。敵戦艦の装甲部を、威力が不足する副砲にかわって攻撃するのが中間砲だが、各国戦艦が搭載したのはド級戦艦が登場するまでのわずかな時期となる。

しかも主砲は新型の長砲身30.5cm砲を搭載、初速や威力も従来の砲より優秀となっていた。ちなみに「香取」と「鹿島」は、搭載砲や全長、煙突の位置など造船会社による微妙な違いが存在する。最たるものは主砲で、ビッカース社製（毘式）の方が優秀であったために以後は毘式と国産砲に統一されている。

こうしたことから香取型は、防御こそやや弱いものの、砲撃力を含む性能では当時、世界に比しても一級と言えた。

しかし、「香取」の竣工からわずか半年後に「ドレッドノート」が完成、各国戦艦同様にその価値を減じるものとなってしまった。

就役後、「香取」は第一次大戦時に南洋方面の作戦に投入されたほか、お召し艦任務も務めた。「鹿島」はシベリア出兵の際に邦人保護に出動したのがほぼ唯一の作戦行動で、両艦とも1922年のワシントン軍縮条約で廃棄が決まり、寂しい生涯を終えた。

■ド級の座を逃した薩摩型戦艦

日露戦争中の1904年3月に臨時の軍事費が認められると、戦艦の枠も増えて薩摩型2隻の国内建造が決定した。同年の5月に戦艦「八島」「初瀬」が触雷して失われたこともあって建造は急がれ、当初は副砲と中間砲の威力不足が指摘され単一口径砲搭載艦が検討されていたという。

しかし時間や予算の制約、用兵側が副砲や中間砲を認めていたという理由もあり、薩摩型は準ド級戦艦として完成した。艦名に日本の旧国名をあてたのは、この「薩摩」からである。

完成時、すでに日露戦争は終わっており、「ドレッドノート」も出現していたため、生まれながらに時代遅れの艦と評価するほかない。

2番艦「安芸」は「薩摩」より起工が1年後となったため改正が施され、より強力な艦となった。しかし「安芸」が竣工した1911年3月の翌年1月、イギリスは自らが送り出した戦艦を超えた超ド級戦艦「オライオン」を竣工させるのであった。

竣工した薩摩型は第一次大戦などに参加したが、ワシントン条約で廃艦が決定。「金剛」をはじめとした超ド級艦による砲撃実験の標的艦に供せられる最期を迎えた。

日本海軍がド級戦艦を保有するのは次の河内型となるが、それも性能的には物足りず、金剛型、扶桑型の建造が促されることになる。

（文／松田孝宏）

◀河内型のひとつ前のクラスとなる薩摩型戦艦。初の国産艦で完成当時世界最大の戦艦だったが主砲は30.5cm連装砲2基のみでほかに中間砲として25.4cm連装砲を6基搭載していた。前ド級戦艦の中では最強のものだったが、すでにイギリス海軍のドレッドノートが就役しており時代遅れの設計となっていた

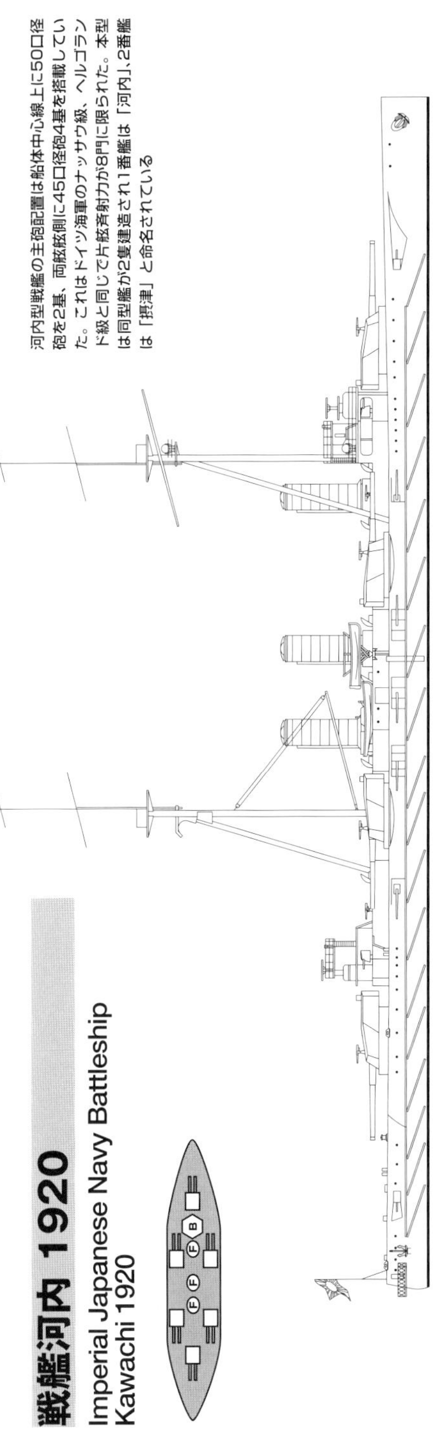

河内型戦艦の主砲配置は船体中心線上に50口径砲を2基、両舷舷側に45口径砲4基を搭載していた。これはドイツ海軍のナッサウ級、ヘルゴランド級と同じで片舷斉射力が8門に限られた。本型は同型艦が2隻建造され1番艦は「河内」、2番艦は「摂津」と命名されている

戦艦河内 1920
Imperial Japanese Navy Battleship
Kawachi 1920

河内（新造時）	
常備排水量	2万123トン
満載排水量	2万3110トン（摂津）
全長	160.3m
全幅	25.7m
機関出力	2万5000hp
速力	20ノット
航続力	2700海里／18ノット
武装	30.5cm（50口径）連装砲2基 30.5cm（45口径）連装砲4基 15.2cm（45口径）単装砲10基 12cm（40口径）単装砲8基 7.6cm単装砲16基 45.0cm水中魚雷発射管5門
装甲	舷側305mm、甲板76mm、主砲305mm

鞍馬型巡洋戦艦 1909〜1923

Imperial Japanese Navy Battlecruiser Kurama-class

アップデートされた装甲巡洋艦は、巡洋戦艦に比肩す

日本海海戦で、戦艦の不足を補完する主力艦としてその存在意義を見せつけた日本海軍の装甲巡洋艦は、筑波型を経て鞍馬型へと大きく飛躍した。速度、攻撃力、防御力のそれぞれをバランスよく強化された性能は、やがて日本海軍初の巡洋戦艦として類別変更されるまでに強固な内容だった

■攻撃力、防御力に秀でた鞍馬型

後年に巡洋戦艦に類別変更される鞍馬型装甲巡洋艦は、筑波型装甲巡洋艦の強化改良型として建造された。

筑波型で副砲として搭載した15.2cm砲12門を、鞍馬型では装甲巡洋艦の主砲に匹敵する20.3cm連装砲4基8門を中間砲として搭載した。主砲は筑波型から引き続いて戦艦と同じ30.5cm砲を搭載したため、鞍馬型は戦艦クラスの攻撃力に、装甲巡洋艦に匹敵する火力が加えられたということになる。

防御力は筑波型に準じてはいるものの、装甲の配置を改正したため耐弾能力が向上した。副砲を廃止したため、船体からはケースメートも廃止された。

以上によって「鞍馬」の排水量は筑波型より約1000トン増したが、船体の延長と機関出力の向上によって筑波型を上回るものとなっている。特に「伊吹」はタービンを搭載したため（次項目で詳述する）、「鞍馬」より高速となった。

1904年に日露戦争の臨時軍事費で計画された「鞍馬」と、1903年度の第三期海軍拡張計画によって日露戦争前に予算化された「伊吹」は、実質的には姉妹艦という関係であり、個別に解説する資料もある。一方で「伊吹」を鞍馬型2番艦とする資料もあり、本書ではこの説に則っている。

■タービンを搭載した「伊吹」

「伊吹」最大の特徴は、カーチス式タービンを搭載した点にある。これは戦艦「安芸」に主機械としてタービンの搭載が決定、「伊吹」が事前の実用実験艦に選ばれたためであった。

この決定は「伊吹」が船台上にあった時期に下されたものだが、1907年5月22日に起工しながら、同年の11月21日に進水した。新設されたガントリークレーンの効果もめざましく、残業や休日出勤もなく予定線表どおりに工事が進行した結果である。タービンの試験結果を「安芸」に提供するという事情があったものの、わずか6ヵ月の進水は、主力艦としてはかのイギリス戦艦「ドレッドノート」に次ぐ記録であった。

「伊吹」は完成前の公試運転では20.85ノットと振るわず、竣工後に改正を施した再度の公試で21.162ノットを記録した。計画していた22.5ノットには及ばなかったものの、「伊吹」での試行錯誤は「安芸」以降のタービン搭載主力艦に活かされている。

計画値に達さなかったとはいえ、「伊吹」「鞍馬」の速力は当時、世界のスタンダードとなっていたド級戦艦の速力にも遜色はなかった。

■「鞍馬」と「伊吹」の相違

「鞍馬」は1905年8月23日に起工したが、翌月に日露戦争が終結したこともあって工事を急ぐ必要がなくなった。そのため、起工から進水までに2年2ヵ月、進水から竣工まで3年4ヵ月と緩いペースで建造が進められ、ようやく竣工したのは1911年2月28日のことであった。建造が遅延している間は、日露戦争戦利戦艦の改装工事も行なわれていた。

「伊吹」は先述のようにスピード進水した後も工事は順調で、「鞍馬」よりも早い1909年11月1日に竣工している。

両艦は姉妹艦であるため艦容はほぼ同じだが、タービンの有無や工事の期間から明確な差異もある。まず外見では、「鞍馬」は前後のマストに大型艦として初めて新式の三脚檣を採用した。これは工事が長引いたためになされた改良のひとつで、従来の単檣である「伊吹」と、絶対に間違えない相違点である。

煙突は宮原式ボイラーを28基も搭載した「鞍馬」が、細く長い。対して18基搭載の「伊吹」は、やや太く短いものとなっている。

主砲の口径は同じだが、「伊吹」の砲はアームストロング社製の輸入品であった。

■第一次世界大戦での実績

「鞍馬」は竣工直後の1911年4月、イギリス国王ジョージV世の即位記念観艦式に参列すべく、「利根」（二等巡洋艦）とともにイギリスへ向かった。塗装も真新しい現地での写真が残さ

▲鞍馬型装甲巡洋艦1番艦「鞍馬」。本型はこれまでの装甲巡洋艦を一段強化したもので主砲に戦艦並の30.5cm連装砲を採用していた。ただしこれは船体中心線上に配置された前後の2基だけで舷側に配置されたのは中間砲である20.3cm連装砲だった。本艦は建造当初は装甲巡洋艦とされたが1912年に巡洋戦艦という艦種が新設されると、巡洋戦艦へと類別変更されている。第一次大戦では通称保護とドイツの太平洋植民地占領などの作戦に参加、その後シベリア出兵にも投入されたが1923年ワシントン軍縮条約の規定により廃棄されることとなった

▲鞍馬型装甲巡洋艦2番艦「伊吹」。本艦は戦艦「安芸」に採用予定のタービン機関を試験的に搭載するため建造が急がれ1番艦「鞍馬」よりも早く就役している。外見的には先に完成した「伊吹」が単檣なのに対して「鞍馬」は三脚檣を搭載している

れており、イギリスの巡洋戦艦「インヴィンシブル」には劣るものの、新鋭の「鞍馬」は各国にどのように映ったのであろうか。

1912年8月28日、「鞍馬」「伊吹」は類別変更によって、日本海軍として初めての巡洋戦艦となっている。

1914年に第一次世界大戦が勃発すると、日本はドイツに宣戦布告して参戦。「鞍馬」や筑波型は、第一南遣艦隊としてドイツ植民地の南洋諸島占領作戦に参加した。旗艦は「鞍馬」であった。

「伊吹」はインド洋に向かい、一時的にイギリス軍の指揮下に入って船団護衛に従事した。「伊吹」こそ日英同盟後、イギリス海軍指揮下に入った唯一の日本艦艇となった。猛威を振るっていたドイツ巡洋艦「エムデン」発見の報にオーストラリア海軍の巡洋艦は攻撃に向かったが、「伊吹」は護衛を継続して日本海軍の評価を高めたという。

1920年、ニコライエフスクの日本人居留民が赤軍過激派に虐殺された「尼港事件」では、両艦とも出撃した。

1921年に再び一等巡洋艦に類別変更され、ワシントン軍縮条約が締結されると「鞍馬」「伊吹」は廃艦が決定した。どちらも1923年9月20日に除籍され、「鞍馬」は1925年1月20日、「伊吹」は1924年12月9日に解体が完了した。

（文／松田孝宏）

ド級戦艦を補うものたち

■緑の下を支えた捕獲艦と賠償艦

太平洋戦争以前、いくつもの戦争に勝利して多くの捕獲艦や賠償艦を得た日本海軍は、戦力増強のため新規主力艦の建造はもちろん、これらの活用にも務めた。

最初の捕獲艦は日清戦争時の戦艦「鎮遠」で、艦名もそのままに日露戦争でも運用されている。この時期は海防艦に類別されていたが強力な主砲は健在で、バルチック艦隊に対しても砲撃も行なった。

日露戦争では日本海海戦で大勝利したこともあり、6隻もの捕獲戦艦を得た。その内訳は、「壱岐」(ロシア海軍時は「インペラトール・ニコライ1世」以下同)、「丹後」(「ポルタワ」)、「肥前」(「レトヴィザン」)、「石見」(「アリヨール」)、「相模」(「ペレスウェート」)、「周防」(「ポビータ」)である。その他、ロシア海軍が海防戦艦とした「見島」(「セニャーウィン」)と「沖島」(「アプラクシン」)も捕獲、それぞれ二等海防艦と練習艦とした。

このうち5隻は兵装や機関などを改装して使用した。特に「肥前」はロシア太平洋艦隊でも最強クラス（建造はアメリカ）であったため、第一次世界大戦やシベリア出兵などで大いに活躍している。ことに第一次大戦では、「石見」「丹後」「周防」などロシア出身の戦艦による戦隊も編制された。このうち「丹後」や「相模」は、大戦時に同盟国となったソ連に返還されている。

これらの捕獲艦は派手な活躍こそないものの、常に軍艦の不足に悩まされていた日本海軍にとって、貴重な後方戦力になったことは間違いない。その多くは、砲撃や爆撃実験の標的艦として最期を迎えている。

第一次世界大戦では賠償艦として戦艦「トルグッド・レイス」「ナッサウ」「オルデンブルク」の3隻を得たが、領収しなかったり解体したりと、結果的に日本艦籍に入ることはなかった。

「トルグッド・レイス」はドイツが沿岸防衛用の戦艦「ヴァイセンブルグ」として建造した約20年後、トルコ海軍に売却されたもので、日本海軍が領収しなかったため、トルコ海軍に残された。晩年は練習艦「ハルク」として1950年代まで使用されるなど長命艦であった。

「ナッサウ」はドイツ初のド級戦艦、「オルデンブルク」はその改良型である。どちらも一次大戦時のドイツ戦艦らしく、重厚な舷側防御が特徴で。両艦とも引き渡し後にイギリスの解体業者に売却され、オランダで解体されている。（文／松田孝宏）

◀日露戦争でロシアからの捕獲艦である「肥前」。ロシア時代の艦名は「レトヴィザン」で旅順艦隊最強の戦艦だった。第一次大戦やシベリア出兵など日本海軍の戦力が手薄な時期に艦隊補完戦力として役立った

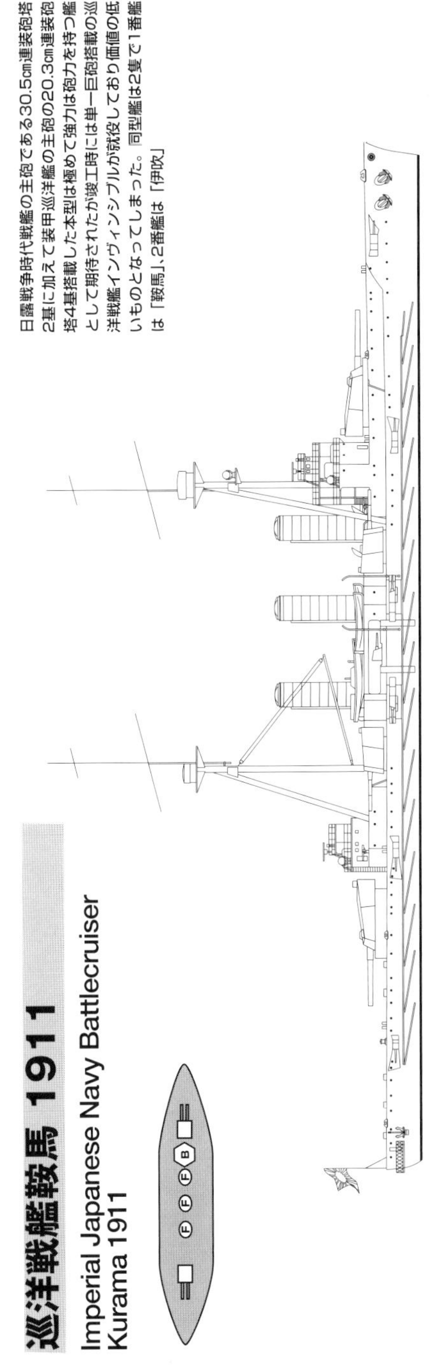

日露戦争時代戦艦の主砲である30.5cm連装砲塔2基に加えて装甲巡洋艦の主砲の20.3cm連装砲塔4基搭載した本型は極めて強力は砲力を持つ艦として期待されたが竣工時には単一巨砲搭載の巡洋戦艦インヴィンシブルが就役しており価値の低いものとなってしまった。同型艦は2隻で1番艦は「鞍馬」、2番艦は「伊吹」

巡洋戦艦鞍馬 1911

Imperial Japanese Navy Battlecruiser
Kurama 1911

鞍馬（新造時）

鞍馬（新造時）

常備排水量	1万4600トン
満載排水量	1万5595トン
全長	147.8m
全幅	23.0m
機関出力	2万2500hp
速力	21.3ノット
航続力	-
武装	30.5cm（45口径）連装砲2基
	20.3cm（45口径）連装砲4基
	12cm（40口径）単装砲14基
	7.6cm（25口径）単装砲4基
	45.7cm水中魚雷発射管3門
装甲	舷側203mm、甲板76mm、主砲178mm

金剛型巡洋戦艦 1913～1945

Imperial Japanese Navy Battlecruiser Kongu-class

高速戦艦への発展性を秘めた、超ド級巡洋戦艦の白眉

巡洋戦艦という新しい艦種に高い関心をはらった日本海軍は、本家イギリスにその建造を依頼する。そうして誕生したのが「金剛」であり、その同型艦として建造された「比叡」「榛名」「霧島」の3艦だ。建造元のイギリス海軍をもうらやましがらせた駿馬たちは、第二次世界大戦型の高速戦艦へと脱皮する

■最後の外国建造戦艦

イギリスが1906年に戦艦「ドレッドノート」、1908に世界初の巡洋戦艦となるインヴィンシブル級を就役させると、同時代から以前の戦艦、装甲巡洋艦は一気に旧式化した。これを受けた各国海軍は、主力艦の建造計画の見直しを余儀なくされる。日本も同様で、もともとは4隻の装甲巡洋艦として計画されていた金剛型を巡洋戦艦に変更した。

当時の日本は、主力艦の国産化はどうにか可能になっていたものの、巡洋戦艦の建造実績はなかった。そのため、最新建造技術を導入すべく1番艦「金剛」はイギリスのビッカース社に発注、結果的に外国で建造される最後の戦艦となった。

建造にあたってはビッカース社と艦政本部による、密接な連携で詳細を決めていった。日本海軍とビッカース社の契約には建造に使った全図面の提供が盛り込まれており、加えて多くの技術者が同社へ技術研修のため派遣された。

ビッカース社はかつて自社で建造した戦艦「三笠」の活躍を誇りとしており、日本海軍とは非常に良好な関係を築いていた。そのため派遣要員を快く受け入れたばかりでなく、企業秘密に近いと思える技術指導も実施してくれた。艦内電気艤装工事技術の吸収ほか、日本側にとって得るところは多大で、残る3隻の建造にもビッカース社に派遣された工員たちが関与していたのである。

続く2番艦「比叡」は横須賀工廠で建造されているが、主砲塔や機関など重要部の大半がビッカース社で製造されており、それを日本で組み立てる方式となった。3番艦「榛名」と4番艦「霧島」は、日本の戦艦として初めて民間の造船所で建造された。「榛名」は神戸川崎造船所、「霧島」は三菱長崎造船所であったが両社の意気込みはただならぬもので、「榛名」の公試運転が遅れると、川崎の至宝と謳われていた造機工作部長篠田恒太郎技師は正装して自刃した。遺書などはなかったが、責任を感じての行ないであることは明白であった。

「榛名」「霧島」の竣工と受領は両艦揃って1915年4月19日だが、これは海軍が両社に対して配慮したためと言われている。

■世界最強の巡洋戦艦戦隊

4隻の金剛型巡洋戦艦は、1913年から1915年にかけて竣工した。「金剛」の設計に際しては、イギリス戦艦「エリン」(21ページ参照)を巡洋戦艦とした(一時期はイギリスのライオン級巡洋戦艦がベースという説が定着していた)。「エリン」よりも主砲を減じて機関を増やし、船体を延長。防御設計も「エリン」に準じた。その結果、ライオン級よりも強力な火力、同等の速力、やや薄い装甲防御となった「金剛」は世界でも一級の巡洋戦艦として誕生したのである。

主砲はいくつかの案がビッカース社でも検討、提案され一時期は30.5cmの、しかも3連装砲の採用が決まりかけていた。当時、建造中であった河内型戦艦も30.5cm主砲であるため、同じ口径を選択することは無難ではあったのだ。しかし各国が34.3cm(13.5インチ)または35.6cm(14インチ)砲を研究している情報がもたらされると、14インチすなわち36cm砲の搭載が決定した。金剛型の主砲は当初、防諜上の理由もあって四三式12インチ(30cm)砲と呼ばれていた。後年、大和型の主砲を40cm砲と呼称するのと同様の措置だが、各国の戦艦が36cm砲を搭載するようになると四一式36cm砲と改称された。なお、「金剛」「比叡」に搭載されたのは毘式、すなわちビッカース社製によるイギリスオリジナル砲となったが(「比叡」は国内ノックダウン生産)、「榛名」「霧島」は国産の四一式砲を搭載した。

36cm砲はイギリスのライオン級が搭載する34cm砲よりも大きく、1920年に38cm砲を持つ同じくイギリス巡洋戦艦「フッド」が竣工するまでは世界最大の艦載砲であった。

口径ばかりではなく、ライオン級では3番砲塔が後方へ射撃できない弱点も金剛型では改良された(ただしライオン級の配置も、搭載する機関の数など巡洋戦艦ゆえの理由があるので失敗とは言い難い)。

36cmの巨砲に27.5ノットの高速を発揮する「金剛」「比叡」「榛名」「霧島」で編成された第三戦隊はまさに世界最強であり、同型の巡洋戦艦4隻を揃えたのは日本海軍だけであった。金剛型の就役時は第一次世界大戦のまっただ中、イギリスが借用を申し込んだのも無理からぬことであった。

■第一次改装で巡洋戦艦から戦艦へ

1922年のワシントン軍縮条約と1930年のロンドン軍縮条約で主力艦の新造が制限されると、各国海軍は改装によって性能の向上をめざした。金剛型も例外ではなく、1920年以降に行なわれていた主砲の仰角増大による射程距離延長や高角砲の搭載、艦橋の檣楼化などの小改装を経て、1924年から1931年の間に第一次改装工事を各艦に行なった。

この際に注力されたのは、防御力と機関の改正であった。第一次世界大戦時に発生したジュットランド沖海戦で、巡洋戦艦は薄い垂直装甲はもちろん、水平防御力の低さが致命的とわかった。しかも遠距離砲戦になると、砲弾は上方から落下するように着弾するため、水平防御として甲板の装甲強化は必須であった。そこで弾火薬庫や機関区画などに装甲を追加、他国の戦艦に肩を並べられるレベルとした。魚雷や水中弾に対する水中防御として、舷側にバルジも装着された。

機関は搭載機関を改めたことで煙や熱の影響を軽減、煙突も1本減らすことができた。

しかしながら、こうした改装によって各艦の排水量は増大し、速度は26ノット低下してしまった。そのため、金剛型は昭和6年に巡洋戦艦から戦艦へと類別変更がなされた。

なお、改装工事中にロンドン軍縮条約の締結を迎えた「比叡」は、練習戦艦としての保有が認められた。このために4番砲塔の撤去、司令塔と舷側の装甲撤去、速度は18ノットと制限され、1931年から1932年に工事が実施された。戦艦としては見る影もなくなった「比叡」だが、昭和8年以降、御召艦として何度も天皇を迎える栄誉に浴することになった。

■第二次改装による高速戦艦の誕生

金剛型には第一次改装以後も対空兵装やカタパルトの追加がなされたが、1933年から1940年にかけて再度の改装が行なわれた。この時期、各艦の艦齢は20年に達していたが、金剛型には夜戦の際に敵巡洋艦を圧倒する役目が期待さ

▲金剛型巡洋戦艦1番艦「金剛」。1913年、イギリスで公試準備中の姿。この時点ではまだ日本海軍に引き渡されていない。主砲の配置からライオン級巡洋戦艦の改良型であり、のちに「タイガー」にも影響を与えたとする説が流布してきたが近年ではトルコ海軍向けの戦艦「エリン」をベースにしたものであることが判明した

▲大改装後の2番艦「比叡」。本艦はロンドン軍縮条約で練習戦艦へと類別されていたため本型の中でいちばん最後に改装を受けた。そのため建造中の新戦艦大和のテストベッドとして新型方位盤などを搭載している。金剛型は巡洋戦艦として生まれたが第一次改装時に防御力を強化した代償に速力が低下したため戦艦へと類別変更されている

れていた。このため改装では攻撃力と速力の向上が主眼とされ、まず主砲の最大仰角をさらに引き上げた。当初は20度または25度だった主砲仰角は、この改装で43度にもなり、最大射程は3万3000mに達した。水中魚雷発射管の全廃、25mm連装機銃の設置もこの時期である。

機関は缶をすべて重油専焼缶として、タービンは新型の艦本式減速タービンに変更。艦尾も延長したことにより、排水量の増大にも関わらず速度は約30ノットになった。

まさしく近代的な高速戦艦であり、このために金剛型は空母機動部隊の随伴任務を始め、太平洋戦争で最も活躍した戦艦になる。以後も開戦まで磁気機雷防止用の舷外電路や、注排水装置、防毒装置の取り付けが行なわれていた。

「比叡」の改装は他艦より遅れてロンドン条約失効後の1937年から着手、1940年まで要するが、当然ながら戦艦として復帰することになった。この時「比叡」は、予定されていた戦艦「大和」のテストベッドとなり、頂部に新型の九八式方位盤、その下の測距儀も基線長10mのものに換装した。実際の「大和」もこの方式となり、射撃指揮装置に併せて「比叡」艦橋は形状が変化、金剛型においても容易に見分けられる外観となった。

ちなみに工事完了後「榛名」は前トリム（前のめりの状態）が強かったと伝えられており、改造の際に船体重心位置の計算ミスがあったという意見もある。

金剛型最後の改装は太平洋戦争後半の1944年で、残存していた「金剛」「榛名」に機銃やレーダーの増設が実施されている。

■太平洋を疾駆して

最古参にして最高速の戦艦である金剛型は、太平洋戦争でかなり酷使された。開戦時、「金剛」「榛名」はマレー上陸作戦の支援、「比叡」「霧島」は真珠湾作戦のためハワイ方面に出動していた。

４隻が揃っての作戦行動はインド洋作戦が唯一となったが、クリスマス島を「金剛」「榛名」が数回砲撃したところ、島内のイギリス兵が白旗を上げる椿事があった。

痛恨の敗北となったミッドウェー海戦を経て、ガダルカナル島の戦いでは「金剛」「榛名」が米軍飛行場を砲撃。一時的ではあるが、使用不能に追い込んだ。

ところが同じ任務を帯びた「比叡」「霧島」が出撃すると第三次ソロモン海戦が生起、乱戦で集中砲火を浴びた「比叡」が沈没してしまい、日本戦艦の喪失第一号となった。「霧島」も、戦艦「サウスダコタ」との砲撃戦に奮闘するが「ワシントン」から痛打を受け沈没を余儀なくされた。しかし、これが太平洋戦争における、日米戦艦最初の対決であった。

残った「金剛」「榛名」は1944年6月のマリアナ沖海戦に出撃するが、大敗したため語るべき戦果はない。この時、空襲で損傷した「榛名」は4本のスクリュー軸のうち1本を切断しなければならなくなり、以後は最期まで3軸運転で行動した。

1944年10月のレイテ沖海戦は、実質的に最後の作戦となった。サマール沖で米護衛空母群と遭遇した第三戦隊はこれを猛追、「ガンビア・ベイ」撃沈は「金剛」の功績という説もある。しかし戦闘を終えて内地へ帰投中の11月、「金剛」は米潜水艦の雷撃で沈んだ。

ただ1隻となった「榛名」は、予備艦に格下げされて呉に繋留されたまま、1945年7月の空襲で大破着底してしまった。満身創痍の姿であったものの、金剛型では唯一その姿を没することなく終戦を迎えている。

敗れ、沈んだとはいえ開戦から終戦まで、金剛型戦艦の活躍はめざましいものであった。

（文／松田孝宏）

金剛（新造時）	
基準排水量	2万6330トン
満載排水量	3万2306トン（榛名）
全長	214.6m
全幅	28.0m
機関出力	6万4000hp
速力	27.5ノット
航続力	8000海里／14ノット
武装	35.6cm（45口径）連装砲4基
	15.2cm（50口径）連装砲16基
	7.6cm（40口径）単装砲12基
	53.3cm水中魚雷発射管8門
装甲	舷側203mm、甲板70mm
	主砲254mm

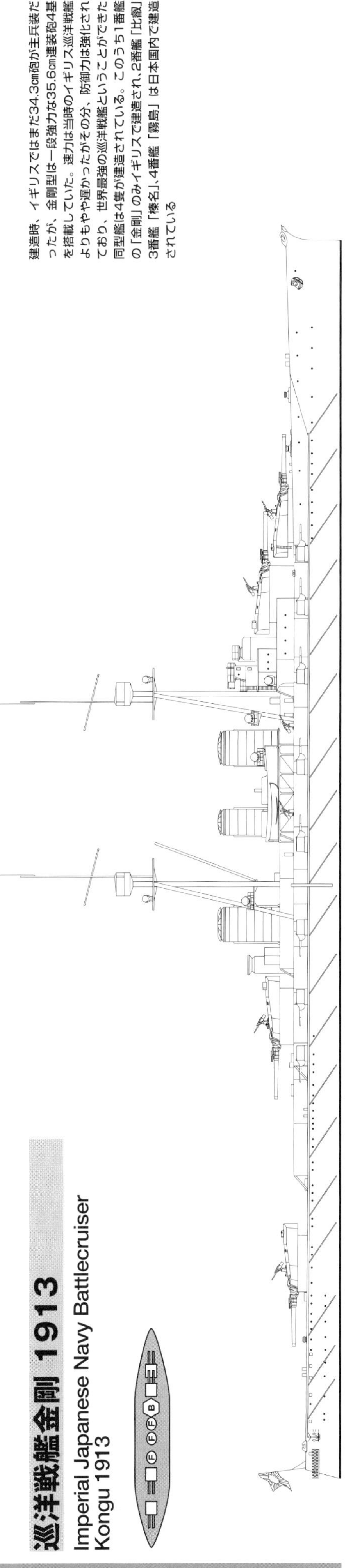

建造時、イギリスではまだ34.3cm砲が主兵装だったが、金剛型は一段強力な35.6cm連装砲4基を搭載していた。速力は当時のイギリス巡洋戦艦よりもやや遅かったがその分、防御力は強化されており、世界最強の巡洋戦艦ということができた。同型艦は4隻が建造されている。このうち1番艦の「金剛」のみイギリスで建造され、2番艦「比叡」、3番艦「榛名」、4番艦「霧島」は日本国内で建造されている

巡洋戦艦金剛 1913

Imperial Japanese Navy Battlecruiser
Kongu 1913

扶桑型戦艦 1915〜1944

Imperial Japanese Navy Battleship Fuso-class

一足飛びに出現した日本版超ド級戦艦の嚆矢

36cm連装砲を6基搭載して完成した扶桑型戦艦は当世最大最強の戦艦であり、日本海軍は河内型から一気に「超ド級戦艦」を手にすることとなった。ところが、その攻撃的な艦影は二度の近代化改装での伸びしろを失っており、大きな刷新ができないまま時代に取り残されることとなった

■国産初の超ド級戦艦計画

1906年に30.5cm（12インチ）砲搭載のイギリスの戦艦「ドレッドノート」が登場した後も、主力艦の主砲口径は増大の一途をたどっていた。1912年に4隻の同型艦が完成したオライオン級戦艦の主砲は34.3cm（13.5インチ）と一挙に増大、同年には38.1cm（15インチ）主砲搭載のクイーン・エリザベス級も計画された。また、アメリカ海軍も1911年に初の35.6cm（14インチ）砲搭載戦艦「ニューヨーク」「テキサス」を起工した。

各国の情勢は日本海軍も知るところであり、以後に建造される主力艦は超ド級戦艦となってゆく。扶桑型は、このような情勢下で計画された戦艦であった。

1番艦「扶桑」はもともと、日露戦争が始まった1903年の第三期海軍艦艇拡張計画において「第三号甲鉄艦」として計画されていたが、1911年度計画で超ド級戦艦に艦型変更され、建造が決定した。続く2番艦「山城」は、1913年度計画の「第四号甲鉄艦」が出自であった。

主砲は36cm砲の搭載が決定、35種類にもなる試案では連装はもちろん、3連装4基や4連装3基案もあった。しかし、当時にあっては3連装以上の砲塔は研究が進んでおらず試作も間に合わないこと、多目標との砲戦には多砲塔が有利と判断された。

最終的には連装砲塔6基、排水量3万600トン、速力22.5ノットにまとめられることになった。

■竣工時は世界最大最強

1911年3月に起工した「扶桑」は1915年11月に、1913年11月に起工の「山城」は1917年3月に竣工した。

常備排水量は世界で最初に3万トンを超えた3万600トン、主砲は36cm砲12門。排水量はむろんのこと世界最大、6基12門の36cm主砲は、38cm砲には劣るが砲数では最多であった。22.5ノットという速力は当時としては高速で、仮想敵とした当時の米戦艦群よりも2ノットほど速い。

データを列記する限りは当時の最大最強戦艦であり、決して間違いではないのだが、扶桑型はいくつかの弱点を内包していた。まず6基もの砲塔を積むために船体重量を減らさなければならず、装甲にあてる重量に悪影響を及ぼした。3番および4番砲塔は機関室を挟んで配置したが、これは弾火薬庫と機関室が交互に並ぶことを意味しており、防御上大きな問題となったばかりか、機関の増備を著しく困難とした。

さらに建造中から主砲発射時に発生する爆風が懸念されていたが、予想どおり公試では、艦全体を爆風が覆う結果となってしまった。

防御面も舷側の装甲配置はド級に相当する河内型を踏襲しており、同時期の米英戦艦より最厚部が狭いなど、1万m以内での砲戦を想定したものだけに物足りなさは否めなかった。

なお、「山城」は「扶桑」よりも1年半ほど遅れた竣工であったため、砲塔上の測距儀を6mとしたほか（「扶桑」は4.5m）、いくつかの改良がなされている。新造時から高角砲を搭載、かつ方位盤照準装置を搭載した最初の日本戦艦が「山城」であった。

■大改装に至るまで

竣工時から不備の多かった扶桑型の生涯は、改装の連続であった。近代化改装は1930年からとなるが、それまでに両艦はいくつもの小改正がなされた。主なものとしては1919年以降、発射指揮所など艦橋構造物の追加が逐次なされ、やがて複雑な檣楼を形作っていく。ジュトランド沖海戦の戦訓をもとに、主砲の仰角引き上げが1927年に行なわれたが、この際「山城」のみが天蓋の装甲を増やした。

1922年、「山城」の2番砲塔に滑走台を仮設して艦載機の発艦テストが行なわれ、一応の成功を収めた。この滑走台は実験後「山城」から撤去されたが、「扶桑」には装備された。また、「山城」には1929年以後、4番砲塔に水上機の搭載設備が設けられていた。

その他、高角砲や機銃の装備、換装、探照灯の新設、移設など細かい改正も多い。

■第一次改装に独特の前檣楼を形成

扶桑型の近代化改装工事は「扶桑」が1930年5月から、「山城」は同年10月から着手された。これ以後の大改装は1934年の「榛名」であり、僚艦に4年も先がけての着手はそれだけ扶桑型に問題が多かった証しでもあった。

近代化大改装は防御力の向上、兵装や機関強化など艦全体におよぶものとなった。

主砲は遠距離砲戦能力を向上すべく、33度の仰角を43度へ増大。副砲も同様に仰角を上げ、新型の八九式12.7cm連装高角砲4基が搭載された。この改装で主砲は3万m、副砲は1万5000m以上の砲戦が可能となった。この時期、九一式徹甲弾を使用するための改装もなされたとみられている。

射程が増大したことで射撃指揮装置関連も更新、追加されたが、指揮装置は測距儀と方位盤が別個に設けられていたことで前檣楼の形状は複雑なものとなった。

航空兵装はカタパルトが設置されたが、「扶桑」の場合はこれを前方繋止に向きを変えた3番砲塔に設置した。この変更により艦橋の基部は細くすぼまり、先述の指揮装置などの追加もあって前檣楼は良くも悪くも「扶桑」独特の形状となった。ただし、この艦橋形状に多くのファンが多くついているのも事実である。一方の「山城」は延長した艦尾に航空兵装を設けたため艦橋形状への影響はなく、「扶桑」よりは落ち着いた前檣楼となった。

防御面では、水平防御強化のため弾火薬庫や機関室上に51mmから102mmの装甲を追加。水中防御ではバルジを装着すると共に、新たに64mmから76mmの縦隔壁を設けた。さらに局部的に装甲が追加された部位もあったが、それでもなお最終的に36cm砲に対する充分な防御とはなり得なかった。

機関は速力25ノットの実現をめざして主機を艦本式タービンに換装、缶も換装して煙突は1本となった。しかし、限られたスペースに搭載できる缶では出力が足りず、目標をわずかに下回る24.7ノットとなった。ただし、元艦長である鶴岡信道少将の戦後証言によれば26ノットを発揮したこともあるという。また、16ノットで1万1800浬という航続距離は、改装後の日本戦艦群では最長であった。

■第二次改装と追加工事

1933年5月、工事を終えた「扶桑」は第一艦隊第一戦隊に配属された。しかし、さまざまな追加工事が必要となり、1934年9月から同10年

▲竣工後間もない時期の「扶桑」。日本海軍ではド級戦艦は河内型戦艦2隻のみで終わり、一気に超ド級戦艦の建造に踏み切った。本艦は35.6cm連装砲塔6基を搭載し、速力も当時としては比較的高速だったが、船体全域に配置された主砲の影響で斉射時の爆風が全艦を覆いつくすため多くの問題をかかえていた

▲1929年ごろの「山城」。4番砲塔の上に水上機を搭載しており、新造時のシンプルな三脚檣から檣楼型の艦橋へと変わっている。本型は新造時よりトラブル続きで1930年代の大規模近代化改装以前にもたびたびドック入りし改装工事が施されているが根本的な解決を見なかった

3月まで実施された。

この時は、中甲板レベルまでだったバルジの上縁を上甲板レベルへ高め、艦尾を延長した。

一方、「山城」の改装は記述したように1930年10月に着手したが、特記ない限り「扶桑」と同様の工事が行なわれた。折からの世界情勢悪化に伴い、主砲、対空兵装、檣楼、副砲、主機、船体の順に工程を区切って工事を行ない、有事には工事を打ち切って出撃できる態勢下としていた。この工程には「扶桑」や他の戦艦が二度に分けて行なった作業がすべて含まれていたため、結果的に1935年初頭までと非常に長期間にわたる工事となった。

以上のような改装を終えても、扶桑型はさらなる工事を必要とした。

兵装では1936年から1937年にかけて2門の副砲を撤去し、「扶桑」には1937年に、「山城」には1938に25mm機銃が追加された。この時期には両艦とも測距儀を10mに換装している。

また「扶桑」は、1940年にようやく航空兵装を艦尾に移している。

1941年になると舷外電路や注排水装置など、他艦と同様の装備で開戦を迎えることになる。

■スリガオ海峡に散華

開戦後、扶桑型は真珠湾攻撃から帰投する機動部隊を支援と称して出迎えるため出動したほかは、まったくと言っていいほど活躍の機会には恵まれなかった。

1942年4月の東京初空襲の際は伊勢型戦艦と共に編制していた第二戦隊に出動が命じられたが、低速の戦艦に高速の米空母を捕捉できるはずもなく、主力部隊の一員となったミッドウェー海戦もただ出撃しただけにとどまり、幸か不幸か航空戦艦への改装も見送られた。

その後は1942年9月以降、両艦は練習艦として訓練に供された。高性能とは言い難い扶桑型だが、兵たちの技量向上への貢献や、伊勢型以後に与えた設計の好影響などは評価されるべきだろう。

戦時中の追加艤装として、「扶桑」は1943年7月のトラック出撃の際に二一号電探と25mm連装および単装機銃を増備したと伝えられている。「山城」は1944年7月まで連合艦隊付属として横須賀で練習艦任務に就いていたこともあり、大きな改装はないと思われる。

「扶桑」は1944年5月にビアク島へ上陸したアメリカ軍に対する第一次渾作戦で間接護衛隊に予定されたが、作戦は実施されなかった。

1944年6月に米軍がサイパンに来寇した際は、「山城」による逆上陸を敢行すべく大発や機銃が搭載される計画もあったというが、真偽は不明である。

扶桑型戦艦は捷一号作戦に際し、西村祥治中将率いる第一遊撃部隊第三部隊の所属となった。低速のため、栗田中将指揮の主隊とは別ルートからレイテ湾をめざすのである。この時は両艦とも、電探と大量の機銃が追加された最後の姿であった。

旗艦「山城」と「扶桑」を含むわずか7隻の艦隊は、スリガオ海峡で米艦隊の待ち伏せ攻撃を受けた。魚雷艇、駆逐艦による幾度もの夜襲に西村艦隊は寄せ集めとは思えぬ練度で応戦しながら進撃していたが、被雷した「扶桑」は大爆発を起こし、船体が真っ二つとなって沈没。戦艦6隻もの砲撃下を遮二無二突進する「山城」も、ついに撃沈された。最初の被雷に速度は落ちなかったというから、改装時の防御力向上が奏功したのかもしれない。駆逐艦「クラックストン」艦長による「山城」のきわめて正確な主砲夾叉こそ老戦艦が最後に見せた意地であった。

一説には「山城」の生存者は10名、「扶桑」は数名～10名程度と伝えられており（生存者なしという資料もある）、太平洋戦争でも稀有な、そして最後となる戦艦同士の砲撃戦であった。低性能な戦艦が圧倒的優勢な敵に殲滅されるという凄絶な戦闘は、扶桑型の儚さを決定的に印象づけるものとなった。

（文／松田孝宏）

扶桑（新造時）	
基準排水量	2万9326トン
満載排水量	3万6488トン
全長	205.1m
全幅	28.7m
機関出力	4万hp
速力	22.5ノット
航続力	8000海里／14ノット
武装	35.6cm（45口径）連装砲6基
	15.2cm（50口径）連装砲16基
	7.6cm（40口径）単装砲12基
	53.3cm水中魚雷発射管6門
装甲	舷側305mm、甲板64mm
	主砲280mm

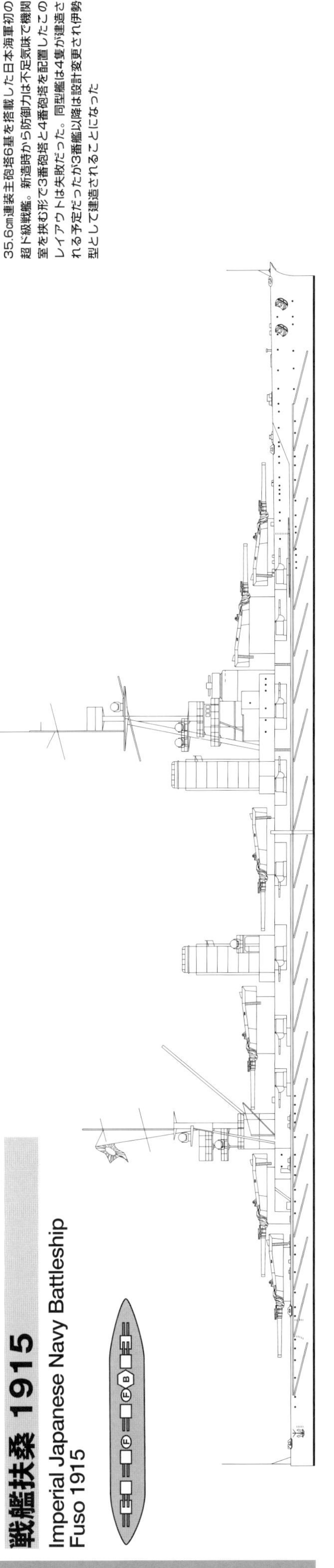

戦艦扶桑 1915
Imperial Japanese Navy Battleship
Fuso 1915

35.6cm連装主砲塔6基を搭載した日本海軍初の超ド級戦艦。新造時から防御力は不足気味で機関室を挟む形で3番砲塔と4番砲塔を配置したこのレイアウトは失敗だった。同型艦は4隻が建造される予定だったが3番艦以降は設計変更され伊勢型として建造されることになった

伊勢型戦艦 1917～1945

Imperial Japanese Navy Battleship Ise-class

世界でも珍しい航空戦艦として名を残す

扶桑型戦艦の発展改良型である伊勢型は、それだけに性能面では熟成された手堅さを発揮した。格段に優れた要素もなく、粛々と時代に対応して改装されたその姿は、航空主兵となった第二次世界大戦中に航空戦艦に転じて大きく変化を見せ、超ド級戦艦のなかでもとくに希有な運命をたどった

■扶桑型戦艦の改良型として計画

1913年度計画における第四号甲鉄艦は扶桑型超ド級戦艦2番艦「山城」として同年に起工され、続く第五、第六甲鉄艦はそれぞれ3、4番艦と予定されていた。

しかし財政上の理由から議会の承認が遅れたため、3、4番艦はこの期間で先んじて完成した「扶桑」の問題点を見直し、急激な進歩を続ける主力艦建造への追随なども踏まえて設計を新たなものとした。このため改扶桑型とも称されることがある伊勢型だが、似通った数値はあっても実質は新しい戦艦であった。

扶桑型からの改善点として最も顕著なものが主砲配置である。6基の砲塔をそのまま同一線上に配した扶桑型に対し、伊勢型は2基ずつを背負い式としており、アメリカ海軍のワイオミング級戦艦と同様の配置であった。この措置によって扶桑型で大問題とされた爆風の影響は激減、射撃能力も向上した。

砲塔と砲塔に挟まれ窮屈だった「扶桑」と違い機関部の容積も増え、以後の拡張を容易なものとした。さらに砲塔の背負い式化は弾火薬庫の配置もすっきりと集約するものとなり、ひいては防御も合理的なものとなった。

■新機軸を盛り込んだ建造

1番艦「伊勢」は1915年5月に起工され、同6年12月に竣工した。2番艦「日向」は1915年5月に起工、竣工は同7年4月だが、巡洋戦艦「榛名」「霧島」に続いて川崎神戸造船所と三菱長崎造船所が民間初の超ド級戦艦として世に送り出した。

主砲斉射時の爆風は期待通り解消され、扶桑型では仰角5度による固定装填式が、金剛型同様に自由装填式（5～20度）に戻された。伊勢型は新造時より方位盤射撃装置が搭載された最初の日本戦艦であるため、射撃能力は向上していた。

副砲は金剛型、扶桑型の15cm砲から14cm砲に改められた。この変更は当時の人力装填は日本人の体力では困難であったためで、1発の威力は低下しても2門増加したうえに、発射速度が低下しなければ時間あたりの発射弾量は変わらないと見込まれた。ただし主砲の配置変更に伴いケースメートが短くなり、両舷に1門ずつが上甲板に装備されることになった。

高角砲も単装4基が搭載されたが、新造時からの搭載は伊勢型が最初であった。

防御面でも、扶桑型より強化が図られた。舷側の装甲配置は扶桑型に準じたが、主砲塔前やバーベット、水平防御などはより厚くなった。また甲板防御の鋼材として、イギリス海軍が強度鋼材として使用していた高張力鋼とデュコール鋼を新たに導入している。

機関出力は強化されたため、扶桑型よりも常備排水量が増えたにもかかわらず23ノットを実現した。

しかし、こうした改良と引き替えに居住区の面積が減少、定員が増大したこともあって伊勢型は1人あたりの面積が最も狭い日本戦艦となってしまった。この居住性能の悪さは、以後の大改装でもほとんど改善できなかったようだ。加えて短艇類の搭載にも制約が生じ、第1、第2煙突の間に格納、爆風よけのブラストスクリーンが装備された。

■改装による面目一新

就役後の伊勢型は、多少の不備はあったもののまずまずの高評価を得ていたが、大改装前にも小さな改正が何度か行なわれていた。

最初の小改正は1921年の主砲仰角引き上げで、25度から30度として最大射程を延長した。「日向」は1919年に3番主砲塔の爆発事故を起こしており、この際に復旧工事も実施した。1924年には砲塔天蓋が強化されたが、これはジュットランド沖海戦の戦訓による。同海戦の砲戦距離は日本海軍の予想を大きく上回るもので、遠距離から放たれた後に大きな弧を描いて落下する砲弾は、舷側よりも甲板や天蓋へ命中することが多くなるための対処であった。

以後も前檣の檣楼化、航空兵装の搭載、水中発射管の撤去などが順次なされた後、「日向」は1934年11月から、「伊勢」は1935年8月から大改装工事に入った。二次にわたった金剛型などと違い、一度の工事ですべてを改装しようというものであり、艦全体におよぶ大規模な工事となった。

主な内容として、遠距離砲戦能力向上のため主砲と副砲の仰角を引き上げて射程を延長し、方位盤や測距儀など射撃装置を刷新した。これらの措置で主砲の最大射程は3万3000m、1万5000mに達したが、荒天時に波浪で使用できなくなる片舷の副砲を2基ずつ撤去した。

防御は2万から2万5000mで36cm九一式徹甲弾の直撃に耐えるよう、水平防御や弾火薬庫、主砲塔などが強化された。水中防御は弾火薬庫などの舷側に防御隔壁を追加した。バルジも新設され、開戦前に浸水時の浮力を保持すべく上部に水密鋼管を充填している。

機関はボイラー、タービンとも全面的に換装、扶桑型と違い機関室のスペースに余裕があったため理想の配置となった。煙突も一本化され、艦尾も延長したことで速力は25ノットに達した。

カタパルトやクレーンなどの航空兵装は延長された艦尾に集約、3機の水上偵察機が搭載可能となった。

以上の工事を1937年までに終えた伊勢型戦艦は、以後も注排水装置や舷外電路の設置、機銃増強など他戦艦と同様の追加工事を行なって太平洋戦争に参加した。

■航空戦艦ここに誕生す

伊勢型の属する第一艦隊第二戦隊は、ハワイ帰りの機動部隊出迎えに出動した程度で出撃の機会に恵まれないまま内地で過ごしていた。

▲1917年、紀伊水道で公試中の戦艦「伊勢」。当初は扶桑型戦艦の3番艦として建造される予定だったが予算成立が遅れたため、扶桑型の問題点を解消するべく設計をあらためて伊勢型戦艦1番艦として建造されることとなった。
扶桑型で問題とされた3番、4番主砲の配置を見直してまとめて背負式に配置している。この結果、主砲の爆風問題は改善され、また機関スペースも拡大し防御力も強化された。ただこれらの改良により居住区面積は狭くなり日本の戦艦の中でもっとも居住性が悪くなってしまった　（写真提供／大和ミュージアム）

▲1943年11月、航空戦艦への改装終了後、公試中の2番艦「日向」。後部主砲2基を撤去しそのスペースに格納庫、整備作業用の飛行甲板とカタパルトを設置した。このスペースに艦上爆撃機彗星22機を搭載する予定だったが実戦では運用されることはなかった

1942年5月には日本海軍初めての電探として「伊勢」に二一号電探、「日向」には二二号電探が装備された。同月には「日向」の5番砲塔が爆発事故を起こし（偶然にもその瞬間が『日本ニュース』112号で公開され、現在もインターネットなどで視聴が可能）、応急処置としてバーベット部を鋼板で塞ぎ、25㎜機銃4基を搭載して6月のミッドウェー海戦へと出撃した。

語るべきことのない同海戦の日本戦艦において、「日向」の電探は濃霧や暗夜での艦隊運動や隊形保持に役だっている。

帰投後、伊勢型戦艦に一大転機が訪れる。ミッドウェー海戦で空母4隻を失った日本海軍は、航空兵力補強策として戦艦の空母改造を検討。大和型以外が候補とされたが、高速の金剛型と大火力の長門型は除外され、残った伊勢型と扶桑型のうち、爆発事故で「日向」が5番砲塔を撤去していた伊勢型に白羽の矢が立った。

当初は210mもの全通飛行甲板を持ち、54機を搭載する本格的な空母案が出されたが、期間が長く工数が多いため見送られた。次は1〜3番砲塔を残した航空戦艦という案も出たが、最終的には後部の5、6番砲塔を撤去した跡に格納庫と70mの飛行甲板を設置する案に落ち着いた。

改造は「伊勢」が1942年末から開始され、1943年9月に終わった。「日向」は1943年5月から11月である。

船体後部からその姿を一新した伊勢型は、先述の飛行甲板に加えて高角砲を倍増、一方で副砲をすべて撤去した。

最後まで積むことのなかった搭載機は当初、新型艦爆・彗星22機が予定されていたが、途中から半数が水上爆撃機・瑞雲に変更された。いずれも、新型で大馬力の一式二号一一型射出機から連続射出するもので、計算上は全機が発進するまで5分とされていた。ただし着艦はできないため、帰投は近傍の基地か空母に、機体によっては海面に着水して搭乗員だけを回収、または機体ごとクレーンで回収するものとした。

搭載機用のガソリンタンクや爆弾庫は5、6番弾火薬庫跡に設けられ、全搭載機が3回出撃できるだけの燃料や爆弾が搭載された。

航空戦艦用の航空隊として、第六三四航空隊が1944年5月に編制され、伊勢型も2隻で第三艦隊第四航空戦隊を編制した。六三四空は岩国で訓練を開始したため、両艦の格納庫は空となることが多く、大演芸会場やバレーボールのコートになったという。むろん伊勢型からの射出訓練も行なわれたが、瑞雲の空中分解事故などで順調とはいかず、1944年6月のマリアナ沖海戦には参加できなかった。

■日本戦艦掉尾の活躍

続く10月のレイテ沖海戦に、伊勢型は小澤中将の囮機動部隊一員として参加した。六三四空は台湾沖航空戦へ投入されたため、搭載機もない出撃であった。四航戦の司令官は、ミッドウェー海戦時に「日向」艦長を務めた松田千秋少将である。

小澤艦隊は空母4隻がすべて沈没したものの、見事に囮任務を完遂。「伊勢」「日向」とも艦長たちが松田司令官が標的艦「摂津」の経験で編み出した爆撃回避術も参考にしつつ、至近弾は受けたものの直撃弾を許さなかった。出撃前に増備された機銃や、新兵器である12cm30連装噴進砲も大いに役立ったという。

帰投した四航戦は、休む間もなく戦略重要物資を内地へ運ぶ「北号作戦」に投入される。指揮官の松田少将が「完遂」を願って「完部隊」と名付けた6隻の小艦隊は、奇跡的に無傷のまま全艦が呉に到着した。輸送作戦に過ぎないが、この時期の日本海軍における数少ない「作戦成功」である。伊勢型は大戦末期にようやく、わずかな活躍の機会を得たのであった。

1945年4月、予備艦となった「伊勢」「日向」は、呉に繋留された。7月24日と28日の呉空襲ではそれまで生き残っていた歴戦の大型艦艇が大損害を受け、「伊勢」「日向」も標的となった。両艦とも動けぬまま最後まで奮闘したが、26日に「日向」が着底した。「伊勢」もまた、28日に着底。この際に主砲砲身内部に残された砲弾を虚空に放ったため、2番主砲を天高く振りかざした最期であった。

（文／松田孝宏）

伊勢（新造時）	
基準排水量	2万9990トン
満載排水量	3万7037トン
全長	208.2m
全幅	28.7m
機関出力	4万5000hp
速力	23ノット
航続力	9680海里／14ノット
武装	35.6cm（45口径）連装砲6基 14cm（50口径）連装砲20基 7.6cm（40口径）単装砲4基 53.3cm水中魚雷発射管6門
装甲	舷側305㎜、甲板83㎜ 主砲305㎜

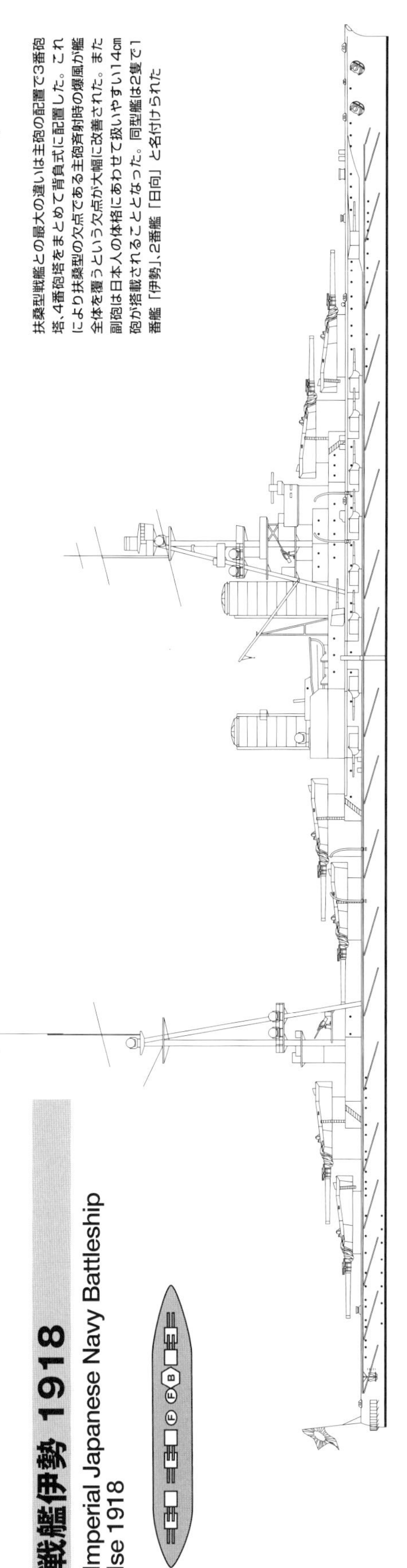

扶桑型戦艦との最大の違いは主砲の配置で3番砲塔、4番砲塔をまとめて背負式に配置した。これにより扶桑型の欠点である主砲斉射時の爆風が艦全体を覆うという欠点が大幅に改善された。また副砲は日本人の体格にあわせて扱いやすい14cm砲が搭載されることとなった。同型艦は2隻で1番艦「伊勢」、2番艦「日向」と名付けられた

戦艦伊勢 1918

Imperial Japanese Navy Battleship
Ise 1918

長門型戦艦 1920～1946

Imperial Japanese Navy Battleship Nagato-class

八八艦隊計画の先陣を飾った40cm砲搭載戦艦

明治維新で近代国家の仲間入りを果たした日本が、近代海軍を創設してわずか半世紀。アメリカ、イギリス両国に追随してついに軍縮条約を提案させるまでに追いつめる。日本の建艦技術は独自に40cm砲搭載艦を建造するまでになり、“ビッグセブン”と並び称されるほどになっていた

■八八艦隊計画の第一陣

長門型戦艦は八八艦隊計画に先行する八四艦隊計画によって、「長門」は1916年度計画、「陸奥」は1917年度計画で建造された。

日露戦争で戦艦6隻、装甲巡洋艦6隻による六六艦隊を実現、勝利した日本海軍は以後も戦艦8隻、巡洋戦艦8隻という八八艦隊を計画。当時の国力では遠大に過ぎたため（現実的に以後もほぼ不可能）、まずは八四艦隊計画の達成をめざすこととした。

1915年に「八四艦隊完成計画案」が帝国議会で承認を得ると、「長門」は七号戦艦、「陸奥」は八号戦艦として建造が決まった。

当時は金剛型を始め世界の海軍は35.6cm（14インチ）主砲を搭載、イギリスは38.1cm（15インチ）砲搭載のクイーン・エリザベス級（26ページ参照）を保有していた。こうした状況もあり、長門型は40.6cm（16インチ）砲搭載戦艦として建造されることになった。一般的には16インチ砲は40cm主砲と称されることが多いが、厳密には16インチ＝40.6cmである。

クイーン・エリザベス級戦艦の影響が濃い設計段階では16インチ砲8門搭載、常備排水量3万2500トン、25ノットという案がまとめられていた。防御方式もイギリス流を汲み、伊勢型よりも強力な戦艦をめざしていた。

ところが、設計案がまとまった直後の1916年5月末にジュトランド沖海戦が発生、巡洋戦艦3隻の沈没などイギリスから伝えられた情報を分析した日本海軍は、長門型の防御力の強化が必要だと判断した。

検討の結果、重量の増加を抑えつつ防御力を増やすため集中防御方式を採用、舷側の装甲厚こそ伊勢型と同じ305mmだが、防御甲板（上甲板）は146mmとした。ここを貫通した砲弾が火薬庫内で爆発しないよう、火薬庫は弾庫の下に設けられた。主砲塔天蓋の装甲も伊勢型では76mmであったものが150mmと倍の厚みに達した。

速度も向上が計られ、缶を増やして新型かつ日本戦艦初となる減速式タービンを搭載、巡洋戦艦並みの26.5ノットが可能となった。この高速は内外に秘密とされていたが、関東大震災で被災した帝都に急行する際、追跡してきたイギリス艦を認めつつも全速力を発揮した。軍機よりも人道を重んじて駆けつけた「長門」の姿に、安堵のあまり泣き出す被災者もいたという。

■ビッグセブンの誕生

1917年8月に起工した「長門」は、1920年11月に竣工した。八八艦隊計画第1号戦艦の登場であるが、2番艦「陸奥」は「長門」より1年遅れて1918年6月に起工した。41cm連装砲2基、3連装砲2基を搭載した「陸奥変体」案も検討されていたが、結果的に「長門」の同型艦となった。

長門型の前楼は過去の伊勢型までとは違い、1本の太い主柱を中心に周囲を6本の支柱で囲んだ独特の構造となった。この檣式の前檣楼は艦橋頂部の射撃指揮装置に振動を伝えない工夫であると同時に、倒壊を防ぐ意図もあった。以後、改装後の日本戦艦も諸外国がパゴダ（仏塔）マストと呼んだ新たな前檣楼を備えており、大きな特徴として知られることになる。

折しも当時の各国海軍は軍縮の傾向にあり、ワシントン軍縮会議が迫っていることも実感され「陸奥」の完成は急がれた。1921年11月12日の会議の前には竣工と内外に公表していたものの、実際の竣工は同年の10月24日のことであった。「陸奥」は未成艦として廃艦すべきという意見も出たが、アメリカ海軍はコロラド級戦艦3隻、・イギリス海軍はネルソン級戦艦2隻の新造が認められることで「陸奥」の存続も決定した。

これで世界には長門型を含む7隻の16インチ砲搭載戦艦が君臨することになり、条約明けを迎えるまでの長きに渡り「ビッグセブン」と呼ばれて親しまれ、あるいは畏怖されるのであった。

竣工当初の長門型はバルジもなくシンプルな船体形状で、スマートな前檣楼もあいまって巨大ながらもすっきりとした艦容であった。

■国民に愛された屈曲煙突

「長門」「陸奥」は何度も交代で連合艦隊旗艦を務め、大和型が軍事機密だったこともあって終戦まで最強の戦艦として国民に親しまれた。戦前の『少年倶楽部』誌付録のカルタの「む」の札には、「陸奥と長門は日本の誇り」という大改装前の長門型戦艦が描かれていることからも、当時いかに知れわたっていたかがうかがい知れる。

特に当時の少国民が好んで描いたのは、1番煙突の曲がった姿だったという。これは1922年、艦橋へ逆流する排煙を防ぐべく1番煙突にキャップを付けたものの、効果が不充分であったため、両艦とも1923年から1925年にかけて1番煙突を後方に屈曲させたからであった。当時は石炭との混焼缶を使用しており、発生する排煙は大変なものだったという。

またこの時期、長門型に飛行機は搭載されていなかったものの、建造初期には繋留気球を搭載、着弾観測を行なうようになっていた。しかし実用性は低く、1926年にようやく「長門」に1機、一四式水上偵察機が搭載された。当時はカタパルトも未装備で、発進の際は水偵をクレーンで海面に降ろす方式であった。対空兵装も高角砲は装備されていたものの、機銃の装備は大改装時のことである。

なお1932～1933年にカタパルトが搭載されると、その後も航空甲板へターンテーブルや運搬軌条を設置、航空兵装は当時の飛行機の進化と重なるように強化されていった。

このほか「陸奥」は、1927年に艦首を前端が飛び出たクリッパー型にして凌波性の向上を試みたが、予想した効果が得られず「長門」には実施されなかった。そのためこの時期の、両艦の明瞭な識別点となっていた。

■大改装で大幅な戦力強化

1934年から1936年にかけて行なわれた大改装工事では、軍縮条約明け後に建造される新戦艦にも対抗できるよう、徹底的な近代化が図られた。

主砲塔は未成戦艦「加賀」「土佐」のものを改造、装甲を追加しながら仰角を43度に引き上げて装備した。これによって最大射程は、当初の3万mから3万7000mに延伸している。測距儀も6mから10mへ換装した。「土佐」を標的とした実験から新たに開発された九一式徹甲弾の

▲1920年9月、公試中の戦艦「長門」。本型はイギリス海軍のクィーン・エリザベス級戦艦を参考にしつつもより大口径の41cm連装砲塔4基を搭載、ジュットランド沖海戦の戦訓を取り入れた強靭な防御力を備え、しかも巡洋戦艦並の高速力を発揮するという文字通り世界最強の戦艦だった（写真提供／大和ミュージアム）

▲1944年10月、ボルネオのブルネイ泊地に投錨中の「長門」。艦首の左奥に大和型戦艦なども確認できる。こののち「長門」を始めとする栗田艦隊は出撃、レイテ沖海戦で戦うこととなる

（写真提供／大和ミュージアム）

戦艦長門1920

Imperial Japanese Navy Battleship
Nagato 1920

八八艦隊一番手として建造された長門型戦艦は41cm砲8門を連装砲塔におさめ前後に配置、中央部は機関スペースに充てた。このため速力も巡洋戦艦並の26.5ノットを発揮することが可能でのちの高速戦艦のひな形と見ることもできる。同型艦は2隻で1番艦「長門」、2番艦「陸奥」と命名されている

使用も可能となり、副砲の射程延伸とも併せて攻撃力は向上した。新しい砲弾の追加に伴い、揚弾や装填機構にも改良が施された。またこの際、魚雷発射管は撤去された。

前檣楼トップには新たに九四式方位盤を装備して主砲射撃所となり、測距儀や各種指揮所が追加された前檣楼の形状は、よく知られるいかめしい姿となった。後檣も予備の艦橋として機能できるだけの艤装が追加されている。

防御力は、舷側装甲厚こそ変わらなかったが、40cm九一式徹甲弾に対して距離2～3万mで対抗できるよう装甲が追加された。砲室前盾やバーベットの最大装甲厚は508mmに達するなど、ややもすると過剰装甲ですらあった。

さらに舷側にはバルジを装着、水雷防御隔壁にも装甲を追加して水中爆発に備えるなど、艦全体の耐弾防御力は大幅な向上をみている。

缶は重油専焼缶となり煙突も1本となったがタービンが強化されず、艦尾の延長や副砲2門の撤去も効果なく排水量が6000トンも増えて、速力は25ノットに低下した。

この速力低下こそ瑕疵となったものの、それ以外は列強の新型戦艦にも引けを取らない性能を得た長門型は、出師準備として舷外電路装着や装甲の追加などを経て太平洋戦争を迎える。

■真価を発揮できず、劫火の彼方へ

「長門」は太平洋戦争を連合艦隊旗艦として迎えた。「新高山登レ一二〇八」の電文も「長門」から発せられ、「トラトラトラ」を受信したのも「長門」であった。

しかし、長年務めた連合艦隊旗艦の座を「大和」に譲ると、長門型の出番はほとんどないまま日を重ねた。初の本格的な出撃となるミッドウェー海戦で「長門」「陸奥」は機動部隊の負傷者を収容、治療にあたったが一発の砲弾も撃つことなく帰投した。

第二次ソロモン海戦の編制表には「陸奥」の名が認められるが、低速のため形ばかりの参加であった。

長門型が戦局に関与できぬまま時が過ぎた1943年6月8日、「陸奥」は3番砲塔付近で起きた大爆発で沈没。謎の爆沈は日本海軍を震撼させ、査問委員会が設けられて調査が開始された。放火や三式弾の爆発などが疑われたが原因はつきとめられず、真相は現在も不明である。

残された「長門」は1944年6月、「大和」「武蔵」らと第一戦隊を編制しマリアナ沖海戦に参加した。ここで「長門」は、空母「隼鷹」に向かっていた米雷撃機編隊に対し主砲から三式弾を放って撃退した。海戦後、「マリアナのお礼は？」と「長門」乗員が「隼鷹」乗員に食事をせがんだ話が伝わっている。

1944年10月、「長門」はレイテ沖海戦に出撃した。この時は3連装から単装まで機銃を計92挺に増強していた。サマール沖海戦では、生涯唯一となる敵艦への砲撃も行なった。

以後の「長門」は出撃の機会もなく、1945年4月に予備艦となる。同月から行われた最後の改装工事では兵装や主要艤装の大半を撤去、偽装のため迷彩塗装が施された。6月には「特殊警備艦」となり、7月にはわずかに残った機銃も撤去され、主砲のみが「長門」に残された武器であった。乗員の士気を維持するよう、輪投げ大会が催されたこともあるという。

戦争が終わった時、「長門」はただ1隻行動が可能な日本戦艦であった。しかし、1946年の原爆実験・クロスロード作戦の標的に選ばれ、軽巡「酒匂」やドイツ、アメリカ艦艇とともにビキニ環礁へ向かう。

二度の爆発に耐えた「長門」に関係者は驚嘆したが、やがて人知れず沈んでいった。沈没地点はダイビング・スポットとなっており、海底に眠る「長門」を間近に見ることができる。

そして1970年、関係者の尽力が実って「陸奥」は大部分が引き揚げられ、現在は「陸奥記念艦」の主砲身をはじめ多くの遺品が日本各地に展示されている。ことに鋼材は放射性物質をほとんど含まず、「陸奥鉄」として測定に適していることが近年報じられた。

（文／松田孝宏）

長門（新造時）	
基準排水量	3万2720トン
満載排水量	4万204トン
全長	215.8m
全幅	29.0m
機関出力	8万hp
速力	26.5ノット
航続力	5500海里／16ノット
武装	41cm（45口径）連装砲4基
	14cm（50口径）連装砲20基
	7.6cm（40口径）単装砲4基
	53.3cm水中魚雷発射管4門
	53.3cm水上魚雷発射管4門
装甲	舷側305mm、甲板146mm、主砲305mm

加賀型戦艦
Imperial Japanese Navy Battleship Kaga-class

天城型巡洋戦艦
Imperial Japanese Navy Battlecruiser Amagi-class

八八艦隊計画時の戦艦と巡洋戦艦の標準形

大正年間に、日本海軍が艦齢8年未満と新しい戦艦8隻、巡洋戦艦8隻だけで強力な主力艦隊を編成し、太平洋の向こうから攻めてくるアメリカ海軍と対峙しよう計画としたのが八八艦隊計画だ。未曾有の主力艦建造は財政を圧迫するものだったが、設計されていた艦影は、ポスト第一次世界大戦型と呼ぶにふさわしい内容だった

[加賀型戦艦]

■長門型を拡大強化した八八艦隊次鋒

1908年の帝国国防方針に端を発する八八艦隊計画は、八四艦隊から八六艦隊を経て、1919年にようやく成立するに至った。

これを受け長門型戦艦の建造が1917年から開始され、加賀型も同年度計画として帝国議会の承認を得た。しかし、第一次世界大戦中の1916年5月末に行なわれたジュットランド沖海戦の詳細が明らかになると、建造中の長門型を含む戦艦、巡洋戦艦は防御力の大幅な見直しを迫られることになった。

時間的な制約もあって長門型は根本的な改正ができなかったものの、加賀型はジュットランド沖海戦の戦訓を徹底的に取り入れて計画された。

その最たるものが防御であり、舷側装甲は長門型の305mmより薄い279mmながら、15度の傾斜式としたため被弾経始も見込まれる画期的な防御方式となった。日本戦艦としては初の傾斜装甲採用であった。

厚さ178mmにも達した甲板の水平防御は長門型やアメリカの新鋭戦艦よりも強固で、世界一級の防御力を誇った。改めて記すまでもなく、ジュットランド沖海戦で砲戦距離が伸び、上方から大角度で落下してくる砲弾に対処したものである。

バルジも初めて新造時から取り付けられており、防御方式や防御範囲など従来型よりも優れたものであった。

こうした防御力の強化は必然的に重量の増加を招いたが、当時は機関の進歩もめざましく、缶数が長門型の21基から12基に減じてなお、26.5ノットの速力を維持していた。缶数が減少したおかげで煙突は1本となり、浮いた重量は各部位の防御に振り向けることもできた。特筆すべき点として、煙路にはやはり日本戦艦初となる230mm（9インチ）の装甲が施された。

主砲塔は長門型から1基増えたため40cm砲5基10門という強力なものになったが、これも缶室区画が短くなったことが関係していた。砲塔の増備に際しては「扶桑」で問題となった爆風問題も、当初から充分な対策がなされている。

■「加賀」「土佐」の運命

「加賀」は1920年7月、「土佐」は同年2月に起工、それぞれ1921年11月および12月に進水した。「加賀」は神戸川崎造船所、「土佐」は三菱長崎造船所と民間での建造だが、両造船所は以後の巨大艦建造に備え施設を拡充して建造にあたっていた。

しかし同時期に開始されたワシントン軍縮会議により、加賀型はあえなく廃艦と決定した。正式な中止命令は1922年2月に下令されており、両艦は実験標的艦として使用された後に廃棄処分と決定した。

この時点で建造中の改正などにより、高角砲の換装や水上偵察機搭載施設の設置、魚雷発射管をすべて水上発射管にすることなどが決定、または検討中であった。

前檣楼の支柱は長門型の正六角形に対して逆V字配置となっており、竣工すれば極めてスマートで美しい艦容になる予定だったという。1本にすっきりとまとめられた煙突は、完成後おそらく長門型同様にキャップを装着されるか、屈曲したものになったことだろう。

しかし、1923年9月1日の関東大震災が加賀型の運命を変えた。空母に改造予定だった八八艦隊戦艦「天城」が船体を損傷したため、急きょ「加賀」を改造することとしたのである。

「加賀」の改造工事は1923年12月13日から開始され、1928年3月13日に完成した。「赤城」同様に特異な三段飛行甲板を有していたが、船体両舷中央から艦尾へのびる長大な煙突の周囲はきわめて暑かったという。

空母として誕生した「加賀」は上海事変を始め、中国戦線で大いに活躍した。初めての敵機撃墜も「加賀」搭載機であった。第一航空艦隊旗艦として脚光を浴びる「赤城」が太平洋戦争まではドック入りの期間が長かったことに対し、中国戦線における「加賀」の八面六臂の働きは特筆ものであった。

真珠湾攻撃以降の働きと、ミッドウェー海戦で迎えた最期は記すまでもないだろう。「加賀」こそ翔鶴型に続く、日本空母ワークホースなのだ。

一方の「土佐」は、予定どおり標的実験艦に供された。1924年5月から8月にかけて砲弾、魚雷、機雷、爆弾などの効果と防御実験が「土佐」を用いて行なわれ、得られたデータは大和型を始め以後に建造された空母、巡洋艦などに活用された。

注目すべきは、水中弾道効果の発見である。主砲弾実験において、「土佐」の至近距離に落下した砲弾が海底に沈むことなく水中を進み、水線下で予想外の戦果が発生することが判明したのである。この結果をもとに九一式徹甲弾が生まれ、すでに竣工していた主力艦は改装の際にこれを運用できるよう設備を改めている。

九一式徹甲弾は艦隊決戦における切り札と目されていたが、太平洋戦争は空の戦いとなっていた。数少ない水上戦闘では、水中弾道弾によると思われる戦果がわずかに報告されているのみであった。

役目を終えた「土佐」は1925年2月9日、キングストン弁を開いて自沈した。

[天城型巡洋戦艦]

■八八艦隊最初の巡洋戦艦

天城型は巡洋戦艦として計画されながら、加賀型とほぼ同等の火力と防御力、そして優越した速力を得た。計画段階では主砲は連装と三連装砲塔の混載または四連装搭載案も出ており、排水量と速度も3万5000トンから4万5000トンおよび26.5ノットから35ノットと30種もの設計試案が出ていた。

加賀型と最大の相違は30ノットという速力と、それに伴う防御の変更にある。

まず防御は、加賀型を踏襲してはいたものの、高速化を実現すべくやや減らすことになった。舷側は加賀型の279mm（傾斜15度）に対し、天城型では254mm（12度）。水平防御は加賀型が178mmと世界でもトップクラスに強固だったが、天城型は95mmである。その他も加賀型と天城型ではそれぞれ、砲塔天蓋が305mmと280mm、司令塔が356mmと330mmなどなど、数値としては明確に加賀型が重防御である。さらに、煙路の防御も天城型では行なわれなかった。

艦の命脈たる主砲は40cm砲連装5基と変わらないが、副砲は16門に減じた。

以上のように少しずつスペックダウンした代償として、天城型は30ノットという高速の発揮が可能となった。ボイラーは加賀型から6個多い18基を積み、煙突は原案によれば2本だが改正案では2本を屈曲させて1本とまとめており、長門型の例からもこの姿で竣工した可能性が高かったのではないだろうか。その他、高速を発揮すべく船体は加賀型より長くなり、燃料の搭載量も増えた。

総合してみると、天城型は防御力で長門型以上、火力は加賀型に続き、速力は当時の最高速。もはや「高速だが防御力が低い」という巡洋戦艦の概念にあてはまらない天城型は、まさに真の高速戦艦と呼ぶべき存在となるはずであった。

なお、従来の八八艦隊計画艦と違い、天城型には設計時から航空機の搭載と運用が考慮されていた。そのため当初の設計図には4番主砲の上に航空機滑走台が認められるが、改正図では繋留気球に改められており、航空兵装まで先進的とはいかなかったようだ。

■「天城」「赤城」のその後

天城型は4隻の同型艦が計画され、1917年度計画による1番艦「天城」と2番艦「赤城」はいずれも1920年12月に起工した。1918年度計画の3番艦「高雄」、4番艦「愛宕」も1921年に起工したものの、すべて1922年にワシントン軍縮条約によって建造中止となった。

「高雄」「愛宕」は解体となったものの、「天城」「赤城」は条約に則り空母への改造が決定した。しかし関東大震災による被害で船台上の「天城」は解体を余儀なくされ、かわりに「加賀」が改造された。「赤城」は1922年12月の空母改造命令から工事を重ね、1925年4月の進水を経て1927年3月に空母として竣工した。

「加賀」同様に飛行甲板を発着など用途ごとに三段

に分け、巡洋艦程度の敵艦に遭遇した際は対抗できるよう20cm砲を搭載するなど、航空黎明期の試行錯誤が凝縮された姿であった。

やがては「赤城」「加賀」ともども全通式の巨大な飛行甲板に換装、本格的な大型空母となった。1941年に世界で初めて空母を集中配備した第一航空艦隊が編制されると、「赤城」は旗艦となった。

真珠湾攻撃の大勝利から続いた快進撃、そしてミッドウェー海戦の敗北に至るまで、太平洋戦争における連合艦隊の栄光も悲惨も、「赤城」率いる第一航空艦隊が体現したのであった。

■八八艦隊計画の挫折

ワシントン軍縮条約で未成艦は保有対象外となり、建造中の天城型は解体または廃棄とされたため、以後に予定されていた艦が誕生することはなかった。

続いて計画されていた4隻の紀伊型は天城型の線図を流用、一般配置もほぼ同様で計画速力はわずかに低下して29.75ノット、防御力は加賀型を上回るものとされた。外観などもほぼ同じのため、紀伊型は天城型の同型艦または準同型艦と称されることが多い。艦名は1番艦が「紀伊」、2番艦が「尾張」とされたが、残る2隻が命名されることはなかった。

そして、八八艦隊計画最後のグループとなるのが13号型巡洋戦艦で、「第13号艦」「第14号艦」「第15号艦」「第16号艦」が予定されていた。仮称として巡洋戦艦「第8号」「第9号」「第10号」「第11号」という艦名も確認されており、架空戦記などでは巡洋戦艦ゆえに山岳の名を与えることが多い。

13号型には、主砲に46cm連装砲4基8門を搭載する案も存在した。天城型に続く八八艦隊の巡洋戦艦であるが、完成時は攻守いずれも戦艦を上回る、最強の高速戦艦をめざしていたという。

しかし、長門型の2隻を除いて八八艦隊計画は葬り去られた。以後、1941年末に世界最強となる大和型戦艦が登場するまで、日本海軍には約20年の新戦艦不在時期が続くのであった。　（文／松田孝宏）

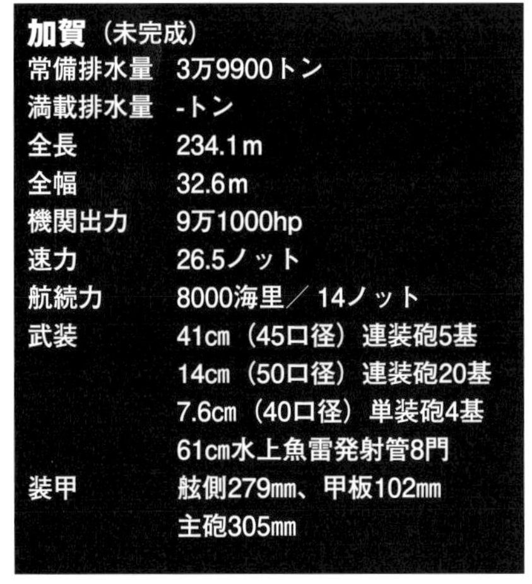

加賀（未完成）	
常備排水量	3万9900トン
満載排水量	-トン
全長	234.1m
全幅	32.6m
機関出力	9万1000hp
速力	26.5ノット
航続力	8000海里／14ノット
武装	41cm（45口径）連装砲5基
	14cm（50口径）連装砲20基
	7.6cm（40口径）単装砲4基
	61cm水上魚雷発射管8門
装甲	舷側279mm、甲板102mm
	主砲305mm

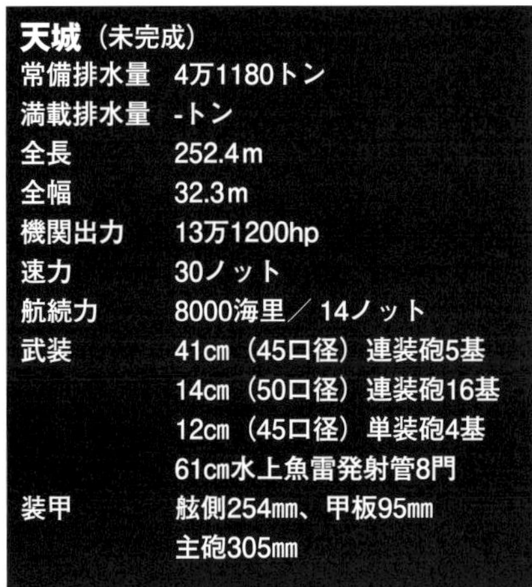

天城（未完成）	
常備排水量	4万1180トン
満載排水量	-トン
全長	252.4m
全幅	32.3m
機関出力	13万1200hp
速力	30ノット
航続力	8000海里／14ノット
武装	41cm（45口径）連装砲5基
	14cm（50口径）連装砲16基
	12cm（45口径）単装砲4基
	61cm水上魚雷発射管8門
装甲	舷側254mm、甲板95mm
	主砲305mm

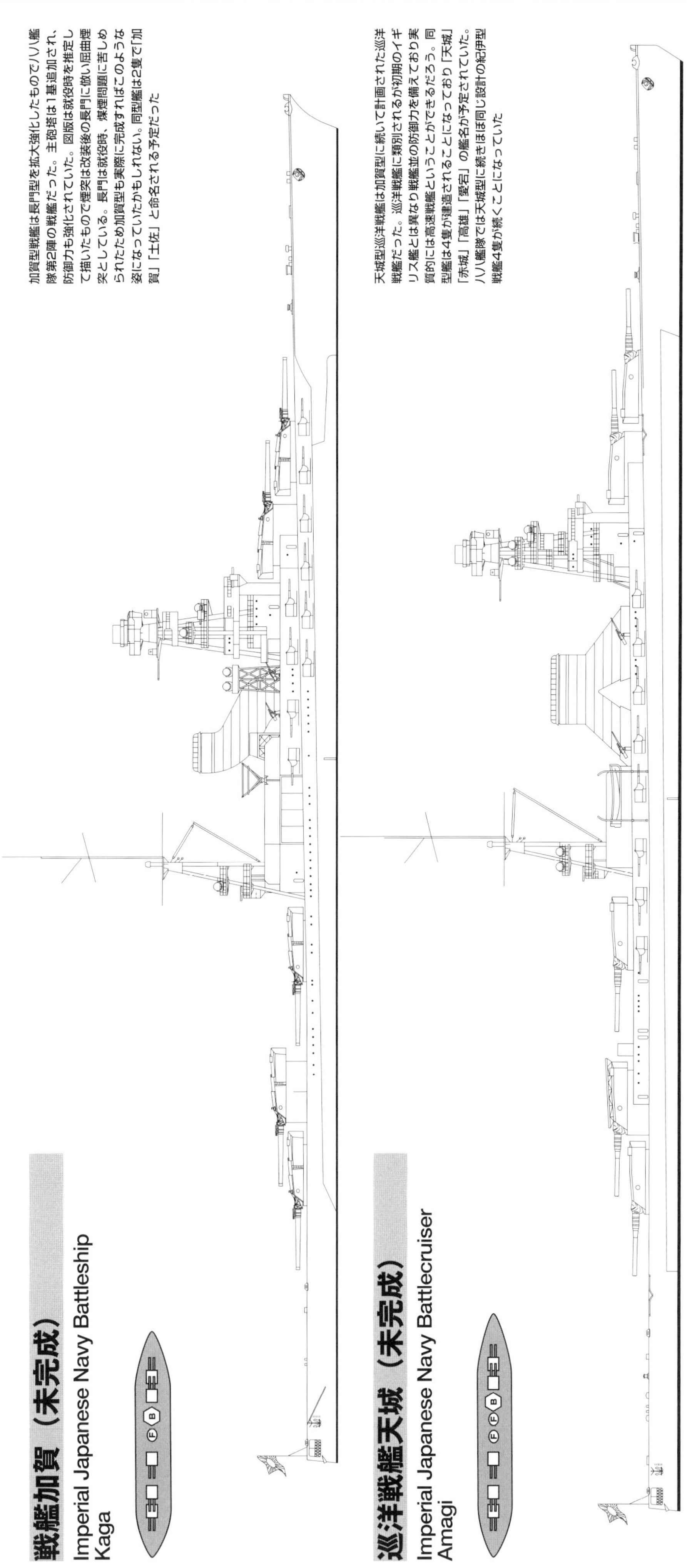

戦艦加賀（未完成）

Imperial Japanese Navy Battleship
Kaga

加賀型戦艦は長門型を拡大強化したもので八八艦隊第2陣の戦艦だった。主砲塔は1基追加され、防御力も強化されていた。図版は就役時を推定して描いたもので煙突は改装後の長門に倣い屈曲煙突としている。長門は就役時、煤煙問題に苦しめられたため加賀型も実際に完成すればこのような姿になっていたかもしれない。同型艦は2隻で「加賀」「土佐」と命名される予定だった

巡洋戦艦天城（未完成）

Imperial Japanese Navy Battlecruiser
Amagi

天城型巡洋戦艦は加賀型に続いて計画された巡洋戦艦だった。巡洋戦艦に類別されるが初期のイギリス艦とは異なり戦艦並の防御力を備えており実質的には高速戦艦ということができるだろう。同型艦は4隻が建造されることになっており「天城」「赤城」「高雄」「愛宕」の艦名が予定されていた。八八艦隊では天城型に続きほぼ同じ設計の紀伊型戦艦4隻が続くことになっていた

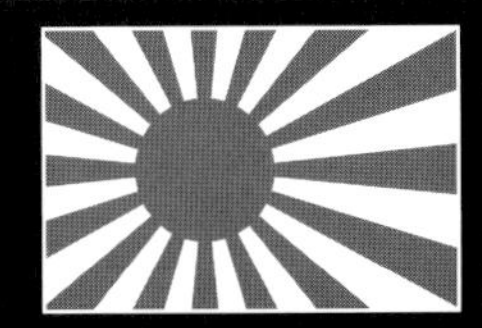

大和型戦艦 1941～1945

Imperial Japanese Navy Battleship Yamato-class

時代を駆け抜けた日本海軍の超々ド級戦艦。ついに他の追随を許さず

「大和」「武蔵」といえば、戦後日本人の誰もが知る戦艦の名前だ。日本海軍の最後とオーバーラップするその悲劇的な運命もまた、我々日本人の気をひかずにおれない。世界最大最強の呼び声高い大和型戦艦の実力は未知数のまま、他のライバル戦艦たちにその背中を見せることなく、歴史の彼方へと走り去ってしまったのである

■条約後の新戦艦を計画

日本海軍最後の戦艦となった大和型の設計は、1934年にさかのぼる。ロンドン軍縮条約明けの建造を見込んで同年10月に出されたとされる軍令部の要求では、主砲は46cm砲8門以上、速力は30ノットとなっていた。

本格的な計画は1935年から開始され、3月には原案となる「A－140」案ができあがった。この時点では3連装の主砲3基をイギリスのネルソン級のように前甲板に集中、公試排水量6万9500トン、全長294m、速力31ノットとなっていた。以後、この原案がさまざまな変更を経て「A－140F5」案となり、主機の変更を盛り込んだ「A－140F6」案が最終案となった。

初期案では速力がおおむね30ノットとされており、結果論だがこの数値が実現していれば大和型への批判は激減していただろう。

建造は1937年度の第三次補充計画（㊂計画）で認められ、軍令部の当初の見込みでは㊂、㊃計画で2隻ずつ建造、以後も順次の建造が進められるものとしていた。

1番艦「大和」は呉工廠で1937年11月、2番艦「武蔵」は三菱長崎造船所で1938年3月に起工したが、軍機に指定された戦艦だけにどちらも秘匿には過剰とも言える配慮がなされていた。建造中の「武蔵」を隠すためソ連公館と船台の中間に倉庫を建て、かつ船台の周囲を覆い隠すべく大量のシュロ縄（漁に使う）を買い占めた結果、漁師が困ったという逸話が有名だ。

図面は盗難にあっても全体が把握されないよう、細かく細分化され、大和型建造に必要な図面は3万1368枚にも達した。「武蔵」ではふとした出来心で工員が図面を持ち出す事件が発生したが、容疑者には憲兵による峻烈な取り調べが行なわれている。

呉で生産した主砲を長崎まで運搬するため、新たに給兵艦「樫野」を建造したことも大和型の徹底した秘匿と規格外れを物語っていた。昭和天皇にすら主砲の口径を明言しなかったのは、大和型らしい逸話である。

建造にあたっては呉のドックの渠底を約1m掘り下げ、ガントリー・クレーンを増設。横須賀や佐世保にもドックを増設するなど、インフラにも影響を及ぼしていた。

こうした努力とは裏腹に、近隣住民はとてつもない大戦艦が建造されていると気づいていたと伝えられる。しかし、それを口にしないのが当時の国民の常識であった。

■46cm主砲と数々の新機軸

「大和」「武蔵」とも建造は急ピッチで進み、どちらも1940年に進水した。「武蔵」進水時は演習と称して憲兵隊が出動、外出を禁じられた近隣民家の窓は厳重に閉ざされた。

大和型最大の特徴は、何と言っても46cm主砲である。この巨砲は試験や試作を除けば実際に運用された艦載砲として現在でも最大であり、その威力を発揮すべく15m測距儀や九八式方位盤など光学兵器も最新のものが搭載された。

主砲の口径には、仮想敵である米海軍の事情とも関係していた。当時の米軍の大型艦建造施設はほとんどが東海岸にあり、艦艇を西海岸へ回航するにはパナマ運河を通行する必要があった。当時のパナマ運河の最狭幅が34mであり、ここから日本海軍は米戦艦の主砲は40cmだろうと判断した。まさにその通りであり、大和型の設計は40cm砲よりも強力な主砲が求められたのである。徹底した秘匿もこのためであったが、よしんば発覚しても何年かは質でリードできると考えていた。結局、米軍は大和型の存在を知りつつも主砲口径など重要な部分は知ることなく戦後を迎えるのであった。

こうして決定した46cm砲は日本海軍初となる三連装砲塔に納められ、前部に2基、後部に1基搭載された。発射時の爆風は40cm砲よりもさらに強烈になっており、甲板上の兵員はブザーを聞いたら待避しなければならなかった。

主砲を三連装としたのは、防御にも関連していた。大和型は徹底した集中防御方式が採用されており、三連装砲塔によって重要区画を短くすることができた。この短い区画に、機関室、弾火薬庫、司令室などの重要施設を集中させるのである。従来の設計思想のまま建造すればさらに巨大になってしまうことから、数値自体は巨大でありながら大和型が「コンパクト」と称されるのはこのためである。

防御も、46cm砲搭載戦艦らしく舷側は410mm（傾斜20度）、水平防御は200～230mmとほかの戦艦よりはるかに厚い。砲塔前盾は650mm、司令塔は500mmに達するなど46cm耐弾防御となっていた。事実、レイテ沖海戦で「大和」の主砲塔に爆弾が命中した際も損害らしい損害はなかった。

その他、九一式徹甲弾を保有する日本海軍ゆえに水中弾に対処すべく水線下にも防御が施された。しかし、魚雷に対してはやや不足してい

◀1941年9月、太平洋戦争開戦向けて呉工廠で艤装工事を急ぐ戦艦「大和」。右側に艦首を見せているのは空母「鳳翔」で海側から本艦の工事の様子が目視できないよう衝立の役割を果たしている。また中央部遠方には給糧艦「間宮」が見える。
本艦の搭載する46cm三連装砲塔は現在に至るも最強の火砲であり、その重量は大型駆逐艦1隻分＝2700トンに達した。この主砲は呉工廠のみで製作可能であったため長崎で建造中の「武蔵」のために新規の砲塔運搬艦「樫野」（艦種類別上は「給兵艦」）が建造されている
（写真提供／大和ミュージアム）

▲1941年10月、公試中の「大和」。大和型戦艦は排水量も6万トンを超える世界最大の戦艦だったが、46cm砲を搭載するためには最小の艦型が選択されている。その防御力もまた他の戦艦とは隔絶しており戦艦同士の砲戦ではほぼ無敵の存在ということができた。速力は軍縮条約明けに建造された新戦艦としては遅めだったが、それでも27ノットで航行可能であり、日本海軍では金剛型戦艦をのぞいてどの艦よりも高速だった
（写真提供／大和ミュージアム）

たようで、「大和」「武蔵」とも潜水艦の雷撃を受けた際、予想外の浸水が発生している。

煙突には煙路に孔を開けた厚さ380mmの「蜂の巣甲鈑」を設置するなど、大和型は防御にも新機軸が多い。いくつかの機銃や高角砲に爆風よけとしてシールドが設置され、やはり爆風対策として搭載機や搭載艇が艦尾に収容されたのも大和型からである。

大和型の弱点として、最上型（軽巡時代）の主砲を流用した副砲の防御が不足しているとの指摘が竣工初期からあった。主砲の直後への配置も疑問視されており、戦中にいくつかの増強工事はなされたものの、根本的な解決にはならないまま両艦とも戦没した。しかし、砲自体としては「最上」乗員が20cm砲への換装を惜しむほどの優秀砲であった。

速力が27ノットという中速になったことは、機動部隊に随伴できないという批判を戦後に呼び起こした。

なお計画当初では主機に新開発のディーゼル機関を搭載する予定が、技術的な理由から従来どおりの蒸気タービンとなった。この判断も誤断という批判があるが、同時期にディーゼルを搭載したドイツ海軍のドイッチェランド級が就役後に主機のトラブルを起こしていることから、妥当な措置とみるべきであろう。

このほか、水の抵抗を抑える巨大な球状艦首（バルバスバウ）など、優れた試みは見逃せない。後に翔鶴型空母なども取り入れた技術であった。

■日本海軍の終焉を象徴

太平洋戦争開戦直後に竣工した「大和」は、連合艦隊旗艦となった。

初陣は1942年6月のミッドウェー海戦であったが、「大和」を含む戦艦部隊は戦況に貢献できず帰投した。この時、副砲と高角砲を初めて敵潜水艦らしきものに発砲している。

ガダルカナル島をめぐる戦いが開始されると、連合艦隊司令部はトラック島に移動、「大和」は長らく同地で過ごすことになる。1943年2月に連合艦隊旗艦が「武蔵」に変更された後も、両艦は「大和ホテル」「武蔵旅館」などと揶揄されるほど前線に出ることはなかった。

大戦中の「大和」は3回、「武蔵」は2回の大きな改装工事が実施されているが、その主眼は対空兵装の増強にあった。砲撃の機会がほとんどなかった大和型戦艦にとって、結果的に高角砲と機銃が多くの戦闘を強いられることになる。マリアナ沖およびレイテ沖海戦時の大和型はおびただしい数の単装機銃が装備されたが、爆風の影響などを考慮した結果、最終時の「大和」ではわずか6基となっていた。増設された三連装機銃も爆風よけシールドのないものが多々含まれていたが、砲撃時に機銃員が待避して発射不能となる状態もやむなしとされていた。

マリアナ沖海戦前の工事で「武蔵」は「大和」が先に行なったように両舷の副砲を撤去したが、かわりに搭載する高角砲が間に合わず機銃を設置した。これが、大戦後期の両艦のよい識別点となる。ちなみに、ほぼ同じ外観の新造時も前檣楼を登る艦橋背面のラッタルのレイアウトなどが両艦では違う。

戦局が悪化するなか両艦とも活躍の機会に恵まれず、マリアナ沖海戦を経て迎えた1944年10月のレイテ沖海戦では、「武蔵」が集中攻撃を受けて沈没。魚雷20本を被雷という、まったく想定だにしない被害にあっては、沈没するほかなかったが、最後の空襲から約5時間浮いていた強靭性をみせている。また最終状態において「武蔵」は噴進砲を搭載したという話も聞くが、現在のところ真偽は不明である。空襲の初期に「武蔵」は射撃方位盤が旋回不能になるという自体が発生しており、想定された艦隊決戦が実現した場合も砲戦に支障をきたす可能性は無視できない。

レイテ沖海戦中に生起したサマール沖海戦では、「大和」が最初で最後となる水上戦闘を行なった。主砲射撃は10数分程度であったが、生還した関係者の多くは初弾命中、敵艦轟沈を信じている。森下信衞艦長もまた、初めて実施したレーダー射撃の初弾命中を戦後も確信していた。

以後の「大和」は活躍の場もなく、1945年4月に沖縄をめざす途上で撃沈された。米軍は戦艦による迎撃を準備していたが実現しなかったため、「大和」の能力は永遠に未知数である。沈没時の巨大なキノコ雲は日本海軍の終焉を象徴しており、この作戦から8月15日の終戦まで日本戦艦の活動はなかった。

■「信濃」の登場ならず

「大和」「武蔵」は㊂計画で建造されたが、その後の㊃計画でも大和型戦艦2隻の建造が決定した。このうち「一一〇号艦」こと3番艦「信濃」は建造中に日本海軍がミッドウェー海戦で大敗、壊滅した機動部隊の代替として空母へ改造されることとなった。

しかし工事は遅々として進まず、初歩的なミスで進水式に事故が発生するなど建造にはトラブルが続いた。1944年11月19日、相当に工事が簡略化されたまま竣工したが、装備は最低限、水密試験などもほとんど行なわれず、完成と言いかねる状態であった。

新鋭局地戦闘機「紫電改」の着艦テストに供されたのが唯一の発着艦で、呉へ回航の途上だった1944年11月29日、米潜水艦に撃沈された。戦後長い間写真すら公表されていなかった、まさに「幻の空母」であった。

4番艦の予定となる「一一一号艦」は起工こそされたものの工事中止となり、戦時中に解体されて資材は転用されたという。

この2隻が当初の計画どおり戦艦として竣工していたら、基本性能は「大和」「武蔵」と同等ながら艦底部など水中防御の改正、対して防御過剰部分の装甲減少、副砲防御の強化、旗艦施設のさらなる充実などが実施される予定だったと伝えられる。

■予定された大和型戦艦

大和型は、4番艦以後の計画も存在した。

アメリカの海軍大拡張案と両洋艦隊法案に対抗すべく1940年以降に㊄および㊅計画がなされており、㊄計画では3隻の大和型が予定された。

このうち「七九七号艦」は「一一〇号艦」つまり「信濃」以降の改良型として計画されており、副砲は当初から前後の2基、高角砲は長10cmに換装、艦底防御と同様に艦首と艦尾部の防御も改善される予定であった。こうしたことから、「七九七号艦」を「改大和型」と称することもある。

一方、残る2隻の「七九八号艦」「七九九号艦」は、船体は大和型とほぼ同じ大きさながら、主砲として51cm連装砲3基6門の搭載が計画されていた。そのためか、しばしば「超大和型」戦艦と呼ばれている。

続く㊅計画では戦艦4隻の建造が計画されており、詳細は不明だが超大和型またはさらに強力な新型戦艦という可能性もゼロではないだろう。これがすべて実現したならば、「大和」～

「一一一号艦」で4隻、先述した㊄計画の3隻、そして㊅計画の4隻と、大和型とその拡大型は11隻も登場していた可能性があったことになる。

■幻の連合艦隊

㊄および㊅計画の艦艇は1950年（昭和25年）に勢ぞろいする予定となっており、その編制案として1938年（昭和13年）10月策定の「昭和二五年度戦時編制案」と1941年（昭和16年）2月の「昭和二二年二五年度帝国海軍作戦時編制案」が残されている。

より大規模となる1941年策定の編制案によれば、第一～第三戦隊が大和型と㊄および㊅計画戦艦で編制されており、きわめて強力な打撃力が想像できる。

第二艦隊は昭和16年案になると計画された6隻の超甲巡すべてが配備される一方、金剛型戦艦2隻が依然として残っている。

大規模な機動部隊（航空艦隊）が登場するのも昭和16年案からで、第一航空艦隊は㊄と㊅計画で予定された改大鳳型の装甲空母と飛龍型の中型空母が合わせて6隻配備されていた。さらに第二航空艦隊も予定されており、こちらは瑞鶴型と蒼龍型（いずれも原文ママ）と「龍驤」の5隻という一大戦力を有していた。これらを護る駆逐艦は、島風型の高速駆逐艦や改秋月型の防空駆逐艦であった。

第三、第四、第五艦隊に旧式艦が配備されるのはどの案も同じだが、1938年（昭和13年）の案では第三艦隊の第一四戦隊を「金剛」「榛名」で編制している。さすがに1950年となると夜戦の戦力からも外れるわけだが、現役であるのはさすが高速戦艦というところか。ちなみに1913年（大正2年）竣工の「金剛」は、1950年（昭和25年）には艦齢40年に達しようという時期となる。

昭和16年の案にのみ、第七艦隊が置かれている。これは第六艦隊に続く第二の潜水艦隊で、小型の潜水艦が艦隊決戦前に敵艦隊を攻撃する予定であった。

きわめて強大な1950年の連合艦隊だが、対するアメリカもモンタナ級戦艦5隻を筆頭とする強力な艦隊を整備することになっていた。太平洋戦争で発揮された工業力やエレクトロニクス技術など、個艦の性能以外でもアメリカが優れた点は多い。

もし、1950年にオレンジ作戦（米海軍の対日作戦）が発動されて太平洋で日米艦隊が激突した場合、どちらが勝っても大損害は免れない壮絶な戦闘となった可能性がある。

（文／松田孝宏）

大和（新造時）

基準排水量	6万5000トン
満載排水量	7万2809トン
全長	263.0m
全幅	38.9m
機関出力	15万hp
速力	27ノット
航続力	7200海里／16ノット
武装	46cm（45口径）三連装砲3基
	15.5cm（60口径）三連装砲4基
	12.7cm（40口径）連装砲6基
	25mm三連装機銃8基
	13mm連装機銃2基
装甲	舷側410mm、甲板230mm、主砲660mm

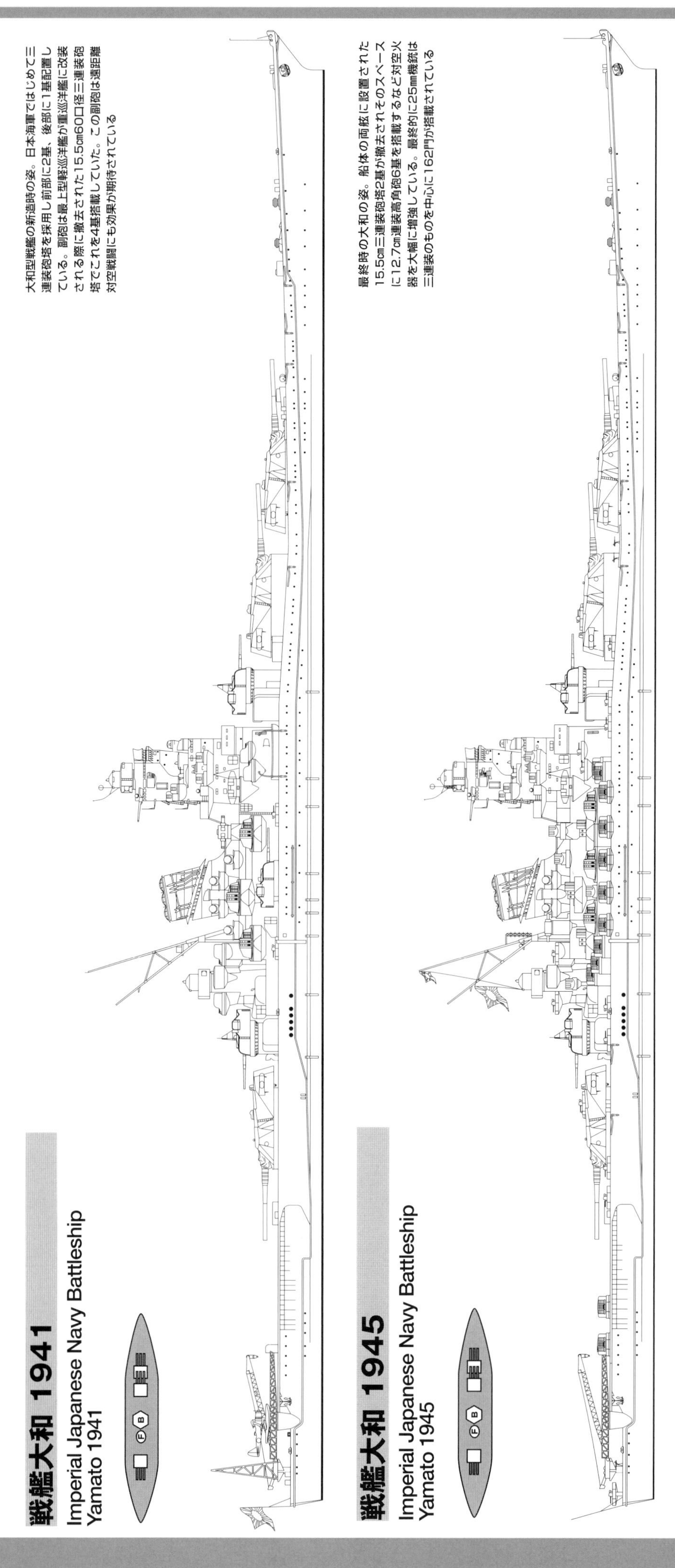

戦艦大和 1941
Imperial Japanese Navy Battleship
Yamato 1941

大和型戦艦の新造時の姿。日本海軍ではじめて三連装砲塔を採用し前部に2基、後部に1基配置している。副砲は最上型軽巡洋艦が重巡洋艦に改装される際に撤去された15.5cm60口径三連装砲塔でこれを4基搭載していた。この副砲は遠距離対空戦闘にも効果が期待されている

戦艦大和 1945
Imperial Japanese Navy Battleship
Yamato 1945

最終時の大和の姿。船体の両舷に設置された15.5cm三連装砲塔2基が撤去されそのスペースに12.7cm連装高角砲6基を搭載するなど対空火器を大幅に増強している。最終的に25mm機銃は三連装のものを中心に162門が搭載されている

フランス海軍

French Navy

かつてはイギリスと肩を並べる勢力を誇ったフランス海軍だったがド級戦艦以降はその開発が後手にまわりヨーロッパ海軍国としては二流のものとなってしまった。しかしそんな中でも新しいコンセプトの戦艦を生み出すことに成功している。ここでは5タイプの戦艦を紹介しよう

クールベ級戦艦
Battleship Courbet-class

ブルターニュ級戦艦
Battleship Bretagne-class

ノルマンディー級戦艦
Battleship Normandie-class

ダンケルク級戦艦
Battleship Dunkerque-class

リシュリュー級戦艦
Battleship Richelieu-class

クールベ級戦艦1913～1945

French Navy Battleship Courbet-class

フランス海軍が最初に手に入れたド級戦艦

そもそも世界最初の装甲艦である「グロワール」を建造したのはフランスだった。前ド級戦艦までの時代、フランス海軍はイギリス海軍と並んで軍艦設計をリードしていたが、「ドレッドノート」の出現時期に前ド級戦艦であるダントン級の量産を開始したばかりとタイミングが悪くド級戦艦の時代に乗り遅れてしまった。そんな中、フランス海軍がはじめて建造に踏み切ったのがクールベ級である

■時代に取り残されたフランス戦艦

フランスはかつて、イギリスと覇を競うほどの海軍国であった。ゆえに軍艦建造の歴史も古く、また独自の設計思想を持っていた。日本においても明治期にはフランスに軍艦の建造を依頼していたほどだ。つまり20世紀を迎えるころまで、フランスは一流の海軍国といって差し支えなかったのである。

ところが、イギリスが「ドレッドノート」を建造した前後から様子がおかしくなっていく。ド級戦艦という分類が誕生したことからもわかるように、「ドレッドノート」の誕生前と後とでは、戦艦の性能は明らかに異なっていた。前ド級戦艦は30cm前後の主砲を連装砲塔におさめ、艦首および艦尾に1基ずつ配置するのが標準的であった。また、中間砲と呼ばれる中口径の副砲を舷側に多数配置するのも特徴である。

これに対してド級戦艦はとにかく大口径の主砲門数を増やすことを主眼としたもので、「ドレッドノート」は30.5cm連装砲5基10門を備え、舷側方向には8門を指向できた。つまり前ド級戦艦の倍以上の火力を有していたのである。そのため、「ドレッドノート」以前の戦艦は一気に旧式化し、列強各国はこぞってド級戦艦の建造にまい進、建艦競争が激化していくことになる。

ところがフランスだけは少々事情が異なっていた。もともとフランスの建艦思想は個艦優先主義とでもいうべきもので、同一性能の同型艦にはあまりこだわらず、個艦性能を追求する傾向が強かったのである。

そのため、おおまかな設計要目は海軍側が決定するものの、細部に関しては実際に建造にあたる工廠・造船所に任せることが多かった。したがって同じ設計であっても同型艦とは言い難いことが多く、せいぜい準同型艦というべき存在であった（もっとも、フランスに限らず艦艇の建造では多かれ少なかれ完全な同型艦というのは難しいのだが、フランスはとくに顕著だったということである）。

このフランス海軍の建艦思想は時に突飛な艦艇を生み出したり、新しい発想の素地になることもあったものの、フランス海軍全体として見た場合にはデメリットのほうが大きかった。そのことを白日の下にさらけ出したのは東洋における戦争――日露戦争だった。

日露戦争当時、日本海軍はイギリス式に同型艦を多数揃えて戦ったのに対して、ロシア海軍の戦艦はフランスで建造されたものだったり、その思想に影響を受けた艦艇が多かった。そして日本海軍がロシア海軍に圧勝したことにより、フランス海軍の考えにも変化が生じ始める。ここにきて、ようやく個艦優先主義から、同型艦を揃える方向に舵を切ったのである。

一方で、ちょうどこの頃は隣国のドイツが海軍戦力の拡張に乗り出した時期で、フランスはイギリスに次ぐ海軍国としての地位を脅かされ始めていた。そのため、一気にこの状況を打破すべく、ダントン級戦艦6隻の起工を決定したのであった。

フランスにとって間が悪かったのは、そのタイミングで「ドレッドノート」が誕生したことである。一番艦である「ダントン」の起工が1906年2月のことであり、「ドレッドノート」は同月に進水し、同年12月に竣工している。

普通であれば計画の見直しや変更を行なってしかるべきところであるが、フランスはなぜかダントン級の建造をそのまま続けた。そして6隻が完成したのは1911年のことである。この年はちょうどイギリスのオライオン級が竣工した年であり、つまり超ド級戦艦が誕生したタイミングで、フランスは前ド級戦艦6隻を手に入れたのだった。

■ド級戦艦としては高性能

普通であればこの状況に危機感を覚え、ここで一気に超ド級戦艦か、もしくはそれを上回る性能の戦艦の建造に乗り出すところだが、フランス海軍が選択したのはド級戦艦の建造であった。これがクールベ級戦艦である。

クールベ級戦艦の主設計は技術者であるM.Lyasseが行ない、1番艦の「クールベ」は1910年9月1日にブレストにおいて起工され、1913年11月19日に竣工した。以下、2番艦「フランス」が1911年11月30日にサン・ナジールで起工、1914年10月10日竣工、「ジャン・バール」が1910年11月15日にブレストで起工、1913年6月5日竣工、「パリ」が1911年11月10日にラ・シーンで起工、1914年8月1日に竣工している。

クールベ級の主砲口径は30.5cmで、連装砲塔を艦首および艦尾にそれぞれ背負い式で2基ずつ、さらに艦中央部の両舷側に1基ずつを配置した。合計6基12門で片舷には10門を指向できる。この砲火力はたしかに「ドレッドノート」を上回るものである。また、主として測距儀などの性能から、フランス海軍は主砲の長距離砲戦における命中率に疑問をもっていたことか

▲クールベ級戦艦4番艦の「パリ」。起工の順番で「パリ」が4番艦とされているが実際に就役したのは2番目に起工された「フランス」が最後（1914年10月）だった。本艦の就役は1914年8月でイギリス海軍ではすでに34.3cm（13.5インチ）砲搭載の超ド級戦艦が続々と就役しつつあり、まもなくそれを超えるクィーン・エリザベス級も完成間近だった。本級自体の性能はド級戦艦としては優秀なものだったが、再び時代に乗りそこねることとなった

▲クールベ級の4隻のうち1922年に座礁沈没した「フランス」を除く3隻は近代化改装が実施されて第二次大戦を迎えた。この改装では写真に見られるように艦橋には三脚檣が設置されトップには4.57m測距儀や射撃指揮装置が装備された。主砲の仰角も12度から23度へ変更され射程も1万3000mから2万6300mへと倍増している

ら、副砲の火力にもこだわっていた。クールベ級に搭載された副砲は13.8cm単装砲が22基におよび、この点も「ドレッドノート」を圧倒しているといえる。

また、ダントン級の主砲が30.5cm連装砲2基4門だったことを考えると、たしかに大幅な性能向上だということはできる。

しかし、そもそもクールベ級の起工の時点ですでに列強各国の目は超ド級戦艦に向かっており、いくらド級戦艦としての性能に優れていたとしても、いざ戦闘になった時にどれほど有効だったかははなはだ疑問である。

なお、副砲は舷側に3基ずつまとめて3か所、および2基が後部主砲塔下に配置されていた。砲戦指揮の面では多少のメリットはあったものの、ダメージ・コントロールの面から見た場合、この配置にはやや問題があった。被弾した場合にまとめて3基または2基が使用不能になる可能性が高く、この場合、副砲に関して言えば一気に27%もの火力ダウンということになる。

クールベ級の搭載主砲はM1906-10/L45（45口径）で、最大仰角は23度、最大射程は1万3500mである（なお「クールベ」のみダントン級と同じM1906で、最大仰角は18度であった）。主砲1門あたりの重量は54トン、徹甲弾の重量は124.3キロで初速は783mだった（主砲塔重量は561トンで、うち装甲が234トン）。

その他の武装としては、13.8cm（5.4インチ）単装砲22基、47mm単装砲4基、45cm水中発射管4門である。

なお主砲弾は1門当たり100発、副砲は1門あたり275発、魚雷12本を搭載しており、さらに機雷30発も積載していた。

一方、防御については、舷側の主装甲帯は270mmであるが、これは1枚ではなく、4枚の装甲を重ね合わせたもので、本級の特徴の一つともいえるものである。また、上甲板50mm、中甲板70mmとなっており、主砲塔は320mm、ケースメートは180mmであった。

主機にはパーソンズ・タービンを採用して4基4軸推進。主缶は全艦24基だが、「クールベ」と「ジャン・バール」はベルヴィール缶、「フランス」と「パリ」はニクローズ缶を搭載していた。最大速力は20〜21ノットで、航続距離は巡航（10ノット）で4200浬、20ノットで1140浬であり、全速航行ではわずか2昼夜ほどしかもたない。この航続距離はいささか短く感じるが、クールベ級は本来地中海での運用を想定していたため、とくに問題にはならなかった。

そういった意味では本級の速度および航続性能は凡庸ともいえるが、反面、ド級戦艦として見た場合には重装甲・強火力であり、フランス海軍の運用実態に沿った戦艦だったといえるだろう。

■改装と戦歴

クールベ級の竣工からほどなく、欧州は第一次世界大戦へと突入した。本級4隻は地中海方面に配備されて、「クールベ」は旗艦として出撃する。オーストリア海軍との交戦で軽巡「ゼンタ」を撃沈する戦果を挙げたものの、1914年12月21日、「ジャン・バール」は潜水艦「U12」の雷撃により損傷している。また、「ジャン・バール」と「フランス」は1919年のセバストポリ攻略戦にも参加した。

第一次世界大戦後の1922年8月26日、「フランス」は座礁事故により沈没するが、他の3隻はワシントン軍縮条約で保有が認められたために近代化改装が実施されることになった。

改装点としては主缶を石炭燃焼から重油専焼缶に変更し、1・2番煙突を一体化して2本煙突のスタイルとなったことがあげられる。なおその際「パリ」のみは2本の煙突がくっついたような8の字断面の特徴ある形状となった。

また、艦橋後方に前部3脚マストを設置するとともに後檣を新設、艦橋構造も拡大された。さらに対空兵装が強化されたほか、主砲の仰角を引き上げて射程の延伸を図っている。これにともない、射撃指揮装置が新たに搭載され、測距儀も新型に置き換えられている。

ただ、これら近代化改装を行なったとはいえ、第二次世界大戦がはじまるころにはさすがに旧式戦艦という感はぬぐえなかった。そのため、大戦勃発の前年、1938年に「ジャン・バール」は艦名を「オセアン」に変更し、兵装を撤去したうえで練習艦となった。

そして迎えた第二次世界大戦だったが、もはや活躍する機会もほとんどなく、「クールベ」はシェルブールの防衛、「パリ」はルアーブルの防衛にあたったのち、イギリスに渡って英海軍に接収された。

その後、この2隻が戦闘に参加することはなかったが、1944年のノルマンディー上陸作戦の際に「クールベ」はオルヌ河沖に防波堤代わりとして沈められ、その生涯を閉じた。

また、「パリ」は戦争中、宿泊艦として活用されたのち、1945年にフランスに返還され、1955年に解体されている。

（文／堀場 亙）

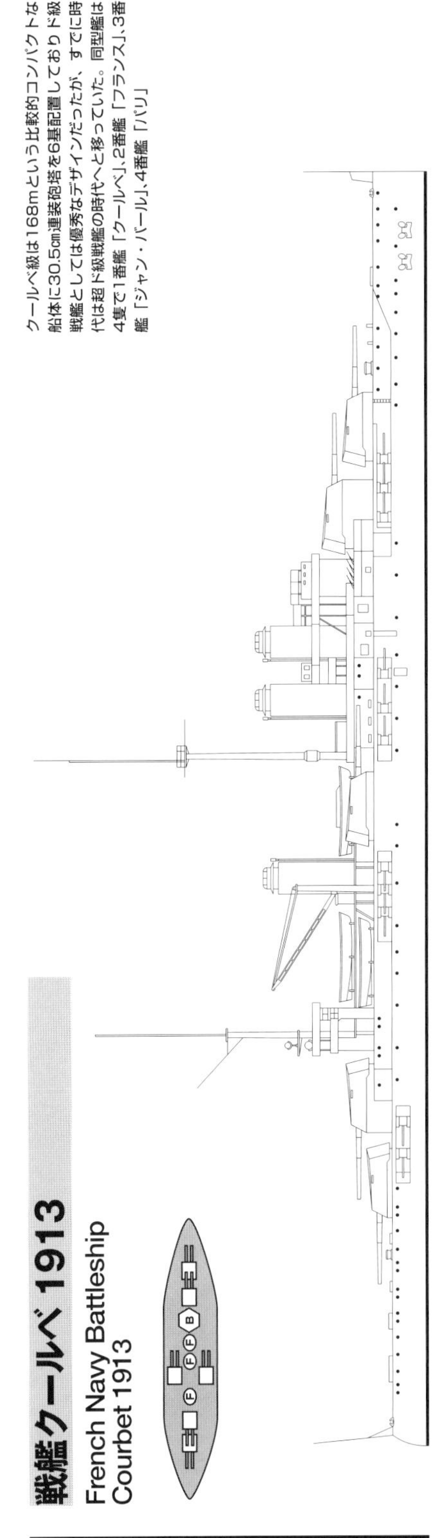

クールベ級は168mという比較的コンパクトな船体に30.5cm連装砲塔を6基配置しておりド級戦艦としては優秀なデザインだったが、すでに時代は超ド級戦艦の時代へと移っていた。同型艦は4隻で1番艦「クールベ」、2番艦「フランス」、3番艦「ジャン・バール」、4番艦「パリ」

戦艦クールベ1913
French Navy Battleship Courbet 1913

クールベ（新造時）	
基準排水量	2万2189トン
満載排水量	2万5850トン
全長	168.0m
全幅	27.9m
機関出力	2万8000hp
速力	21ノット
航続力	4200海里／10ノット
武装	30.5cm（45口径）連装砲6基 13.8cm（55口径）単装砲22基 4.7cm（45口径）単装砲4基 45.0cm水中魚雷発射管4門
装甲	舷側270mm、甲板112mm 主砲320mm

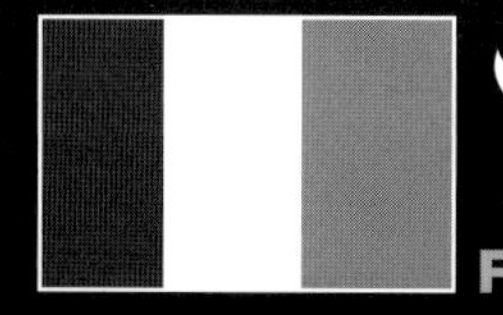

ブルターニュ級戦艦1916~1947
French Navy Battleship Bretagne-class

ノルマンディー級戦艦
French Navy Battleship Normandie-class

クールベ級に続くフランス海軍超ド級戦艦への挑戦

前ド級戦艦であるダントン級、ド級戦艦であるクールベ級はいずれも個艦の性能としては優秀だったが完成時期が遅かったため時代の趨勢に乗り遅れる結果となった。そこで計画されたのがブルターニュ級とそれに続くノルマンディー級の超ド級戦艦群である。しかし第一次大戦の勃発によりブルターニュ級3隻の建造のみが実現しノルマンディー級はすべて未完に終わった

[ブルターニュ級戦艦]

■生まれながらの旧式戦艦

遅ればせながらクールベ級というド級戦艦を竣工させたフランスだったが、その頃にはもはや超ド級戦艦の時代が到来していた。そこでフランス海軍はこの劣勢を挽回すべく、12隻の超ド級戦艦の建艦計画を立てる。この1910年度計画で最初に着手されたのがブルターニュ級3隻の建造だった。

しかし、新たに設計から始めていたのでは、完成したころには再び他国の後塵を拝することになるのは明らかである。そのためブルターニュ級の建造にあたっては、工期短縮のために船体設計はクールベ級のものが流用され、主機および主缶も同じものが採用された。ただし、主砲には34cm砲が採用され、これが超ド級戦艦たる由縁となっている。

もっとも、主砲の配置については重量増からクールベ級と同じとするわけにはいかず、艦首・艦尾に背負い式に連装砲塔を配置したのは同じだが、両舷側の主砲を廃し、1番煙突と2番煙突の間、ちょうど艦の中央部に1基配置された。つまり、クールベ級に比べて主砲塔は1基減少している。この変更によってすべての主砲は首尾線上に置かれることとなり、重量バランス面は改善され、排水量も前級と大きく変わることはなかった。また、艦首および艦尾方向に指向できる砲門数は減少したものの、舷側方向は変わらず、砲威力が増した分だけかえって火力的には進化したといえるだろう。

ブルターニュ級の主砲はクールベ級の主砲に比べて砲口径が増して威力は増大しているものの、射程は1万4500mとさほど変わっていない。これはフランス海軍が総合火力で敵に優越することを目標として、主砲の長射程化にはそれほど熱心ではなかったためである。ただし、第一次世界大戦中の1917年に「ロレーヌ」の最大仰角は12度から18度に引き上げられ、それに伴って射程も1万8000mに延伸されている。

この34cm主砲連装5基10門のほか、ブルターニュ級の主な武装としては13.8cm単装砲22基、47mm単装砲7基、45cm水中発射管4門となっている。またクールベ級と同じく機雷30個を搭載しているが、戦艦として機雷を搭載しているのは比較的珍しい。これは地中海における封鎖任務を考慮してのことであろう。

主機はクールベ級と同じくパーソンズ・タービンの4基4軸推進だが、主缶は各艦ごとに異なり、「ブルターニュ」はニクローズ缶、「プロヴァンス」がギヨ・ド・テンプル缶、「ロレーヌ」がベルヴィール缶となっている。

最大速力は20ノットとお世辞にも高速とは言い難い。また航続距離についてもクールベ級同様短く、10ノットで4700浬、18.75ノットで2800浬となっている。もっとも、船体と機関部をクールベ級から流用しており、排水量もほぼ同等である以上、速力および航続距離も同等であるのは当然といえる。

その意味では本級の存在価値は一にも二にも主砲口径の増大にあったことは明白である。とはいえ、ブルターニュ級の3隻が相次いで竣工した1916年に英独は38cm砲搭載艦を竣工させており、すべての面においてブルターニュ級もまた誕生と同時に旧式戦艦のレッテルを張られる運命にあったのである。

■活躍の機会もないままに

こうして、第一次世界大戦中に誕生したブルターニュ級であったが、戦争にはほとんど寄与することなく終戦を迎えた。そして戦争の勃発によって後継艦が建造されないまま迎えたワシントン軍縮会議により、クールベ級とブルターニュ級のみ保有が許されることとなった。つまり、すでに旧式とされた戦艦が、長らくフランス海軍の最強戦艦ということになったのである。

しかし、当然のことながらブルターニュ級も近代化改装が施されることとなり、数次にわたって各部に手が加えられた。

主な改修点としては主砲をノルマンディー級に搭載予定だったM1912/45に換装したほか、射撃指揮装置と測距儀を改め、艦橋後方に三脚マストを設置してその上部に射撃指揮所を設置するなど、おおむねクールベ級と同様の改装を行なっている。また、主缶を石炭から重油専焼缶に換装したのも同様である。

なお同型3隻のうち「ロレーヌ」のみは艦中央部の第三砲塔を撤去してカタパルトを設置、水偵2機を搭載した

第二次世界大戦が勃発すると、本級3隻は活躍もないままフランスが降伏してしまう。「ブルターニュ」と「プロヴァンス」は北アフリカのアルジェリアにあるメルス・エル・ケビール軍港に在泊していたが、イギリス艦隊との交渉決裂によって港内にいるところを砲撃されて「ブルターニュ」は沈没。「プロヴァンス」は大破して、のちに本国のツーロンに回航されたが、ドイツ軍の接収を恐れて結局自沈処分となった。

残る1隻の「ロレーヌ」は英領のアレキサンドリアに在泊していたために攻撃は免れたもののイギリス軍に接収され、燃料と砲の尾栓を抜かれた状態に置かれた。のち1943年に自由フランス軍に返還されると、1944年の南フランス上陸作戦の際に地上砲撃に参加して終戦を迎えた。そして1955年に売却・解体されてその生涯を閉じている。

▲クールベ級とほぼ同じサイズの船体に34cm砲を搭載したブルターニュ級は間に合わせ的な要素が高い艦だった。本級の1番艦が竣工した1916年には38cm砲を搭載したクィーン・エリザベス級やバイエルン級が続々と完成しつつあった。写真は1930年代前半に実施された第四次改装後の姿。第一次大戦後、本級は小規模な改装を繰り返し実施している

[ノルマンディー級戦艦]

■戦争勃発により建造中止

ブルターニュ級はフランス初の超ド級戦艦として建造され、その完成と同時に旧式化することが運命づけられていた。したがって、フランス海軍としてはこれ以上英独海軍との間に戦力差を広げられないためにも、これらの国の新鋭艦に匹敵する戦艦を多数そろえる必要があった。

そのため、1912年に海軍法を新たに制定すると、一挙に28隻もの超ド級戦艦の建造に乗り出したのである。この計画に基づき、ノルマンディー級4隻の建造が決定された。「ノルマンディー」および「ラングドック」が1912年12月12日に、「ガスコーニュ」および「フランドル」が1913年7月30日にそれぞれ発注されている。また、5番艦として「ベアルン」が1913年12月3日に発注されているが、これはブ

ルターニュ級の3隻と戦隊を編成するためであった。

こうしてノルマンディー級の建造が決まり、「ノルマンディー」は1913年4月18日にロワール造船所において起工され、以下4隻も順次起工された。そして「ノルマンディー」は1914年10月19日に進水し、「ガスコーニュ」「フランドール」もこれに前後して進水している（「ラングドック」の進水は1916年5月1日）。

しかし、1914年に勃発した第一次世界大戦によって、兵器生産は陸軍寄りに修正され、ノルマンディー級の5隻は完成することなく建造中止が決まった。この時、もっとも工事が進んでいた「ノルマンディー」の完成度は65%程度だったといわれる。

そしてその後のワシントン軍縮会議においてフランスはノルマンディー級の建造再開を認められなかったため、1923年以降に順次解体された。

ただし、「ベアルン」のみは航空母艦への改造が決まったために解体を免れ、1927年5月に竣工している。

■ダンケルク級へのステップアップ

未成に終わったノルマンディー級であるが、その最大の特徴は四連装の主砲である。もし戦艦として完成していたら、世界初の四連装主砲搭載艦の栄誉を担うはずであった。

四連装の主砲塔を選択したのは、重量軽減の効果を狙ったためで、これについては成功したといっていい。艦の前中後に一基ずつ配置され、計12門が舷側方向へ指向できる。

ただし搭載された主砲は45口径の34cm砲であり、同時代の英独戦艦に比べると射程、威力の面で見劣りするのは否めない。もっとも、同盟国であるイギリスにドイツと対抗させ、自身は地中海においてイタリア海軍とオーストリア海軍に対峙するという戦略に沿って言えば、それほど戦力不足とは言えないだろう。

なおこの四連装の主砲は4本の砲身が独立しているわけではなく、2本ずつが連動している点が特徴である。言い換えるなら、ひとつの主砲塔内に連装砲2基が収まっているようなものである。そのため、仮に1門が被弾した場合、隣接するもう1門も使用不能になる可能性は高かった。

この主砲はM1912/L45というタイプで、砲身重量は66.95トン、徹甲弾の重量は575kgで初速は780m/s、最大射程は仰角23度で2万6600mとなっている。

その他の武装としては13.8mm副砲が24門で片舷12門ずつが配置され、47mm砲6門が甲板上に配置されたほか、45cm水中発射管6門も搭載予定であった。

もう一点、本級の特徴のひとつに機関が挙げられる。4軸推進である点は前級のブルターニュ級と変わらないが、蒸気タービンとレシプロエンジンを併用している点が変わっている。これは蒸気タービンの性能が今ひとつで、巡航能力に不安があったための措置とも言われているが、ある意味先祖返りと言えなくもない。これにより内側の2軸をタービン駆動とし、外側2軸がレシプロ駆動で巡航用とした。主缶は各艦ごとに異なり「ノルマンディー」と「ガスコーニュ」はギヨ・ド・テンプル缶21基、「フランドル」と「ラングドック」はベルヴィール缶28基、「ベアルン」はニクローズ缶21基となっている。

計画における最大速力は22ノット、航続距離は12ノットの巡航速度で6500浬、16ノットで3375浬、21ノットで1800浬となっている。

防御力については主装甲帯が300mmで、上下甲板がそれぞれ50mm、主砲塔が250～340mmとなっている。また、ケースメートについては前級までの二重装甲を廃して160～180mmの1重装甲となった。

なお蛇足ながら空母に改造された「ベアルン」の戦歴について少しだけ触れておくと、英艦隊とともに独装甲艦「アドミラル・グラフ・シュペー」の捜索にあたったほかはこれといって見るべき点はない。さすがに最大速力21ノットでは第二次世界大戦当時の艦載機を運用するには低速に過ぎ、フランス降伏後は1944年まで西インド諸島に抑留されたのち、カナダ～フランス間の航空機輸送任務に従事。戦後しばらくして1967年に解体されている。

（文／堀場 亙）

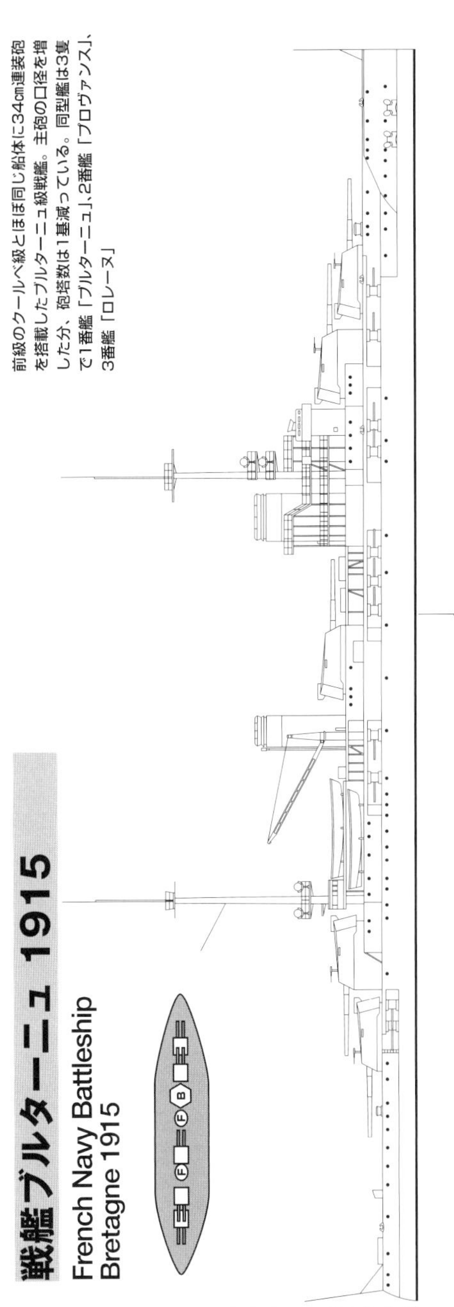

前級のクールベ級とほぼ同じ船体に34cm連装砲を搭載したブルターニュ級戦艦。主砲の口径を増したが、砲塔数は1基減っている。同型艦は3隻で1番艦「ブルターニュ」、2番艦「プロヴァンス」、3番艦「ロレーヌ」

戦艦ブルターニュ 1915
French Navy Battleship
Bretagne 1915

ブルターニュ（新造時）

基準排水量	2万3936トン
満載排水量	2万6000トン
全長	165.8m
全幅	26.9m
機関出力	2万9000hp
速力	20ノット
航続力	4700海里／10ノット
武装	34cm（45口径）連装砲5基 13.8cm（55口径）単装砲22基 4.7cm（45口径）単装砲4基 45.0cm水中魚雷発射管4門
装甲	舷側270mm、甲板115mm 主砲400mm

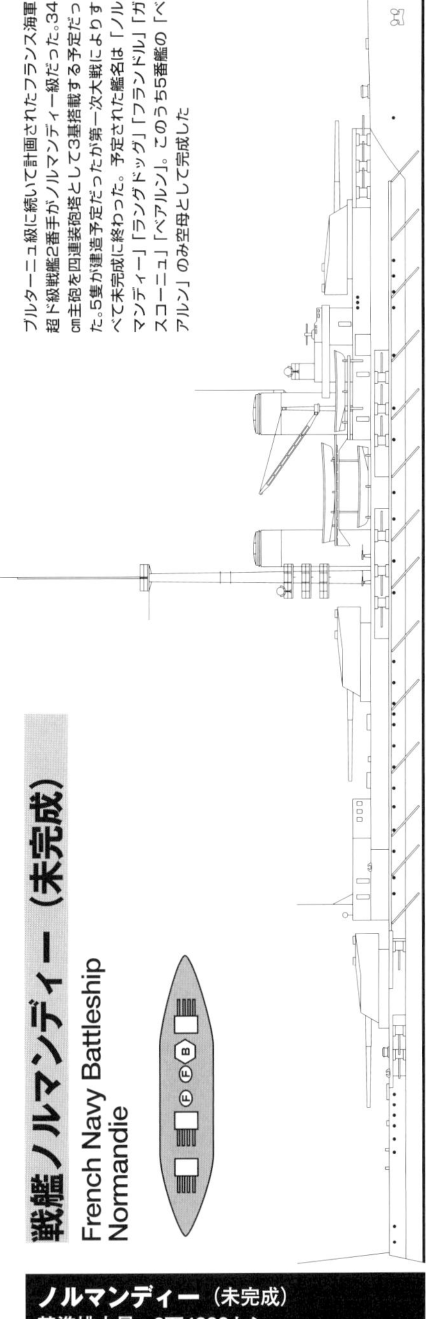

ブルターニュ級に続いて計画されたフランス海軍超ド級戦艦2番手がノルマンディー級だった。34cm主砲を四連装砲塔として3基搭載する予定だった。5隻が建造予定だったが第一次大戦によりすべて未完成に終わった。予定された艦名は「ノルマンディー」「ラングドック」「フランドル」「ガスコーニュ」「ベアルン」。このうち5番艦の「ベアルン」のみ空母として完成した

戦艦ノルマンディー（未完成）
French Navy Battleship
Normandie

ノルマンディー（未完成）

基準排水量	2万4832トン
満載排水量	2万5230トン
全長	176.6m
全幅	27m
機関出力	3万2000hp
速力	21ノット
航続力	6500海里／12ノット
武装	34cm（45口径）四連装砲3基 13.8cm（55口径）単装砲24基 4.7cm（45口径）単装砲6基 45.0cm水中魚雷発射管6門
装甲	舷側300mm、甲板70mm 主砲340mm

ダンケルク級戦艦1938～1942

French Navy Battleship Dunkerque-class

ポケット戦艦に対抗して建造された新世代の戦艦

第一次大戦にかろうじて勝利したものの大きな損害を被ったフランスでは海軍の近代化がなかなか進捗しなった。そんな中、ドイツ海軍が整備したドイッチュラント級に刺激を受けて建造を開始したのがダンケルク級である。ドイッチュラント級とダンケルク級の建造によりヨーロッパの建艦競争は再び熱を帯びることとなっていく

■装甲艦への対抗馬

ワシントン軍縮条約の結果、フランスは7万トンの代艦建造を認められた。

しかし結局、戦艦についてはクールベ級およびブルターニュ級という旧式艦のみを保有し、長らく新型戦艦の建造を保留していた。そしてその分の建造能力と予算を中小艦艇の充実に向けたのである。

その理由の一つは、最大の脅威だったドイツの海軍力の低下にあった。第一次世界大戦で敗戦国となったドイツは再軍備を厳しく制限されたため、旧式の前ド級戦艦6隻を保有していたに過ぎない。その戦力であればフランスにとって直接の脅威にはならず、あえて莫大な予算を必要とする新戦艦を建造する必要性が低かったのである。

このことは地中海においても同じことがいえ、一応戦勝国となったイタリアではあったが、積極的に海軍力を充実させる余力はなかったのである。

とはいえ、来るべき将来のために新型戦艦の計画および設計については水面下で着々と進められていた。

1926年ごろより、フランスでは前ド級戦艦の代艦として1万7500トンクラスの新型艦艇の研究を開始した。この艦艇は戦艦と呼ぶには当時としては小ぶりであり、その用途としても、砲火力的には条約型巡洋艦（重巡）を圧倒し、かつ戦艦よりも高速というコンセプトに基づいたものであった。言うなればドイツの装甲艦（ポケット戦艦）に近いコンセプトと見えなくもない。しかし、この新型艦の研究中にドイツが装甲艦の建造を発表したために計画は中止され、新たに装甲艦に対抗しうる艦艇の研究を開始した。

そのコンセプトは従来の計画艦より速度を若干犠牲にしつつも、砲火力と防御力で優位に立とうというものであった。こうしてのちにダンケルク級と呼ばれる新型艦艇の研究が開始されたものの、ジュネーブ軍縮会議やロンドン軍縮会議の影響もあり、なかなか形にはならなかった。そしてようやく設計が終わったのが1931年のことであり、一番艦となる「ダンケルク」は同年12月24日にブレストの海軍工廠において起工されたのであった。

■バランスの取れた中型戦艦

ダンケルク級の最大の特徴は、世界で初めて四連装砲塔を搭載したことだろう。また、その四連装砲塔2基を前部に集中させたことにより、艦影も独特なものとなっている。主砲の前部集中配置は先にイギリスのネルソン級が採用したものであるが、バイタル・パートに対する集中防御を行なう場合にその防御区画を短縮できるというメリットがある。事実、ダンケルク級はフランスで初めて集中防御方式を採用した戦艦であった。

四連装の主砲塔については未成に終わったノルマンディー級での経験もあったことから、大きな問題もなく決定している。四連装砲塔を採用する最大のメリットは、艦全体における重量の軽減に寄与する点にある。ダンケルク級の場合、四連装砲塔2基8門を有するが、これは連装砲塔4基を配置することに比べて約28％の重量軽減になったとも言われる。そしてこの浮いた重量を装甲に回すことで、ダンケルク級は中型戦艦ながらかなりの重防御となった。この結果、ダンケルク級は充分以上にドイツの装甲艦に対抗できることになったのである。

もともと装甲艦はドイツ国内の政治的な妥協の産物という側面があった。英仏をはじめとした周辺諸国に脅威を覚えさせることを目的として「巡洋艦に砲力で勝り、戦艦に捕捉されない高速力」と盛んに喧伝されたこともあって、当初はドイツのもくろみ通り隣国に刺激を与えることになる。その結果、欧州では図らずも再び建艦競争が過熱していくことになるのだが、その一因は間違いなくこの装甲艦の誕生にあったのである。

しかし、装甲艦の実情といえば「砲力で戦艦に及ばず、速力では巡洋艦に及ばない」、ある意味で中途半端な艦艇といえた。もっとも、ドイツがこれらの艦艇を用いて通商破壊に乗り出せば、脅威であることに変わりはない。そのため、フランスが装甲艦に対抗しうるダンケルク級の建造に踏み切ったことは英断であった。

こうして起工から約4年の歳月をかけて進水した「ダンケルク」は、1936年4月に竣工した。しかし、この新型戦艦の登場は独伊を大いに刺激し、両国はまた新型戦艦の建造へと突き進んでいくことになる。

なお、2番艦「ストラスブール」は1934年11月25日にサン・ナゼール・ペノエ造船所において起工、1936年12月12日に進水し、1938年12月に竣工している。

■世界初の四連装砲塔

ダンケルク級が搭載した主砲はM1931というタイプである。50口径/33cmで1門当たりの重量は70.535トン、初速870m/秒、最大射程は仰角35度で4万1700mにおよぶ。砲弾の威力はともかく、「大和」が搭載した九四式46cm砲の最大射程4万2000mに比べてもまったく遜色がないといえる。

主砲塔の総重量は1497トンで秒速6度で旋回し、砲身は1秒間に6度の昇降が可能である。また、射撃間隔はおよそ20秒から40秒となっている。

四連装砲塔の弱点としては、被弾した場合の砲火力の低下が考えられる。ダンケルク級の場合は2基しかないため、仮に1基が使用不能になると50％の火力減となる。これを避けるため、本級の主砲塔は中間部に装甲を配置して、あたかも連装砲塔を2基つなげたような形態となっている。このため、揚弾筒も1～2番と3～4番では別となっている。

なおM1931の砲威力としては、徹甲弾の場合、砲弾重量が560kgで、最大装甲厚がわずか80mmの装甲艦相手なら何の問題もなかった。

ダンケルク級のその他の武装としては、13cm副砲が16門、37mm連装機関砲2基、13.2mm四連装機銃8基となっている。

このうち、13cm副砲については後部甲板に四連装砲塔3基を集中配備したほか、艦中央部の両舷側に連装砲塔を配した。なお主砲同様に艦尾副砲を四連装としたのは重量軽減を狙ってのことである。

この副砲はM1932という対空・対艦に対応したいわゆる両用砲である。このため、ダンケルク級では高射砲を搭載していない。本級は艦尾に主砲塔を設置しなかったために広大なスペースがあり、ここに副砲12門を置いて後方への備えとしたのである。M1932は仰角45度の場合、最大射程2万870mで初速は800m/sである。また、最大仰角は75度に達し1分間当たり10～12発の発射速度があった。ただし砲塔の旋回速度が秒速12度のため、速度性能が向上した航空機を追尾して射撃するにはやや難があったともいわれる。

▲船体の前部に33cm四連装砲塔2基を集中配置した艦型が特徴的なダンケルク級戦艦。主砲に四連装砲塔を採用したのも世界初だったが、副砲も対空、対艦兼用の両用砲でこの採用も世界で最初の構想だった。最大速力は33ノットで既存の低速ド級戦艦との併用は考えられておらず大型駆逐艦などとともに運用される予定だった

▲2番艦「ストラスブール」。1940年11月ごろの一葉で煙突に煤煙対策のひとつとしてキャップ状のものが設置されている。すでにこの時期、フランスがドイツ軍に降伏しており、ダンケルク級はヴィシー・フランス海軍の旗艦となっていた

主砲に四連装砲塔を採用したダンケルク級。四連装砲塔を船体前部に集中した利点は弾薬庫などの重点防御区画（ヴァイタルパート）の短縮であり船体重量の40%を装甲にあてることができた。1番艦は「ダンケルク」、2番艦「ストラスブール」

防御については先述したように、フランス戦艦としては初めて集中防御方式を採用し、艦の60%を装甲で覆っている。水線装甲帯の最大装甲厚は225㎜でこれは内側に21度傾斜させたインターナル・アーマーとなっている。防御甲板の最大装甲厚は140㎜、主砲塔前面が330㎜で側面は250㎜、天蓋が150㎜となっている（ストラスブールの主砲塔前面装甲は360㎜、天蓋は160㎜）。

また厚さ30㎜の防御縦壁を備え、水中防御についても考慮されていた。

排水量2万6500トンの中型戦艦としてはかなりの重防御といえるが、これは主砲の前部集中と四連装砲塔の採用にによる重量軽減の効果が大きく寄与している。

主機はパーソンズ・ギヤード・タービンの4軸推進で、最大速力は29.5ノット（公試運転時の最大速力は31.06ノット）、航続距離は17ノットの巡航速度で1万6400浬となっている。この航続距離はそれまでのフランス戦艦に比べると段違いの長さであるが、これは地中海のみならず、大西洋での行動も視野に入れていたためだと思われる。

事実、ダンケルク級は同時期に建造された軽巡や駆逐艦とともに第1戦列艦隊を編成し、機動的に運用することを想定していた。これはドイツの水上艦艇による通商破壊を阻止するとともに、自身もまた通商破壊戦を行なうことを考慮していたのではないかと思われる。

■昨日の友は今日の敵

第二次世界大戦が勃発すると、ダンケルク級の2隻はライバルであるシャルンホルストとグナイゼナウを追跡する任務などを行なうが、あっけない本国の降伏によってこの2隻の前途に暗雲が垂れ込める。

本国フランスの降伏時、「ダンケルク」と「ストラスブール」は他のフランス艦艇群とともに北アフリカのアルジェリアにあるメルス・エル・ケビール軍港へと逃れていた。ドイツはフランス艦艇の接収は行なわないことを宣言したため、メルス・エル・ケビールにあったマルセル・ジャンスール提督指揮下のフランス艦隊もまたこれで一安心となるはずであった。

ところが、安心できなかったのはもともと同盟国だったイギリスである。いつドイツが宣言を翻すとも限らない。もしそうなった時、ダンケルク級2隻の戦力はイギリスにとって侮りがたいものとなる。事実上、地中海の勢力図は大幅に変わってしまうことになる。

そこでイギリスは先手を打ってメルス・エル・ケビール軍港のフランス艦隊に対して交渉を行なうが決裂し、イギリス艦隊はまだ港内にいるフランス艦艇に対して攻撃を実施したのだった。

この攻撃により旗艦「ダンケルク」は大破着底し、「ストラスブール」は損傷しながら辛くも逃げ切り、本国のツーロンへ逃げのびた。ここでは本級の速度性能が生かされたといえる。

しかし悲劇はこれで終わらなかった。

着底していた「ダンケルク」はのちに引き上げられてツーロンへと回航される。それからしばらくは平穏だったものの、1942年11月27日、ドイツ軍がツーロン軍港の占領を実行すると、同港にあったフランス艦艇は一斉に自沈を開始する。この事件によって「ダンケルク」と「ストラスブール」はともに自沈した。

そして1945年に引き上げられたものの、修理されることなく解体されている。

地上においてダンケルクは「奇跡の撤退戦」の舞台となったが、その名を冠した「ダンケルク」にはついに奇跡は訪れなかったのである。

（文／堀場 亙）

ダンケルク（新造時）	
基準排水量	2万6500トン
満載排水量	3万4884トン
全長	215.1m
全幅	31.1m
機関出力	13万hp
速力	31ノット
航続力	1万6400海里／17ノット
武装	33cm（52口径）四連装砲2基
	13cm（45口径）四連装砲3基
	13cm（45口径）連装砲2基
	37㎜連装機関砲4基
	13.2㎜四連装機関銃8基
装甲	舷側225㎜、甲板140㎜、主砲330㎜

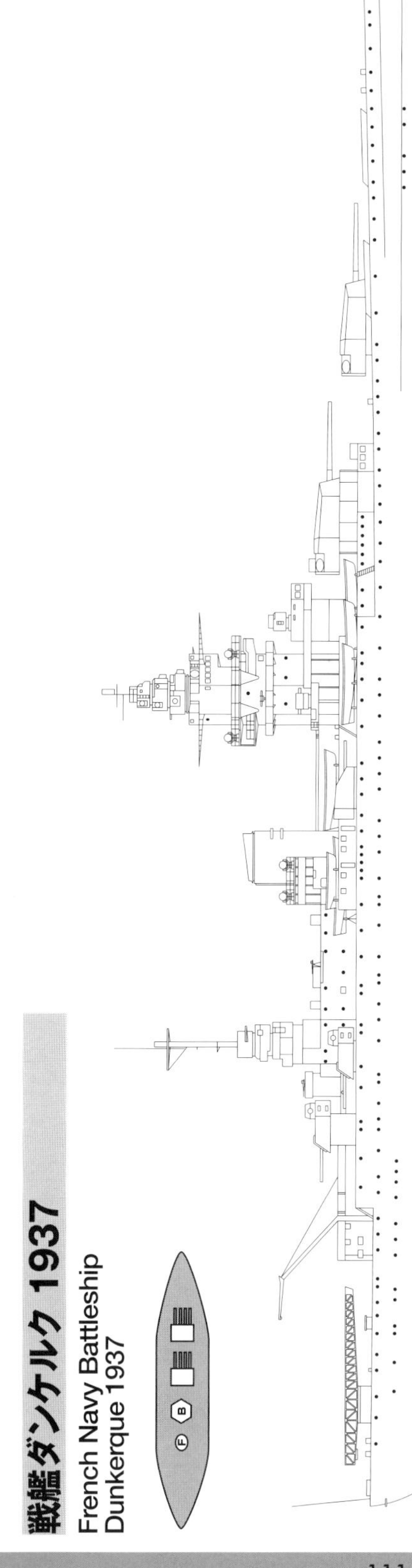

戦艦ダンケルク 1937
French Navy Battleship
Dunkerque 1937

リシュリュー級戦艦1940〜1957

French Navy Battleship Richelieu-class

独仏戦に間に合わなかったフランス海軍最後の戦艦

装甲艦グロワール以来長い歴史を持つフランス海軍が最後に建造したのがリシュリュー級だった。基本的なデザインは前級と同じでダンケルク級の拡大版ということができる。本級2番艦の「ジャン・バール」は1949年に就役、世界で最後に完成した戦艦となった

■独伊に対抗して新戦艦建造

走攻守のバランスに優れたダンケルク級の登場は、隣国のドイツとイタリアを刺激せずにはおかなかった。そしてドイツはただちにこれに対抗すべくシャルンホルスト級の計画を見直し、さらにビスマルク級の建造へと突き進んでいく。

一方、それまで旧式戦艦の近代化改装に注力していたイタリアも、ダンケルク級に対抗すべくヴィットリオ・ベネト級の建造に乗り出したのである。

こうなると、フランスとしても座視しているわけにはいかず、それらに対抗しうる新戦艦の建造にとりかかった。これがリシュリュー級戦艦である。

こうした経緯から、リシュリュー級の仕様は当然、独伊の新型戦艦を意識したものとなった。計画名「PN196」と呼ばれた試作案では、搭載主砲が38cmまたは40.6cm砲8〜9門、速力31.5ノット以上とされ、防御についても38cm砲弾に約2万mで耐えうるものとされた。

ただし全体的な艦のレイアウトなどはダンケルク級と似ており、その意味ではリシュリュー級はその拡大改良型と捉えられなくもない。したがって、ダンケルク級の最大の特徴であった四連装砲塔とその前部集中配置という特異なスタイルもそのまま継承している。

こうして1935年中ごろまでに設計を終えた本級は、1番艦の「リシュリュー」が同年10月22日にブレスト工廠において起工された。ただし「リシュリュー」の建造にあたってはサイズの問題から一つの船台で建造することができず、艦首部および艦尾部は同工廠内の別の場所で建造され、のちに繋ぎ合わされる手法が取られている。

また、2番艦の「ジャン・バール」は「リシュリュー」から遅れること約3年、1939年1月にサン・ナゼール・ペノエ造船所において起工している。

ちなみに「ジャン・バール」の艦名はクールベ級から受け継いだもので、旧「ジャン・バール」は「オセアン」と改名して練習艦となっている。

なお、本級の建造にあたってはまだ軍縮条約の制約下にあり、したがって基準排水量は3万5000トン以下でなければならなかった。ところが実際には本級の基準排水量は3万8500トンほどに達していたといわれている。無論、フランス政府はあくまで3万5000トンと言い張ったが、日本でも同じように実質的に制限をオーバーしていた事例などもあり、どこの国も似たようなものであった。

■前級の良さを生かした拡大版

先述したように本級最大の特徴は、ダンケルク級と同じく前部に集中配置された四連装の主砲である。この配置は追撃戦には極めて有効である一方、後方に対して主砲火力を発揮できないという弱点があった。そのため、本級ではダンケルク級の副砲よりさらに口径を増した55口径の15.2cm砲を後部甲板に配置した。ただし前級とは異なり、口径増に伴い砲塔は3連装とし、首尾線上に1基、その両脇やや後方の舷側に1基ずつという三角配置を採っている。

もともと副砲についてはダンケルク級と同じく5基搭載する計画であったが、重量軽減のために2基減となった。なお、前級と同じく主砲の前部集中配置によって後部甲板には広大なスペースが確保でき、なおかつ爆風の心配もないことから航空艤装についても余裕があり、カタパルトは1基増の2基となり、水偵3機を搭載した（ただしのちの改装で航空艤装は全廃した）。

もう一つ、本級の特徴として挙げられるのは、いわゆる煙突がマック（MAC）構造になっている点だろう。後檣（マスト）と煙突（スタック）を一体化させたもので、現用艦艇には多く見られる構造だが、この当時としては先進的であった。なお、煙突部分は斜め後方へ曲げられており、排煙を後方へ逃がすと同時に、航空爆弾が煙路から艦内に入ることを防ぐ仕組みになっていた。

本級はダンケルク級に比べて全体的に艦型が大型化しているが、艦体長/艦幅の比率がダンケルク級の6.72に対して7.3となっており、細長くなっている。このため、艦型からして直進性は優れていたものの、旋回性能についてはやや難があったとされる。また、1枚舵がそれをさらに助長していたとも言われる。

ただ、全体的に見ればリシュリュー級は前級同様、走攻守がバランスよくまとめられていて、いわゆる条約型戦艦としての評価は高いといえるだろう。

■先進性に富むフランス最後の戦艦

リシュリュー級に搭載された主砲は45口径/38cmのM1935と呼ばれるタイプである。この38cmという口径はフランス独特のもので、後日このためにひと悶着が起こることになる。

砲重量は94.13トン、仰角35度で最大射程は4万1700m、初速は830m/秒であった。また徹甲弾の重量は884kgで、装薬重量は288kgとなっている。

砲塔の総重量は2476トンでダンケルク級に比べて約1.65倍となっている。ただし砲塔旋回速度は秒速5度、砲身の昇降は秒速5.5度とほとんど変わらず、発射速度も25〜40秒に1回とほぼ同じである。

また主砲塔の構造についても基本的には同じであり、砲塔中央部に隔壁を設け、連装砲が2基繋がっているような形態となっている。

本級の副砲は55口径/15.2cm（6インチ）のM1930というタイプで、一応対水上/対空の両用砲である。そのため、最大仰角は90度なっている。

最大射程は仰角45度で2万6474mとなっており、ダンケルク級が搭載した副砲であるM1932に比べて約27％向上している。砲口径の大型化による威力の増大とあいまって対水上戦用としては申し分なかったが、砲の旋回速度がM1932と同じく秒速12度と早くないうえに、発射速度は遅くなっているため、対空砲としてはあまり期待できなかった。そのため、本級では副砲とは別に10cm連装高角砲6基12門が搭載

◀前級の主砲を33cmから38cmへと強化したダンケルク級拡大版ともいえるリシュリュー級戦艦。1番艦「リシュリュー」の起工は1935年と早かったが第二次大戦開戦時にはまだ完成しておらず1940年6月15日、ドイツ軍のパリ入城の翌日、工事を打ち切り就役した。その後、連合軍と交戦し大破着底した。北アフリカのフランス軍の連合軍への降伏後は再び連合軍に所属しアメリカで修理を施しイギリス艦隊と行動をともにした

されている。

本級のその他の武装としては37㎜連装機関砲2基、13.2㎜四連装機関銃6基が搭載されていたが、これら対空兵装についてはのちさらに大幅に強化された。

防御力については前級の重装甲を受け継ぎ、本級もサイズのわりには重防御となっている。水線装甲帯の最大装甲厚は330㎜で、傾斜20度のインターナル・アーマーとなっている点も同じである。水線装甲帯上端を水平に張られた防御甲板は150㎜で、さらにその下方にも40〜50㎜の防御甲板があった。また、司令塔の装甲は340㎜、主砲塔前面が430㎜、天蓋が170㎜となっている。

なお､本級も集中防御方式を採用しているが、やはり前部に主砲塔を集中したことにより弾薬庫周辺の装甲を節約することができ、全体の重量軽減に寄与している。

リシュリュー級の主機はパーソンズ・ギヤード・タービンで主缶は6基、最大出力は15万馬力を誇る。本級では主・副砲塔をはじめ、揚錨機や舵取機、クレーンなど主用機械の多くを電動化しており、そのため発電容量は9300ワットと比較的大きい点は注目に値する。この発電量は米のアイオワ級に匹敵するもので、本級が先進的な設計に基づいていた証左ともいえるだろう。

なお、主缶については当初計画していた駆逐艦用のものを見送り、新開発した缶を採用している。この主缶は従来のタイプに比べて大幅にコンパクト化されており、これも重量軽減に寄与していた。また、クールベ級以来採用されてきた缶室分離方式を採用している。これは主機と缶室を前後に分けて配置するもので、損傷を受けた場合でも被害を最小限にとどめるメリットがあった。

リシュリュー級はフランスらしい先進性を取り入れながら、バランスの取れた優秀な戦艦だったといえるだろう。

■最後の戦艦

1番艦である「リシュリュー」が進水したのは、起工から3年以上が経過した1939年1月17日のことであり、かなり遅いといえる。ちなみに、同日にはおなじブレスト工廠で3番艦「クレマンソー」が起工している。

それからほどなく、同年9月に第二次世界大戦が勃発し、ドイツのポーランド侵攻にともなって英仏はドイツに対して宣戦布告を行なった。それもあってか工事は急速に進み､「リシュリュー」はようやく公試運転を開始した。しかし1940年4月にドイツ軍がフランスに進攻を開始するや、国土はあっという間に蹂躙され、ドイツ軍による接収を懸念した海軍大臣・ダルラン提督の命により、未完成ながら「リシュリュー」は海軍兵学校を卒業したばかりの生徒全員を同乗させて北アフリカのダカールへと逃れた。

また「ジャン・バール」の工事進捗度はさらに低く、主砲塔は1基しか搭載されておらず、本来4軸のはずの推進軸もわずかに2軸のみであった。それでも接収されるよりはということで無理矢理出港し、途中で座礁したり空襲にあったりしながらも、なんとか仏領モロッコにあるカサブランカ港へと入港した。

しかし、メルス・エル・ケビール軍港のフランス艦隊を痛撃したイギリス艦隊は1940年9月にダカールにも襲来、先の悲劇が伝わっていたためにフランス軍は徹底抗戦を試みる。昨日まで の盟友だった英仏海軍はここに戦火を交え、「リシュリュー」も砲撃を行なって英艦隊に損傷を与えたが、自身もまた傷ついている。

さらに1942年になると米軍によるアルジェリアへの上陸作戦が実施される。その過程で、ヴィシー・フランス政権に属してカサブランカにあった艦艇群は頑強に抵抗し、「ジャン・バール」も1基の砲塔で果敢に反撃を行ない、米戦艦「マサチューセッツ」と砲撃戦を演じている。しかし奮戦空しく大破・着底してしまった。

こののち、北アフリカのフランス軍は戦闘を停止して「リシュリュー」は米国に向かい、修理と改装を受ける。

この時、リシュリュー級の主砲口径が38㎝であることが問題となった。イギリスの同口径の砲は38.1㎝で砲弾のサイズが微妙に合わなかったのである。そこで内腔を1㎜削って英国産の砲弾を共用できるように改造している（一説にはこの改造を行わず、38㎝用の砲弾をアメリカにおいて製造したとも言われる）。

また、必要性が低いと判断された航空艤装を撤廃し、代わって対空兵装を大幅に増加させている。

こうして、ある意味でようやく完成した「リシュリュー」は自由フランス軍の艦艇として英艦隊と共に行動し､のちにインド洋へ進出した。そして「リシュリュー」は1945年9月2日、日本の降伏文書調印式にも立ち会っている｡その後、地中海艦隊の旗艦を務めたのち、1958年に予備役編入となり、1968年に売却・解体されてその数奇な生涯を閉じたのだった。

また、大破着底した「ジャン・バール」は引き揚げた後にフランス本国へと回航され、1949年1月になってようやく竣工した。このため､「ジャン・バール」は現在までのところ、世界で最後に完成した戦艦とされている。

そして長らくフランス海軍に在籍したのち、1970年に除籍となり、のちに解体されている。

なお、3番艦「クレマンソー」についてはドイツ軍のフランス進攻時の時点でほとんど工事が進んでおらず、ドイツ軍に接収されて進水までしたものの、1944年に連合軍の空襲によって沈没した。

また、4番艦「ガスコーニュ」は計画のみで起工もされなかったが、この艦は主砲塔を前後部に1基ずつ配置する改設計が行なわれていた。そのため、本艦をリシュリュー級には含めず、ガスコーニュ級と分類する場合もある。

（文／堀場 亙）

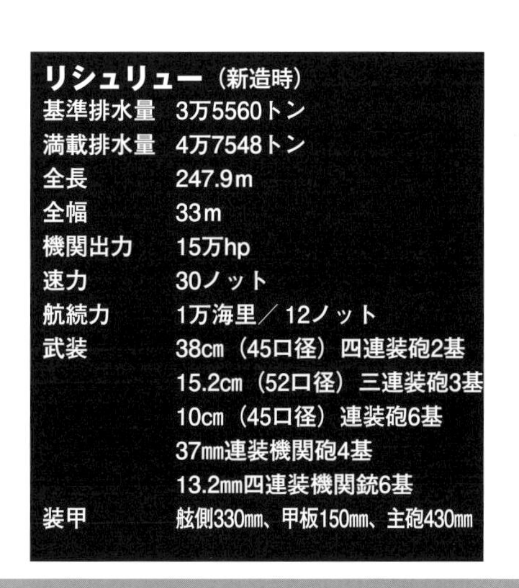

リシュリュー（新造時）	
基準排水量	3万5560トン
満載排水量	4万7548トン
全長	247.9m
全幅	33m
機関出力	15万hp
速力	30ノット
航続力	1万海里／12ノット
武装	38㎝（45口径）四連装砲2基
	15.2㎝（52口径）三連装砲3基
	10㎝（45口径）連装砲6基
	37㎜連装機関砲4基
	13.2㎜四連装機関銃6基
装甲	舷側330㎜、甲板150㎜、主砲430㎜

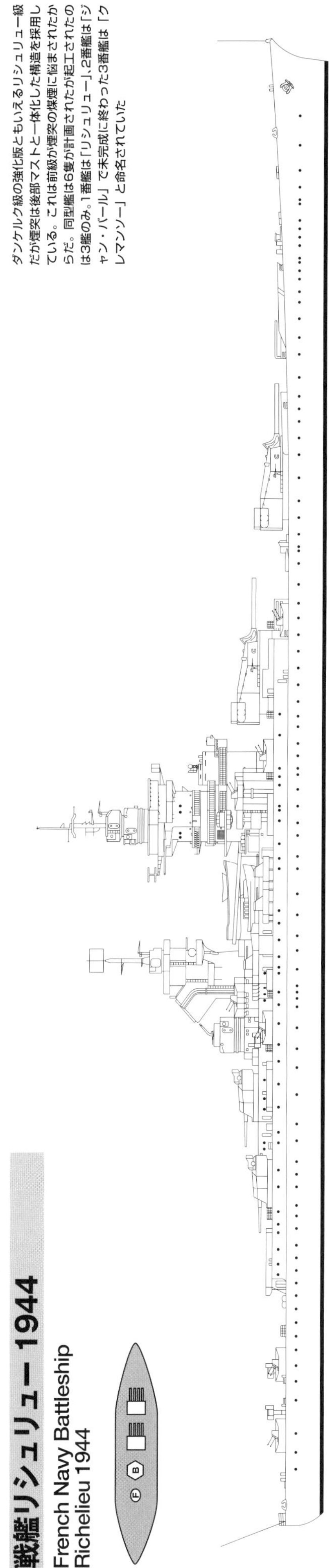

戦艦リシュリュー 1944
French Navy Battleship Richelieu 1944

ダンケルク級の強化版ともいえるリシュリュー級だが煙突は後部マストと一体化した構造を採用している。これは前級が煙突の煤煙に悩まされたからだ。同型艦は6隻が計画されたが起工されたのは3艦のみ。1番艦は「リシュリュー」､2番艦は「ジャン・バール」で未完成に終わった3番艦は「クレマンソー」と命名されていた

column 7

戦艦命名基準考

文／岩重多四郎

長年、戦艦は国家の威信を象徴するものとしてほかの兵器とは一線を画する扱いを受けてきた。建造に数年の期間と多額の国家予算を必要とする戦艦の艦名はそれぞれの国のお国柄や歴史を反映している。ここではそんな戦艦の艦名について考えてみよう

■戦艦の艦名

戦艦は当時の海軍力の象徴であり、国内外に威厳を示すため命名にも特別の配慮がなされた。特に20世紀の「ドレッドノート」以後は建造される艦の数が限られ、新興勢力や弱小海軍では比較的わかりやすいレギュレーションで一貫的に命名される場合が多い。対照的なのがイギリスで、同じ戦艦でも全く異なる由来が混在して一見きわめて無秩序に感じられるが、それは歴史の長い英海軍ならではの特質でもあり、その国の人や歴史に詳しい人にとっては、それが戦艦に相応しい格式の高い名前を選りすぐった結果として理解できるべきものだと考えられる。あるいはイギリス特有の個人主義的な国民性による部分もあるだろう。たとえば本書における根源的存在である「ドレッドノート」の場合は、イングランド時代から代々受け継がれ、17世紀中ごろの共和国時代にイギリス軍艦を示すHMS（His/Her Majesty's Ship）の称号を使いはじめてから6代目に相当する。初代HMSの直前の船は、やや小型で軽快な軍用帆船のスタイルを確立するうえで重要な役割を担っていたとされ、初代〜3代目も当時の3等・4等レベルの艦だったが、1801年に今のイギリスが成立して最初に着工された戦列艦が襲名してネームバリューが上がり、前ド級戦艦の基本スタイルを確定するうえでの要の位置に5代目、正統的な戦艦の最終段階を提示した決定的位置に6代目が入った形。英海軍初の原子力潜水艦となった7代目のあと、次なるエポックメーカーの出現を待っている模様。このような伝統とは別に、「オーストラリア」など連邦諸国からの献金で建造されたことを示す、日本の愛国号・報国号のような艦があるのもイギリスならでは。英戦艦の艦名には大抵このような逸話が背後にあるはずなので、調べてみると面白いだろう。

日本では1905年に定められた規定で戦艦の名を旧国名としており、それ以前からの流れで「日本そのものを示す別称」も取り入れられた。実際に就役したものは大体姉妹艦2隻ごとに何らかの対の関係性を持っており、「河内」「摂津」は隣同士、「扶桑」は日本の別称で「山城」は長らく皇居があった京都。「伊勢」「日向」は伊勢神宮と高千穂宮、「長門」「陸奥」は本州の両端。「大和」「武蔵」は日本の別称と皇居の現在地（または皇居の新旧所在地）で「扶桑」型と酷似する。ただし未成艦まで含めるとだいぶ辻褄が難しくなってくる。一方、当時の一等巡洋艦（装甲巡洋艦、のち巡洋戦艦や条約時代の重巡洋艦、最終的には空母）には山の名前を指定したが、主要艦艇に軍事的にはさして意味のない地名の羅列を用いるのは国際的には珍しい。

▶イギリス海軍の戦艦ロイヤル・ソブリン級の4番艦「レゾリューション」。本級は艦名がすべてRから始まるため、別名"R"級とも呼ばれる。巡洋戦艦レパルス級の「レパルス」「レナウン」の2隻ももとはロイヤル・ソブリン級6、7番艦の艦名に予定されていたものだった

それ以外の国まで見渡すと、概ねいくつかのパターンに分けることができる。ふつう戦艦と巡洋戦艦には異なる基準が用いられており、歴史的な両者の由来の違いがはっきり表れている。地名国名や州名といったある程度の広さを持つ地域名は、日米がもっぱら採用したためなじみが深い。それ以外ではブラジルのド級艦3隻が州名で、ミナス・ジェライス州の州都ベロオリゾンテはサッカーで日本人の知名度が上がった。ずばり国名をつけたものとしては、英連邦諸国の他「フランス」「エスパーニャ」「ドイッチュラント」（装甲艦）が本書の収録範囲だが、戦時中「ドイッチュラント」は改名され、入れ代わって「リットリオ」が「イタリア」となった。地域より狭い特定の地名では、古戦場が欧米で巡洋艦や戦艦によく使われ、ド級艦ではロシアの「ガングート」級がそれにあたる。アメリカの未成巡洋戦艦には国名の「ユナイテッド・ステーツ」や「レキシントン」などの古戦場がどちらも含まれるが、いずれも有名艦の2代目。

■人名

海外では女性を含む王族関係者の名前や称号、ついで軍人の名が多く使われた。日本でも明治初期にそれらの適用が検討されたことがあるが、明治天皇が許可しなかったと伝えられており、以後もこの方針が踏襲された。軍人では圧倒的に海将が多く、中には「ジャン・バール」のように私掠船（国家免状を与えられた海賊船、通商破壊艦）船長の名前もある。海軍の歴史が浅いドイツでは巡洋戦艦に陸軍の将官名をあてている。イタリアやフランスでは文化人が使われることがあり、ド級艦でも「ダンテ・アリギェーリ」（詩人）や「レオナルド・ダ・ヴィンチ」（発明家）、「リシュリュー」と「クレマンソー」（政治家）が見られる。アルゼンチンは独立時の政治家。「ビスマルク」も政治家なのでドイツでは例外的な存在。

■その他・特殊な例

ドイツ・フランス・イタリアは地名と人名を併用したが、独は姉妹艦ごとにどちらかに統一。フランスは過去に例外があったものの、ド級艦は両者のみ。イタリアはド級艦時代は人名だけだったが、ヴィットリオ・ヴェネト級は全く異なり「第一次大戦の対オーストリア・ハンガリーの決戦場」「ファシスト党の紋章に使われたローマ時代の斧」「首都（または帝国になぞらえたニュアンス）」「帝国」。オーストリアの「フィリブス・ウニティス」はオーストリア皇帝の座右の銘で「力を合わせろ」の意。「プリンツ・オイゲン」は陸将の名であるとともに、他の国籍で2代目が現れた点でも珍しい。

最も特異なのはソ連で、「ガングート」級の4隻を「ロシアの社会主義革命」「フランスとロシアの社会主義活動家」「パリの社会主義協議会」の名前に改めた。活動家マラー（仏語読み）は画家ダヴィッドの作品で有名。

「ドレッドノート」や「インヴィンシブル」といった形容詞はヨーロッパでは艦名として多用されるが、主力艦に好んで使うのはイギリスのみ。「オライオン」「ハーキュリーズ」などの神話関連、ライオンやトラのような動物も同様で、歴史的経緯を前提とする。海神ネプチューンなどはありがちに思えるが、戦艦史全体でも英仏の2例しかない。それ以外に戦艦ではあまり用いられなかった名称として、主要都市（ド級艦ではパリとローマのみ）、日本の山を除く地形の名前（河川など）、天然気象、天文、植物などがあがる。

◀長い歴史を持つ海軍国であるイギリスでは古くから繰り返し使われている伝統的な艦名というものが存在する。こちらは1879年就役の5代目「ドレッドノート」。砲塔装甲艦の一種で31.75cm（12.5インチ）前装施条砲を前後に1基ずつ備えていた。1905年除籍

▶5代目「ドレッドノート」の名前を引き継いだ6代目の「ドレッドノート」は1906年に就役、第一次大戦終結後の1919年に退役した。これに続く七代目の「ドレッドノート」はイギリス海軍はじめての原子力潜水艦に命名されて1963年に就役し、1982年に退役した

イタリア海軍
Royal Italian Navy

フランス海軍と同じくヨーロッパ海軍国では弱体な存在のイタリア海軍だったがそれでも地中海に限定すれば無視できない戦力を保有していた。ここでは4タイプの戦艦を紹介する

戦艦ダンテ・アリギエーリ 1913〜1928

Royal Italian Navy Battleship Dante Alighieri

隣国オーストリア・ハンガリーに対抗するため建造されたイタリア海軍最初のド級戦艦

単一口径主砲搭載艦のアイデアはもともとイタリア海軍より生まれたものだった。しかしその実現はイギリスに先を越されイタリア海軍によるド級戦艦は1913年のダンテ・アリギエーリまで実現を見なかった。本艦は世界初の三連装砲塔搭載戦艦であり比較的小さな船体に強力な砲力を備えていた

■バスに乗り遅れるな!

1906年の英戦艦「ドレッドノート」の出現は、戦艦史上におけるエポックメーキングな出来事であった。その意義と詳細については本書の「ドレッドノート」の項目をご参照いただくとして、とにかく列強各国が営々と整備してきた主力艦が一夜にしてすべて時代遅れになったに等しく、各国は競って「ドレッドノート」と同様のコンセプトを持つ戦艦、いわゆるド級艦の建造に邁進することとなる。

イタリアにおいても例外ではなく、ただちに新戦艦の設計・建造に着手した。これが1907年度計画で生まれた「ダンテ・アリギエーリ」である。もともと「ドレッドノート」建造のヒントとなったのが、同国の造船大監ヴィットリオ・クニベルティによる遠距離砲戦用新戦艦構想であったこと、またアドリア海の覇権を争っていたオーストリア・ハンガリー二重帝国でもド級艦の建造を計画中との報が入ったことなどで、ド級艦としては比較的早期に建造が開始された。内容的には中間砲を廃した単一巨砲搭載艦という基本は「ドレッドノート」に範を取りつつ、数々の新機軸を導入した野心的な艦であった。建造はイタリア中部のカステラマーレ工廠で、1909年6月に起工され、竣工は1913年1月15日である。

■最後の衝角付き戦艦

船体構造は前級であるレジナ・エレナ級を拡大・発展させたものであり、艦橋より前の部分のみ乾舷を高くした、いわゆる短船首楼型にデザインされている。船首水線下には接近戦での体当たり用に大きく突き出た角状の衝角（しょうかく、ラム）が装備されていた。20世紀に入ると敵艦に衝突して相手を損傷させる衝角戦は艦載砲の性能向上などによって非現実的なものになりつつあったが、この時期にはまだまだ装着している艦も多かった。ちなみに、日本で衝角を装着した最後の戦艦は1906年竣工の香取型である。

第1砲塔後方に置かれた艦橋は基部に司令塔を持ち、その直後には前部煙突2本が比較的接近して配置されている。前部マストは当初この煙突の中間に装備されたが、これはのちの改装で前方に移設され、より本格的な三脚檣となって上部には見張り所が設けられた。

前部煙突後方には2番、3番主砲塔が前方繋止され、その後にやはり2本にまとめられた後部煙突が屹立する。煙突間には後部マストと共に両舷に艦載艇運用のためのクレーンが設けられた。4番砲塔は後方に向け後甲板に置かれている。装甲は舷側部と砲塔前盾が最大254㎜、司令塔が275㎜。ジュトランド海戦以前の艦のため水平防御は薄く、甲板部は38㎜となっている。

■タービン機関の搭載で高速発揮

機関はボイラーに自国設計のブレキンデン式水管缶を採用、重油専焼缶7基、混焼缶16基を搭載している。主機はパーソンズ式の直結タービンの低圧型、高圧型を組み合わせたものを使用、これを3基4軸に配置した。4軸のうち、外側の2軸がそれぞれ高圧タービンと低圧タービンの組み合わせ、内側の2軸は右舷が低圧、左舷が高圧タービンに振り分けられるという特異な方式であった。なお、タービン機関を採用したイタリア戦艦はこの「ダンテ・アリギエーリ」が最初である。煙突の配置からもわかるように、船体中央部に主砲塔用の弾薬庫が設けられている関係上、缶は前部と後部の2個所に分散配置されている。機関出力は3万2200馬力、最高速力は22.8ノット。軽負荷での公試時は24.2ノットを記録し、世界最速の戦艦として話題となった。旋回性向上を意図し、主舵の前部に小型の副舵を持つことも特徴だった。これはその後のイタリア戦艦でも踏襲されている。

■世界初の三連装主砲を採用

本艦でもっとも注目すべきは主砲であり、この艦のために開発された46口径1909年型30.5㎝砲を世界初の三連装砲塔に収めていた点だろう。この砲塔を計4基、合計12門を船体中心線上に配した設計は、設計者の名を取って「クニベルティ配置」と呼ばれたが、艦首尾方向に砲力を集中できない欠点も生じている。性能は最大仰角20度で射程は2万4000mであった。製造はイギリスからの技術導入によっている。副砲は同じくイギリス規格の50口径1909年型12㎝砲を連装4基、単装12基の計20門を装備、一部を砲塔配置とするなど、こちらの面でも先進性が見受けられる。他の武装として、45㎝魚雷発射管3門と7.6㎝速射砲13基（竣工時）を備えていた。

1913年にカーチス水上機を搭載、第一次世界大戦突入後の1915年に7.6㎝速射砲を50口径の新型に更新、また同口径の高角砲を4基増設した。第一次大戦中も目立った活躍はなく、1922年から23年にマストの移設や1、2番煙突の延長、速射砲8基を撤去し、4㎝ポンポン砲2基を搭載するなどの改装を受けた。1925年には搭載機を国産のマッキM-18に更新、3番砲塔上のカタパルトから運用している。1928年に除籍、解体された。

（文／井出 倫）

ダンテ・アリギエーリ（新造時）	
基準排水量	1万9500トン
満載排水量	2万1800トン
全長	168.1m
全幅	26.6m
機関出力	3万2200hp
速力	23ノット
航続力	5000海里／10ノット
武装	30.5㎝（46口径）三連装砲4基
	12㎝（50口径）連装砲4基
	12㎝（50口径）単装砲12基
	7.6㎝（40口径）単装砲13基
	45.0㎝水中魚雷発射管3門
装甲	舷側254㎜、甲板38㎜、主砲254㎜

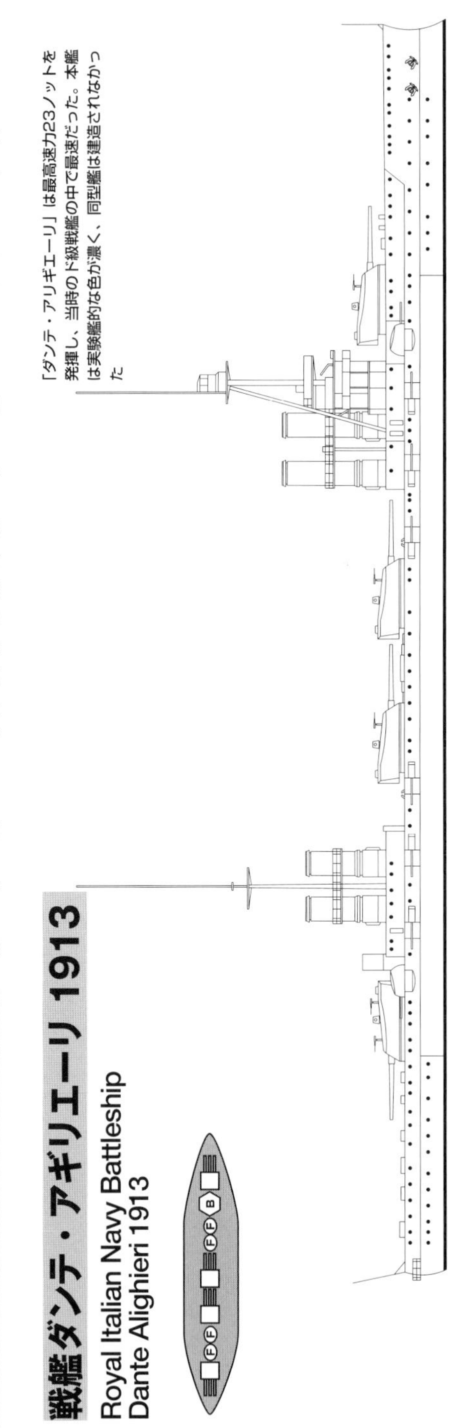

「ダンテ・アリギエーリ」は最高速力23ノットを発揮し、当時のド級戦艦の中で最速だった。本艦は実験艦的な色が濃く、同型艦は建造されなかった

戦艦ダンテ・アギリエーリ 1913
Royal Italian Navy Battleship
Dante Alighieri 1913

column 8

軍縮条約後の近代化改装

文／井出 倫

軍縮条約により新造艦の建造が制限された列強海軍は保有する戦艦の近代化改装を実施した。とりわけ熱心だったのがイタリアと日本で上部構造物だけでなく機関の換装や船体延長などにも取り組んだ。ここでは戦艦に施された近代化改装とはどのようなものだったのかを紹介しよう

■なぜ改装するのか？

イタリアほど大規模なケースは珍しいとはいえ、列強各国においても戦艦の近代化改装は多くの例が見受けられる。軍艦は一種の消耗品である航空機などとは異なり、通常でも10年単位の寿命が想定されている。戦力としての陳腐化を避け、長期間使い続けるために常に時代に合わせたアップデートが必要となってくるわけだ。

特に重厚長大、戦闘艦の頂点ともいうべき戦艦は、他の艦種より長い間使い続けられることが期待されている。理由はいうまでもなく、建造にはとてつもないコストがかかるからである。特にド級戦艦の出現から、いわゆるポスト・ジュットランド型へと進歩が急激だった1910〜20年代には、その建造費は暴騰といってもいいほど急激に上昇していった。戦力維持のためには10年未満で新型艦に更新するのが理想的だとわかってはいても、こうした金食い虫を次々と新規建造していくのは、実際問題として難しいことであった。たとえば大正年間に計画された巡洋戦艦8隻、戦艦8隻を中心とした八八艦隊は、最盛期には国家予算の実に3割を海軍予算が占めるという異常なものであった。

■軍縮条約

こんな際限ない建艦競争を行なっていたのでは、戦争をする以前に国家財政が破綻してしまう。このため第一次大戦後の1922年に列強各国によってワシントン海軍軍縮条約が締結され、戦艦の保有制限と条約期間中の新造が禁止されることとなる。この次善策として、改装による性能向上を図るというのは当然の成り行きであった。各国は旧式戦艦をスクラップにする一方で、艦齢が若く、戦力として有用な艦を改装していくことで、海軍戦力の維持を図ることとなる。1920年代の後半から、当時の世界のほとんどの戦艦が近代化改装に着手したのにはこうした事情があった。

■条約後の戦艦改装

ひとくちに改装といっても、さまざまなアプローチがある。軍艦特有の戦力向上を目的とした改装として、直近の戦いで得られた戦訓をもとに弱点を強化し、より打たれ強い艦とする防御力の強化。また、機関のパワーアップや船体の改良により速力を増加させ、海戦のスピードアップに対応すること、主砲など搭載兵器をアップデートし、直接的攻撃力を向上させること。最後に艦の運用そのものを変革してしまう新技術や新概念を導入すること、などが挙げられる。ここでは軍縮条約後の近代化改装について簡単に解説してみたい。

■防御力の強化

ジュットランド沖海戦で砲戦距離が大きく延伸した結果、大角度で落下する砲弾への対策として水平防御の増厚が図られた。弾薬庫上などのヴァイタルパートを中心に行なわれ、主砲塔の天蓋部分やバーベット部も増厚されている。ただ、これらは条約で舷側装甲強化が禁止されていた側面も考慮する必要がある。また、バルジを取り付けることによって魚雷防御力を向上させるとともに、装甲増厚によって低下した喫水の回復も同時に図られた。

■機関と船体の改良

第一次大戦時の主力は石炭専焼、または石炭・重油の混焼式ボイラー（缶）であったが、これを重油専焼のボイラーに換装、また機関そのものも、より大出力の新型に交換した。ボイラーを重油専焼とすることは黒煙の減少、出力の安定化など多くの利点があった。大出力機関はバルジの装着や装甲の増加などによって低下した速力を補償し、また向上させるために役立った。機関のコンパクト化によってヴァイタルパートも縮小、結果的に装甲重量が節約できるという利点もあった。船体自体も艦首形状を改良したり、船体を延長して水中抵抗を減らし、速力向上を図った艦も多い。

■兵装の改良

主砲口径の上限は条約によって制限されていたが、既存砲の性能向上は広く行なわれている。もっとも一般的なのは仰角の増大で、当初平均して20度程度だった仰角は40度以上へと倍増している。これにより射程距離が延伸した結果、遠方の弾着観測を行なう必要性が生じ、より大型の測距儀を高所に置くために艦橋が高層化していったほか、弾着観測用航空機の搭載も行なわれた。また防御にも関連するが主砲塔の防御強化や発射速度の向上なども実施されている。その他、航空機の発達による高角砲の増設や強化なども多くの艦で行なわれた。

■新技術・新概念の導入

第二次大戦で大きく進歩したのがレーダー技術であり、多くの戦艦にもレーダーが装備された。単に遠方で敵を発見するだけではなく、射撃データをレーダー計測によって得るレーダー射撃も可能となったことで、水上砲戦の概念は大きく変化したといえる。また、大戦後半からアメリカ艦に導入されたCICは戦闘処理に革命をもたらしたが、その真価が発揮される頃には、すでに戦艦自体が過去の遺物と化していた。

■終わりに

こうした改装は、定期入渠の期間などを利用して適宜行なわれることになる。また、一度改装した艦でもしばらくすると再改装が実施されることも多かった。最初の改装が失敗だったのではなく、時間が経つと改装したものも陳腐化してしまうのである。軍艦、特に戦艦はそれだけ長い間使い続けられる存在だということだ。我が国でも既存の戦艦に対しておおむね2度の近代化改装が行なわれ、まずは主砲の仰角引き上げ、装甲の強化、バルジの取り付けなどが実施され、後の改装で速力の増大や射撃指揮装置の更新が行なわれる、という流れであった。

「金剛」を例にとると、1928年よりの第1次改装で水平部装甲の増厚、また水中防御と喫水低下防止のためのバルジの取り付け、新型缶への換装などが行なわれ、1935年の第2次改装では、バルジの取り付けで低下した速力を取り戻すため、缶を重油専焼缶へ交換、機関も一新され出力を倍増、船体を艦尾部分で延長するなどして、30ノットの高速戦艦に生まれ変わっている。艦橋回りも一新され、射撃指揮装置などを新型に交換、主砲仰角をも増大している。金剛型は他艦もおおよそ同様の改装を施され、戦艦として最古参でありながら、もっとも活躍したクラスとなったことはご存じの通りである。

▼改装前のコンテ・ディ・カブール級戦艦。第一次世界大戦最中の1914年就役のド級戦艦である。当初は30.5cm三連装砲3基と連装砲2基を備えており最大速力は21ノットだった

▲近代化改装により艦影を一変させたコンテ・ディ・カブール級戦艦。主砲は32cm三連装砲2基と連装砲2基へと変更されている。機関出力の増大により最大速力28ノットの高速戦艦に生まれ変わった

◀日本海軍の巡洋戦艦「金剛」の新造時の姿。35.6cm連装砲4基を搭載した超ド級巡洋戦艦で合計4隻が建造された。「比叡」を除く3隻はその後2度の近代化改装が実施された

（写真提供／大和ミュージアム）

▶第二次改装後の「金剛」。第一次改装ではおもに水平防御力の強化が実施されたが、その代償として速力は25ノットへと低下した。軍縮条約明けに行なわれた第二次改装では機関の強化や船体延長が盛り込まれ30ノットの高速戦艦へと生まれ変わった

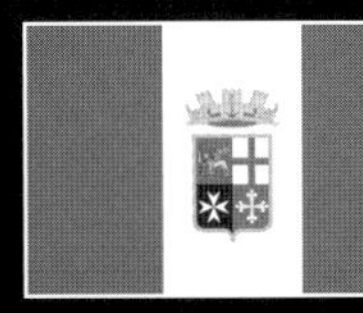

コンテ・ディ・カブール級戦艦1914～1948

Royal Italian Navy Battleship Conte di Cavour-class

三連装砲塔と連装砲塔を混載したイタリア海軍待望の本格ド級戦艦

実験艦的な存在で1隻のみの建造に終わった「ダンテ・アリギエーリ」に続いて建造されたのがコンテ・ディ・カヴール級だ。比較的軽装甲だが重武装のド級戦艦で第二次大戦前に艦容を一変するような徹底した近代化改装が実施されイタリア海軍主力艦の一翼を担っている

■ド級実用艦の登場

実験艦的要素の強かった「ダンテ・アリギエーリ」の設計を元に改良を加え、より強化・発展させたイタリアにおけるド級戦艦の第二弾が、1910年度計画で3隻が建造されたコンテ・ディ・カヴール級である。いずれも1910年に相次いで起工され、ネームシップとなった「コンテ・ディ・カヴール」はもっとも遅く1915年4月、リグリア海に面したイタリア半島付け根近くのラ・スペツィア工廠で竣工、2番艦の「ジュリオ・チェザーレ」はジェノヴァのアンサルド社で、3番艦の「レオナルド・ダ・ヴィンチ」は同じくジェノヴァのオデロ社で前年の5月に竣工している。

■主砲を背負い式に改良

長船首楼型となった船体は大部分が二重底構造であり、2つの縦隔壁や細分化された区画などイタリア戦艦としての特徴を踏襲している。艦首には1番砲塔と2番砲塔が、艦尾には4番、5番砲塔がそれぞれ背負い式に配置されたことで、首尾線への指向可能門数が増加、前級の欠点を解消している。ただし、背負い式の2、4番砲塔は三連装をあきらめ連装としたため、主砲は三連装3基、連装2基となった。これは爆風の影響を軽減し、重心位置の上昇を避けるための処置であり、このほかにも軽合金をできるだけ使用するなど、トップヘビーを防ぐための方策が講じられている。艦橋は2番砲塔の後方に設けられ、ここに近接して前部煙突があり、これを挟み込むように三脚檣が設けられた。この配置だとマスト上の見張り所が排煙の影響を受けるため、後により前方に移動して四脚檣となった。中央部に三連装の3番砲塔、この後方に後部煙突と見張り所、そして探照灯台が設けられている。前後マストには艦載艇運用のためのクレーンも装備された。後部には連装の4番、三連装の5番砲塔が配置されている。前級にあった衝角は廃止され、艦首形状は当時のイギリス艦でよく使われていたゆるやかなカーブを持ち、水線下がやや突き出たクリーヴァー式を採用していた。装甲は全体防御方式で、舷側最大250㎜、水線下170㎜、主砲塔と司令塔が280㎜などと、全体として「ドレッドノート」と比肩しうるレベルといえる。

■前級同様の主砲・機関

主砲は「ダンテ・アリギエーリ」と同じく46口径の1909年型30.5㎝砲で、性能も同等であった。計13門という主砲門数は、戦艦としてはイギリスの「エジンコート」に次いで第2位の多さである。砲塔の旋回動力は蒸気機関による水圧駆動で、一部人力による補助を必要とした。発射速度は毎分2発である。副砲も50口径1909年型12㎝砲を踏襲、中央部の4基以外は両舷にケースメート式に配置され、計18基が装備された。他は水雷艇撃退用の50口径7.6㎝速射砲を13基（「レオナルド・ダ・ヴィンチ」は14基）、艦尾水線下に45㎝水中魚雷発射管などを持つ。

機関は前級同様ブレキンデン式水管缶を採用、重油専焼缶8基、混焼缶12基を搭載し、主機がパーソンズ式直結タービン3基4軸という独特の配置も引き継いでいる。ただし、ネームシップの「コンテ・ディ・カヴール」のみは配置は同様ながら、缶にバブコック＆ウイルコックス製を採用した。出力は3万1000馬力とやや余裕を持たせた設計となり、速力も21.5ノットとわずかに低下している。航続距離は10ノットで4800浬であった。日本など外洋海軍の戦艦に比較するといかにも足が短い感があるが、主に狭い地中海を作戦海域としたイタリア海軍では特に問題とはならなかった。

■竣工時には陳腐化するも当初の目的は達成

列強におけるド級艦の発達は日進月歩の勢いで、建造が長期間にわたったカブール級が戦力化したときには、すでに36㎝を超える大口径砲を搭載する超ド級艦の時代に突入していたが、そもそもカブール級の目的は30.5㎝砲12門を持つオーストリア・ハンガリー帝国のフィルプス・ウニティス級に対抗することであったので、大きな問題にはならなかった。

カブール級と比較するとどちらも主砲は同口径だが門数はこちらが1基多く、速力も2ノットほど優速、しかし装甲はフィルプス・ウニティス級のほうがやや厚く、副砲の口径も勝っていたので、もし直接対決していればなかなか興味深かったろう。だがこうした対決は実現せず、結局1918年に、フィリブス・ウニティス級2隻はイタリアの魚雷艇と水中襲撃チームによって撃沈されている。

■第一次大戦では抑止力として

1915年5月24日、イタリアは連合国側に立ってオーストリア・ハンガリー帝国に宣戦を布告し、第一次大戦に参戦する。この時点で新鋭戦艦であったカブール級は、タラント港で第一戦隊に配備されていた。しかし、その役割はもっぱらオーストリア・ハンガリーの有力艦の行動を制約する抑止力としてであった。実際に作戦行動を行なったのはアドリア海の出口であるオトランド海峡封鎖作戦における哨戒行動や船団護衛任務などが主で、戦闘には参加していない。3番艦の「レオナルド・ダ・ヴィンチ」は1916年8月2日、タラント港に停泊中弾薬庫の爆発により転覆沈没、戦後浮揚されたがそのまま解体されている。

■戦後の大改装

第一次大戦の終結時、イタリア海軍が保有していた実用的ド級戦艦はカブール級の残存2隻と、これを改良したカイオ・デュイリオ級2隻の計4隻であった。1914年～15年にかけて、イタリア海軍は38㎝連装砲塔4基を持ち、常備排水量3万4000トン、速力28ノットという超ド級高速戦艦フランチェスコ・カラッチョロ級4隻を起工したが、戦時中の資材不足によって建造中止に追い込まれている。戦後の軍縮条約によって生まれた、いわゆるネイヴァル・ホリデーにおいても、厳しい財政状況から保有可能トン数を満たすことなく、それどころか現有のカブール級すらマストの改装、射撃方位盤や測距儀の装備など、最低限の改装が行なわれたのみで、1920年代後半から予備艦扱いとされていた。

こうした状況に変化が生じるのは、1932年、ワシントン条約の期間満了による主力艦建造休止期間の終了後である。敗戦によってオーストリア・ハンガリーが瓦解した後、イタリアの主な仮想敵はフランスに変わっていたが、このフランスが再軍備ドイツのポケット戦艦、ドイッチュランド級のカウンターパートとしてダンケルク級戦艦の建造を開始したためである。ダンケルク級は33㎝の主砲を備えた高速戦艦であり、イタリアとしても速やかに対抗可能な艦を整備する必要があった。しかし当初検討中だった1万8000トン級のポケット戦艦類似の設計を破棄し2万6500トン型巡洋戦艦の設計に入ったものの、やはりこれも威力不足であるとして3万5000トン戦艦（後のヴィットリオ・ヴェネト級）に変更されるなど、二転三転した混乱の

▲3番艦の「レオナルド・ダ・ヴィンチ」。本艦は1916年8月にタラント港内で停泊中、弾薬庫の爆発事故を起こして転覆、一時は復旧も試みられたが結局断念されてそのまま廃艦処分となっている。この爆発事故は当時敵対していたオーストリア・ハンガリーの破壊工作だったとも伝えられる

◀近代化改装により姿を一変させたコンテ・ディ・カブール級戦艦。船体中央部の主砲を撤去し、そのスペースに機関を増設し28ノットの高速艦へと生まれ変わった

結果、新戦艦はダンケルク級の就役に間に合わないことが明らかになった。

そこで浮上したのが、予備艦状態だったカブール級2隻を改装してこれに充てる案だった。有名なプリエーゼ式水中防御システムを始めとして新戦艦建造のための技術的検討は、条約期間中も種々進められていたのだが、こうした新機軸の実験台としての性格もあったと思われる。

改装は両艦とも1933年10月から開始され、「コンテ・ディ・カヴール」がC.R.D.A社トリエステ造船所で、また「ジュリオ・チェザーレ」はティレニア海造船所ジェノヴァ工場で行なわれた。内容は船体の延長、機関の交換、水中防御と水平防御の大幅な改善など多岐にわたり、実に全体の6割以上を改装するという空前の大規模改修となった。主砲は砲身をボーリングすることで口径30.5㎝を32㎝に拡大、最大仰角も増し、射程は2万8600mに増大している。ただし船体中央部の砲塔を撤去したので門数は計10門に減少した。9万3300馬力とほぼ3倍となった機関出力もあって速力は大幅に増加し、28ノットとダンケルク級に充分対抗できる域に達している。

イタリアのエチオピア侵入による経済制裁の影響もあり、改装は当初の予定から遅延したが、2隻とも1937年に就役、伊仏間の戦艦戦力バランスはなんとか保たれることとなる。改装中に得られたデータは、1934年に建造が開始され、イタリア最後の戦艦クラスとなったヴィットリオ・ヴェネト級、また後に同様の改装を受けることになるカイオ・デュイリオ級にフィードバックされた(改装の詳細については次のカイオ・デュイリオ級で述べたい)。

■戦後はソ連へ賠償艦として譲渡

第二次大戦にイタリアが参戦した時点では、行動可能な戦艦は本級の2隻のみであり、ともに第五艦隊第一戦隊の所属艦としてカンピオーニ艦隊司令長官の指揮下にあった。1940年7月9日、イギリス地中海艦隊との間で今次大戦におけるイタリア海軍唯一の大規模海戦であるカラブリア沖海戦が勃発するが、この際戦艦「ウォースパイト」の砲撃で「ジュリオ・チェザーレ」が中破している。

以後、イタリア艦隊には戦艦同士が決戦するような大規模な海戦はなく、11月11日にはタラント空襲で「コンテ・ディ・カヴール」は大破着底、浮揚には成功したものの修理は着手されず、戦後の1952年に解体処分されている。修理の完了した「ジュリオ・チェザーレ」も厳しい燃料事情から終戦までほとんど行動することなく終わっている。1948年末に除籍された「ジュリオ・チェザーレ」は、戦後補償のためソ連へ賠償艦として引き渡され、「ノヴォロシースク」と改名、黒海艦隊に所属したが、1955年、セヴァストポリ水道において爆沈した。一説では掃海から漏れていた大戦中にドイツUボートが敷設した機雷に触雷したためともいわれる。1957年に浮揚され、そのまま解体されている。

(文／井出 倫)

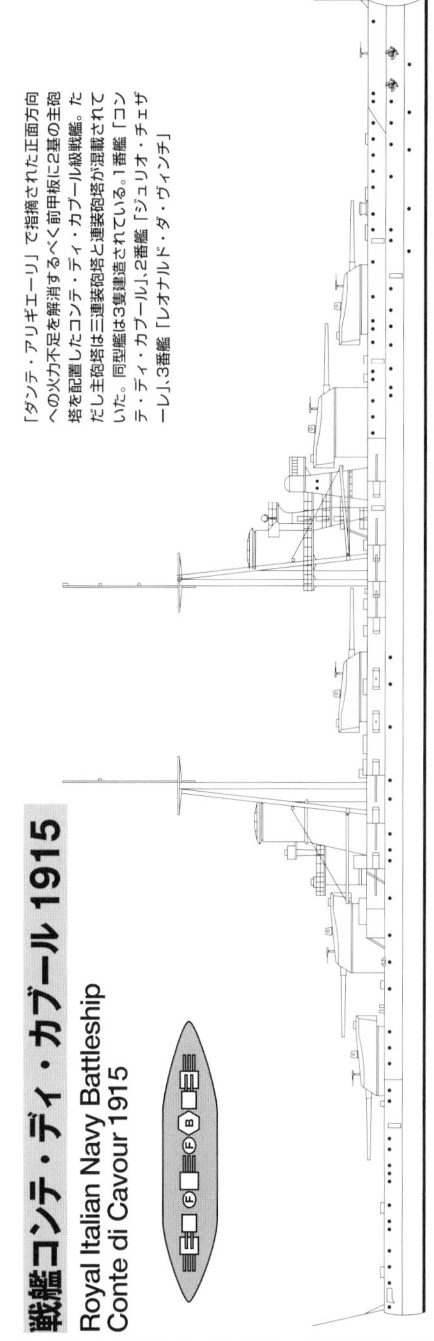

「ダンテ・アリギエーリ」で指摘された正面方向への火力不足を解消するべく前甲板に2基の主砲塔を配置したコンテ・ディ・カブール級戦艦。ただし主砲塔は三連装砲塔と連装砲塔が混載されていた。同型艦は3隻建造されている。1番艦「コンテ・ディ・カブール」、2番艦「ジュリオ・チェザーレ」、3番艦「レオナルド・ダ・ヴィンチ」

戦艦コンテ・ディ・カブール1915
Royal Italian Navy Battleship
Conte di Cavour 1915

1928年に予備艦となったが、1933年から全面的な近代化改装に着手した。これは上部構造物の追加などにとどまらず主砲の口径増大、機関出力アップ、船体構造の変更など全体の6割以上に及びほとんど新造艦建造に近い徹底したものだった。この改装は「コンテ・ディ・カブール」と「ジュリオ・チェザーレ」に施された

戦艦コンテ・ディ・カブール1937
Royal Italian Navy Battleship
Conte di Cavour 1937

コンテ・ディ・カブール（新造時）	
基準排水量	2万3458トン
満載排水量	2万5489トン
全長	176.1m
全幅	28.0m
機関出力	3万1000hp
速力	21.5ノット
航続力	4800海里／10ノット
武装	30.5㎝（46口径）三連装砲3基 30.5㎝（46口径）連装砲2基 12㎝（50口径）単装砲18基 7.6㎝（40口径）単装砲14基 45.0㎝水中魚雷発射管3門
装甲	舷側250㎜、甲板40㎜ 主砲280㎜

コンテ・ディ・カブール（改装後）	
基準排水量	2万7726トン
満載排水量	2万9032トン
全長	187.0m
全幅	28.6m
機関出力	9万3490hp
速力	28ノット
航続力	3100海里／20ノット
武装	32㎝（43.8口径）三連装砲2基 32㎝（43.8口径）連装砲2基 12㎝（50口径）連装砲6基 10㎝（47口径）連装高角砲4基 3.7㎝（54口径）連装機関砲4基 13.2㎜連装機銃6基
装甲	舷側250㎜、甲板135㎜、主砲280㎜

カイオ・デュイリオ級戦艦1915～1956

Royal Italian Navy Battleship Caio Duilio-class

コンテ・ディ・カブール級の改良型ド級戦艦

コンテ・ディ・カブール級の建造に続いて計画されたのがカイオ・デュイリオ級戦艦だ。主砲の口径や配置は前級と同一で三連装砲塔と連装砲塔を混載している。大きな改良点は副砲の強化だった。本級も1932年には予備艦となったがその後コンテ・ディ・カブール級と同様に徹底的な近代化改装が実施されている

■副砲を強化

カブール級の竣工を待たずして、イタリア海軍はド級戦艦の増勢を決め、1911年度計画で準同型艦ともいうべきカイオ・デュイリオ級、2隻の建造に着手した。いずれも起工されたのは前級の起工から2年後の1912年である。ネームシップの「カイオ・デュイリオ」は、「ダンテ・アリギエーリ」も建造したカステラマーレ工廠で、1912年2月に起工し、1915年5月に就役。2番艦の「アンドレア・ドリア」は同じく1912年3月にラ・スペツィア工廠で起工、16年3月に就役している。

カブール級では発射速度を重視して副砲に12cm砲を採用していたが、その後に現れたフランスやドイツのド級艦などは、副砲に14～15cmとより大口径のものを採用しており、威力不足が懸念された。何よりも仮想敵であるオーストリア・ハンガリーのフィルプス・ウニティス級の副砲が15cmだったので、多少発射速度を犠牲にしてでも15cmクラスの副砲を搭載するように設計が変更されたのである。 船体の基本的な線図はカブール級と同様であったが、より大きく、重くなった副砲を搭載したことで重心位置の上昇を避ける努力が見受けられる。

三連装3基、連装2基という主砲の構成、および配置については前級と変更はないが、船体中央部に位置するの3番砲塔の装備位置が甲板ひとつ分下げられている。このため、長船首楼型だった船体は船首楼甲板が前部煙突の部分までに短縮され、「ダンテ・アリギエーリ」以来の短船首楼型に回帰した。ケースメート式に配置された副砲の装備位置についても、後部の分はやはり1甲板分下げて装備されている。前級で排煙の影響を受けると指摘のあった前部マストは、煙突後方から艦橋直後に前進させ、また煙突自体も高さを増すなど、すでに明らかになっていた問題点については改正が行なわれた。士官44名、下士官・兵850名という乗員数は前級と同様であった。基本寸法はほぼ変わらないが、満載排水量は約100トン増加している。

■重心上昇に配慮

主砲についてはカブール級同様46口径の1909年型30.5cm砲で、背負い式の2番、4番砲塔のみが連装、他の3基が三連装で合計13門である。動力系や発射速度などにも変更はないが、重心位置の上昇を避けるためかバーベット部の装甲が若干薄くなっている。副砲は先に述べたように大口径化され、45口径の1909年型15.2cm砲を全部で16基装備した。大きく変わったのがこの副砲の配置で、前級が船体中央部に集中して装備していたのに対し、前後砲塔の周囲に2分する形でレイアウトされた。特に低層に設けられた後部の副砲は、荒天時に波浪の影響を受けやすかった。その他の武装としては、45口径76mm単装砲13基、同40口径6基などを装備、艦尾には450mm魚雷発射管も装備している。機関については重油専焼缶8基、混焼缶12基の主缶にパーソンズ式直結タービン3基4軸という特異な配置はそのままながら、缶はヤーロー缶に変更されていた。出力は3万2000馬力とやや向上している。速力は21ノットであった。

■第一次大戦では大きな戦いを経験せず

「カイオ・デュイリオ」は第一次大戦の開戦にかろうじて間に合ったが、大戦による混乱で資材調達等に支障をきたした「アンドレア・ドレア」は、約1年遅れでの就役となった。だが、ライバルであるオーストリア・ハンガリーのフィルプス・ウニティス級は現存艦隊主義もあってアドリア海の奥に引きこもっており、イタリア側もカブール級2隻に「ダンテ・アリギエーリ」と、すでに3隻のド級戦艦が配備されていたことで、大きな問題とはならなかったのは幸いであった。カブール級同様カイオ・デュイリオ級も、大戦中の任務は哨戒や船団護衛が主であり、大きな戦いを経験せずに終わっている。

■カブール級に続き大改装

大戦後の経済不況の中で、イタリアは続く超ド級艦の建造もままならず、1920年代の後半まで既存のド級艦のみという状況が長く続く。25年には「カイオ・デュイリオ」が3番砲塔の爆発事故を起こしたが、損害は軽かった。26年には艦首甲板の左舷側に固定式カタパルトを装備、水上機運用を可能としている。1937年4月、カブール級の近代化改装が終了するのと入れ替わるように、このクラスも同様の改装を受けることとなる。「カイオ・デュイリオ」はC.N.T.社ジェノヴァ造船所、「アンドレア・ドレア」はC.R.D.A社トリエステ造船所で行なわれたこの大改装で、このクラスは新造戦艦に匹敵するほどの強力な高速戦艦として生まれ変わった。改装の内容はカブール級とほぼ同様であるが、ここではその内容を少々詳細に記してみたい。

■延長された艦首と強化された機関

まず船体を見てみると、大きく印象が変わった部分として艦首が延長されたことが挙げられる。新しい艦首は古い艦首を包み込む形で形作られ、スマートなクリッパー型となった。延長部の長さはカブール級では10.3mだったが、カイオ・デュイリオ級では10.8mとさらに長くなっている。これは浮力の増大と高速化のための処置である。後部船体は大きな変更はなく、特有の副舵もそのままである。ただし魚雷発射管は撤去されている。機関部はもっとも大きく変更された部分のひとつで、中央部の3番砲塔を撤去し、新たにヤーロー式重油専焼缶8基と、国産のベルッゾー式ギヤードタービン2基を搭載、出力は8万5000馬力となった。このタービンは低圧2基と高圧1基を減速ギアで組み合わせたもので、推進器は今までの4軸から2軸と半減しているのも特徴である。缶数の減少が、この間の技術進歩を物語るが、機関区画の長さも従来の7割へと短縮している。出力はカブール級の改装後に比較して若干低下しているが、より耐久性を重視した設定となったためといわれる。それでも速力は改装前の21ノットから27ノットへと飛躍的に増加した。この改装で前後に離れていた2本の煙突も中央に集中し、すっきりとしたものとなった。艦橋は直径の異なる円柱を組み合わせたような背の高い塔状のものになり、各種の射撃指揮装置を装備。基本はカブール級同様だが、測距儀が測距と弾着観測用の上下二段式となるなど改良され、全体にやや大型化している。艦橋後部に設けられたポールマストはより高くなり、3番砲塔前の後部マストはカブール級の三角檣から後部艦橋一体型の単檣となった。これらの変更は、建造中だったヴィットリオ・ヴェネト級からのフィードバックによるものである。

■口径を拡大された主砲、対空火力も強化

主砲は内径をボーリングすることで、30.5cmから32cmまで拡大、加えて最大仰角を改装カブール級の27度より更に引き上げて30度とし、射程も2万9400mと延伸している。バーベット部の装甲も280mmに増厚された。船体中央部の砲塔が廃止されたので、門数は10門に減少しているが、大口径化はそれを補って余りある戦力の向上をもたらした。ただ、口径拡大は良いことばかりではなく、砲身命数（寿命）の低下

▲本級２番艦の「アンドレア・ドリア」。船体形状や基本的な配置も前級であるコンテ・ディ・カブール級とほぼ同じで準同型艦といえる。大きく変わったのは副砲で威力不足とされた12cm砲18基から15.2cm砲16基へと強化されている。竣工時、英独海軍はすでに超ド級戦艦の時代へと以降していたが、地中海ではまだ30.5cm砲搭載のド級戦艦が充分に通用した

◀コンテ・ディ・カブール級の改装終了を待って予備艦となっていた本級も同様の近代化改装が実施された。第二次大戦開戦直後に改装工事は終了したが、実戦で活躍する機会には恵まれなかった

と、散布界の悪化を招いている。副砲以下も一新された。ケースメートは廃止され、副砲は後部3番砲塔部分まで延長された船首楼甲板上に、新たに45口径の13.5cm三連装砲塔を、艦橋両舷に背負い式として計4基を装備。船体中央部には50口径90mm単装高角砲を片舷5基ずつ装備、37mm機銃15基と20mm機銃8基も装備するなど、対空火力を強化しているのが特徴である。ちなみに、改装カブール級は12cm連装砲6基、10cm連装高角砲4基、37mm機銃6基、13.2mm機銃6基である。対空火器要員の増加などによって乗員数は1523名と、改装前の1.5倍に増加している。両クラスとも、改装後はカタパルトなど、航空艤装は廃止されていた。

■水平防御と水中防御が向上

ジュトランド沖海戦以前の設計であるカブール級／カイオ・デュイリオ級では、水平防御はほとんど重視されていなかったが、遠距離砲戦時代の到来による水平防御の重要性がクローズアップされたことで、大幅な強化が図られた。各甲板合計最大90mmだったものを、機関室上の防御甲板装甲を増厚するなどして最大135mmとした。また、水中防御については、前後主砲間の船体中央部にプリエーゼ式水中防御システムが新たに組み込まれた。プリエーゼ造船大監によって考案されたこれは、多重構造の長大なシリンダー状をしており、爆発の衝撃を吸収し、他に波及させないように考えられていた。これは外舷にバルジを装着する一般的な方式に比べて水中抵抗が増えないため、速力を出すには有利だったが、反面、構造が複雑で工数がかかること、内部容積を圧迫することなどの欠点もあった。改装後の排水量は、常備、満載ともに約4000トン増加している。

■戦後も艦隊旗艦として活躍

改装が完了し、再就役したのは「カイオ・デュイリオ」が1940年7月15日、アンドレア・ドレアはやや遅れて10月20日と、第二次大戦への参戦後となった。しかも「カイオ・デュイリオ」は同年11月のタラント空襲で損傷し、翌年5月まで修理が完了しなかった。2艦ともイタリア戦艦の常として、決戦兵力としてではなく船団護衛などの地味な任務に終始し、1942年夏ごろからは燃料事情の悪化によりタラント港に留め置かれ、当初は停泊練習艦として、本土が空襲の目標となってからは防空砲台として連合軍の空襲を迎え撃っている。1943年9月のイタリア降伏時には、ドイツによる攻撃・接収を避けるためにマルタに向かい、ここで抑留されたが、イタリアが連合国側についた後に軍籍に復帰している。2艦は戦後まで生き残り、新生イタリア海軍の旗艦を交互に務めるなど活躍したのち、そろって1956年に除籍・解体されている。

（文／井出 倫）

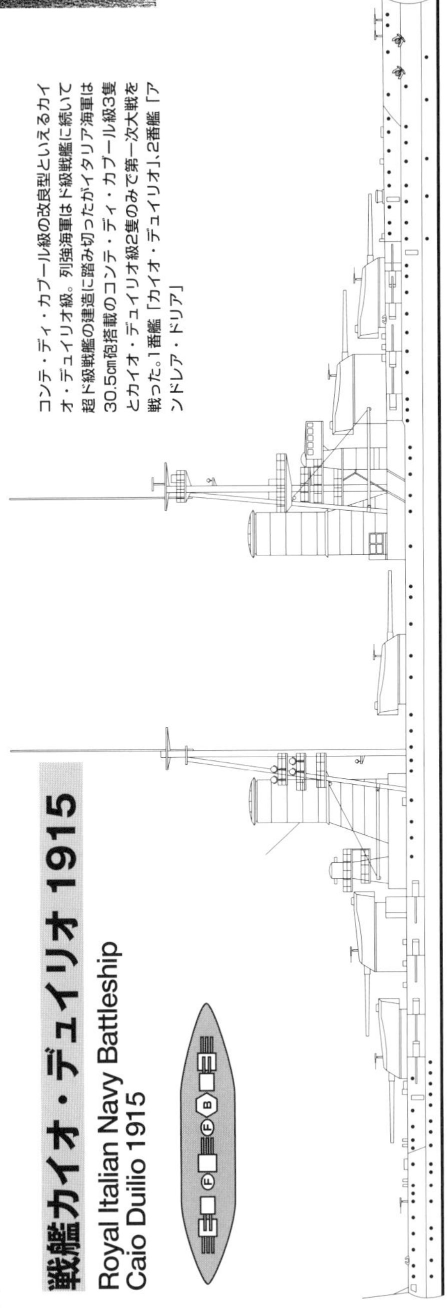

コンテ・ディ・カブール級の改良型といえるカイオ・デュイリオ級。列強海軍はド級戦艦に続いて超ド級戦艦の建造に踏み切ったがイタリア海軍は30.5cm砲搭載のコンテ・ディ・カブール級3隻とカイオ・デュイリオ級2隻のみで第一次大戦を戦った。1番艦「カイオ・デュイリオ」、2番艦「アンドレア・ドリア」

戦艦カイオ・デュイリオ 1915
Royal Italian Navy Battleship
Caio Duilio 1915

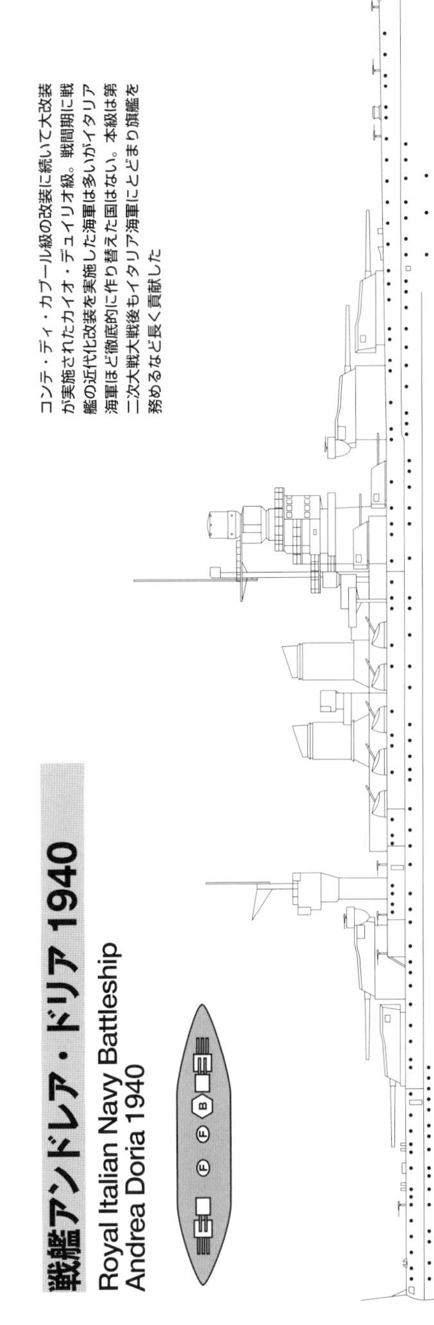

コンテ・ディ・カブール級の改装に続いて大改装が実施されたカイオ・デュイリオ級。戦間期に戦艦の近代化改装を実施した海軍は多いがイタリア海軍ほど徹底的に作り替えた国はない。本級は第二次大戦大戦後もイタリア海軍にとどまり旗艦を務めるなど長く貢献した

戦艦アンドレア・ドリア 1940
Royal Italian Navy Battleship
Andrea Doria 1940

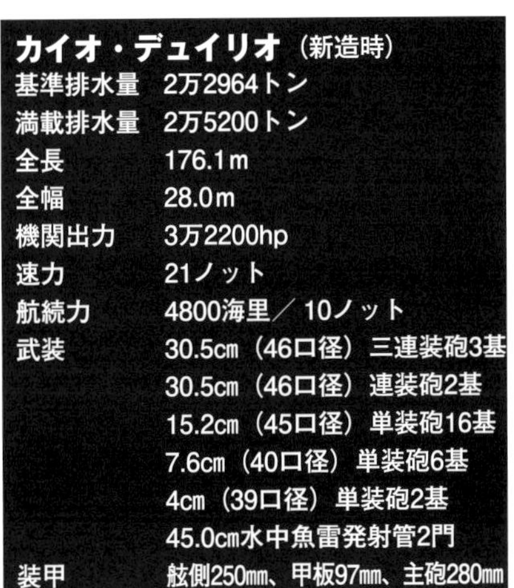

カイオ・デュイリオ（新造時）

基準排水量	2万2964トン
満載排水量	2万5200トン
全長	176.1m
全幅	28.0m
機関出力	3万2200hp
速力	21ノット
航続力	4800海里／10ノット
武装	30.5cm（46口径）三連装砲3基 30.5cm（46口径）連装砲2基 15.2cm（45口径）単装砲16基 7.6cm（40口径）単装砲6基 4cm（39口径）単装砲2基 45.0cm水中魚雷発射管2門
装甲	舷側250mm、甲板97mm、主砲280mm

カイオ・デュイリオ（改装後）

常備排水量	2万8680トン
満載排水量	2万9391トン
全長	186.9m
全幅	28.0m
機関出力	8万6300hp
速力	27ノット
航続力	4800海里／10ノット
武装	32cm（43.8口径））三連装砲2基 32cm（43.8口径）連装砲2基 13.5cm（45口径）三連装砲4基 9.0cm（50口径）単装砲10基 37mm連装機銃15基
装甲	舷側250mm、甲板135mm、主砲280mm

ヴィットリオ・ヴェネト級戦艦1940～1948

Royal Italian Navy Battleship Vittorio Veneto-class

バランスのとれた火力と高速力で期待されたイタリア海軍最強戦艦

第一次大戦は30.5cm砲搭載のド級戦艦で戦ったイタリア海軍だったがフランス海軍のダンケルク級整備に対抗するために新型戦艦の建造に着手した。これがイタリア海軍最後の戦艦、ヴィットリオ・ヴェネト級である。カタログスペック的には地中海最強の戦艦と言ってよく、活躍が期待されたが燃料不足などにより活発な運用がなされないまま終戦を迎えた

■イタリア最後の戦艦クラス

ヴィットリオ・ヴェネト級は、イタリアが就役させた初の超ド級艦であり、かつ最後の戦艦クラスである。第一次大戦時に超弩級戦艦、フランチェスコ・カラッチョロ級の建造が中止されて以来、約20年ぶりの新造戦艦であった。これはいうまでもなく、大戦後に締結されたワシントン軍縮条約により、原則的に新造艦の建造が凍結されたことによるものだ。一応、条約期間中も発効から10年後に予定された建造凍結解除に備えて新戦艦の設計検討がなされており、初期のカラッチョロ級を基本とした40cmクラスの主砲を備えた3万5000トンクラスの設計案から始まり、ロンドン条約を見据えた34cm砲を持つ小型戦艦など、いくつかのプランが検討されたが、旧式戦艦の改装すら思うに任せない経済状況下にあって、こうしたプランが形を取ることはないまま時が過ぎていった。主な仮想敵と定めたフランス海軍もほぼ同様の状況で、軍事バランスが拮抗していたことから新戦艦建造への機運が盛り上がらなかったことも大きいといえる。

こうした状況に変化が訪れるのは1933年のことで、フランスが計画中であったダンケルク級高速戦艦に対抗する艦の必要性がクローズアップされてきたからである。当初、排水量2万6500トン、32cm砲連装4基、副砲15.2cm連装6基で速力29ノットという設計案が上がってきたものの、結局は早期戦力化のためにカブール級の近代化改装案が採用されることとなった。とはいえ、ナチスドイツの台頭を契機として風雲急を告げつつある欧州情勢の中にあって、イタリアとしても海洋戦力の拡充も急務となってきており、改めて制限いっぱいの3万5000トンクラス、いわゆる条約型戦艦が建造されることとなる。前置きが長くなったが、これがヴィットリオ・ヴェネト級となるわけだ（なお、資料によってはリットリオ級と表記される場合もある）。

■30ノットの高速戦艦として

イタリアの艦艇は、波静かな地中海で主用することを前提としていることもあり、他国の同艦種に比較してより高速化が図られていることが多いが、このクラスもその例に洩れない。建造に当たって海軍側は、最高速力30ノット、主砲口径は38.1～40.6cm、装甲は距離1万8500m以上で主砲の直撃に耐えうること、水中防御は炸薬350kgの近接爆発に耐えうることなどを要求していた。 こうした仕様に従って種々の設計案が検討され、1934年、プリエーゼ造船総監の指揮のもとに建造が開始されることとなった。まず建造されたのがネームシップである「ヴィットリオ・ヴェネト」と「リットリオ」で、「ヴィットリオ・ヴェネト」がC.R.D.A.社トリエステ造船所、「リットリオ」がジェノバのアンサルド社でいずれも10月28日に起工されている。また、1938年、イタリアが国際連盟を脱退したタイミングで、軍縮条約の保有排水量制限を無視してさらに2艦の建造が決定され、3番艦「インペロ」が1938年5月14日、ジェノバのアンサルド社で起工し、最終艦の「ローマ」が1938年9月18日、C.R.D.A.社トリエステ造船所で起工した。「インペロ」は結局完成しなかったので、「ローマ」が最終艦ということになる。なおこの2艦については先行した2隻の建造実績をもとに艦首部の乾舷を高め、副砲上に20mm機銃を配置するなど設計が一部改められているので、ローマ級と呼ばれることもある。

■防御面にも気を配った設計

船体は後部砲塔直後まで伸びる長船首楼型で、前方に3連装主砲2基を背負い式で配置、艦尾の3番砲塔は直下にスクリューシャフトが通ることとその後方に置かれた航空艤装への爆風の影響を防ぐため、1番砲塔よりも装備位置がやや高くなっている。艦橋はカイオ・デュイリオ級とよく似た、円筒を重ねたような塔状の構造物であり、下から操舵艦橋、戦闘艦橋、2段の7.2m測距儀、そして方位盤室の順であり、全体に装甲が施されている。後部にはポールマストが配置された。艦橋後方の2本にまとめられた煙突はファンネルキャップを持ち、その後方にはマスト一体型の後部艦橋というレイアウトだ。後部艦橋の基部には搭載艦載艇運用のためのクレーンが配置されていた。

30ノットという高速を実現するため、全長237.8mに対して幅32.9mという比較的細長い艦型を採用、艦首は造波抵抗の減少を狙ってやや控えめながら球状艦首（バルバス・バウ）が採用されたが、実際に竣工してみると振動が発生、凌波性も不充分であることが判明、後に改装され艦首部が延長されている。装甲は主砲塔と舷側装甲帯が350mm、甲板207mm、艦橋前面260mm、副砲塔も280mmと充実しており、それまで防御面で脆弱といわれていたイタリア戦艦のイメージを一新している。ただ、当時のイタリア工業力では300mm以上の厚みを持つ均一の鋼鈑を製造できなかったので、一部は間に木材を挟み込んだ一種の複合装甲とされているのが特徴である。舷側装甲の場合、硬度の高い70mm装甲鈑と木材、そして280mmの装甲鈑からできており、最初に70mmで砲弾の被帽を破壊し、木材をクッションとして弾速を奪い、本命の280mmで止めるわけである。

■長射程・長砲身主砲

主砲は50口径アンサルド/OTO1934式38.1cm（15インチ）砲を三連装3基9門装備した。条約の限度となる40.6cm（16インチ）としなかったのは、イタリアではまだこのクラスの砲の製造経験がなく、技術的冒険を避けたためといわれる。38.1cm砲については、すでに第一次大戦当時に試作されており、ノウハウを保有していた。もちろん、当時のままではなく、少しでも威力を増すために50口径の長砲身型を新規開発している。砲身は焼き嵌めにより鋼管を何層も重ね合わせて製作する一般的な層成砲であり、1

▲ヴィットリオ・ヴェネト級戦艦3番艦の「ローマ」。1942年6月に就役した本艦はイタリアの国際連盟脱退後に追加建造された2隻のうちの1艦で1、2番艦とは船体サイズなどが異なるため別クラスとする場合もある。「ローマ」はイタリア敗戦後、ドイツ軍によって実施された誘導爆弾フリッツXの命中によって轟沈、同じく2番艦「イタリア」（「リットリオ」より改名）も命中弾を受けて中破している

番艦の「ヴィットリオ・ヴェネト」は6ブロック、他は4ブロック構成となっていた。砲は同一の仕様のもと、アンサルド社とOTO社の2社で作られ、アンサルド社製は同社で建造された2艦に装備された。三連装砲塔の重量は１基あたり1500トン、初速は870m/秒、最大射程は4万2800mと、列強の40cm砲に匹敵する性能を持つ優秀砲だった。最大仰角35度で発射速度は1.3発/分、砲弾重量は1発あたり885kgである。副砲はこちらも新型の1936年型55口径15.2cm砲で、これを三連装砲塔に収めて前後2基ずつ、合計4基12門搭載した。位置は艦橋と2番主砲の間の両舷、及び後部3番主砲直前の両舷である。またカイオ・デュイリオ級にも採用された50口径90mm単装高角砲を艦の中央部に砲塔に収めて片舷6基ずつ計12基装備、そのほか37mm連装機銃10基、20mm機銃16基も装備するなど、対空兵装も充実していた。後甲板には水偵用カタパルトと揚収用のクレーンが設置され、最大3機の航空機が搭載可能だったが、格納庫はなく露天繋止である。

■プ式水中防御を新造時より採用

水中防御方式にはプリエーゼ造船総監が開発したプリエーゼ式防御構造が、新造艦としては初めて採用された。これは水線下の船体内側に、バイタルパートをカバーする長大な多重シリンダーを設け、被雷時などの被害を局限しようというもので、直径3.8mの内筒を囲む7.2mの外周という構造。内筒は空洞で、細かく仕切られた外周部分は燃料庫などに利用された。この内側は機関区画であり、缶室の前後に機械室を設けた生残性の高い配置である。缶はヤーロー式で当然重油専焼のものを8基使用した。蒸気圧力は25kg/cm、蒸気温度は325度という性能である。これに組み合わせるのはベルッゾー式ギヤードタービン4基で4軸推進となる。出力は14万馬力、最高速力は公試時に31.4ノットを記録した。舵はイタリア戦艦らしく主舵の他に副舵を持つが、それまでの直線上に主副舵が並んだものではなく、主舵の他に両舷とも内軸と外軸の間に副舵を設け、全部で3枚という構成となった。航続距離は14ノットで4200海里、乗員は士官80名、下士官・兵1750名の計1830名である。

■4隻が起工されたが

「ヴィットリオ・ヴェネト」はイタリア参戦直後の1940年4月28日、「リットリオ」は同年5月6日に竣工しているが、建造が進むにつれ排水量が増大し、結局竣工時には基準排水量4万3625トン、満載で4万5750トンと計画を大幅に超過してしまった。しかし、対外的にはあくまで基準排水量3万5000トンと公表されている。遅れて建造が開始された「ローマ」は1942年6月14日に就役、最終艦の「インペロ」は1939年に進水したものの完成には至らず、イタリア降伏後にドイツ軍によって接収された後、連合軍の空襲によって大破してしまい、戦後に解体されている。もし大戦がなければ、速度性能の似通った新戦艦4隻とペアの改装中型戦艦4隻という用兵上理想的ともいえる高速戦艦編成が実現し、イタリア海軍の作戦能力は大きく向上するはずだったのだが、現実は甘くなかった。全体としてイタリア戦艦は艦隊温存主義や燃料不足などさまざまな要因によって華々しい活躍をほとんど見せることなく終わっている。

ネームシップの「ヴィットリオ・ヴェネト」は1940年11月27日のスパルティヴェント岬沖海戦でイギリス戦艦「レナウン」を砲撃したが戦果はなく、1941年3月26日〜29日にかけてのマタパン岬沖海戦では艦載機により魚雷1本を喫して損傷。ようやく傷が癒えた同年12月14日、船団護衛中に今度は潜水艦の魚雷により損傷している。修理と同時に初めてレーダーを搭載した。その後は船団護衛などに従事し、イタリア降伏時にはスエズ運河で抑留され、その後イギリスの賠償艦とされたが、後に返還された。戦後の1948年に除籍されている。2番艦の「リットリオ」は1940年11月11日のタラント空襲で魚雷3本を受け損傷、修理完了後は船団護衛や船団攻撃に従事している。1942年6月15日にはウエリントン機の雷撃を受け損傷した。1943年7月30日に艦名を「イタリア」に変更。同年9月10日イタリア降伏によってマルタに向かう途中で、ドイツ軍のドルニエDo217爆撃機から発射された誘導爆弾、フリッツXの攻撃を受け中破。3番艦の「ローマ」は同じくフリッツXの攻撃を受け、轟沈している。「イタリア」は戦後までスエズ運河にとどまり、その後アメリカへ賠償艦として引き渡されてスクラップにされている。

■理想と現実のギャップ

航続距離が短いことを除けば、攻守共にバランスの取れた高性能艦に思えるこのクラスだが、実際には不具合な部分も多かったようだ。イタリアの場合、他国が条約期間中も旧式戦艦の改装を行なうことで技術維持を図ってきたのに対し、経済事情からこれを行なえなかったことで、建造には多くの技術的困難があったといわれる。直前に行われたカブール級の大改装によってある程度の技術ギャップは埋められたが、やはり他の列強に比較して立ち遅れた部分があったことは否めない。目玉ともいえるプリエーゼ式防御構造にしろ、溶接技術の問題や鋼材の性能等により、所定の性能を発揮できておらず、「単に工数を増しコストを増やしただけではないか?」との批判もある。また防御に気を配ってはいたものの、主砲と副砲の弾薬庫の距離が充分でなかったのも欠点のひとつで、「ローマ」はここにフリッツXが命中し、火薬庫誘爆により轟沈した。

より古いカイオ・デュイリオ級が50年代後半まで現役にあったのに比べ、大戦を生き残った「ヴィットリオ・ヴェネト」は、最新鋭戦艦なのにもかかわらずほとんど放置状態で戦後比較的早い時期に解体されているが、維持費の高さなどの要因もさることながら、スペック上に現れない使い勝手の悪さもあったのかもしれない。イタリアが連合国側に寝返った後、本級の高速性能を生かして太平洋戦域などで空母護衛に活用しては? という案も出たようだが、短い航続距離（と、政治的な配慮）がネックになって実現しなかったという。

ヴィットリオ・ヴェネト（新造時）

基準排水量	4万3825トン
満載排水量	4万5750トン
全長	237.8m
全幅	32.9m
機関出力	14万hp
速力	30ノット
航続力	4200海里／14ノット
武装	38.1cm（50口径）三連装砲3基 15.2cm（55口径）三連装砲4基 9.0cm（50口径）単装高角砲12基 37mm連装機関砲10基 20mm単装機銃16基
装甲	舷側350mm、甲板207mm、主砲380mm

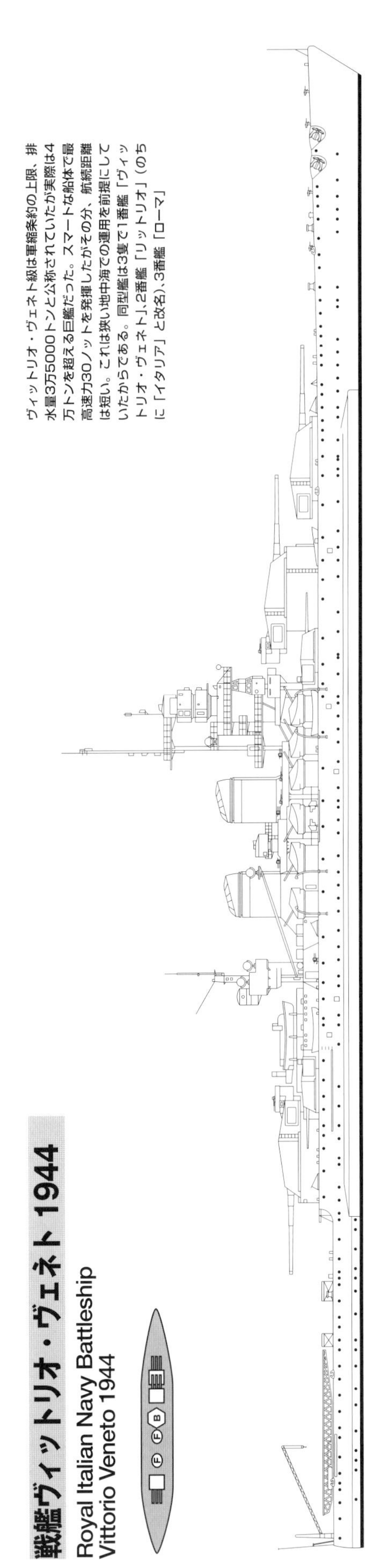

ヴィットリオ・ヴェネト級は軍縮条約の上限、排水量3万5000トンと公称されていたが実際は4万トンを超える巨艦だった。スマートな船体で最高速力30ノットを発揮したがその分、航続距離は短い。これは狭い地中海での運用を前提にしていたからである。同型艦は3隻で1番艦「ヴィットリオ・ヴェネト」、2番艦「リットリオ」（のちに「イタリア」と改名）、3番艦「ローマ」

戦艦ヴィットリオ・ヴェネト 1944
Royal Italian Navy Battleship
Vittorio Veneto 1944

column 8

戦艦の実力と主砲

文／岩重多四郎

戦艦の構成要素、攻撃力、防御力、速力はそれぞれバランスを取ることが重要だが、その中でもっとも重要なのは主砲による攻撃力といえる。より大口径であれば威力は大きなものとなるが、あえて小さな口径の主砲を選ぶケースもある。国による考え方を紹介しよう

ド級戦艦の時代の戦術思想を大艦巨砲主義と呼び、戦艦は時代が下るほど大型化、巨砲化する傾向を持っている。とはいえ、各国の開発状況を細かく調べると、決して無思慮に巨大化させているわけではなく、技術、財政、運用、インフラ、国際関係など様々な周辺事情の合間でシビアな駆け引きが繰り広げられた結果であり、むしろ抑制との戦いだったと見ることもできる。

「ドレッドノート」の着想は砲門数増加による統制射撃の命中率増大にあったため、砲口径は在来艦の標準である12インチ（30.5cm）のままだった。以後イギリスでは13.5インチ（34.3cm）、15インチ（38.1cm）、16インチ（40.6cm）を採用。第一次大戦中とワシントン条約直前には20インチ（50.8cm）砲艦の案もあったが実現していない。ヤード・ポンド法を用いたのは同じ英語圏のアメリカのほか、イギリス系企業が工業的に深くかかわったイタリアやオーストリア・ハンガリー、スペインがあり、それらからの輸出艦や技術導入のロシアも同様の規格となる。ただし、壊の次期戦艦の砲口径は35または35.5cmだったといわれている。

ドイツとフランスはメートル法を用いており、ド級艦時代には30.5cmや38cmといったヤード・ポンド法に準じた値も見られるが、あくまでメートル法で設計されているため、第二次大戦中連合軍側に参加したフランスの「リシュリュー」は、英海軍の15インチ砲弾を運用する都合から口径を1mm掘削する改装を実施した。ドイツの「ビスマルク」を含め、英語圏の文献を介する過程で38.1cmと混濁する場合がある点に注意する必要がある。ただしZ計画艦はドイツ語の文献でも40.6cmとしている。

日本は金剛型の発注にあたり、当時の同盟国イギリスの開発状況を検討のうえ14インチ（35.6cm）を選択、アメリカも独自判断で14インチを採用し、偶然この口径が太平洋のスタンダードとなった。この後日本はメートル法に移行したため、長門型の砲口径は公称16インチながら実際は41cm。以後も対米英を意識してインチの近似値を口径に採用しており、八八艦隊計画の最終型や「大和」型の46cm、超「大和」型の51cmは表示通りの値だった。

注意しなければならないのは、大砲の威力が砲口径だけで左右されるわけではない点だ。ド級艦は12インチ付近から始まって概ね右肩上がりだが、前ド級艦の時代にはそれより大きい口径の砲を使った経験のある国が多く、最大でイタリアの45cmまであった。それらは鋼材の強度など製法の進歩と深く関係しており、新しいもののほうがよりコンパクトで威力が高いという現象が多く見られたためだ。同じことは装甲板にもあり、初期の戦艦には額面上の装甲厚がド級艦より大きいものも少なくない。

その砲の本来の威力をはかる基準としては、砲弾重量（イギリスでは第二次大戦時もその慣習が一部で残っていた）、射程、命中率、貫徹力、発射速度（時間当たり発射弾数）などがあり、二次的に初速（発射直後の砲弾速度）、俯仰角度とその速度、砲身命数（安全に発射できる限界総弾数）や機構面の耐久性・安全性・確実性などがあげられる。また、それらの差は単純な正比例で比べられるものでもなく、想定する戦術に対応したセッティングの妙も求められていたし、日本の九一式徹甲弾（水中での直進性を考慮したもの）のように数値では現れない秘策を取り込んだ兵器も存在する。

戦艦1隻当たりの戦闘力としては、砲弾1発の威力に加え、1斉射（投網に相当する、1回に1目標に対する一斉射撃）あたりの弾数や砲弾総重量のほか、場合によっては時間当たりの総重量を重視する場合、たとえば1分間で2トンを1回撃つより1トンを3回撃つ方が有利と判断することもあった。また、命中率、統制射撃の場合だと1斉射の砲弾の散布界に関しては、砲弾そのものの形状や相互の干渉、さらには現場の気象条件といった空気力学的影響がかなり大きな要素を占めていた。巨大な戦艦といえども遠距離砲戦は航空機と同じ、敵の未来位置を狙って撃つ予測射撃であり、敵味方の行動や自艦の動揺、風向きなど様々な条件を算定して命中弾を得るため、ド級艦の時代には高度なアナログコンピューターを伴う射撃指揮装置（日本海軍ではdirectorを方位盤と訳した）も不可欠な要素だった。第二次大戦当時の20kmを超えるような遠距離射撃では着弾に分単位を要することもあり、戦史で時おり目にする「初弾命中」は当事者にとって極めて名誉なことだった。なお、主砲を半分ずつ交互に発砲する映像を見たことがあるかもしれないが、これは発砲間隔を縮めて弾着修整を細かく加える射法で、統制射撃のもとでは複数の砲が仰角の異なる状態で同時に発砲することはない。

日本海軍では日本海海戦の戦訓を発展させ、遠距離砲戦の命中率を重視しており、太平洋戦争にかけて光学照準装置を著しく発達させた。米海軍も遠距離砲戦の散布界を縮小させる目的で、両次大戦間に超重量弾を導入した。日本側の資料では、当時の情報収集によると訓練時の戦艦の主砲命中率では日本側が3倍の数値を出していたとされる。発射弾数の15%以上も当たれば神技と称えられたが、実戦ではそのような数字はまず出なかった。太平洋戦争では米海軍の射撃管制用レーダーの発達により、夜間の戦艦戦の命中率では米側が圧倒的に上回っている。

一方ドイツでは、主戦場の北海や北大西洋では天候不良が多いため砲戦距離が縮まると考えており、まず防御力ありきの設計方針をとった。ただし、第一次大戦時のド級艦は主砲口径ではイギリスに劣っていたが、砲身の強度を上げ、強装薬で初速を高めて同等の威力を得ていたとされる。のちの「ビスマルク」級が最大仰角を35度にとどめ、砲弾重量も各国の15インチ砲の中で最も軽かった点でも、ドイツが射程距離より近距離の命中率や貫徹力を重視していたことがうかがわれる。とはいえ、同艦が「フッド」を撃沈したときの射距離も20kmを超えており、優秀な射撃指揮装置と目標の防御力不足で大きな戦果を得た。イタリアの「リットリオ」級の15インチ砲はカタログデータでドイツを凌駕しているが、背の低い艦容からはさほど遠距離砲戦への固執は感じられず、射撃指揮装置や乗組員の練度などの問題もあったのか、実戦ではほとんど命中弾を得られなかった。

なお、軍艦の世界で徹甲弾と呼んでいるものは、砲弾の内部に炸薬を装填し、装甲を貫徹したあと遅動信管で炸裂する構造のもので、陸戦兵器の徹甲榴弾に相当する。不発弾の問題は概ね各国とも抱えていたようだ。

▶長門型戦艦の一斉射撃の様子。主砲砲撃の爆風が船体を覆う。日本海軍では目標の手前に落ちた弾がそのまま水中を直進して命中するという水中弾効果を重視していた（写真提供／大和ミュージアム）

▼戦艦「アイオワ」の主砲射撃。戦後の1984年の写真だが戦艦の主砲の爆風の影響がどのようなものか見てとれる。アメリカ海軍はノースカロライナ以降の新戦艦は弾頭重量の大きな超重量弾を使用した

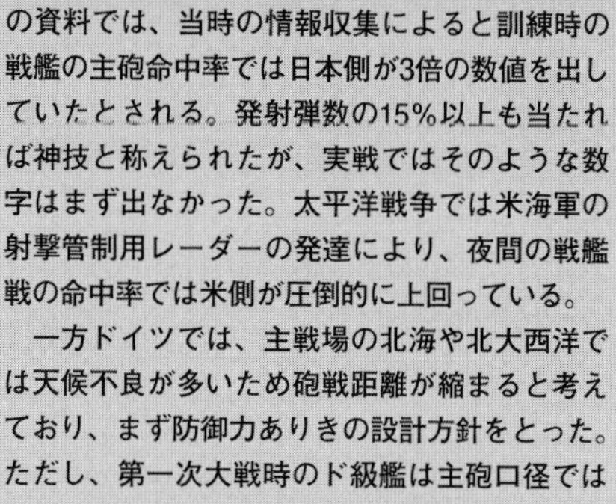

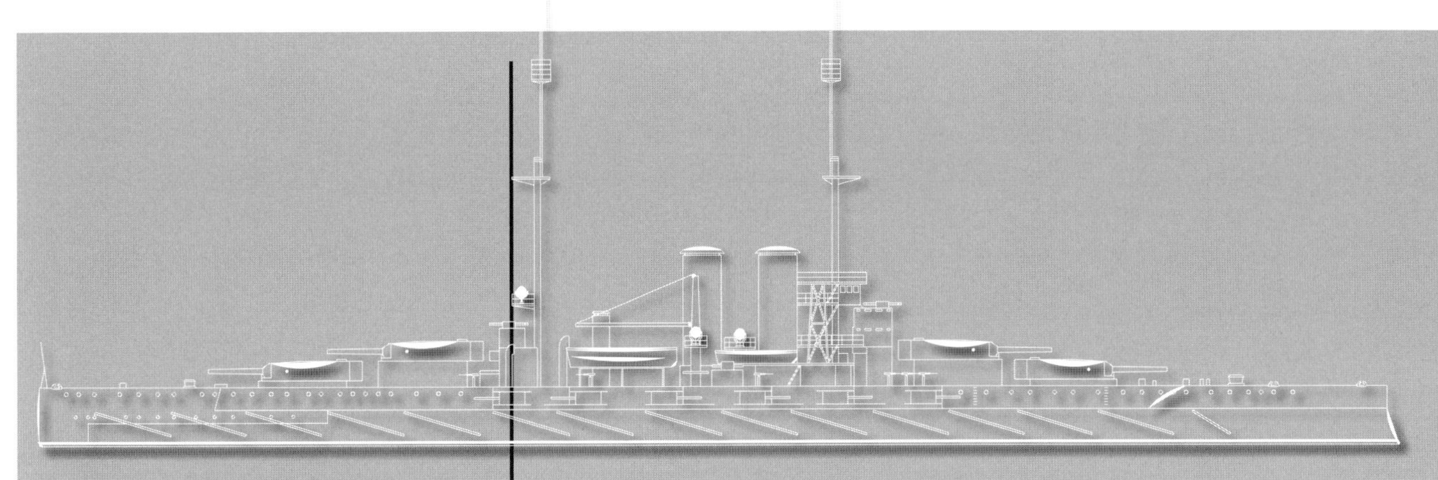

オーストリア・ハンガリー海軍
Austro-Hungarian Navy

現在は海に接することのないオーストリアだが第一次大戦前はアドリア海に面する領土を持っていた。伝統的にイタリア海軍と対立することが多かったためイタリア海軍がド級戦艦建造に踏み切った際にはオーストリア・ハンガリー海軍も同種の戦艦保有を決めた

フィルブス・ウニティス級戦艦
Battleship Viribus Unitis-class

戦艦モナーク代艦
Battleship Ersatz Monarch

フィルブス・ウニティス級戦艦1912～1919

Austro-Hungarian Navy Battleship Viribus Unitis-class

イタリア海軍のド級戦艦に対抗して建造されたアドリア海の有力艦

現在は海を持たないオーストリアだが第一次大戦時は地中海につながるアドリア海に領海を持っていた。フィルブス・ウニティス級戦艦はオーストリア・ハンガリー海軍が建造したはじめてのド級戦艦であり、同海軍が保有することができた唯一のド級戦艦でもあった。本艦は主砲を三連装砲塔とし上部構造物の前後に背負式に搭載するという先進的な設計を採用していた

■オーストリア・ハンガリー海軍の特徴

現在ではその領土に海を持たないオーストリアだが、かつては領海があり、立派な海軍も保有していた。

また、普墺（プロシア・オーストリア）戦争の時には、アドリア海のリッサ島を巡る戦いで、イタリア海軍との間にリッサ海戦と呼ばれる海戦史上有名な戦いを繰り広げている。

このリッサ海戦は装甲艦同士の海戦として注目され、その活躍ぶりから、この戦い以後、各国海軍は非装甲艦に見切りをつけたことでも知られている。

この海戦においてオーストリア艦隊の司令官だったテゲトフ提督は、戦闘前に各艦に対して機を見てラム戦を実施するように指示していた。この当時の砲威力では装甲艦の装甲に有効な打撃を与えることが困難であり、ラム戦は有効な戦術と考えられていたためである。ちなみにラム戦とは、艦首下部にあるラム（衝角）を敵艦の舷側にぶつける、いわば体当たり戦法である。

そしてテゲトフ提督のこの指示は図に当たり、オーストリアの「フェルディナント・マックス」がイタリアの「レ・ディタリア」の舷側に対してラム攻撃を行ない、見事これを沈めたのである。結局、この海戦はイタリア側の指揮の拙劣さもあり、オーストリア海軍の勝利に終わった。そして装甲艦に対する攻撃方法としてラム戦が有効であることを世に知らしめたのである。

もっとも、オーストリア海軍はこの戦果をやや過大に評価したきらいがある。そのため、戦艦の性能が飛躍的に向上した後の時代にも、衝角の装備にこだわり、それが同海軍の特徴の一つともなったのである。

これ以外に、オーストリア海軍が保有した戦艦の全般的な特徴としては、比較的小型で運動性能と速度を重視した点、外洋での行動を軽視していた点が挙げられる。

これらの特徴はいずれもオーストリア海軍の置かれていた状況、およびその運用面から導き出されたものである。すなわち、オーストリアの領海は地中海の、しかもイタリア半島との間にある狭小なアドリア海に限定されていたことにある。アドリア海には小島が多く、その水路は狭い。そのため、戦艦といえども小回りが利かなくてはならない。したがって、艦型は必然的に小型化せざるを得ず、またそのために主砲口径の大型化についてもおのずと限度がある。

また、基本的にそのような作戦海面での運用を前提とし、地中海の外へ出ていく必要もないため、乾舷の高さや凌波性はあまり気にせずに済んだ。さらに言えば、長距離の航海も考慮していないことから、居住性を犠牲にして小型の船体に武装などを詰め込んでいる。

とはいえ、目的がはっきりしていることから切り捨てるべき部分をはじめから切り捨てていたため、設計にあたって過大な要求のために無理が生じることもなく、その意味では本来の目的に合致するように上手くまとめられたいたことも、オーストリア海軍の戦艦の特徴といえるかもしれない。

■遅れてきた新鋭戦艦

そのような特徴を持つオーストリア海軍の戦艦であるが、第一次世界大戦当時に主力艦として活躍したのがラデツキー級とフィルブス・ウニティス級戦艦である。

ラデツキー級はそれまでの同国戦艦の主砲が他国に比して小口径であったことから、火力不足を一気に覆すために主砲の大口径化をはかったのが特徴である。45口径の30.5cm連装砲を前後に1基ずつ配し、くわえて中間砲として24cm連装砲を両舷側に2基ずつ配置した。前級の中間砲はケースメイトだったのに対し、射撃指揮の向上を考慮して砲塔式としている。また、副砲の口径も前級の19cmから大型化しているため、全体的に見て火力はかなり増強されている。

その他の武装としては10cm単装砲20門を両舷側のケースメイトに装備し、対水雷艇用とした。また近接攻撃用には7cm速射砲6門の他、47mm機銃、37mm機銃などを装備し、水雷兵装は45cm水中発射管3基を備えていた。

なお前述のとおり本級においても衝角は装備されている。すでに竣工している「ドレッドノート」が衝角を廃止したことを考えると、伝統とはいえ、この点については古い戦術思想を引きずっていると言わざるを得ない。

ラデツキー級3隻の竣工は1910年から1911年にかけてであり、日本の薩摩型戦艦と同時期である。また、武装をはじめ、性能面でも近い存在といえるだろう（薩摩型のほうが副砲の門数は多いが、速度はラデツキー級のほうが優速である）。しかしこのことは、薩摩型が「ドレッドノート」の誕生によって竣工と同時に旧式戦艦化したことと軌を一にする。アドリア海という限られた作戦海域で、仮想敵は事実上イタリアのみという状況から、すぐさま手を打たなければならないというわけではなかったものの、オーストリアとしてはなんらかの対応を採らざるを得ないことは明白であった。

■合目的のド級戦艦

オーストリア海軍の建艦熱を燃え上がらせたのは、やはり隣国のイタリアであった。イタリアで初めてのド級戦艦「ダンテ・アリギエーリ」の建造が1909年6月に開始されると、オーストリアも直ちに建造準備にとりかかる。これより前、オーストリアではラデツキー級の後継艦として準ド級戦艦を建造するつもりでその設計を進めていたが、イタリアの新型戦艦には3連装砲塔が搭載されるとの情報から、対抗上、新戦艦には3連装砲塔を搭載することに決定したのである。

こうして設計を改めたうえで、一番艦の「フィルブス・ウニティス」は1910年7月24日にトリエステのスタビリメント・テクニコ社（STT）において起工された。また2番艦「テゲトフ」、3番艦「プリンツ・オイゲン」も同社においてそれぞれ1910年9月24日と1912年1月16日に起工されている。そして4番艦の「シュツェント・イストファン」のみはダニューブ造船所で1912年1月29日に起工された。

本級の最大の特徴はその三連装砲塔だろう。竣工は「ダンテ・アリギエーリ」のほうが早かったために世界初という栄誉を担うことはできなかったが、同艦が実験的な艦艇で1隻だけだったのに対して、フィルブス・ウニティス級はバランスよくまとめられた優良艦だったといえる。

そのことは主砲配置についても言え、3連装

▲2番艦「テゲトフ」。本級のクラス名はいささか込み入っている。本来「テゲトフ」は1番艦の「フィルブス・ウニティス」に予定されたものだった。ところが1番艦の艦名は皇帝フランツ・ヨーゼフ1世の要望で「テゲトフ」から「フィルブス・ウニティス」へと変更され、「テゲトフ」の艦名は2番艦へと変更された。このような経過があったために本級をテゲトフ級戦艦と呼ぶ場合もある

▲4番艦「シュツェント・イストファン」。艦名は中世ハンガリー王国の初代国王から付けられた。「シュツェント・イストファン」は他の3艦と多少設計が異なり機関などが異なるものが採用されていた。オーストリア・ハンガリー海軍を阻止するため連合軍はアドリア海峡の出口にあたるオトラント海峡を封鎖していたが、それを突破する際、本艦はイタリア海軍の魚雷艇MAS-15の雷撃を受け沈没している

砲塔を首尾線上に4基配置したことは同じながら、「ダンテ・アリギエーリ」は2番・3番砲塔を艦中央部に配置したため、艦首および艦尾方向へ指向できる砲門数が減少している。これに対してフィルブス・ウニティス級は艦首および艦尾にそれぞれ2基ずつ背負い式に配置しているため、より効率的かつ近代的であった。

その主砲であるが、ラデツキー級と同じ45口径の30.5cm砲を採用している。性能的には仰角20度で射程2万mとまずまずだったが、装填機構に問題があり、発射速度が遅いという欠点があった。

また同級の揚弾機は各砲塔ごとに2基しかなく、したがって全砲門を使用しての斉射を連続的に行なうことは事実上難しかった。もっとも、この時代は射撃指揮装置や砲戦術から考えてそれほど大きな問題とは言えない。

本級のその他の武装としては、副砲に15cm単装砲12門を有し、これは舷側のケースメイトに収められた。対水雷艇用には6.6cm単装砲18門を備え、水雷兵装として53.3cm水中発射管4基も装備していた。

本級の船体は平甲板型で乾舷が高く、比較的小型でもあることから荒海における航洋性は高くない。ただし前述したようにあくまでアドリア海という内海での作戦行動に絞っているため、このこと自体は問題ではなかった。もっとも、小型で小回りが利く半面、乾舷が高いこととあいまって高速時に急旋回を行なうと傾斜がきつく、さらに主砲身を内側に向けていた場合には危険なレベルにまで傾いたともいわれている。その点を除けば操縦性は申し分なかったといえる。

なお、防御に関しては同時代の戦艦としては比較的優れた部類に入る。装甲は全周防御方式を採用し、水線部の主装甲帯は280mmで、水平防御は18mm+18mmの2重装甲だった。ただし、機関配置については危機管理が徹底しておらず、被雷した場合、片舷の機関部が使用不能になる可能性が大きかった。

主機についてはパーソンズ・ギヤード・タービンの4軸推進で、主缶はヤーロー缶12基となっている(「シュツェント・イストファン」のみ構成が異なる)。最大速度は20.3ノット、巡航10ノットで航続距離は4200浬であった。航続距離はかなり短いが、これはイタリア戦艦やフランス戦艦と同様である。

■亡国の戦艦

第一次世界大戦が勃発するとフィルブス・ウニティス級の4隻は第一艦隊に配属され、主力艦としての活躍を期待された。

しかし、現実にはイタリア海軍、そしてイギリス海軍によってオトラント海峡を封鎖されたために身動きがとれず、軍港内で待機し続ける日々が続いた。

この状況を打破しようと、当時海軍大佐だったホルティ提督はフィルブス・ウニティス級を含む大艦隊での出撃を要望するも認められず、結局待ち望んだ海戦に参加することはついになかった。

むしろ、本級に訪れたのはいずれも不幸な結末であった。

ネームシップである「フィルブス・ウニティス」は、終戦直前にユーゴスラビアに引き渡されたものの、イタリア海軍のフロッグマンが艦底に仕掛けた爆薬により横転、1918年11月1日に沈没してしまった。

リッサ海戦の指揮官の名を冠する「テゲトフ」は、敵国であるイタリアに賠償艦として引き渡されて1925年に解体された。イタリアにしてみれば、かつての借りを返したつもりだったのかもしれない。

「プリンツ・オイゲン」は同じくフランスに賠償艦として引き渡され、武装などをすべて撤去されたうえで、標的艦として1922年に沈められている。

最後に「シュツェント・イストファン」だが、1918年6月にオトラント海峡の突破を図った際にイタリアの魚雷艇から攻撃を受けて被雷、これが致命傷となってのちに転覆・沈没している。

(文/堀場 亙)

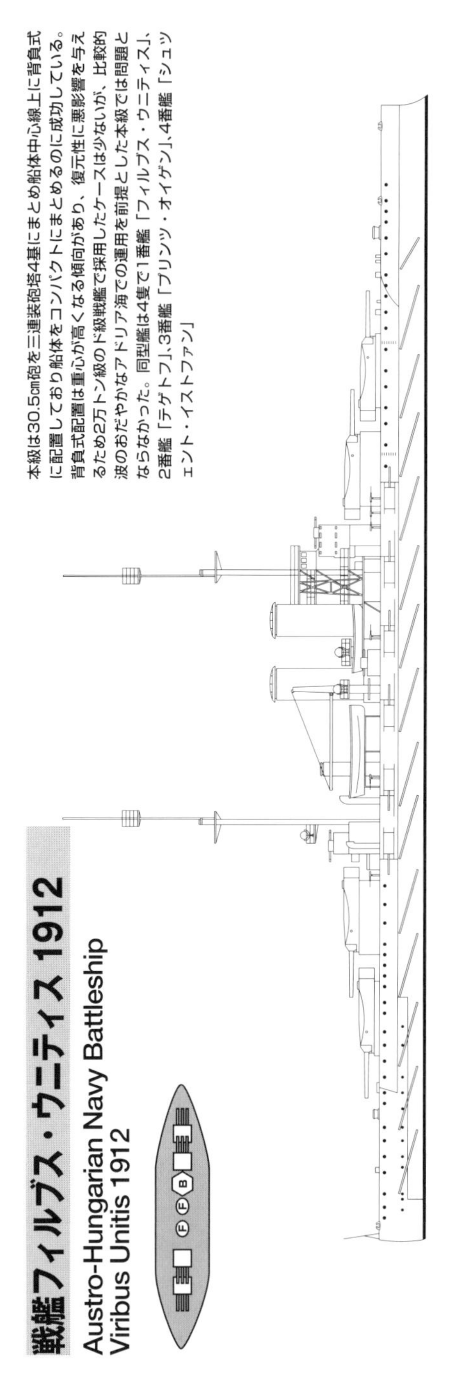

本級は30.5cm砲を三連装砲塔4基にまとめ船体中心線上に背負式に配置しており船体をコンパクトにまとめるのに成功している。背負式配置は重心が高くなる傾向があり、復元性に悪影響を与えるため2万トン級のド級戦艦で採用したケースは少ないが、比較的波のおだやかなアドリア海での運用を前提とした本級では問題とならなかった。同型艦は4隻で1番艦「フィルブス・ウニティス」、2番艦「テゲトフ」、3番艦「プリンツ・オイゲン」、4番艦「シュツェント・イストファン」

戦艦フィルブス・ウニティス1912

Austro-Hungarian Navy Battleship
Viribus Unitis 1912

フィルブス・ウニティス(新造時)	
常備排水量	1万9698トン
満載排水量	2万1595トン
全長	152.2m
全幅	27.3m
機関出力	2万7000hp
速力	20.3ノット
航続力	4200海里/10ノット
武装	30.5cm(45口径)三連装砲4基 15cm(50口径)単装砲12基 6.6cm(50口径)単装砲18基 53.3cm水中魚雷発射管4門
装甲	舷側280mm、甲板36mm 主砲280mm

戦艦モナーク代艦

Austro-Hungarian Navy Battleship Ersatz Monarch

幻に終わったオーストリア・ハンガリー海軍の超ド級戦艦

オーストリア・ハンガリー海軍はフィルブス・ウニティス級4隻に引き続きド級戦艦を整備する方針を立てていたが、隣国イタリアに対抗するため主砲口径を拡大した超ド級戦艦の建造を計画した。これがモナーク代艦である。完成すれば地中海でも最強の一艦となった可能性が高いが第一次大戦勃発により建造は中止され、1隻も完成することはなかった

■超ド級戦艦、夢と消ゆ

ド級戦艦であるフィルブス・ウニティス級の建造を開始したオーストリア・ハンガリー帝国であったが、その建艦熱は治まらず、すでに旧式化した海防戦艦のモナーク級の代艦として、さらなるド級戦艦の建造を画策していた。

これに関して、オーストリア海軍艦艇の砲熕兵器の製造を担ってきたシュコダ社は、34.5cm砲を搭載する戦艦の設計を提案した。この設計そのものは海軍当局によって却下されたものの、連装砲塔と3連装砲塔を混在させるというアイデアは後に活かされることになる。

その後、海軍当局は最終的に35cm砲10門、副砲として15cm砲18門を搭載し、排水量を2万4500トンとする超ド級戦艦の設計をまとめあげた。

もともとモナーク級の代艦建造に際しては、フィルブス・ウニティス級と変わらないド級戦艦が考えられていたものの、一気に35cm砲の搭載を決定した背景には、隣国イタリアの動向が影響を及ぼしたと考えられる。このころ、イタリアは「ダンテ・アリギエーリ」に続いてその改良型である「コンテ・デ・カブール」の建造に着手しており、さらにその後、「アンドレア・ドリア」の建造も開始していた。

イタリアのこれらの戦艦はいずれも30.5cm砲を有するド級戦艦であるが、この数の上での劣勢を覆すために主砲口径の増大を決断したと考えられる。

ただ、フィルブス・ウニティス級が搭載した3連装砲塔には問題も多かったといわれており、とくに発射時の爆風は悩みの種であった。また、砲が巨大化したことによって総排水量も増すことから、主砲塔に関しては前述のように連装砲塔と3連装砲塔を混在させることとしたのである。

こうして、新戦艦の設計がまとめられ、議会の承認も得られたものの、財政的な問題から着工は遅らされた。予定では1番艦が1914年7月1日にスタビリメント・テクニコ社において起工され、以下4番艦まで順次起工されるはずであった（3隻という説もある）。

しかし、結局この新型戦艦が起工されることはなかった。同年に勃発した第一次世界大戦によって新戦艦建造は中止となったのである。

なお、順調に工事が進んでいれば、1番艦は1917年6月に竣工する予定であった。

■フィルブス・ウニティス級の拡大発展型

本級の技術的特徴はさほど多くはなく、ある意味で前級までの純粋な発展型といえる。

超ド級戦艦に分類されるように主砲は35cmで、艦の前後に背負い式で配置された。1番および4番砲塔が3連装、2番、3番が連装砲である。副砲14門はケースメイトに収められ、両舷側に配置された点も前級までと同様である。

その他の武装としては9cm単装砲8門、同単装高角砲12門、8mm機銃、水中魚雷発射管などが予定されていた。また、艦首に衝角を備えていた点もオーストリア海軍の伝統を受け継いでいる。

機関部は4軸推進で2軸ずつが低速と高速に分けられ、ヤーロー式石炭専焼缶と重油専焼缶を混載していた点も前級と同様である。

計画では速力は21ノットとされているが、さらに高速にするプランもあったとされる。もともとオーストリア海軍は砲火力よりも機動性を重視する傾向にあったことから、そうであったとしても不思議はない。実際、この当時のイタリア海軍の戦艦は21ノットから23ノット程度の速度性能があったことから、同程度に甘んじるつもりはなかったかもしれない。

装甲については詳細は不明ながら、主装甲帯の最大装甲厚は310mm、水平装甲は36mmとされる。これも概ね前級と同様だろう。

総じて、仮に本級が完成していたら、走攻守にバランスの取れた有力な戦艦になっていただろうことは想像に難くない。もっとも、第一次世界大戦の状況を鑑みれば、フィルブス・ウニティス級に活躍の場がなかったのと同様、やはり本級も宝の持ち腐れになった可能性は高い。その意味では、建造中止の決断は妥当だったと言わざるを得ない。

なお蛇足ながら、艦艇そのものは建造中止になったが、先行してシュコダ社で製造が行なわれていた主砲身は数本が完成していた。そのうちの1本は、長距離砲として北イタリア戦線の地上戦に投入されたといわれている。

（文／堀場 亙）

モナーク代艦（未完成）

常備排水量	2万4500トン
満載排水量	-トン
全長	175.0m
全幅	28.5m
機関出力	3万1000hp
速力	21ノット
航続力	5000海里／10ノット
武装	35cm（45口径）三連装砲2基 35cm（45口径）連装砲2基 15cm（50口径）単装砲14基 9cm（50口径）単装砲20基 4.7cm（43口径）単装砲2基 53.3cm水中魚雷発射管6門
装甲	舷側310mm、甲板36mm、主砲340mm

戦艦モナーク代艦（未完成）
Austro-Hungarian Navy Battleship Ersatz Monarch

本級は第一次大戦により建造が中止されてしまったため1隻も完成することはなかったが3～4隻が建造される予定だった。艦名は1番艦「モナーク」、2番艦「フニャディ」、3番艦「グラーフ・ダウン」と伝えられる。「フニャディ」は15世紀にオスマン帝国相手にハンガリー王国防衛の戦いを指揮したハンガリーの貴族、フニャディ・ヤーノシュから。「グラーフ・ダウン」は18世紀のオーストリアの軍人ヴィリッヒ・フィリップ・ロレンツ・フォン・ダウンから取られたものでスペイン継承戦争ではプリンツ・オイゲンの指揮下でイタリア戦線で活躍した

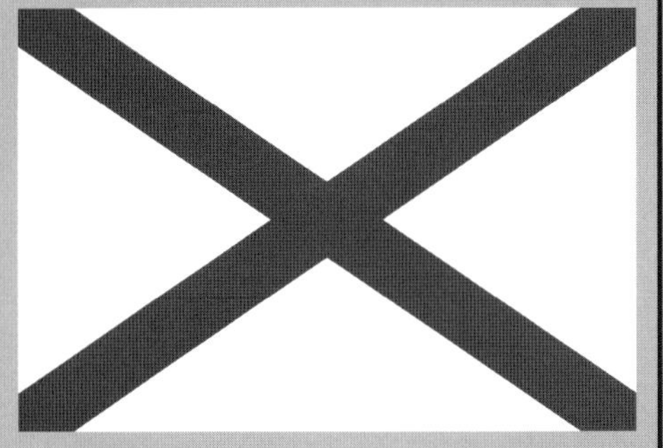

ロシア海軍(ソ連海軍)
Russian Navy

日露戦争で近代的戦艦のほぼすべてを失った強大なロシア海軍は第一次大戦とその後の革命を経て長い混乱期に陥る。それでもバルト海と黒海に限定した小規模な海軍を維持し続けている

ガングート級戦艦
Battleship Gangut-class

インペラトリカ・マリア級戦艦
Imperatritsa Mariya-class

ボロジノ級巡洋戦艦
Battlecruiser Borodino-class

ソヴィエツキー・ソユーズ級戦艦
Battleship Sovetsky Soyuz-class

ガングート級戦艦1914～1956

Russian Navy Battleship Gangut-class

革命により流転の運命をたどったロシア海軍最初のド級戦艦

日露戦争により戦艦の大半を失ったロシア海軍が海軍再建のために建造したのがガングート級戦艦だ。列強海軍の技術支援を受けて設計された本級は第一次大戦中に就役したが、その後のロシア革命、ソ連誕生により何度も艦名を変えながら長期間ロシアの海を守った

■日露戦争で壊滅した主力艦隊の再建をめざして

クリミア戦争で海洋戦力の重要性を痛感したロシア帝国は、1890年代に入ると従来の沿岸海軍からオーシャンネービーへの移行をもくろみ、国外から近代的技術の導入を図るなどして艦隊整備を着々と押し進めてきた。しかしその膨張主義の結果として生起した日露戦争では、劣勢であるはずの日本海軍の連合艦隊によってロシアの海洋戦力は大打撃を受け、特に主力艦に至ってはほぼ壊滅状態に陥ってしまった。戦争終結後、帝政末期の混乱や革命勢力の伸長という不安要因を抱えつつも海軍の再建が模索され、1907年に戦艦8隻、巡洋戦艦4隻を中心に3個艦隊を整備する計画を皮切りに、1909年には10ヵ年計画が、そして1912年には改訂した15ヵ年計画が開始され、海洋戦力の復活を目指すことになる。これは主力艦だけに限っても2年ごとに4隻ずつド級戦艦、または巡洋戦艦を起工していくといった壮大なものであった。しかしこのプランも大戦と帝政の終焉によって夢と消える運命にあったのだが、いずれにせよ、こうしたプランによって最初に建造されたのが、バルチック艦隊の再建用に設計されたガングート級のド級戦艦である。

■各国案を参考にしつつ独自設計

ロシアでは経験のないド級艦ということで、当初は設計案を国外からも広く募ることとされた。最終的にはイギリス、ドイツ、イタリア、アメリカと、27社より全部で51種類もの設計が集まり、種々検討の結果、ドイツのブローム&フォス社とイタリア・アンサルド社のクニベルティ造船技師による案が有力候補となった。しかし結局は公募を白紙に戻し、改めてロシア国内で設計・建造することとなった経緯がある。従来、船体中心線上に4基の三連装砲塔を配置するレイアウトが、イタリア初のド級戦艦である「ダンテ・アリギエーリ」(116ページ)に類似していることから、同艦を設計したクニベルティ技師案の影響が大きいといわれてきたが、現在明らかになっている同技師の案は、①船体中心線上前後に背負い式配置とした三連装4基案、②中央部の砲塔を前後に少しずらして両舷に配置した案、③1～4番主砲塔を並列に2基ずつ並べ、加えて艦尾船体中心線上に5～6番砲塔を持つ、三連装6基18門という“超重武装”案の3つであり、いずれも「ダンテ・アリギエーリ」の配置とは異なる。むしろ設計の基本となったのはブロム&フォス社のものと思われ、こちらは4番砲塔後の甲板が一段下がっている点と主砲の繋止方向をのぞけば実際のガングート級のレイアウトに非常に似通っていた。いずれにせよロシアはこうした各設計案の優れている点を大いに参考としつつ、実際の設計を進めたことは間違いない。なお建造にあたってはイギリスの技術指導があったといわれる。

■艦首は砕氷構造を採用

近代的なド級戦艦とはいえ、基本構造は前級の準ド級艦、インペラートル・パーヴェル1世級の改良型といわれる。とはいえ同じ平甲板型ながら前級のようなタンブルホームは影をひそめ、外見は新世代の戦艦にふさわしい、比較的スマートでシンプルなシルエットを持つ。艦首は従来の衝角(ラム)を廃止し、冬季バルト海での使用を考慮して砕氷構造とされていたのが珍しいといえる。船体には当時の先端材料であった高張力鋼を使用し、構造重量の低減を図っていたが、経験の不足からか建造開始後に強度不足が表面化し、一旦工事を中断して設計し直すというトラブルとなった。これが、艦の建造長期化の一因にもなっているが、設計を改正した後もやはり強度不足は完全には直らず、主砲斉射時には船体に大きなダメージが及ぶため、通常は交互撃方(うちかた)が用いられた。これは、1920年代に再就役時の改装工事で補強が施されるまで改められることはなかった。

■ロシア初のタービン採用艦

上構の構成は、平甲板形の船体上に、前方から1番砲塔、その後方基部に司令塔を持ち、単純な棒マストを組み込んだ小型の露天艦橋、直後に直立した第1煙突、後方繋止の2番砲塔、続いて第2煙突、前方繋止の3番砲塔、やや離れて後部マストと構造物、そしてこれに隣接した後方繋止の4番砲塔、というレイアウトである。艦橋を含め、全体として構造物が小さめなのは、主砲の射界を広く取るためである。装甲は前級同様に全体防御方式を採用しており、鋼鈑はクルップ鋼が使われていた。水線装甲は最大225㎜である。副砲のケースメート部は125㎜厚だが、基部防盾は75㎜とやや薄い。司令塔は最大250㎜、主砲天蓋は203㎜と、同時代の戦艦に比較してやや軽装甲であるといえる。

機関はロシア艦としては初めてタービンを採用、パーソンズ式のものを8基、それぞれ低速用と高速用を組み合わせ、4軸を駆動した。出力は4万2000馬力、最高速力は23ノットと、当時の戦艦としてはやや優速であった。舵は主舵の直線上に副舵を持つタンデム形式で、他国の艦にも採用されているものであった。缶はヤーロー式の混焼水管缶で全25基である。艦橋直下に1番缶室、2番砲塔と3番砲塔の間に2番缶室が設けられ、機関室は3、4番砲塔の間にある。この配置から見ても「ダンテ・アリギエーリ」との差異は明らかである。主砲弾薬庫に隣接する形で缶室が設けられるこの配置は生残性という点で問題があった。基準排水量は2万3360トン、全長181.2mは、当時の戦艦としては標準サイズだった。

■長砲身三連装主砲

主砲は1907年型といわれる30.5㎝砲で、52口径という長砲身が特徴である。同時代のイギリス戦艦やアメリカの「アーカンソー」の50口径をしのぎ、30㎝クラスとしては当時もっとも長い砲身だった。砲弾重量は471kg、仰角20度で最大射程2万3230mである。これは当時のライバルであったドイツのヘルゴラント級を射距離においてしのぎ、射程外から攻撃することが可能であった。その威力は射距離9140mで352㎜の舷側装甲を貫徹可能だった。砲塔はガングート級のために新設計された三連装式で水圧駆動(人力補助)、船体前後の1、4番砲が155度、中央部の2、3番砲が150度の旋回角をもっていたが、後者は艦橋構造物のために射界に制限があったのはいうまでもない。竣工時の発射速度は毎分1.8発である。のちの近代化改

▲就役直後の1番艦「ガングート」。30.5㎝三連装砲塔4基を船体の前部、中央部、後部に振り分け、その間に艦橋や煙突など比較的小さな上部構造物を配置している。このデザインはイタリア海軍のド級戦艦「ダンテ・アリギエーリ」に似ているが機関配置などを見るとそこから影響を受けたようには思えない。速力は23ノットでド級戦艦としては比較的高速だった

▲改装後の2番艦「ペトロパヴロフスク」。本艦は1925年、ソ連海軍により「マラート」と改名されるが、第二次大戦中の1943年5月再び艦名を「ペトロパブロフスク」へと再改名される。第二次大戦中、レニングラード包囲戦のさなか、ドイツ空軍のスツーカ大佐ことルーデルの急降下爆撃により大破着底し一時的に行動不能となっている

装で最大仰角が40度となり、射程は2万8710mへ延伸、発射速度も2.2発/分に向上している。副砲は1905年型50口径12cm砲で、ほぼ主砲塔の外側に2門ずつケースメート式に片舷8門、計16門が装備された。前級まで副砲は20cmが用いられていたが、発射速度を重視して小径化している。ただ、この配置では主砲との位置が近すぎ、それぞれの発砲が障害となるだけでなく、装甲の薄い副砲部への命中弾が主砲にも影響を与える恐れがあった。その他の兵装としては、小艇撃退用にフランスのホチキス社のライセンスである4.7cm速射砲を4基、また水中魚雷発射管を4基装備している。

■革命で活躍の場を失う

上記の設計ミスやさまざまな要因によって、ガングート級の完成は予定より2年も遅れ、「ガングート」、「ペトロパヴロフスク」、「ポルタワ」、「セヴァストポリ」の4艦が完成したのは、第一次大戦開戦後の1914年11月～12月となってしまった。この間に世界はすでに超ド級艦の時代となっており、就役時にはすでにやや陳腐化していたともいえる。しかもサボタージュや破壊活動など、混乱した国内情勢を背景に活動も思うにまかせず、ロシア革命の勃発はこれに拍車をかけた。そんな中、1919年８月には革命に干渉するイギリス艦隊の攻撃によって「ペトロパヴロフスク」がリガ湾で大破着底しているが、後に浮揚された。1920年にはロシア人同士による内戦がほぼ収束し、ボルシェビキによるソビエト連邦が誕生するわけだが、ガングート級は新生ソ連海軍の主力艦にふさわしく、船舶火災で大破した「ポルタワ」を含めて革命色の強い名称に艦名が変更された。すなわち、「ガングート」が「オクチャブルスカヤ・レボルチャ」、「ペトロパヴロフスク」が「マラート」、「セヴァストポリ」が「パリスカヤ・コンムナ」、「ポルタワ」が「ミハイル・フルンゼ」といった具合である。内戦の混乱が収まると、旧「ポルタワ」以外は必要な整備・改装を行なって再就役した。「ポルタワ」改め「ミハイル・フルンゼ」も、1928年から復旧工事に着手はしたものの、結局修復が完了しないまま、他の各艦が解体された1950年代に同様に解体された。なお、「ミハイル・フルンゼ」以外の各艦は1940年代に旧名に戻されている。

■近代化改装

1928年～29年にかけ、「セヴァストポリ」(「パリスカヤ・コンムナ」)に近代化改装が行なわれた。目立つのは排煙対策のために後方に屈曲した1番煙突と、延長されクリッパー型となった艦首部である。この実績をもとに1930年代までに、「セヴァストポリ」を含め各艦により徹底した改装が行なわれた。内容は艦によって多少異なるが、共通する顕著な変化は測距儀と射撃方位盤設置のための艦橋構造物の高層化と、それに伴う排煙対策として、１番煙突をよりいっそう後方に屈曲させている点だ。後部構造物も大型化して航空機揚収用のデリックがその直前に設けられた。航空機は3番砲塔上に射出機を装備の上搭載されたが、航空兵装は1941年に廃止されている。艦首部は1番砲塔の基部まで甲板を一層かさ上げし、軽いシアを設けることで凌波性を向上させている。機関はタービンの換装とともに缶も混焼缶から重油専焼缶に近代化され、「ペトロパヴロフスク」が22基で6万1110馬力・速力23.8ノット、「ガングート」は12基で6万600馬力・22.5ノット、「セヴァストポリ」が同じく12基で6万600馬力・21.5ノットとなっている。「セヴァストポリ」のみ速力がやや低いのは、この艦のみ船体にバルジが追加されているためである。武装面では主砲の仰角が40度に引き上げられて遠距離砲戦に対応したほか、対空火器として1、4番主砲塔上に76.2mm高角砲を計6基搭載、また前後艦橋上部に45mm機銃6基、その他13.2mm機銃多数を搭載している。

■苛烈な大戦を生き残る

1937年、「ペトロパヴロフスク」(当時は「マラート」)はイギリスはスピッドヘッド沖で行なわれたジョージ6世戴冠記念観艦式に参列、改装なった雄姿を衆目にさらした。第二次大戦では「セヴァストポリ」は陸上砲撃に巨砲を活かして活躍、「ガングート」は独ソ戦の初期に空襲によって大被害を受けるがそれでも復旧して大戦後半を戦い抜いた。2番艦「ペトロパヴロフスク」はドイツ軍の急降下爆撃によって1番煙突から先を切断するという大被害を受けつつも戦後に砲術練習艦「ヴォルホフ」として復帰するなど、それぞれが苛烈な大戦を生き残り、1950年代まで現役にあった。

（文／井出 倫）

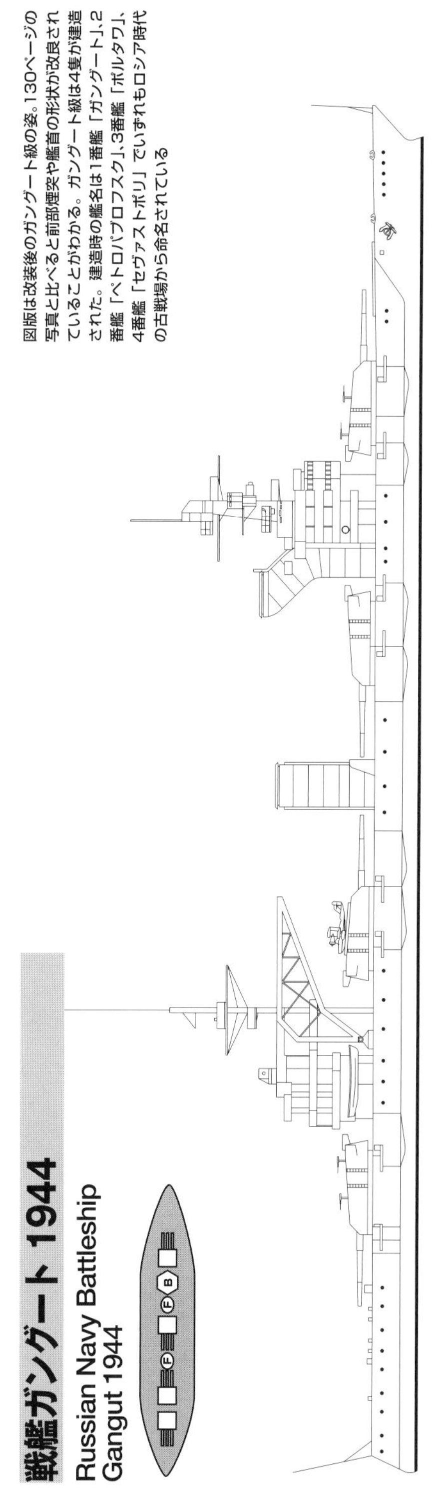

戦艦ガングート1944
Russian Navy Battleship Gangut 1944

図版は改装後のガングート級の姿。130ページの写真と比べると前部煙突や艦首の形状が改良されていることがわかる。ガングート級は4隻が建造された。建造時の艦名は1番艦「ガングート」、2番艦「ペトロパブロフスク」、3番艦「ポルタワ」、4番艦「セヴァストポリ」でいずれもロシア時代の古戦場から命名されている

ガンクート（新造時）	
基準排水量	2万3360トン
満載排水量	2万6692トン
全長	181.2m
全幅	26.6m
機関出力	4万2000hp
速力	23ノット
航続力	4000海里／16ノット
武装	30.5cm（52口径）三連装砲4基 12cm（50口径）単装砲16基 4.7cm（43.5口径）単装砲4基 45.7cm水中魚雷発射管4門
装甲	舷側229mm、甲板76mm 主砲203mm

インペラトリカ・マリア級戦艦1916～1920

Russian Navy Battleship Imperatritsa Mariya-class

ボロジノ級巡洋戦艦

Russian Navy Battlecruiser Borodino-class

ガングート級に続いて設計されたド級戦艦と超ド級巡洋戦艦

トルコ海軍のド級戦艦導入に対抗して黒海艦隊用戦艦として整備された2番目のド級戦艦がインペラトリカ・マリア級戦艦だ。比較的長期間使用されたガングート級に比べて本級はロシア革命によりすべて短命に終わった。ボロジノ級はロシアがはじめて設計した巡洋戦艦だったがこちらも第一次大戦とその後の革命により未完のまま計画は放棄されている

[インペラトリカ・マリア級戦艦]

■黒海艦隊用ド級戦艦

日露戦争の敗退で太平洋方面への勢力拡大が頓挫したロシアは、改めて黒海、バルカン半島方面目を向けることになる。ここで問題となってくるのが黒海を巡って対立する関係にあったトルコ（オスマン帝国）である。1840年に結ばれたロンドン条約によって戦力が温存された黒海艦隊のおかげで戦力バランスは保たれていたが、トルコがド級艦の取得を計画するに及んで、ロシアとしてもこれに対抗できる新型戦艦が必要となってきた。こうして生まれたのが1911年度計画で建造が決定したインペラトリカ・マリア級のド級戦艦である。ネームシップの「インペラトリカ・マリア」（以下、「マリア」）、2番艦「エカテリーナ2世」（完成直前に「インペラトリカ・エカテリーナ・ベリカーヤ」と改称、以下、「エカテリーナ」）の2隻が1915年7月に竣工、約2年遅れて3番艦の「インペラトル・アレクサンドル3世」（同じく「ヴォルヤ」と改称）が1917年に完成している。

■ガングート級の装甲強化型

インペラトリカ・マリア級は、基本的には前級であるガングート級の改良・発展型であり、船体基本構造などはほぼ共通している。1911年、トルコはイギリスに34.3cm砲装備の超ド級戦艦、「レシャディエ」を発注、その対抗上マリア級にも35.6cm砲を搭載、超ド級戦艦にすることも検討されたが主砲の開発が間に合わず、結局はガングート級と同一の30.5cm砲を搭載したド級戦艦となった。ガングート級との大きな違いは、装甲を増厚し、防御力が大幅に強化されていることである。超ド級戦艦との戦闘を想定した本級では舷側装甲は229mm→267mmに、砲塔前盾も203mmから大幅に増えて305mm、司令塔も同じく305mmとされた。この代償として速力は21ノットとなったが、これは当時の戦艦の平均的な速力である。全長はやや短くなり167.8m、排水量は2万2600トン（「エカテリーナ」はそれぞれ169.8m、2万3783トン）である。

■向上した主砲発射速度と控えめな出力

主砲は1907年型52口径30.5cm砲を三連装砲塔に収めたものであり、ガングート級と基本的には同一であったが、砲塔に大型の測距儀を備えたところが外見上の改正点。装填装置が改良されたことにより発射速度が毎分3発に向上している。ガングート級（竣工時）が毎分1.8発であるから、時間当たりの投射量で考えると大きな違いとなる。また2番主砲の繋止方向を前方に変更したことで、前方指向火力が増大しているのが特徴である。旋回角等は変更はなく、射程距離も同様であった。副砲については新たに開発されたより威力の大きい、55口径13cm砲単装速射砲に変更された。この砲は射程1万5364m、発射速度は毎分5～8発という性能を持ち、2門ずつ主砲側面に置かれた前級の方式は見直され、両舷とも前部6基、後部4基の2群に分けて配置された。ただし就役後、「マリア」は最前部の副砲から波浪で浸水することがわかり、この2門は廃止され、「ヴォルヤ」では最初から全18門で完成している。また全長の長い「エカテリーナ」は影響が少なかったためそのままとされた。このほか、水雷艇撃退用に75mm速射砲4基、47mm速射砲4基を装備すると共に、発達著しい航空機の驚異に対抗するべく、主砲天蓋上に76.2mm高角砲各1基を装備していたのは先進的といえるが、主砲射撃時の爆風に対する砲員の保護は考慮されていなかったようだ。魚雷発射管4門は前級に引き続き残されている。

主砲弾薬庫の隙間に5区間に分けて設けられた缶室には、ヤーロー式混焼缶、計20基が分散して収められる。これは前級より5缶少ないが、出力も控えめで2万6500馬力（ヴォルヤは2万7500馬力）である。艦の性格とは反対に、外観上は2番煙突が細くなり、1番煙突とほぼ同径となったことで軽快さが増している。タービンは「ヴォルヤ」のみブラウン・カーチス式、他はパーソンズ式直結タービンが用いられた。いずれも低速・高速を組み合わせたものが2組で4軸推進である。主舵の直線上に副舵を設けたタンデム二枚舵方式などはそのまま踏襲されている。

■トルコの「ヤウズ・スルタン・セリム」と交戦

トルコがイギリスに発注した「レシャディエ」は、のちに追加購入されたブラジル発注の未成戦艦とともに大戦勃発によってイギリス海軍が接収するところ（のちのHMS「エリン」と「エジンコート」）となったが、代わりに28cm砲を持つ有力なドイツ巡洋戦艦「ゲーベン」を入手、「ヤウズ・スルタン・セリム（以下、「ヤウズ」）」とした。1914年10月にはこの艦が黒海沿岸のロシア領を砲撃、第一次大戦にロシアが参戦するきっかけとなるのだが、「マリア」と「エカテリーナ」が実戦配備されたことで、この方面の軍事バランスはロシア側が有利となる。1916年1月8日には「エカテリーナ」が「ヤウズ」と交戦、命中弾はなかったものの、相手をアウトレンジして優勢に戦いを進め、ヤウズを撃退している。

■3隻とも赤軍の指揮下には入らず

しかし大戦での活躍もそこまでで、このクラスもまた革命という激流に飲み込まれていく。ネームシップの「マリア」は1916年10月20日、停泊中に火薬庫に引火して爆沈、失われた。原因は不明だが、一説によると艦内火災がサボタージュによって消火できず、火薬庫に引火したことが原因だという。1917年の2月革命によって「エカテリーナ」は臨時政府の指揮下に入り、「スヴォボードナヤ・ロシア」と改名された。同年11月にウクライナ人民共和国の所属となったが、1918年6月18日、新たに権力を握った赤軍によってノヴォロシースクへ回航され雷撃処分された。「ヴォルヤ」も途中まで行動を共にしたが、ウクライナ領であるセヴァストポリに戻り、ドイツに接収された。ドイツ降伏後はイギリスの手に渡ったのち、赤軍に対抗するロシア白軍の旗艦として「ゲネラル・アレクセーエフ」と改称される。その後赤軍との内戦を戦ったが、白軍は敗北、最後はチェニジアのビゼルト港でフランスに接収され、ここで1936年に解体されている。なお、1914年計画で本級の改良型が計画され、ニコライエフ造船所で建造が開始されたが、1918年にドイツ軍に接収され、翌年には赤軍の手に落ちるのを防ぐために破壊されている。この艦は装甲重量がマリア級の5割増となる重装甲艦で、排水量は2万7000トンとなる予定だった。

[ボロジノ級巡洋戦艦]

■ロシア初の巡洋戦艦

ガングート級でも記した、日露戦争後のロシアの艦隊再建計画。1912年改訂の15カ年計画によれば、2年ごとに戦艦または巡洋戦艦4隻を起工する予定であった。この戦艦が（当面は）ガングート級、及びその改良型であるとすれば、巡洋戦艦はどういったものだったのか？ その答えが、このボロジノ級ということになる。巡洋戦艦とは当時の戦艦より優速で同等の砲力を持つが、比較的軽防御の艦の総称であるが、同級はロシア初の巡洋戦艦として設計された。艦隊の再建は、日本海海戦の影響でもっとも損耗の激しかったバルチック艦隊を優先して進められたので、ボロジノ級も同艦隊用に計画された。ロシアではすでにド級戦艦であるガングート級および改良型のマリア級が建造を開始していたが、世界はより大口径砲を用いた超ド級戦艦の時代に突入しつつあり、ボロジノ級もより大型かつ強力な艦とされた。当初の計画では、35.6cm砲を3連装砲塔で3基装備、合計9門で、速力は28ノットという高速を発揮する予定だったが、同時期に建造されていたドイツの巡洋戦艦、デアフリンガー級（26.5ノット、30.5cm砲連装4基8門）の情報を入手した結果、より砲力で優越するため速力を犠牲にして砲塔を1基増やし、3連装4基12門とするよう、設計が修正された。建造は1番艦の「ボロジノ」と4番艦の「ナバリン」がサンクトペテルブルク工廠で、2番艦「イズメイル」と3番艦「キンブルン」がバルチック工廠で行なわれ、起工日はいずれも1913年12月19日である。

■基本配置はガングート級を踏襲

砲塔が増設されたことにより、その基本配置はガングート級とほぼ同様となった。前方から1番砲塔、その後方に棒檣を持つ小ぶりな艦橋、これに密接する1番煙突、2番砲塔、第2煙突、3番砲塔、やや離れて後部檣と構造物、4番砲塔、というレイアウトである。主砲配置については前級と同じく船体中心線上に平面的に並べられたため艦首尾方向に砲力を集中できない欠点もそのまま踏襲されてしまっている。大きな相違としてはガングート級が平甲板型だったのに対し、艦橋構造物付近まで続く船首楼型とされたことだ。これは、計画速力が高くなったことにより、乾舷を高め凌波性を向上させるためである。大口径砲を搭載したことでそのサイズも必然的に大きくなり、全長228.6m、最大幅は30.5mと堂々たるものとなった。常備排水量は計画値で3万2500トン、同満載で3万8000トンである。機関は、缶がヤーロー式水管缶を25基、タービンはパーソンズ式の直結タービンで4軸、出力は8基、それぞれ低速用と高速用を組み合わせ、4軸を駆動した。速力は26.5ノット、航続距離は16ノットで3880海里である。装甲については舷側装甲が最大238㎜、その内側には最大100㎜程度の厚みを持つ縦隔壁が水線帯に設けられ、さらにはこれが船体下部にも伸びて水雷防御の役割を果たしており、巡洋戦艦とはいえその防御力は侮りがたいものがあるが、副砲ケースメート部の防御がどの程度なされていたかは不明である。他は主砲前面と司令塔が305㎜、主砲バーベット部が250㎜という数値だった。

■主砲はビッカース社の技術協力を受ける

主砲は1913年式52口径35.6㎝砲で、もともとは前記のマリア級に使用を想定して計画されたものであった。その開発にはイギリスのビッカース社からの技術協力を受けている。しかしロシアが初めて手がける大口径砲だったため開発は難航し、ガングート級などと同じ30.5㎝砲への変更も検討されたほどであった。ボロジノ級はこの砲を3連装砲塔に収めており、仰角25度、俯角5度、最大仰角での射程は2万3240m、発射速度は毎分3発である。装填角度は-5度〜15度の範囲だった。砲塔旋回速度は毎秒3度、旋回角度は1、4番砲塔が155度、中央部の2、3番砲塔が140度となっている。全部で82門が製造される予定で、製造はビッカース社と国内のオブコフスキー製鉄工場（OSZ）が分担して行なうはずだったが、大戦による混乱と資材不足によりビッカース製の16門が引き渡されたのみで、OSZ製に至っては1門しか完成しなかったといわれる。副砲はマリア級同様の55口径13㎝砲単装速射砲で、これを舷側にケースメート式に全24基装備したが、その装備方法はガングート級と同様に主砲直下両舷であり、防御上の問題点を抱えることとなっただろう。門数が多いため、艦首部分は上下2段配置とされていたが、いくら船首楼型として乾舷が上がったとはいえ、いささか無理がある配置だった。他に50口径7.5㎝速射砲8基、対空火器として38口径6.3㎝単装高角砲4基、また53.3㎝魚雷発射管を舷側固定式で6門装備する予定だった。

■資材不足と革命で未成に

本級のタービンは2隻が国産、2隻が比較のために輸入品を用いる予定だったが、建造中に第一次大戦が始まり、入手が困難になった。このため、国産タービンの製造元であるフランコ・ロシア社に追加発注する必要が生じた。加えて戦争による資材と労働力不足で工事は遅れがちであり、上記のように主砲の開発が難航し、4隻とも進水はしたものの、1917年初めには工事が中断してしまう。もっとも建造が進捗していた2番艦の「イズメイル」だけでもなんとか完成させようと努力が続けられたが、ロシア革命によって終止符を打たれ、とうとう1隻も完成しなかった。「イズメイル」以外の3隻は、ドイツにスクラップとして売却され、1923年に解体された。「イズメイル」についても一時空母への改装が検討されたがこれも実現せず、結局は1931年以降に解体されている。

（文／井出 倫）

インペラトリカ・マリア（新造時）	
基準排水量	2万2600トン
満載排水量	-トン
全長	167.8m
全幅	27.3m
機関出力	2万6500hp
速力	21ノット
航続力	2600海里／16ノット
武装	30.5cm（52口径）三連装砲4基
	13cm（55口径）単装砲20基
	7.5cm（50口径）単装砲4基
	4.7cm（43.5口径）単装砲4基
	45.7cm水中魚雷発射管4門
装甲	舷側267㎜、甲板76㎜、主砲305㎜

ボロジノ（未完成）	
基準排水量	3万2500トン
満載排水量	3万8000トン
全長	228.6m
全幅	30.5m
機関出力	6万8000hp
速力	26.5ノット
航続力	3830海里／16ノット
武装	35.6cm（52口径）三連装砲4基
	13cm（55口径）単装砲24基
	7.5cm（50口径）単装砲8基
	6.3cm（38口径）単装高角砲4基
	53.3cm水中魚雷発射管6門
装甲	舷側238㎜、甲板63㎜、主砲305㎜

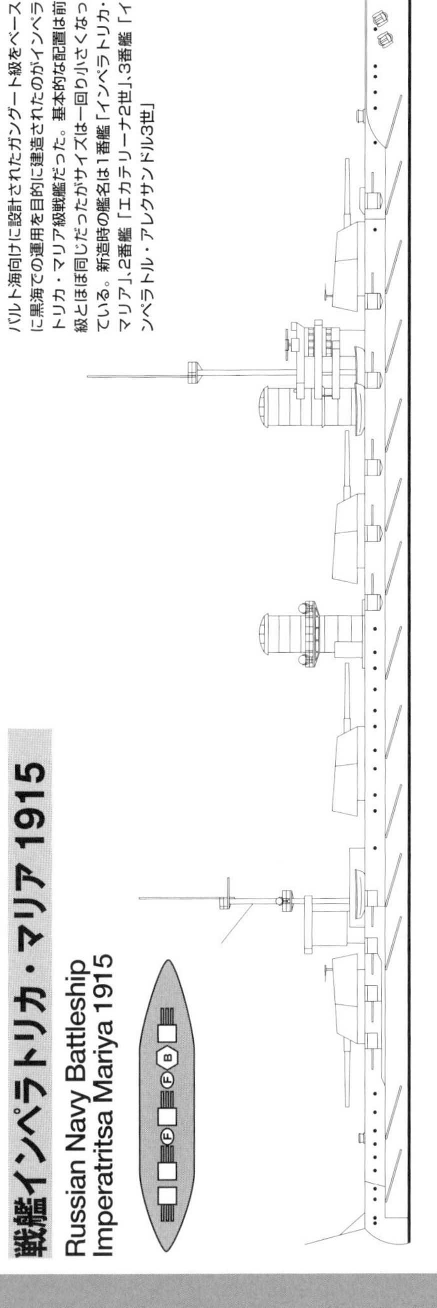

戦艦インペラトリカ・マリア1915
Russian Navy Battleship
Imperatritsa Mariya 1915

バルト海向けに設計されたガングート級をベースに黒海での運用を目的に建造されたのがインペラトリカ・マリア級戦艦だった。基本的な配置は前級とほぼ同じだったがサイズは一回り小さくなっている。新造時の艦名は1番艦「インペラトリカ・マリア」、2番艦「エカテリーナ2世」、3番艦「インペラトル・アレクサンドル3世」

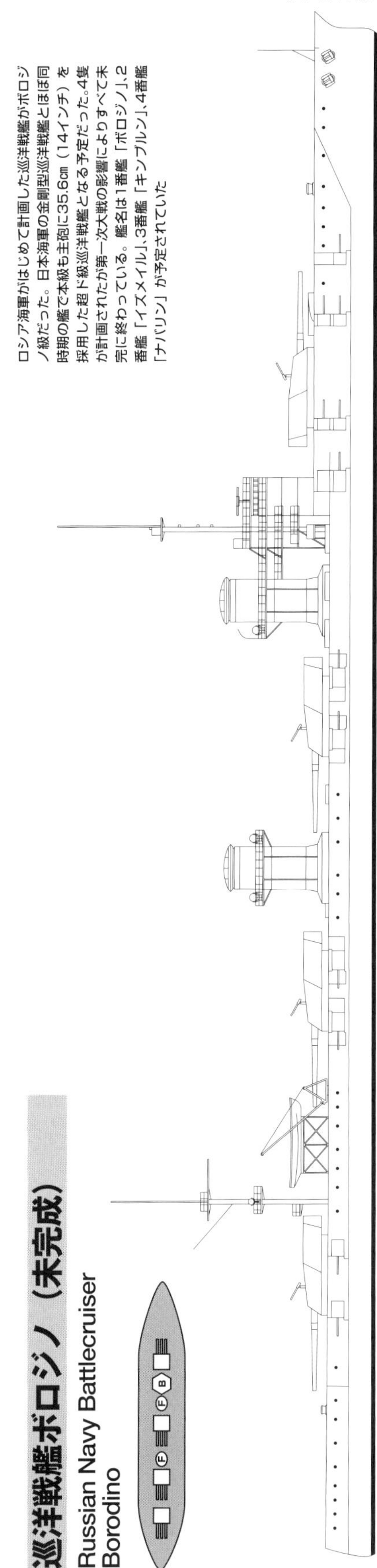

巡洋戦艦ボロジノ（未完成）
Russian Navy Battlecruiser
Borodino

ロシア海軍がはじめて計画した巡洋戦艦がボロジノ級だった。日本海軍の金剛型巡洋戦艦とほぼ同時期の艦で本級も主砲に35.6㎝（14インチ）を採用した超ド級巡洋戦艦となる予定だった。4隻が計画されたが第一次大戦の影響によりすべて未完に終わっている。艦名は1番艦「ボロジノ」、2番艦「イズメイル」、3番艦「キンブルン」、4番艦「ナバリン」が予定されていた

ソヴィエツキー・ソユーズ級戦艦

Soviet Navy Battleship Sovetsky Soyuz-class

外洋艦隊を目指して計画された幻の超巨大戦艦

ロシア革命の混乱により外洋艦隊を失い沿岸海軍へと転落したソ連海軍が再び外洋艦隊を目指して計画したのがソヴィエツキー・ソユーズ級戦艦だった。完成すれば大和型に匹敵するような巨大艦となる予定だったが独ソ戦勃発によりすべて未完成に終わっている

■ソ連邦初の戦艦

ロシア革命で誕生したソビエト連邦は、当初は内戦による荒廃で海軍力の維持もままならない状態が続いたが、1930年代に入ると造船関係の設備の復旧が進み、国内基盤が安定してくると共に徐々に既存艦の整備・改装や小艦艇の新造が再開された。こうした状況下で新たな戦艦の建造を求める声が上がって来るのは当然のことで、1934年ごろにはアメリカでの戦艦建造が模索された。結局は条件が折り合わず立ち消えとなったが、40.6cm砲を搭載した3万5000トンクラスという計画だったようである。1936年5月になると、23号計画と呼ばれる大艦隊建設計画が立ち上がる。これは10年後の1946年までに、戦艦15隻、重巡15隻、その他の補助艦艇も数十隻を建造するというスケールの大きなものだったが、さすがに風呂敷を拡げすぎたのか、1939年に承認された改訂計画では、戦艦6隻、重巡4隻、その他補助艦若干を1947年までに建造する、と縮小された。いずれにせよこの計画のもとに本級が誕生することになる。

■設計はイタリア式

1930年代の終わりには、ソ連の工業水準は戦艦建造も可能な段階にまで達していたが、大きすぎたブランクのため自国設計陣には不安もあり、アメリカのギブス&コックス社とイタリアのアンサルド社にも設計案を依頼した。この結果、アンサルド社の案が大きく参考にされることになり、プリエーゼ式水中防御構造や二重式測距儀など、イタリア式の技術が取り入れられた。全体の構成は、当時イタリアで建造中だったヴィットリオ・ヴェネト級の拡大版ともいうべきものになっている。設計は国内で行なわれたがスターリンの大粛清の影響を受けて遅延し、1937年10月にようやく完了している。建造は1938年7月15日、1番艦の「ソビエツキー・ソユーズ」がレニングラードのオルジョニキーゼ工廠で起工、続いて11月28日には2番艦の「ソビエツカヤ・ウクライナ」がニコライエフのマルティ南工廠で、翌1939年12月21日には3番艦「ソビエツカヤ・ベロルシア」が、1940年3月21日に4番艦の「ソビエツカヤ・ロシア」の2隻がいずれもモロトフスク402工廠で起工された。

■強力な装甲を持つ大型戦艦

船体は後部の3番砲塔の砲身先端まで続く長船首楼型で、前方から1番砲塔、背負い式に2番砲塔、続いてドイツのポケット戦艦「アドミラル・シェーア」と類似した外観を持つ艦橋、そして1番煙突と、やや離れて2番煙突、そして後部艦橋、3番砲塔という構成。3番砲塔の後方には装甲シャッターで守られた艦載機格納庫が設けられ、後部甲板のカタパルトとクレーンで運用される。船体中央部には連装砲塔に収められた副砲が片舷3基ずつ配置され、また対空火器もこの部分に集中していた。全長271m（260mの資料あり）、全幅38.9m、常備排水量6万2500トンという堂々たるもので、日本の大和型やアメリカのアイオワ級に匹敵する巨艦だった。その大きさにふさわしく装甲も非常に強力であり、舷側装甲は最大420mm、水平防御も各甲板合計で250mm近い重防御である。水線長に対する防御区画の比率は57.1%にも達した。プリエーゼ式水中防御の採用もあって、艦底部に魚雷2発、バルジであれば魚雷3発までの命中に耐えられるようになっていた。機関は形式不明の重油専焼缶12基とスイスBBC社製のタービン3基であり、これに発電機を組み合わせたターボ・エレクトリック方式である。軸数は3軸、機関出力20万1000馬力で28ノットを発揮する予定だった。

■40.6cm砲9門の武装と重装甲

主砲は国産の1937年型50口径40.6cm砲を3連装砲塔に収めて3基、計9門である。この砲は最大射程4万5600m（仰角45度）、1万3600mで406mmの装甲を貫徹可能で、弾体重量は1108kgである。仰角5度での固定角装填で、発射速度は毎分1.75発となっていた。砲塔の俯仰角は45度～-2度、旋回角は150度である。副砲はすでに軽巡チャパエフ級で実績のある1938年型57口径15.2cm砲。射程最大2万3720m、発射速度は毎分7.5発。このほか対空火器として、1940年型56口径10cm高角砲を連装砲架で6基、また37mm機銃を連装8基で装備した。対空火器が充実しているのは、空母を持たないソ連は航空機からのエアカバーを受けられないという前提のもと、個艦防空能力を重視したということのようだ。

■独ソ戦開始で工事中止

しかしこのような未経験の大型艦を建造するにはソ連の手に余ったようで、建造スケジュールは大幅に遅延をきたすことになった。このため、3、4番艦は1940年10月に工事を中断せざるを得なくなる。そして1941年6月、独ソ戦が開始されると、残る1、2番艦も建造どころではなくなり、同年7月10日には工事は中止、資材は他に転用され、主砲もまた陸上砲台に使われている。この時点で1、2番艦の工程は75%まで進んでいたという。進撃してきたドイツ軍は両艦を接収したが、1944年の撤退時に船台上で破壊してしまった。残骸と化した両艦は戦後解体されて姿を消した。　（文／井出 倫）

ソヴィエツキー・ソユーズ（未完成）	
常備排水量	6万2500トン
満載排水量	6万5150トン
全長	271m
全幅	38.9m
機関出力	20万1000hp
速力	28ノット
航続力	5950海里／14.5ノット
武装	40.6cm（50口径）三連装砲3基 15.2cm（57口径）連装砲6基 10cm（56口径）連装高角砲6基 37mm連装機関砲8基
装甲	舷側425mm、甲板222mm 主砲495mm

ソ連が再び外洋艦隊を目指した23号計画に基づいて建造を開始したのがソヴィエツキー・ソユーズ級戦艦だった。図版はその一案を示したもの。完成すれば大和型やアイオワ級に匹敵する巨艦となる予定だったがすべて未完成に終わった。予定されていた艦名は1番艦「ソビエツキー・ソユーズ」、2番艦「ソビエツカヤ・ウクライナ」、3番艦「ソビエツカヤ・ベロルシア」、4番艦「ソビエツカヤ・ロシア」

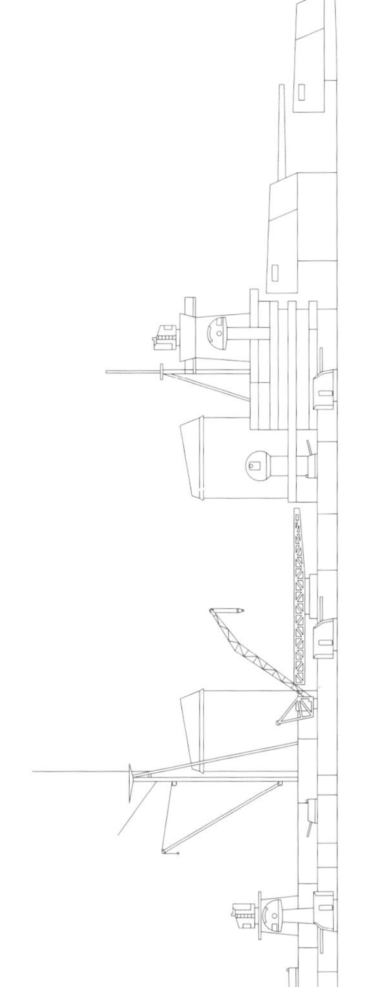

戦艦ソヴィエツキー・ソユーズ（未完成）
Soviet Navy Battleship Sovetsky Soyuz

その他の海軍
Other Navy

主要な海軍国以外にもド級戦艦を保有した国は存在する。彼らは国家のシンボルとして列強海軍に戦艦建造を依頼した。これらの戦艦たちはそれぞれの国の事情を反映したユニークなもので長期間、艦隊の旗艦として君臨し続けた

ミナス・ジェライス級戦艦
Battleship Minas Gerais-class

リバダビア級戦艦
Battleship Rivadavia-class

アルミランテ・ラトーレ級戦艦
Battleship Almirante Latorre-class

エスパーニャ級戦艦
Battleship España-class

巡洋戦艦ヤウズ・スルタン・セリム
Battlecruiser Yavuz Sultan Selim

戦艦サラミス
Battleship Salamis

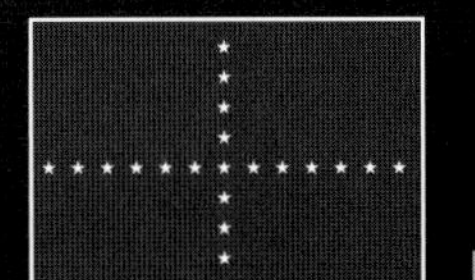

ミナス・ジェライス級戦艦1910〜1946

Brazilian Navy Battleship Minas Gerais-class

南米建艦競争に火を付けたブラジル海軍のド級戦艦

南米の大国ブラジルが隣国アルゼンチンに対抗してイギリス海軍に発注したのがミナス・ジェライス級戦艦である。本級は南米海軍が最初に手に入れたド級戦艦であり、竣工時は世界最強の戦艦に数えられた。ブラジル海軍の主力を長く務め第二次大戦後まで現役にとどまった

■南米の建艦競争を先んじる

アルゼンチン、ブラジル、チリのＡＢＣ3国による軍拡競争が続く1904年、ブラジル海軍は南米の権益拡大のため海軍拡張計画を定めた。それは戦艦3隻、装甲巡洋艦3隻、駆逐艦6隻、水雷艇12隻という南米では極めて大規模なものであった。

同年、ブラジル海軍はイギリスに25.4cm砲12門を搭載する小型戦艦3隻を発注したが、1906年に「ドレッドノート」が登場すると計画を見直すことにした。

新たにド級戦艦を保有すれば、当時はアルゼンチン有利に傾いていた南米の海軍力は、ブラジルが頂点となる。そうした考えのもと、ブラジル海軍は1907年度計画でド級戦艦の拡大改良型として30.5cm砲を12門搭載する戦艦2隻をイギリスへ発注した。

これがミナス・ジェライス級戦艦で、1番艦「ミナス・ジェライス」は1910年1月、2番艦「サン・パウロ」は同年8月に竣工した。

この後、3番艦「リオデジャネイロ」も発注したものの財政難から建造中の1913年12月、トルコへの売却を余儀なくされた。ちなみに同艦は起工前、アルゼンチンとチリがミナス・ジェライス級より強力な戦艦の建造に着手したことにより、30.5cm砲14門というド級戦艦でも最強の武装となっており、厳密には同型艦と言い難い。「リオデジャネイロ」は売却先のトルコで「サルタン・オスマン1世」と命名されたが、第一次大戦勃発に伴いイギリスに接収され、同国の戦艦「エジンコート」(21ページ)となるなど、流転の生涯を過ごすことになる。

主砲となる45口径30.5cm砲はイギリスのド級戦艦にも採用されたもので、「ドレッドノート」より1基多い6基を搭載、片舷へ10門を指向できた。当時では世界最多の門数であり、イギリス製の戦艦にとって初めての背負い式配置となった。上部砲塔が高い位置に設置されたのは、アメリカのミシガン級戦艦と同じく背負い式による爆風の影響が大きいと判断したためである。言わば、他国から支払われる金で他国の戦艦で行なうテストでもあった。さらに「ドレッドノート」では廃した副砲が復活しているが、これは補助艦艇が少ないブラジル海軍の事情によるもので、敵の小艦艇に対応するための措置であった。

主機は、当時のブラジルの工業力では蒸気タービンを整備できないためレシプロ機関を搭載したが、21ノットの高速を発揮した。

こうした性能から、竣工当時のミナス・ジェライス級は世界最大・最強の評価を得て、ブラジルが望んだように南米の海軍力でトップの座に君臨した。

■40年にわたる就役

竣工直後こそ最強を謳われたミナス・ジェライス級だったが、1914年から1915年にかけてアルゼンチン海軍がリバダビア級のド級戦艦2隻を保有するとその優位も終わった。さらにチリ海軍も超ド級戦艦「アルミランテ・ラトーレ」を就役させるなど、ミナス・ジェライス級は必然的ではあるが南米の建艦競争に拍車をかけた戦艦となった。

最強の座は数年で譲ったものの、ミナス・ジェライス級は長くブラジル海軍の主力艦として現役にあり続けることになる。ただし実戦の機会は得られず、ブラジルが1917年に第一次大戦に参戦した際は近代化改装した2番艦「サン・パウロ」を投入する予定だったものの、工事を終える前に戦争は終わった。この時は12cm砲10基の撤去、7.6cm単装高角砲2基の装備、艦橋構造物の拡大改正などが行なわれ、魚雷防御網は大戦中に撤去された。

一方、「ミナス・ジェライス」は1931年から1935年にかけて(1934年から1937年の説もある)、近代化改装が行なわれた。内訳は主缶を重油専焼缶に換装して煙突を1本化、速力と航続力が向上した。特に観測所の手前にあった煙突が撤去されたことで、排煙と熱気の影響はかなり改善されたと思われる。武装は一部の12cm砲を撤去、10.2cm高角砲4門と40mm機銃4門を装備するなど、航空機に対応したようだ。

同様の近代化改装は「サン・パウロ」にも実施される予定だったものの、船体と機関の状態が悪く見送られている。

第二次大戦が勃発するとブラジルも1942年に参戦したが、両艦ともかなり旧式化していたため、港湾警備艦として活動した。ブラジル海軍も、アメリカ海軍指揮下で対潜艦艇の供与を受け、南米沿岸航路の船団護衛に就くなどのみで目立つ戦闘はない。

大戦が集結した1946年、改装もなされず老巧化が進んでいた「サン・パウロ」が除籍された。1951年に業者に売却されたが、解体場所に向かう途中に荒天で曳索が切断、大西洋上で行方不明となってしまった。

「ミナス・ジェライス」は1952年に除籍され、54年に解体された。

(文／松田孝宏)

ミナス・ジェライス(新造時)	
常備排水量	1万4700トン
満載排水量	2万1200トン
全長	165.5m
全幅	25.3m
機関出力	2万3500hp
速力	21ノット
航続力	1万海里／10ノット
武装	30.5cm(45口径)連装砲6基 12cm(50口径)単装砲22基 7.6cm(40口径)単装砲2基 4.7cm(43口径)単装砲8基
装甲	舷側229mm、甲板52mm、 主砲229mm

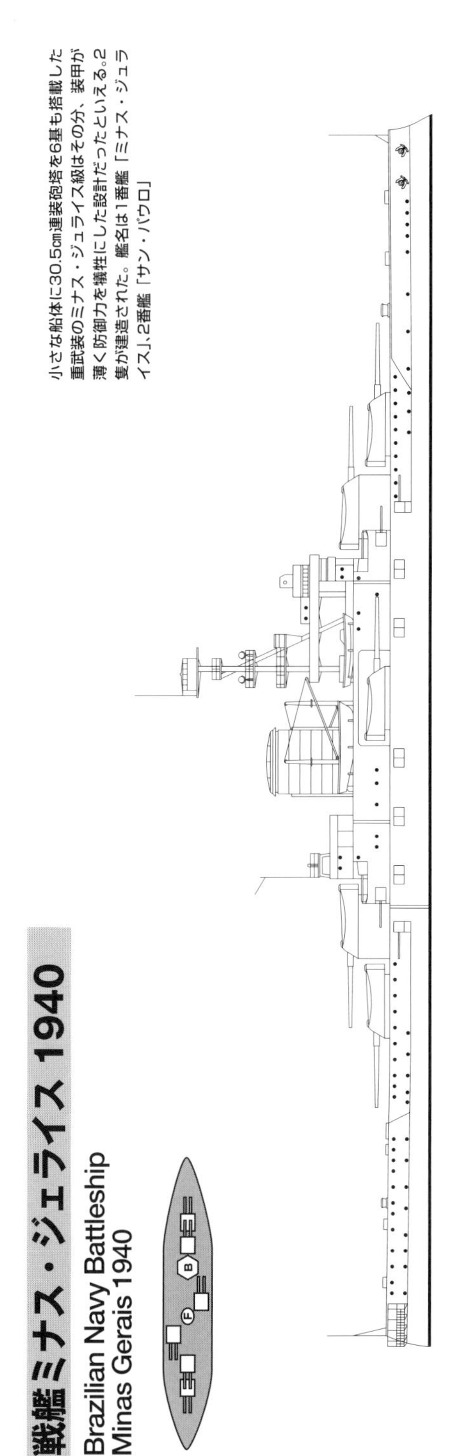

戦艦ミナス・ジェライス 1940
Brazilian Navy Battleship Minas Gerais 1940

小さな船体に30.5cm連装砲塔を6基も搭載した重武装のミナス・ジェライス級はその分、装甲が薄く防御力を犠牲にした設計だったといえる。2隻が建造された。艦名は1番艦「ミナス・ジェライス」、2番艦「サン・パウロ」

リバダビア級戦艦1914～1949

Argentine Navy Battleship Rivadavia-class

アメリカに発注されたアルゼンチン海軍のド級戦艦

ブラジル海軍がイギリスにミナス・ジュライス級を発注したのに刺激されたアルゼンチン海軍はアメリカにより強力なド級戦艦の建造を依頼した。これがリバダビア級戦艦だ。本級は基本的な設計をアメリカ海軍の戦艦をベースとしたが各国の利点を組み合わせたものでミナス・ジュライス級よりも防御力、速力とも上回る内容だった

■ブラジルに対抗して建造

15世紀末、コロンブスによって発見されて以来、アメリカ大陸は長らくヨーロッパの植民地となっていた。このうち南米はスペインとポルトガルの支配下に置かれていたが、19世紀後半には独立運動が盛んとなり、やがて各国は海軍を持つようになった。

1822年にポルトガルから独立したブラジルは、当時からイギリスによる莫大な投資を受けていたこともあり、南米諸国でも飛躍的に発展していた。

このブラジルの独立直後から、領土問題などをめぐって対立していたのがアルゼンチンである。この対立はチリも交えて激化してゆき、アルゼンチン、ブラジル、チリの頭文字からＡＢＣ3国と呼ばれた。経済的に発展していたＡＢＣ3国は軍隊を近代化するが、長期にわたって激しい軍拡競争が続くことにもなった。

ただ、当時の3国は工業化の遅れから自国での主力艦建造はできず、イギリスやアメリカから購入していた。このうちアルゼンチンは1880年代にイギリスの最新鋭コルベット艦「アルミランテ・ブラウン」を購入したほか、日露戦争直前はチリに備えてイタリアにジュゼッペ・ガリバルディ級装甲巡洋艦2隻を発注していた。しかしチリとの関係が修復できたため、竣工した2隻は「春日」「日進」として日本海軍が購入、日本海海戦で活躍した奇縁がある。

その後、アルゼンチン海軍はイタリアからヘネラル・ハルバリティ級装甲巡洋艦4隻を購入、南米海軍力のバランスはアルゼンチンに傾いた。しかし対立する隣国のブラジルが、当時の海軍関係者を瞠目させた「ドレッドノート」に匹敵するミナス・ジェライス級ド級戦艦をイギリスに発注したため、アルゼンチン海軍主力艦が劣勢となることは明白だった。

これに対抗するにはアルゼンチンもド級戦艦を保有するほかなく、1908年にアメリカの造船所へ2隻を発注した。

■各国戦艦の特徴を取り入れる

1番艦「リバダビア」は1914年8月、2番艦「モレノ」は1915年3月に竣工した。ブラジルも対抗手段を検討したものの、財政難もあって断念。結果的にではあるが、リバダビア級戦艦によって南米海軍のパワーバランスは同等となり、建艦競争もひと段落することになる。

リバダビア級は主砲火力ではライバルのミナス・ジェライス級と同等、速力や防御力で上回り、ド級戦艦としても攻防は平均的、速力でわずかに優勢というのがよく目にする評価である。

しかし計画の際に、アルゼンチン側の要望を設計を担当したアメリカの造船所が取り入れた結果、各部に各国の戦艦が持つ特徴が反映された。

主砲は30.5cm連装砲6基12門だが、前後の2基はアメリカの背負い式、中央両舷の2基はイギリスの梯形式（アンエシュロン式とも。両舷の砲塔の位置を斜めにずらす）配置とした。ミナス・ジェライス級同様、小艦艇を攻撃すべく副砲を搭載したが、ドイツ式に15.2cm単装砲を片舷8門ずつ、最上甲板下のケースメートに配備した。

防御面では舷側が305mmと、ドイツのヘルゴラント級と並んでド級戦艦では最厚クラスとなった。艦底部にも装甲が施されたが、これはオーストラリア・ハンガリーのフィルブス・ウニティス級戦艦が先鞭をつけたものである。イギリスに倣い水雷防御縦壁も設けられた。

機関にはギヤード・タービンを採用、ドイツ式の3軸推進方式とした。しかし、機関配置はイタリア式である。

また、籠マストはアメリカの設計を象徴するものであった。

就役後、「リバダビア」は1917年にアルゼンチン南部のコモドロリバタビアで発生したストライキ制圧に出動。「モレノ」は1937年5月のジョージVI世戴冠記念観艦式（日本の「足柄」が「飢えた狼」と称された時である）に参列した。

1924年から1925年にかけて、両艦は改装工事を行なった。内容は機関を重油専焼缶に変更、これでわずかだが速力は上がった。武装では7.6cm単装高角砲4基を追加、砲戦指揮装置を変更して射撃指揮所を新設した後檣は3本マストに改められた。加えて2番および5番主砲には測距儀を装備した。その後、1940年には機銃も追加されている。

アルゼンチンは1943年、アメリカの要請もあって連合軍として参戦したものの、特筆すべき軍事行動はない。

1948年に「リバダビア」が、1949年には「モレノ」が予備役となった。このうち「モレノ」は1950年に特務艦任務に就き、1955年からは海上刑務所となっている。

「リバダビア」は1956年、「モレノ」は翌1957年に除籍となり、解体のため売却された。そのうち「モレノ」は日本の徳山港で解体されている。両艦の売却代金は、1958年にアルゼンチン海軍がイギリスから購入した空母「インディペンデンシア」の代金に充当され、新たなアルゼンチン艦隊の中核を担うことになった。

（文／松田孝宏）

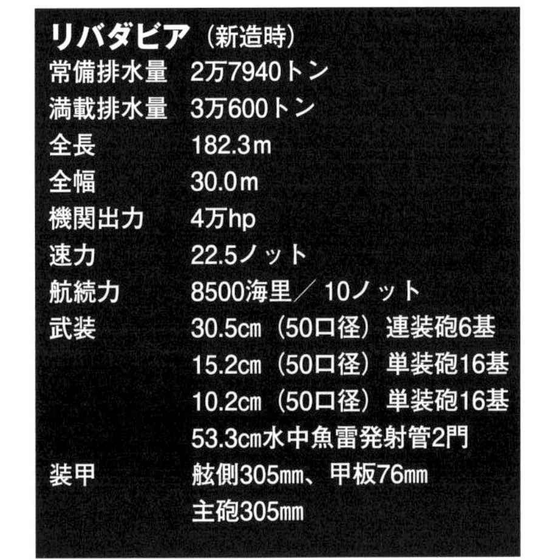

リバダビア（新造時）

常備排水量	2万7940トン
満載排水量	3万600トン
全長	182.3m
全幅	30.0m
機関出力	4万hp
速力	22.5ノット
航続力	8500海里／10ノット
武装	30.5cm（50口径）連装砲6基 15.2cm（50口径）単装砲16基 10.2cm（50口径）単装砲16基 53.3cm水中魚雷発射管2門
装甲	舷側305mm、甲板76mm 主砲305mm

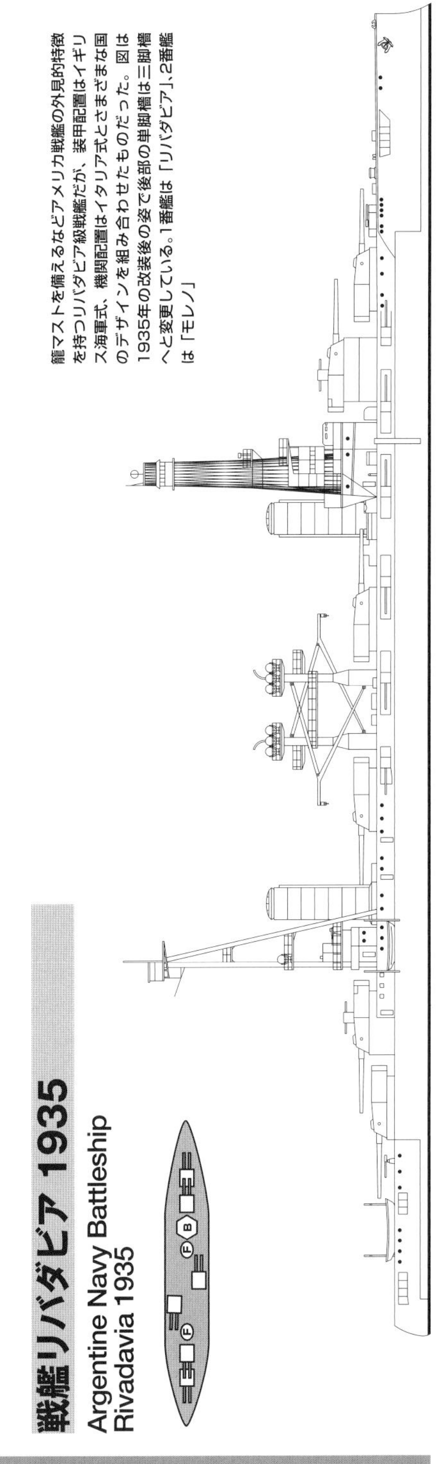

籠マストを備えるなどアメリカ戦艦の外見的特徴を持つリバダビア級戦艦だが、装甲配置はイギリス海軍式、機関配置はイタリア式とさまざまな国のデザインを組み合わせたものだった。図は1935年の改装後の姿で後部の単脚檣は三脚檣へと変更している。1番艦は「リバダビア」、2番艦は「モレノ」

戦艦リバダビア 1935
Argentine Navy Battleship Rivadavia 1935

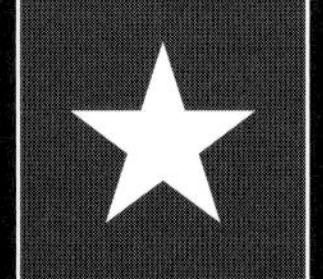

アルミランテ・ラトーレ級戦艦1920〜1958

Chilean Navy Battleship Almirante Latorre-class

南米建艦競争の三番手、チリ海軍が手に入れた南米最強の超ド級戦艦

ブラジル海軍のミナス・ジュライス級、アルゼンチン海軍のリバダビア級の建造に対抗するべくチリ海軍がイギリスに発注したのが「アルミランテ・ラトーレ」級だ。本級は両国のド級戦艦を上回る超ド級戦艦として設計されたが第一次大戦の勃発によりイギリス海軍に買い取られ戦艦「カナダ」としてその一翼を担った。チリ海軍が手にしたのは1920年になってからだった

■南米最強の超ド級戦艦

南米のＡＢＣ3国による建艦競争は、最初にド級戦艦を発注したブラジルにアルゼンチンが追随したが、チリはこれに出遅れた結果となった。そのため、チリは両国を圧倒できる強力な戦艦を望み、1911年にイギリスへ2隻の超ド級戦艦を発注した。

チリの意向を汲んだイギリスは、同年にアイアン・デューク級をベースに、当時の日米最新戦艦に匹敵する35.6cm（14インチ）連装砲5基を搭載、屈指の砲撃力を有する新戦艦を起工した。2隻はそれぞれ「リベルタ」「サンティアゴ」と命名されたが、間もなく「リベルタ」は「バルパライソ」と改名、1913年の進水を前に「アルミランテ・ラトーレ」となった。

翌1914年に第一次大戦が始まると「アルミランテ・ラトーレ」は、未完成だったにもかかわらず戦力の強化に迫られたイギリス政府が買収、今度は「カナダ」（22ページ参照）と命名された。

1915年9月に竣工した「カナダ」は1916年のジュットランド沖海戦にも参加したため、南米のＡＢＣ3国では唯一、実戦を経験した戦艦となった。なお1916年には、3番主砲発砲時に爆風の影響を受ける15.2cm砲2基を撤去している。

第一次大戦も終了した1920年、ようやく「カナダ」はチリに買い戻され「アルミランテ・ラトーレ」として就役した。チリ海軍が得た待望の超ド級戦艦は、35.6cm砲5基を前後に背負い式、中央に1基を配置していた。ベースとなったアイアン・デューク級より防御力が低下していたものの、そのぶん砲力と速力は上回っていた。そしてライバルであるアルゼンチン、ブラジルはいずれも30.5cm砲搭載のド級戦艦を2隻保有したため、南米の海軍力は拮抗したのであった。

■ついに2隻は揃わず

「アルミランテ・ラトーレ」は1929年から1931年にかけて近代化改装がなされた。内容は機関の新式化、バルジの新設、砲戦指揮装置の改正、対空兵装として10.2cm単装高角砲4基の搭載などであった。さらに1932年には後甲板にカタパルトを装備、偵察機としてフェアリーⅢＦを搭載していたが1938年に撤去された。

第一次大戦以外は戦火に投じられることもなく、「アルミランテ・ラトーレ」は長らくチリ海軍の象徴であった。1951年まで艦隊の中核にあったものの、それ以後は機関の老朽化もあって洋上行動は行なわず、燃料保管庫としての使用を経て1958年8月に除籍された。

これに対し、2番艦となるはずの「サンティアゴ」は1913年1月に起工された後、「アルミランテ・コクレーン」と改名。1918年2月にやはりイギリスへ売却された。この際に空母への改装が決定、艦名も「イーグル」と改めて1920年4月に竣工した。以後はイギリス海軍で活躍していたが、ついにチリに戻ることはなく第二次大戦中の1942年8月、ドイツ海軍のＵボートの雷撃で沈没した。

第二次大戦にはアメリカの要請もあってチリも参戦したが、特に軍事行動もないまま終戦となり、「アルミランテ・ラトーレ」にも戦歴はない。

こうして2隻は、一度としてチリ海軍や国民の前に揃った姿を見せず、文字どおり戦争に翻弄された生涯を送ったのであった。

■日本での終焉

売却が決まった「アルミランテ・ラトーレ」は国際入札に供され、日本の三菱商事が落札した。さらに甘糟産業汽船に売却されると、同社は曳船によってチリから横須賀まで艦を回航した。1959年5月29日に故国コンセプシオンの港を離れる際、チリ国民は盛大にかつての主力戦艦を見送ったという。

1万海里の航程は途中で事故もなく、横須賀へ8月29日に到着。この当時に国内で撮影された、高角砲や機銃は撤去されたもののまだ健在だった主砲が超ド級戦艦の威容を残す「アルミランテ・ラトーレ」の写真が残されている。

思えば、チリ軍艦は日清戦争中に日本が購入した防護巡洋艦「エスメラルダ」改め「和泉」が縁の始まりであった。「和泉」は日清、日露戦争で活躍したが、「アルミランテ・ラトーレ」が日本に来た1959年は、荒廃していた戦艦「三笠」の修理が進められていたという。どちらもイギリス生まれの戦艦が日本で、1隻は終焉を、1隻は再生の時を迎えようとしていたのである。しかも、撤去された「アルミランテ・ラトーレ」の部品はチリ政府によって日本に寄贈され、同じイギリス製品だけに戦艦三笠の復元工事に使用されたと伝えられる。

日本と不思議な縁のある「アルミランテ・ラトーレ」の解体作業は9月10日に長浦港で解体式が行なわれた後、10月から横須賀で開始された。福井静夫氏によれば、「三笠」の前に立って右を見ると、解体中の「アルミランテ・ラトーレ」が見えたという。工事は約半年後に終了し、かつての南米最強戦艦は異国で数奇な生涯を終えた。（文／松田孝宏）

アルミランテ・ラトーレ

常備排水量	2万8600トン
満載排水量	3万2000トン
全長	201.5m
全幅	28.0m
機関出力	3万7000hp
速力	22.75ノット
航続力	4400海里／10ノット
武装	35.6cm（45口径）連装砲5基
	15.2cm（50口径）単装砲12基
	7.6cm（50口径）単装砲2基
	4.7cm（50口径）単装砲4基
	53.3cm水中魚雷発射管4門
装甲	舷側229mm、甲板102mm、主砲254mm

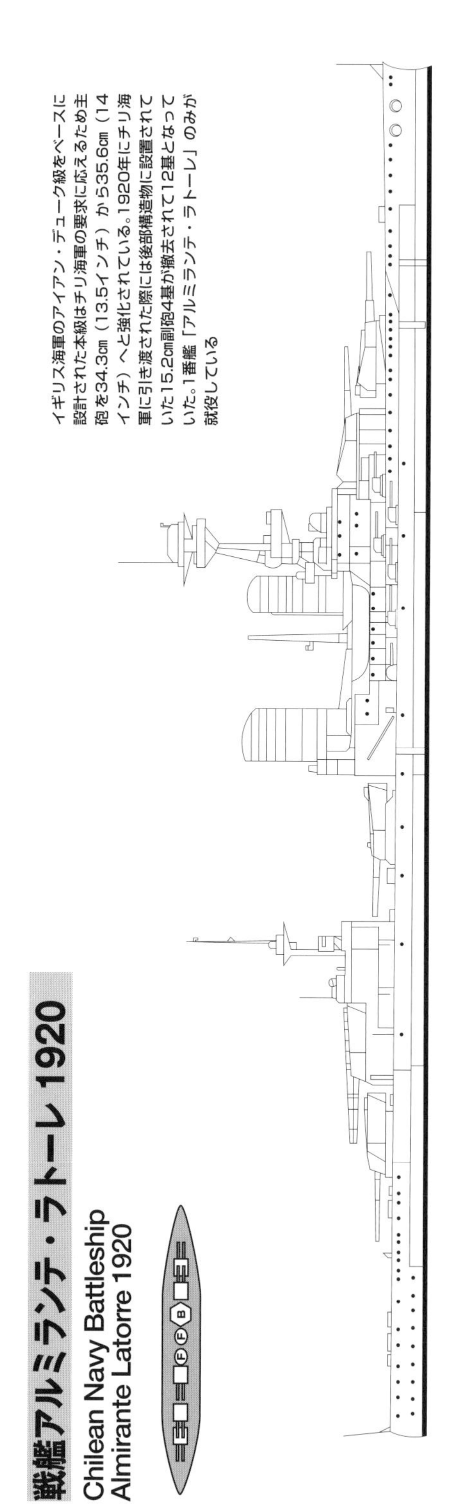

イギリス海軍のアイアン・デューク級をベースに設計された本級はチリ海軍の要求に応えるため主砲を34.3cm（13.5インチ）から35.6cm（14インチ）へと強化されている。1920年にチリ海軍に引き渡された際には後部構造物に設置されていた15.2cm副砲4基が撤去されて12基となっていた。1番艦「アルミランテ・ラトーレ」のみが就役している

戦艦アルミランテ・ラトーレ 1920
Chilean Navy Battleship Almirante Latorre 1920

エスパーニャ級戦艦1913～1937

Spanish Navy Battleship España-class

スペイン海軍が建造した世界最小のド級戦艦の実態は、海防戦艦

かつて無敵艦隊を有したスペイン海軍だったが20世紀に入るとその姿は見る影もなく没落していた。そのような中、イギリスに設計を依頼して建造したのがエスパーニャ級ド級戦艦だった。スペインの造船所事情に合わせてコンパクトにまとめられた本艦は「世界最小のド級戦艦」と称された

■世界最小のド級戦艦

かつては一級の強国であり、世界最強の艦隊を保有したスペイン海軍も、19世紀後半になるとわずかな植民地を残していたに過ぎなかった。残った植民地もほとんどが独立運動を行なっており、当時のスペインにはこれを鎮圧する力はなかった。

1898年の第二次キューバ独立戦争では、メイン号爆発事件などからアメリカの対スペイン感情は悪化、ついには宣戦布告する事態へと発展した。開戦後、マニラ湾海戦やサンチャゴ・デ・キューバ沖海戦などでスペイン海軍はほとんどの戦力を喪失、8月に停戦となった。

戦争に敗れたスペインは、フィリピンやグアムなどほとんどの植民地をアメリカに明け渡しただけでなく、当時の新興国家に敗北したこともあって国際的な地位が大きく低下してしまった。

1908年、ようやく戦争の痛手から立ち直ったスペイン海軍は初めてとなる戦艦の建造を計画した。イギリスの技術援助も受けながら、沿岸防御を重視する限定された作戦海域、建造技術やドックの大きさなども加味した結果、全長140m、常備排水量1万5452トン、30.5cm連装砲4基とされた。

設計はイギリス側が行なったが、スペイン側が整備する既存の造船、修理施設の拡充などをしないよう配慮されていた。140mという、いささか寸詰まりな全長はこれに起因している。

主砲は小さな船体の前後に各1基を梯形に搭載、イギリスのインヴィンシブル級巡洋戦艦に似た配置となった。小さな船体のため格納場所に苦慮したものか、主砲塔上に搭載艇を固縛した写真がいくつも残されている。

速力は19.5ノットとやや低速で、装甲防御力も見劣りするものであった。

こうした性能から、このエスパーニャ級戦艦は世界最小のド級戦艦と評され、材料の多くをイギリスの輸入に頼ったことから同時代の英ド級戦艦との共通点も多い。しかし、実態は海防戦艦と称するのが現実的であった。海防戦艦とは自国の海岸線の防衛が主任務であり、小型の船体に28cm程度の主砲を搭載、装甲を施した艦を指す。ヨーロッパではスペインのほかオランダ、デンマーク、スウェーデン、ノルウェー、フィンランドの各国も保有していたが、性能としてはおおむね前ド級戦艦に相当する。ただし航洋性能の低さなど、戦艦としては二線級であることは否めなかった。

なお、スペインはエスパーニャ級に続いて超ド級戦艦の建造を望んだが実現しなかったため、結果としてスペイン海軍が唯一保有した戦艦となった。

建造が開始されたエスパーニャ級戦艦は、1番艦「エスパーニャ」が1913年10月、2番艦「アルフォンソ13世」が1915年8月、3番艦「ハイメ1世」が1921年12月に竣工した。1番艦は主要な材料や兵器をイギリスから輸入してスペイン国内で建造したものであった。

各艦の建造期間は1番艦から順に4年5ヵ月、5年5ヵ月、9年10ヵ月と長くなった。ただし3番艦は第一次大戦の勃発によってイギリスからの材料調達が不可能となり、工事が中止された期間もある。

■3隻それぞれの運命

エスパーニャ級の竣工時期は第一次大戦とも重なるが、スペインが中立を守っていたため戦歴には含まれない。しかし、それ以後は3艦3様と言うべき劇的な運命が待っていた。

1番艦「エスパーニャ」は1923年8月23日にモロッコ沖で座礁、救難中に暴風で破損したため全損に帰した。間もなく、艦齢10年を迎えようという時期の事故であった。

2番艦「アルフォンソ13世」は1931年4月、革命によってスペインが王政から共和国になると、艦名が国王の名前に由来するために1番艦「エスパーニャ」の名を引き継いだ。

そして1936年7月、スペインは内戦状態に陥った。発端はスペイン人民戦線政府に対して軍部が蜂起したことによる。政府側はソ連と国際義勇軍、軍部側はドイツとイタリアの援助を受けた戦いは1939年まで続き、フランコ将軍の率いる軍部側が勝利を収めた。

過酷な内戦の影響は第二次大戦後もスペインに色濃く残っていたが、この流れにおいて2代目「エスパーニャ」の名を継いだ2番艦はフランコ軍の手に落ち、1936年8月から9月と1937年3月から4月までバスク海岸の封鎖任務などに就いていた。しかし同年4月30日、ビルバオ沖で触雷、沈没してしまった。

対して3番艦「ハイメ1世」は政府軍側に立ち、陸上砲撃などを行なった。しかし1937年5月に爆撃で損傷、修理中の6月に火薬庫が爆発して沈没した。1939年、浮揚して解体されている。

エスパーニャ（新造時）	
基準排水量	1万5700トン
満載排水量	1万6400トン
全長	139.9m
全幅	24.0m
機関出力	1万5500hp
速力	19.5ノット
航続力	7500海里／10ノット
武装	30.5cm（50口径）連装砲4基 10.2cm（50口径）単装砲20基 4.7cm（50口径）単装砲4基
装甲	舷側203mm、甲板38mm 主砲203mm

戦艦のないまま第二次大戦を迎えたスペインは中立を保ち、重巡「カナリアス」を中核とするしかなかったスペイン海軍も戦闘には参加していない。

（文／松田孝宏）

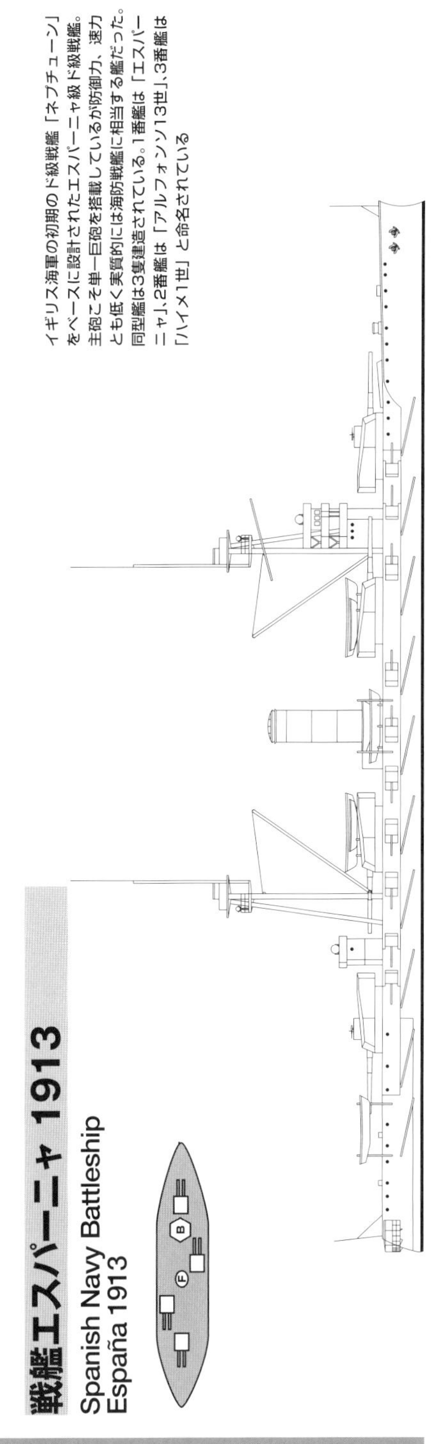

イギリス海軍の初期のド級戦艦「ネプチューン」をベースに設計されたエスパーニャ級ド級戦艦。主砲こそ単一巨砲を搭載しているが防御力、速力とも低く実質的には海防戦艦に相当する艦だった。同型艦は3隻建造されている。1番艦は「エスパーニャ」、2番艦は「アルフォンソ13世」、3番艦は「ハイメ1世」と命名されている

巡洋戦艦ヤウズ・スルタン・セリム1920～1954

Turkish Navy Battlecruiser Yavuz Sultan Selim

1954年まで現役にとどまったトルコ海軍唯一の巡洋戦艦

本艦はドイツ海軍が建造したモルトケ級巡洋戦艦2番艦「ゲーベン」をトルコが購入したものである。第一次大戦序盤、イギリス地中海艦隊の追撃から逃れるためトルコに逃げ込んだ「ゲーベン」はそのままトルコに売却、これが要因のひとつとなりトルコはドイツ側にたって参戦することとなった。第一次大戦ではロシア黒海艦隊相手に奮戦し、その後も長くトルコ海軍の主力艦として存在しつづけた

■トルコが求めたド級戦艦

ド級戦艦時代に入る直前のオスマン=トルコ帝国海軍は、艦艇の規模、整備体制のいずれも貧弱であり、東地中海や黒海におけるプレゼンスを喪失しかけていた。エーゲ海におけるギリシア海軍との制海権争いさえ後れをとるような有り様であった。

この危機に際して、強い海軍を臨むトルコ国民有志は多額の寄付金を供出し、まずドイツの前ド級戦艦、ブランデンブルク級2隻ほか駆逐艦4隻を購入した。さらにイギリスには超ド級戦艦「レシャディエ」を発注し、財政難から建造を停止していたブラジルの戦艦を「スルタン・オスマンI世」として代理購入することになった。しかし代金を支払い、乗員訓練が始まったさなかに、イギリスが一方的にこの2隻を「エリン」「エジンコート」(21～23ページ)として接収したため、トルコの対英感情は急速に悪化した。

そのような時期に、ドイツのモルトケ級巡洋戦艦「ゲーベン」(50ページ)がイスタンブルに来着した。サライェヴォ事件の当時、アドリア海にいた「ゲーベン」は応急整備と給炭を済ませると、西地中海に進出して開戦を待ち、ドイツの参戦を確認すると、8月4日にアルジェリアのフィリップヴィル港を砲撃したのである。その後、「ゲーベン」は英仏艦隊の追跡を逃れて、イタリアのメッシーナに退避した。しかしイタリアは中立を堅持していたため、戦隊指揮官のゾーヒョン提督はトルコのイスタンブルに向かう決断をした。開戦当初はトルコも中立国であり、拘束されてしまう危険性もあったが、ゾーヒョン提督は「ゲーベン」がトルコとロシアの開戦の火種になり、結果として同国がドイツ陣営に加わることになると計算したのである。

この時点で、「ゲーベン」の西には巡洋戦艦隊、東には装甲巡洋艦4隻を中心とするイギリス艦隊がいたが、イギリス側は連携が悪く、また「ゲーベン」が西進して通商破壊に出ると考えていたため、主力による追跡が遅れて取り逃がしてしまう。加えてオーストリア海軍の出撃も懸念されたため、「ゲーベン」追跡をあきらめて、アドリア海での警戒任務に就かなければならなかった。こうして「ゲーベン」は虎口を脱したのであった

8月10日に「ゲーベン」と僚艦の軽巡「ブレスラウ」はイスタンブルの入り口、ダーダネルス海峡に到着したが、先のようなイギリスとの関係悪化があり、優秀な戦艦を喉から手が出るほど欲していたトルコは、イギリスの抗議を拒絶して、この2隻をドイツから購入した。こうして「ゲーベン」は「ヤウズ・スルタン・セリム」(以降「ヤウズ」)としてトルコ海軍の戦艦となった。ゾーヒョン提督はオスマン海軍の司令長官となり、若干のトルコ人は加わったものの、ドイツ人乗組員もそのまま「ヤウズ」で勤務した。

■黒海での戦い

「ヤウズ・スルタン・セリム」は黒海に配備された。対ロシア戦の切り札として「ヤウズ」への期待は大きく、1914年10月29日にはクリミア半島のセヴァストポリを攻撃している。双方、損害は軽微であったが、これによりロシアはトルコに宣戦し、第一次大戦は黒海、中東域に拡大することになった。もし「ゲーベン」が来なければ、トルコの外交は違ったものになったかもしれない。

「ヤウズ」の作戦はさらに続き、翌月18日の出撃ではクリミア半島の南端、サリチ岬沖にてロシア海軍の準ド級戦艦隊と交戦した。ロシア艦主力戦艦は30.5cm砲を搭載してるが、いずれも速力は「ヤウズ」より10ノット以上遅く、主導権はトルコの側にあった。しかし戦艦「スウィアトイ・エフスタフィ」との砲撃戦で主砲弾の命中を受け、死傷者16名を出し、海戦は決着が付かずに終わった。また12月末には「ヤウズ」はボスポラス海峡の入り口でロシアの機雷に触雷して浸水を生じている。

このように「ヤウズ」には徐々にダメージが蓄積し、艦の状態は悪化する一方であったが、トルコ海軍の設備では満足な補修ができなかった。1917年11月にロシアが戦争から脱落し、枢軸軍がセヴァストポリを確保したことで、ようやく「ヤウズ」は同港のドックで本格的な修理ができたのである。

1918年1月20日にはエーゲ海の入り口にあるインブロス島への砲撃作戦に出て、敵船団や港湾、通信施設を砲撃した。しかし作戦中に触雷が相次ぎ、どうにか「ヤウズ」はダーダネルス海峡に逃げ込んだものの座礁してしまい、脱出までに1週間を費やしている。

■最後の巡洋戦艦

第一次大戦が終結すると、オスマン=トルコ帝国は倒れたが、「ヤウズ」はそのまま新生のトルコ共和国海軍の主力艦に留まった。そして戦間期にはフランスのサン=ナゼール工廠で主機主缶や射撃指揮装置、対空兵装の強化など近代化改装が行なわれた。艦名も「ヤウズ・セリム」と改められた同艦は第二次大戦を生き延び、1954年まで現役にあった。退役後、西ドイツに譲渡される計画も持ち上がったが、交渉はまとまらず、世界に残った最後の巡洋戦艦は1976年に解体処分されたのであった。

(文／宮永忠将)

ヤウズ・スルタン・セリム	
常備排水量	2万2979トン
満載排水量	2万5400トン
全長	186.5m
全幅	29.5m
機関出力	5万2000hp
速力	25.5ノット
航続力	4120海里／14ノット
武装	28cm(50口径)連装砲5基 15cm(45口径)単装砲12基 8.8cm(45口径)単装砲12基 50cm水中魚雷発射管4門
装甲	舷側270mm、甲板50mm 主砲230mm

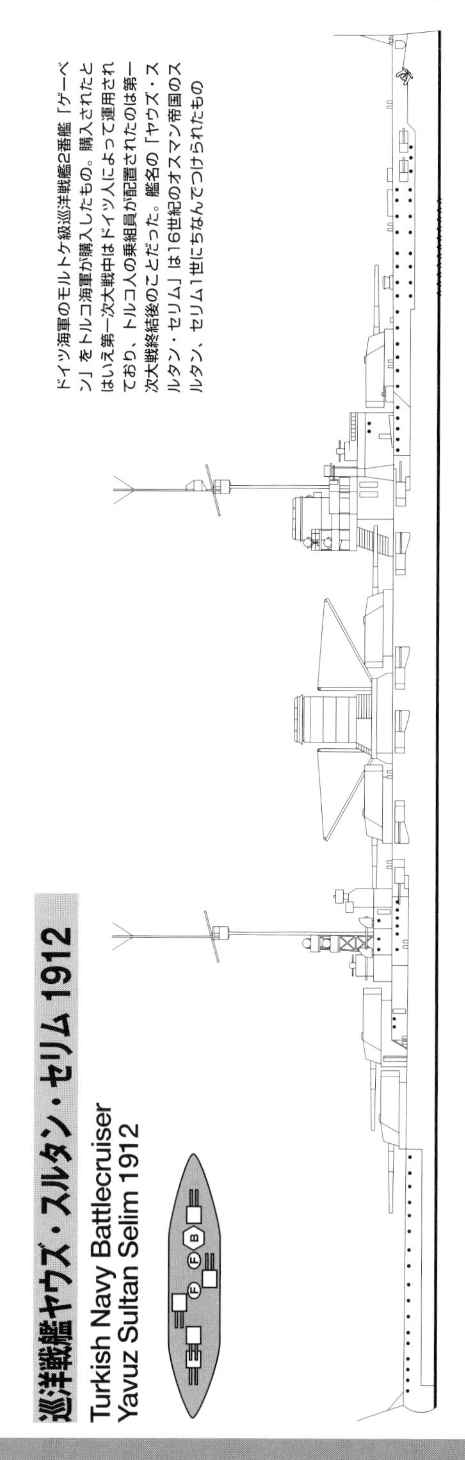

巡洋戦艦ヤウズ・スルタン・セリム 1912
Turkish Navy Battlecruiser Yavuz Sultan Selim 1912

ドイツ海軍のモルトケ級巡洋戦艦2番艦「ゲーベン」をトルコ海軍が購入したもの。購入されたとはいえ第一次大戦中はドイツ人によって運用されており、トルコ人の乗組員が配置されたのは第一次大戦終結後のことだった。艦名の「ヤウズ・スルタン・セリム」は16世紀のオスマン帝国のスルタン、セリム1世にちなんでつけられたもの

戦艦サラミス

Greek Navy Battleship Salamis

ドイツ製の船体にアメリカ製の主砲を搭載したギリシャ海軍の超ド級戦艦

トルコ海軍による海軍力強化に対向するべくギリシャ海軍も戦艦建造を企図した。これが超ド級戦艦サラミスだった。本艦は船体設計をドイツに発注したが35.6cm連装砲塔や装甲はアメリカのものを搭載する予定だった。しかし第一次大戦の勃発によりドイツ海軍により接収、その後も建造は検討されたが結局完成することはなかった

■幻と消えた超ド級戦艦

ギリシャは1830年に長年のトルコ支配から独立したが、それ以後も両国は対立と緊張が続いていた。独立戦争時に設立されたギリシャ海軍は、1889年にフランスから海防戦艦3隻、1909年にイタリアから装甲巡洋艦、さらに1910年にもアメリカから防護巡洋艦「エリ」を購入するなど近代化を図り、トルコに備えていた。

ド級戦艦、超ド級戦艦の時代を迎えた1910年、宿敵トルコがイギリスに超ド級戦艦「レシャド5世」（のちに「レシャディエ」と改名）を発注したと知ったギリシャは、1912年に戦艦の保有を決意。翌1913年にドイツに発注した。これが、ギリシャ初となる（はずだった）ド級戦艦「サラミス」であった。

計画では常備排水量1万9500トン、35.6cm（14インチ）連装砲4基、速力23ノットとなっており、防御は舷側の最厚部で250mmに達するなど、ドイツらしい堅牢な戦艦となる予定であった。

しかし、1914年11月の進水間もなく第一次大戦が勃発。ドイツ海軍は「サラミス」を接収、ドイツ軍艦として戦力化することを検討した。しかし主砲塔と砲、および装甲板はアメリカのベツレヘム・スチール社が製造することになっており、戦時中のためその入手は不可能となった。

ギリシャは1914年にもフランスに戦艦1隻を発注したものの、やはり大戦勃発の影響で中止となった。こちらもフランス海軍が「サヴォア」として建造の継続を検討したが、フランスが陸戦重視の方針を定めたため、同時期に着手していたノルマンディー級戦艦ともども中止となった。

こうして、ギリシャの新戦艦保有は幻に終わったのである。

ちなみにトルコが発注していた「レシャド5世」は完成直前に第一次大戦が勃発、ドイツに接近していた同国を警戒したイギリスは引き渡しを拒んだ。「レシャド5世」は「エリン」としてイギリス海軍に編入され、トルコに渡ることはなかった。ちなみに日本の金剛型巡洋戦艦は、この「エリン」をモデルとしていた。

■アメリカから前ド級戦艦を購入

戦艦の入手に失敗したギリシャ海軍だったが、前後してアメリカ海軍のミシシッピー級戦艦2隻を購入することとした。まず1913年4月に「アイダホ」を購入、「レムノス」と改名した。翌14年4月購入の「ミシシッピー」は「キルキス」と改名、ここにキルキス級戦艦2隻をギリシャ海軍は保有した。

ただしこのミシシッピー級戦艦は竣工して6年でアメリカが売却したように、その性能は芳しいものではなかった。もともと予算の都合から小型の戦艦というコンセプトのため基準排水量は1万2000トン、主砲こそ30.5cmだが連装2基の4門に過ぎない。また、中間砲および副砲に20.3cm連装砲4基8門と17.8cm単装砲8基8門を備えたが、これは「単一巨砲搭載艦」であるド級以前の戦艦に多くみられる「巨砲混載艦」として、すでに時代遅れとなっていた。

さらに速力も17ノットと遅く、凌波性も低いためアメリカ海軍でも早々に余剰兵力となっていた。しかし、ギリシャにとっては初めて手にした、かけがえのない虎の子の戦艦であることにかわりはなかった。

第一次大戦勃発後のギリシャはしばらく中立の立場をとっていたが、フランスの圧力でキルキス級を含む海軍艦艇が接収されてしまう。フランス海軍に渡ったキルキス級は、エーゲ海で護衛や哨戒任務に就いていたが、ギリシャが連合国として参戦すると返還された。

大戦終結後、ギリシャ海軍は駆逐艦など小艦艇こそ購入したものの大型艦の調達はなされず、キルキス級は主力艦の立場にあり続けた。1926年から27年にかけて機関を換装するなどの改装が行なわれたが、32年には旧式化のためついに第一線を退いた。

以後「キルキス」は砲術練習艦として活用されており、第二次大戦中の1940年から1941年頃はサラミス港の洋上砲台となっていた。すでに「レムノス」は保管状態とされており、兵装や装甲はギリシャ南東部、アイギナ島を防衛する沿岸砲台へ転用されていた。

この時期、イタリアから侵攻を受けたギリシャはこれを撃退。しかしこれはドイツがギリシャに矛先を向ける契機となってしまった。

1941年4月10日、「キルキス」「レムノス」はドイツ軍のJu87急降下爆撃機の攻撃により被弾、サラミス港に大破着底してその生涯を終えた。この様子を撮影した写真が残っているが、戦後に掲載した雑誌によってはキルキス級は「海防艦」とされている。

キルキス級とほぼ同時期に宿敵トルコが手にしたドイツ巡洋戦艦は「ヤウズ・スルタン・セリム」と名を変え、キルキス級とは対照的にかなりの活躍を示した。

対するキルキス級は、ギリシャ海軍がついに手にしなかった戦艦「サラミス」の名を冠した港で最期を迎えたのであった。

（文／松田孝宏）

サラミス（未完成）	
常備排水量	1万9500トン
満載排水量	2万1500トン
全長	173.7m
全幅	24.7m
機関出力	4万hp
速力	23ノット
航続力	7500海里／10ノット
武装	35.6cm（45口径）連装砲4基 15.2cm（45口径）単装砲12基 7.6cm単装砲12基 50cm水中魚雷発射管5門
装甲	舷側250mm、甲板75mm 主砲250mm

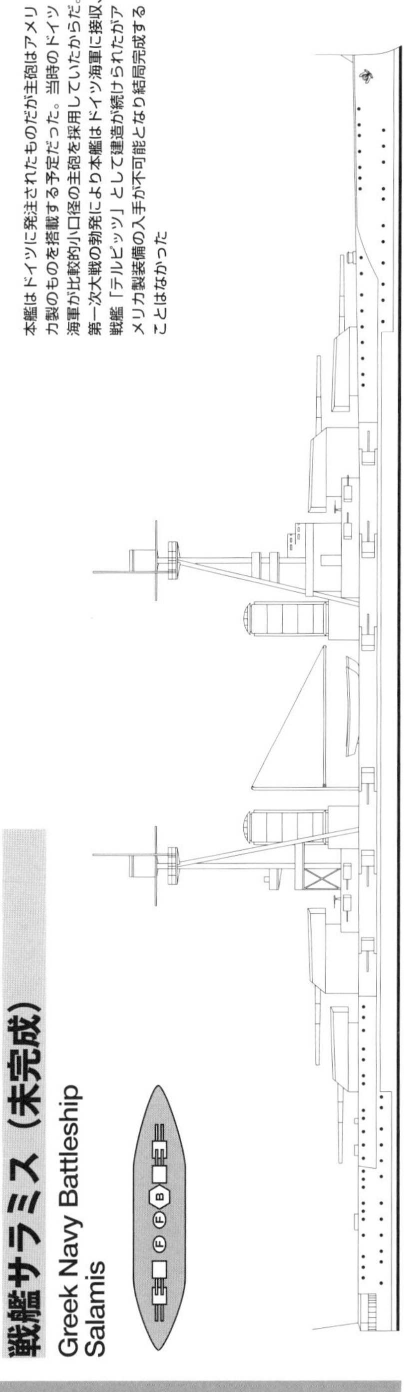

本艦はドイツに発注されたものだが主砲はアメリカ製のものを搭載する予定だった。当時のドイツ海軍が比較的小口径の主砲を採用していたからだ。第一次大戦の勃発により本艦はドイツ海軍に接収、戦艦「テルピッツ」として建造が続けられたがアメリカ製装備の入手が不可能となり結局完成することはなかった

column 9

戦艦の大きさ

ド級戦艦の時代は1906年から1946年までの約40年だった。その間により大きな主砲、より強靭な防御力を求めて船体は大型化した、ここではそれらについて見比べてみよう。用意した図版はおおよそ1/2750スケールとなっている

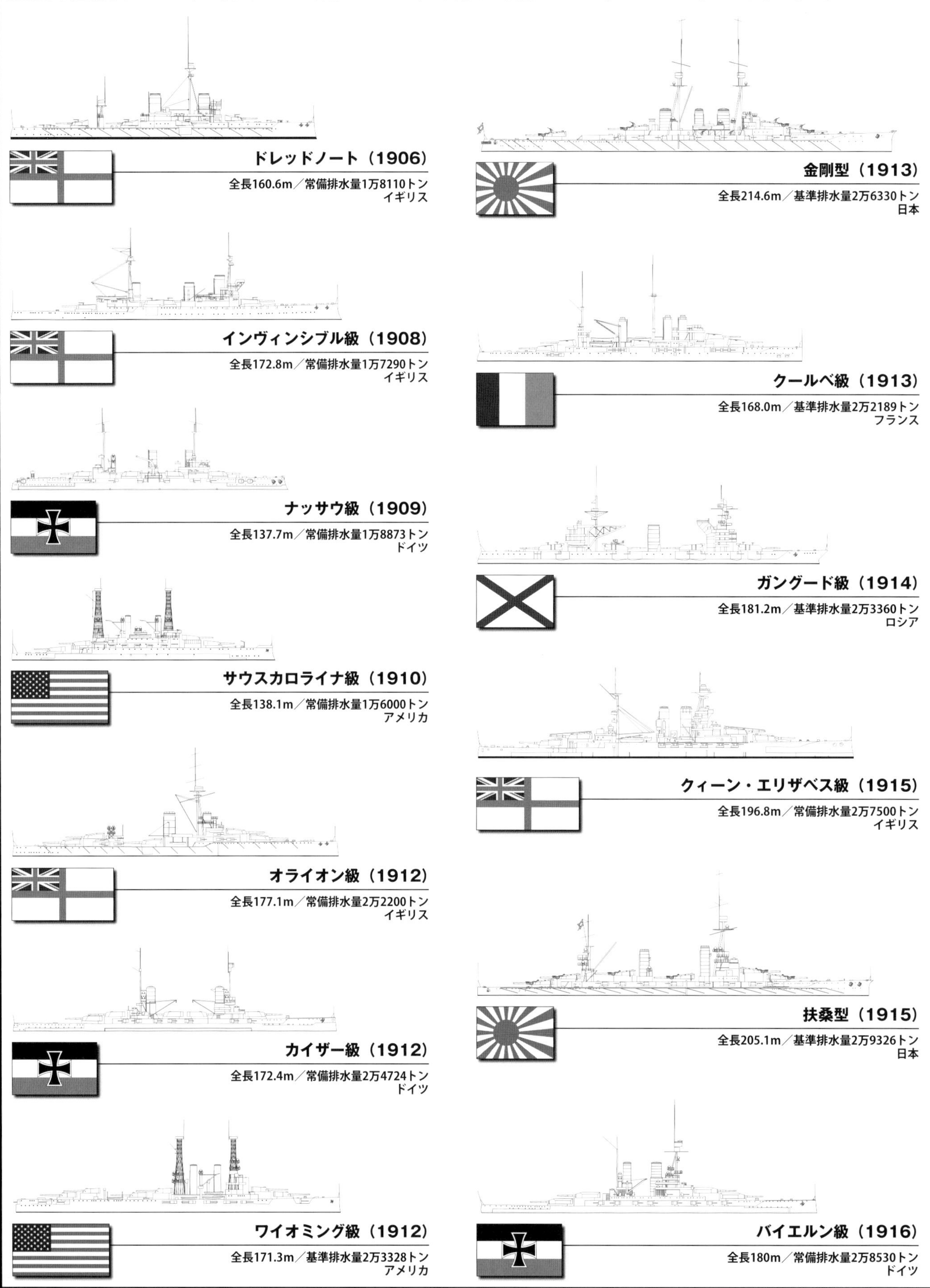

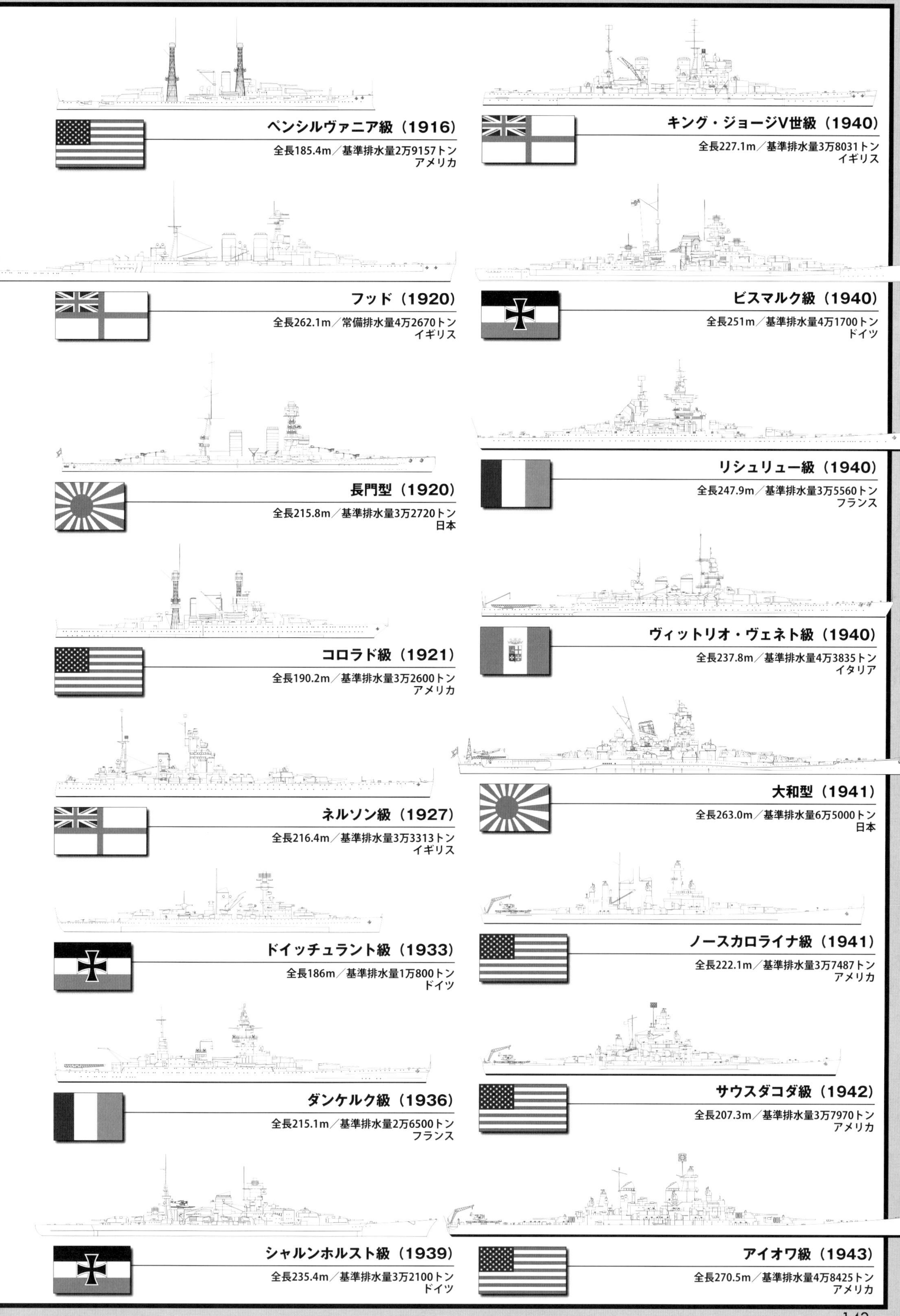
ペンシルヴァニア級（1916）
全長185.4m／基準排水量2万9157トン
アメリカ
フッド（1920）
全長262.1m／常備排水量4万2670トン
イギリス
長門型（1920）
全長215.8m／基準排水量3万2720トン
日本
コロラド級（1921）
全長190.2m／基準排水量3万2600トン
アメリカ
ネルソン級（1927）
全長216.4m／基準排水量3万3313トン
イギリス
ドイッチュラント級（1933）
全長186m／基準排水量1万800トン
ドイツ
ダンケルク級（1936）
全長215.1m／基準排水量2万6500トン
フランス
シャルンホルスト級（1939）
全長235.4m／基準排水量3万2100トン
ドイツ
キング・ジョージV世級（1940）
全長227.1m／基準排水量3万8031トン
イギリス
ビスマルク級（1940）
全長251m／基準排水量4万1700トン
ドイツ
リシュリュー級（1940）
全長247.9m／基準排水量3万5560トン
フランス
ヴィットリオ・ヴェネト級（1940）
全長237.8m／基準排水量4万3835トン
イタリア
大和型（1941）
全長263.0m／基準排水量6万5000トン
日本
ノースカロライナ級（1941）
全長222.1m／基準排水量3万7487トン
アメリカ
サウスダコダ級（1942）
全長207.3m／基準排水量3万7970トン
アメリカ
アイオワ級（1943）
全長270.5m／基準排水量4万8425トン
アメリカ

世界の戦艦プロファイル
ドレッドノートから大和まで
World of Battleships Profile
from Dreadnought to Yamato

■スタッフ STAFF

文 Text
井出 倫 Rinn IDE
岩重多四郎 Tashiro IWASHIGE
来島 聡 Sathosi KURUSHIMA
白石 光 Hikaru SHIRAISHI
堀場 亙 Wataru HORIBA
松田孝宏 Takahiro MATSUDA
宮永忠将 Tadamasa MIYANAGA

後藤恒弘 Tsunehiro GOTO
吉野泰貴 Yasutaka YOSHINO

図版 Illustration
吉原幹也 Mikiya YOSHIHARA

編集 Editor
後藤恒弘 Tsunehiro GOTO
吉野泰貴 Yasutaka YOSHINO

DTP
小野寺徹 Toru ONODERA

写真提供 Photograph
雑誌「丸」MARU
大和ミュージアム Yamato Museum
U.S.NAVY
U.S.NATIONAL ARCHIVES

アートデレクション Art Director
横川 隆 Takashi YOKOKAWA

世界の戦艦プロファイル
ドレッドノートから大和まで

ネイビーヤード編集部編

発行日　2015年2月26日　初版第1刷

発行人　小川光二
発行所　株式会社 大日本絵画
〒101-0054　東京都千代田区神田錦町1丁目7番地
Tel 03-3294-7861 (代表)
URL; http://www.kaiga.co.jp

編集人　市村弘
企画／編集　株式会社 アートボックス
〒101-0054　東京都千代田区神田錦町1丁目7番地
錦町一丁目ビル4階
Tel 03-6820-7000 (代表)
URL; http://www.modelkasten.com/

印刷／製本
大日本印刷株式会社

内容に関するお問い合わせ先：03 (6820) 7000　(株) アートボックス
販売に関するお問い合わせ先：03 (3294) 7861　(株) 大日本絵画
Publisher/Dainippon Kaiga Co., Ltd.
Kanda Nishiki-cho 1-7, Chiyoda-ku, Tokyo 101-0054 Japan
Phone 03-3294-7861
Dainippon Kaiga URL; http://www.kaiga.co.jp
Editor/Artbox Co., Ltd.
Nishiki-cho 1-chome bldg., 4th Floor, Kanda
Nishiki-cho 1-7, Chiyoda-ku, Tokyo 101-0054 Japan
Phone 03-6820-7000
Artbox URL; http://www.modelkasten.com/

ISBN978-4-499-23152-7